ADAMS
入门详解与实例

（第3版） 李增刚 李保国 / 编著

U0224149

清华大学出版社
北 京

内 容 简 介

本书以 ADAMS 2020 版为基础,主要介绍如何在 ADAMS 中建立多体动力学仿真模型,讲解详细,内容由浅入深,而且实例较多,几乎在每个知识点上都配有对应的实例。读者如果能完成实例并理解实例的步骤,相信读者很快就能掌握 ADAMS 软件的使用技巧。本书在第 2 版的基础上,增删了一些内容和实例。全书共 12 章,主要包括刚性体建模、运动副与驱动、施加载荷、动力传动子系统(齿轮、皮带、链条、轴承、电机和绳索)、柔性体建模、仿真计算与结果后处理、ADAMS/View 中的函数、数据元素与系统元素、参数化设计与优化分析、建立控制系统、振动仿真分析等内容。

本书的读者对象主要是高等院校中高年级本科生、研究生及科研院所、技术公司、企业技术人员等从事机械产品开发和研究的人员,可以作为机械原理、机械设计等课程的辅助教材。由于本书的实例较多,特别适合作为高等院校中开展多体动力学软件课程的教材。本书应用领域包括航空航天、船舶、兵器、汽车、铁路、发动机、机床和一般机械厂等。

图书在版编目(CIP)数据

ADAMS 入门详解与实例/李增刚,李保国编著. —3 版. —北京:清华大学出版社,2021.6(2024.12重印)

ISBN 978-7-302-58265-6

Ⅰ. ①A… Ⅱ. ①李… ②李… Ⅲ. ①机械工程-计算机仿真-应用软件-高等学校-教材 Ⅳ. ①TH-39

中国版本图书馆 CIP 数据核字(2021)第 105747 号

责任编辑:冯　昕
封面设计:傅瑞学
责任校对:王淑云
责任印制:刘　菲

出版发行:清华大学出版社
　　　　网　　　址:https://www.tup.com.cn,https://www.wqxuetang.com
　　　　地　　　址:北京清华大学学研大厦 A 座　　　邮　　编:100084
　　　　社 总 机:010-83470000　　　　邮　　购:010-62786544
　　　　投稿与读者服务:010-62776969,c-service@tup.tsinghua.edu.cn
　　　　质量反馈:010-62772015,zhiliang@tup.tsinghua.edu.cn
印 装 者:三河市铭诚印务有限公司
经　　销:全国新华书店
开　　本:185mm×260mm　　印　张:26.75　　　　字　　数:651 千字
版　　次:2006 年 4 月国防工业出版社第 1 版　　2021 年 8 月第 3 版　　印　次:2024 年 12 月第 4 次印刷
定　　价:88.00 元

产品编号:088074-01

很高兴看到《ADAMS 入门详解与实例(第 3 版)》一书在中国的出版。

计算机和网络技术的发展,为制造业的转型升级奠定了物质基础。面对竞争格局的变化,世界各国都结合自身实际,提出了自己的制造业转型升级战略,比如,美国的"国家制造业创新网络"、德国的"工业 4.0"、日本的"工业价值链",当然还有中国的"中国制造 2025"。尽管名称各有不同,但各国都把"智能制造"放在了制造业转型升级目标这一位置上。中国还编制了《智能制造发展规划(2016—2020 年)》作为"十三五"全国智能制造发展的纲领性文件,并明确提出智能制造是中国制造业创新发展的主要抓手,是中国制造业转型升级的主要路径,是中国制造 2025 加快建设制造强国的主攻方向。

智能制造是新一代信息技术与先进制造技术的深度融合,贯穿于产品、制造、服务全生命周期的各个环节及相应系统的优化集成,实现制造的数字化、网络化、智能化。智能制造的基础是数字化和网络化。而提起数字化,就离不开仿真。

ADAMS 软件是 MSC 软件旗下产品,在航空航天、汽车、船舶、兵器、工程设备及重型机械等行业具有广泛的运用,是目前世界上多体动力学领域中使用范围最广、应用行业最多的机械系统动力学仿真工具,占据了全球该分析领域绝大部分的市场份额。借助其强大的建模功能、卓越的分析能力以及灵活的后处理手段,用户可以建立复杂机械系统的"虚拟样机",在模拟现实工作条件的虚拟环境下逼真地模拟其所有运动情况,帮助用户对系统的各种动力学性能进行有效评估;并且还可以快速比较分析多种设计思想,帮助用户选择最优设计方案,提高产品性能,从而减少昂贵、耗时的物理样机试验,提高产品设计水平、缩短产品开发周期、降低产品开发成本。

就软件本身而言,ADAMS 界面友好,操作简单,易学易用,提供了多学科软件接口,支持系统参数化试验研究,提供了凝聚丰富行业应用经验的专业化产品,具有极强的大型工程问题的求解能力,并经过大量的实际工程问题验证。李增刚和李保国先生编著的该书,深入浅出,用丰富的案例,使得读者可以迅速且容易地学会如何应用 ADAMS 建立并求解多体动力学仿真模型。相信读者朋友们通过该书可以更多地了解 ADAMS 功能的先进性,在学习和工作中更好地应用 ADAMS 解决工程问题。

徐　明

MSC 软件大中华区 CTO

2021 年 3 月

随着人们认识客观物质世界的能力不断提高,已经建立起比较完善的科学理论体系。在众多的理论知识中,人们对物质世界的运动学和动力学分析情有独钟,已经建立起了牛顿力学、拉格朗日方程和哈密顿理论等多套力学体系,使人们认识物质世界的能力进一步提高。同时,伴随着计算机性能的提高,人们可以借助计算机和已有的力学理论知识来认识物质世界的规律,这使得数值模拟和计算力学成为解决实际问题的一种有效、可靠的方法。在数值模拟的分支中,计算多体动力学研究复杂系统中各个组成部分的运动学和动力学关系,可以帮助人们更好地认识系统中存在的矛盾,并采取措施尽量避免矛盾的产生。

要解决一个系统中存在的矛盾,需要借助更好的设计手段和设计方法。计算机辅助工程(CAE)可以帮助设计人员在设计阶段对产品进行性能测试,从而使生产出来的第一个产品最大可能地满足设计目标。借助 CAE 仿真计算手段,可以节省产品开发费用,缩短开发周期,提高开发效率,是一个非常有效的设计辅助手段。CAE 这一新兴的数值模拟分析技术在国外得到了迅猛发展,技术的发展又推动了许多相关的基础学科和应用科学的进步。

在影响 CAE 数值模拟的诸多因素中,人才、计算机硬件和分析软件是三个最主要的方面。现代计算机技术的飞速发展,已经为 CAE 技术奠定了良好的硬件基础。多年来,重视 CAE 技术人才的培养和分析软件的开发及推广应用,发达国家不仅在科技界而且在工程界已经具有一支较强的掌握 CAE 技术的人才队伍,同时在分析软件的开发和应用方面也达到了较高水平。CAE 数值模拟分析广泛应用于包括航空航天、汽车制造、铸造、噪声控制、产品设计等各个方面。

我国的工业界在 CAE 技术的应用方面与发达国家相比水平还比较低。大多数的工业企业对 CAE 技术还处于初步的认同阶段,CAE 技术的工业化应用还有相当的难度。这是因为,一方面我们缺少自己开发的具有自主知识产权的计算机分析软件,另一方面大量缺乏掌握 CAE 技术的科技人员。而人才的培养则需要一个长期的过程,这将是对我国 CAE 技术的推广应用产生严重影响的一个制约因素,而且很难在短期内有明显的改观。提高我国工业企业的科学技术水平,将 CAE 技术广泛应用于设计与制造过程还是一项相当艰巨的工作。

作为世界上发展速度最快的发展中国家,CAE 技术水平的提高对增强我国工业界的市场竞争能力,发展国民经济发挥重要作用。因此,我们必须加大对 CAE 技术的投入,加快开发自己的计算机分析软件,培养一批掌握 CAE 技术的人才。针对我国工业界,特别是中小企业的 CAE 技术还较为落后,缺乏专门人才的实际情况,如何利用飞速发展的互联网技术将我们的人才和技术资源充分发挥出来为企业服务,是在 CAE 技术的发展中值得重视的一个问题。我国科技界、教育界和工业界应该携起手来为 CAE 技术的研究开发、人才培养和工业化应用而共同努力。本书由北京诺思多维科技有限公司组织编写，北京诺思多维科技有限公司就是专门从事 CAE 仿真计算技术推广的公司，能承担多方面的 CAE 仿真计算工作，在振动、噪声、流体、多体、疲劳耐久、刚强度、复合材料、转子动力学、电磁和优化计算等方面有自己的优势，可以进行项目合作、软件培训和二次开发方面的工作，可以帮助用户提高技术水平和产品研发能力。

本书所介绍的软件 ADAMS 是专门用于机械虚拟产品开发方面的软件，通过建立多体动力学模型和虚拟试验，在产品开发阶段就可以帮助设计者发现设计缺陷，并提出改进的方法。ADAMS 研究复杂系统的运动学和动力学关系，它以计算多体动力学为理论基础，结合高性能计算机来对产品进行仿真计算，得到各种性能数据，帮助设计者发现问题并解决问题。本书主要介绍 ADASM/View 的使用方法，由于计算多体动力学有非常复杂的力学理论背景，本书不对理论进行介绍，请读者自己参考多体动力学和高等动力学方面的书。

本书以 ADAMS 2020 版为基础，涉及 ADAMS/View、ADAMS/PostProcessor、ADAMS/Flex、ADAMS/Vibration、ADAMS/Machinery、ADAMS/Durability 和 ADAMS/Controls 模块的功能，本书的实例较多，几乎在每个知识点后都有对应的实例。本书主要包括刚性体建模（直接创建与导入 CAD 模型编辑构件）、运动副与驱动（约束与冗余约束）、施加载荷（柔性连接、接触与摩擦力）、动力传动子系统（齿轮、皮带、链条、轴承、电机、绳索）、柔性体建模（在 ADAMS 中直接创建柔性体和导入有限元软件计算的柔性体）、仿真计算与结果后处理（装配计算、运动学计算、动力学计算、静平衡计算、线性化计算、脚本仿真控制、批处理仿真 4D 后处理、柔性体后处理、疲劳耐久计算、脚本仿真控制与传感器的联合使用）、ADAMS/View 中的函数（函数的应用）、数据元素与系统元素（非线性弹簧）、参数化设计与优化分析（试验设计、设计研究 DOE 和优化）、建立控制系统（直接创建控制，与 MATLAB 的联合控制）、振动仿真分析等内容。第 3 版相对于第 2 版增加了动力传动子系统、非线性弹簧、4D 后处理、柔性体后处理、疲劳耐久计算、批处理仿真和优化计算等方面的内容。本书介绍的内容不仅仅是入门，更多的是高级应用。本书内容由浅入深，通过本书的讲解和实例，相信读者可以很快地掌握这些功能。请读者扫描本书封底上的二维码下载本书所附带素材。

由于本书作者水平和时间所限，书中疏漏之处在所难免，敬请广大读者评判指正。如果需要相关软件的培训、项目咨询，或者在使用本书的过程中遇到问题，请通过电子邮件 foradams@126.com 与本书作者联系。

作　者

2021 年 3 月　于北京

目 录

CONTENTS

第1章

ADAMS/View使用基础

ADAMS 是以计算多体系统动力学(computational dynamics of multibody system)为基础,包含多个专业模块和专业领域的虚拟样机开发系统软件,利用它可以建立起复杂机械系统的运动学和动力学模型,其模型可以是刚性体,也可以是柔性体,以及刚柔混合模型。如果在产品的概念设计阶段就采用 ADAMS 进行辅助分析,就可以在建造真实的物理样机之前,对产品进行各种性能测试,达到缩短开发周期,降低开发成本的目的。

1.1 计算机辅助工程(CAE)概述

1.1.1 CAE 技术概述和应用现状

从广义上说,计算机辅助工程(coumpter aided engineering,CAE)包括很多,从字面上讲,它可以包括工程和制造业信息化的所有方面,但是传统的 CAE 主要指用计算机对工程和产品进行性能与安全可靠性分析,对其未来的工作状态和运行行为进行模拟,及早发现设计缺陷,并证实未来工程、产品功能和性能的可用性和可靠性。本书主要是指 CAE 软件,CAE 软件可以分为两类:针对特定类型的工程或产品所开发的用于产品性能分析、预测和优化的软件,称之为专用 CAE 软件;可以对多种类型的工程和产品的物理、力学性能进行分析、模拟和预测、评价和优化,以实现产品技术创新的软件,称之为通用 CAE 软件。狭义上的计算机辅助工程包括计算结构力学(FEA,有限元分析)、计算多体系统动力学(CMD)、计算流体动力学(CFD)、电磁、疲劳、振动噪声、优化等,应用领域包括航空航天、汽车制造、铸造、噪声控制、产品设计等各个方面。

CAE 技术从 20 世纪 60 年代初在工程上开始应用到今天,经历了 50 多年的发展历史,其理论和算法都经历了从蓬勃发展到日趋成熟的过程,现已成为工程和产品结构分析中(如航空航天、汽车、机械、土木结构等领域)必不可少的数值计算工具,同时也是分析连续力学各类问题的一种重要手段。随着计算机技术的普及和不断提高,CAE 系统的功能和计算精度都有很大提高,各种基于产品数字建模的 CAE 系统应运而生,并已成为结构分析和结构优化的重要工具,同时也是计算机辅助 4C 系统(CAD/CAE/CAPP/CAM)的重要环节。

计算机辅助工程的特点是以工程和科学问题为背景,建立计算模型并进行计算机仿真分析。一方面,CAE技术的应用,使许多过去受条件限制无法分析的复杂问题,通过计算机数值模拟得到满意的解答;另一方面,计算机辅助分析使大量繁杂的工程分析问题简单化,使复杂的过程层次化,节省了大量的时间,避免了低水平重复的工作,使工程分析更快、更准确。在产品的设计、分析、新产品的开发等方面发挥了重要作用。CAE这一新兴的数值模拟分析技术在国外得到了迅猛发展,技术的发展又推动了许多相关的基础学科和应用科学的进步。

在影响计算机辅助工程技术发展的诸多因素中,最主要的是人才、计算机硬件和分析软件。现代计算机技术的飞速发展,已经为CAE技术奠定了良好的硬件基础。多年来,重视CAE技术人才的培养和分析软件的开发和推广应用,发达国家不仅在科技界而且在工程界已经具有一支较强的掌握CAE技术的人才队伍,同时在分析软件的开发和应用方面也达到了较高水平。

我国的计算机分析软件开发是一个薄弱环节,严重地制约了CAE技术的发展。我国的工业界在CAE技术的应用方面与发达国家相比水平还比较低。大多数的工业企业对CAE技术还处于初步的认同阶段,CAE技术的工业化应用还有相当的难度。这是因为,一方面我们缺少自己开发的具有自主知识产权的计算机分析软件,另一方面大量缺乏掌握CAE技术的科技人员。对于计算机分析软件问题,目前虽然可以通过技术引进以解燃眉之急,但是,国外的这类分析软件的价格一般都相当贵,国内不可能有很多企业购买这类软件来使用。而人才的培养则需要一个长期的过程,这将是对我国CAE技术的推广应用产生严重影响的一个制约因素,而且很难在短期内有明显的改观。提高我国工业企业的科学技术水平,将CAE技术广泛应用于设计与制造过程还是一项相当艰巨的工作。

1.1.2 虚拟样机技术

将CAE技术应用于现代工业生产的过程中,是将科学技术转化成生产力的一种表现形式。在各种CAE技术中,虚拟样机(virtual prototype)技术是计算机辅助工程的一个重要分支,它是在人们开发新的产品时,在概念设计阶段,通过学科理论和计算机语言,对设计阶段的产品进行虚拟性能测试,到达提高设计性能,降低设计成本,减少产品开发时间的目的。

随着人类社会进步的加快,人们生活水平的不断提高,人们对产品的要求也越来越高。另外,社会竞争更加激烈,产品复杂程度越来越高,产品开发周期越来越短,产品保修维护期望越来越高,生产计划越来越灵活,在现实中还有一些客观的约束条件,例如昂贵的物理样机试验、严格的法律法规要求等,因此要提高的产品质量,缩短开发周期,并不是件容易的事情。要克服以上困难,一个行之有效的方法就是通过虚拟样机,进行仿真模拟,在未真正生产出真实的产品以前就进行仿真模拟,提前知道产品的各种性能,防止各种设计缺陷的存在,提出改进意见。

传统的产品开发过程如图1-1(a)所示,该过程是一个大循环的过程,不仅难以提高产品质量,而且耗费大量的时间和资金。而通过CAE仿真计算技术,在制造物理样机之前,就可以对样机进行测试,找出和发现潜在的问题,缩短产品开发周期的$40\%\sim70\%$,其过程如图1-1(b)所示,这样不仅节省时间和金钱,还可以大幅提高设计质量。

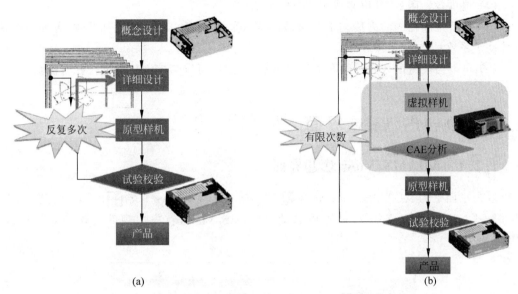

图 1-1　传统的产品开发流程与采用 CAE 技术的开发流程
(a) 传统流程；(b) 采用 CAE 技术

1.1.3　ADAMS 简介及特点

多体动力学仿真分析软件(automatic dynamic analysis of mechanical systems，ADAMS)是对机械系统的运动学与动力学进行仿真计算的商用软件，原来是由美国 MDI(Mechnical Dynamics Inc.)公司开发，在经历了 12 个版本后，被美国 MSC 公司收购。ADAMS 初期只有 ADAMS/Solver，用来求解非线性方程组，需要以文本方式建立模型提交给 ADAMS/Solver 进行求解，后来 ADAMS 集建模、计算和后处理于一身。ADAMS 由多个模块组成，基本模块是 View 模块和 PostProcess 模块，通常的机械系统都可以用这两个模块来完成，另外在 ADAMS 中还有一些针对专业领域而单独开发的一些专用模块和嵌入模块，例如专业模块(如汽车模块 ADAMS/Car)、嵌入模块(如振动模块 ADAMS/Vibration)、耐久性模块 ADAMS/Durability、控制模块 ADAMS/Controls、机械传动模块 ADAMS/Machinery 和柔性体模块 ADAMS/AutoFlex 等。本书主要介绍 ADAMS/View、ADAMS/PostProcessor、ADAMS/Flex、ADAMS/Vibration、ADAMS/Machinery、ADAMS/Durability 和 ADAMS/Controls，通过本书的讲解和实例，相信读者可以很快掌握这些模块。

ADAMS 软件具有以下特点：

(1) 利用交互式图形界面，可以创建三维机械装配图，也可以读取三维 CAD 软件的模型，快速建立客户自己的虚拟样机模型；

(2) 提供抽象出来的各种约束、力、驱动，满足客户建立虚拟样机的要求；

(3) 可以建立刚体模型、柔性体模型和混合模型；

(4) 可以进行静力分析、线性分析(模态)、运动学和动力学计算；

(5) 可以进行参数化设计，进行试验设计、验证和优化计算；

(6) 具有先进的分析计算能力和强有力的求解器；

（7）提供各种函数，可以集成用户自定义函数；

（8）具有集成化的动力传动子系统，如齿轮、轴承、链条、皮带、线缆和凸轮，方便快速建立传动子系统；

（9）可以与疲劳耐久软件结合进行瞬态疲劳计算，可以与控制软件进行联合仿真。

1.2　ADAMS/View 界面

1.2.1　ADAMS/View 欢迎界面

双击桌面上的 ADAMS/View 快捷图标或单击 Windows 开始图标，选择【Adams 2020】→【Adams View】命令，就可以启动 ADAMS/View，首先出现的是欢迎对话框，如图 1-2 所示。

图 1-2　ADAMS/View 的欢迎对话框

在欢迎对话框上，可以进行如下操作：

（1）New Model：新建一个模型，然后进入 ADAMS/View 环境，之后会弹出创建新模型的设置，如图 1-3(a)所示。

（2）Existing Model：打开一个已经存在的模型，会弹出打开模型对话框，如图 1-3(b)所示。

（3）Exit：退出程序。

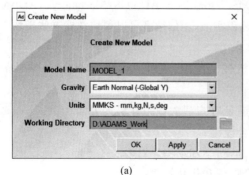
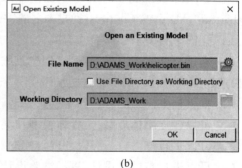

(a)　　　　　　　　　　　　　　　　(b)

图 1-3　新建模型对话框和打开模型对话框

如果是选择 New Model,可以进行如下设置:

(1) Model Name:输入新模型的名称。

(2) Gravity:设置重力加速度,可以进行下面三种设置。

① Earth Normal(-Global Y):重力加速度的方向沿总体坐标系的负 Y 方向。

② No Gravity:没有重力加速度。

③ Other:其他情况,在新建模型弹出设置重力加速度的对话框,可以参考 1.3.5 节内容。

(3) Units:确定系统使用的单位制,用户可以根据自己模型的需要,将长度、质量和力的单位设置相应的单位即可,有关单位设置的内容详见 1.3.4 节内容。

(4) Working Directory:设置工作路径,可以单击 按钮进行设置,在存盘读取文件时,默认的文件位置是工作目录。

如果选择的是 Open Existing Model,则弹出如图 1-3(b)的对话框,可以进行如下设置:

(1) File Name:输入已经存在的模型名称,扩展名是.bin、.adm、.py 或.cmd,可以单击 按钮进行选择。

(2) Working Directory:设置工作路径,可以单击 按钮进行设置。

1.2.2 ADAMS/View 的界面

在欢迎对话框中,选择 Existing Model,然后打开本书二维码中 chaptor_01 中的 Helicopter.bin 模型,图 1-4 所示为 View 模块的用户界面,主要由主菜单、建模工具条、可视化工作区、模型树和状态工具条组成,其中主菜单栏包含下拉式菜单,建模工具条包含建立模型时所需的按钮,也是我们使用频率最高的按钮,模型树中用树结构列出了当前模型中所有的元素,如构件、载荷、约束。读者可以单击 Simulation 项然后再单击 Simulate 中的 按钮,在新弹出的对话框中,将 End Time 设置成 1,将 Steps 设置成 500,再单击 按钮,可以观察到直升机的仿真动画。状态工具条有一些控制按钮,如背景颜色、图标的显示

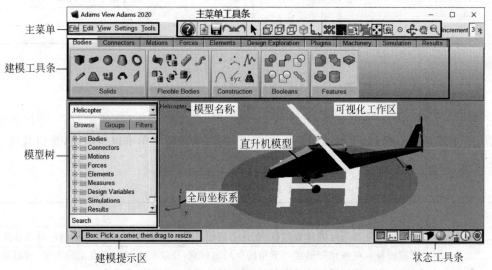

图 1-4 ADAMS/View 的界面

等。建立模型的过程主要是使用建模工具条、主菜单和一些对话框建立模型的过程。另外，用户还可以直接输入命令来代替相应的操作，使用工具栏或菜单等的操作实际也是引发一定的命令来修改数据库的过程。

1.2.3 界面上的快捷键

为方便操作，可以使用 ADAMS/View 提供的一些快捷键，包括图形操作快捷键和菜单快捷键，在建模的过程中，用得最多的快捷键是有关图形操作的快捷键，如模型的平移、缩放、旋转、工作栅格的隐藏显示等。表 1-1 所示为图形变换的快捷键，表 1-2 所示为菜单快捷键。

表 1-1　图形变换的快捷键

快　捷　键	功　　能	快　捷　键	功　　能
T 键＋鼠标左键	平动模型	C 键＋鼠标左键	定制旋转中心，并移到可视化图形区的中心
R 键＋鼠标左键	旋转模型		
Z 键＋鼠标左键	动态缩放模型	E 键＋鼠标左键	将某构件的 XY 平面作为观察面
F 键或 Ctrl＋F 键	以最大比例全面显示模型	G 键	切换工作栅格的隐藏与显示
S 键＋鼠标左键	沿着垂直于屏幕的轴线旋转	V 键	切换图标的隐藏与显示
W 键＋鼠标左键	将屏幕的一部分放大	M 键	打开信息窗口
		Esc 键	结束当前的操作

表 1-2　菜单快捷键

快　捷　键	功　　能	快　捷　键	功　　能
Ctrl＋N	新建数据库	Ctrl＋C	复制一个元素
Ctrl＋O	打开数据库	Ctrl＋X	删除一个元素
Ctrl＋S	保存数据库	F1	根据当前的状态，打开相应的帮助
Ctrl＋P	打印		
Ctrl＋Q	退出 ADAMS/View	F2	打开读取命令文件的对话框
Ctrl＋Z	取消上一步的操作	F3	打开命令输入窗口
Ctrl＋Shift＋Z	恢复上一步的撤销操作	F4	打开坐标窗口
Ctrl＋E	编辑一个元素	F8	进入后处理模块

1.2.4 状态工具条

图形区右下角的状态工具条中的按钮经常使用，其功能如表 1-3 所示，在一些按钮的右下角，有个黑色的三角形，这种按钮是折叠按钮，在这个按钮上单击鼠标右键，弹出其他一些按钮。

表 1-3　状态工具条按钮

按　　钮	功　　能
▦	设置可视化图形区的背景颜色，在这个按钮上单击鼠标右键，还有其他颜色可以选择
↳	隐藏或显示可视化图形区左下角的全局坐标系，在这个按钮上单击鼠标右键，可以隐藏或显示可视化图形区的模型名称、鼠标的坐标窗口和视图旋转窗口

续表

按　　钮	功　　能
	设置将可视化图形区分成几个小窗口来显示模型,在这个按钮上单击鼠标右键,可以有2～6个小窗口样式可以选择
	隐藏或显示工作栅格,相当于 G 键
	以透视图或者平行图的样式显示模型。在透视图下,同样大小的物体,距离远时显示的小,距离近时显示的大,而平行图时没有这种效果
	模型以渲染或线框样式显示
	隐藏或者显示模型图标,相当于 V 键。双击该按钮,打开图标设置按钮
	列出模型中一些元素的信息。在这个按钮上单击鼠标右键,选择其他按钮,可以列出各个件之间的连接关系、验证模型、汇报模型中零件、约束和自由度的个数,以及模型的拓扑结构
	终止当前正在执行的命令

1.2.5　主菜单工具条

主菜单工具条中的按钮主要是一些图形可视化操作的按钮,它们的功能如表 1-4 所示。

表 1-4　主菜单工具条中的按钮的功能

按　　钮	功　　能
	新建模型,在一个数据库中,可以同时有几个模型
	保存数据库
	选择或者清除选择物体
	恢复上一步的撤销操作
	撤销上一步操作
	前视图或后视图显示模型
	右视图或左视图显示模型
	顶视图或底视图显示模型
	轴测图显示模型
	以某个物体的 XY 面作为视图面,或以 3 点作为视图面
	创建或修改一个新的材料
	设置部件和部件元素的颜色
	移动或者旋转部件,可以重新定位部件。在这个按钮上单击鼠标右键,还有其他一些按钮,可以精确定位部件,或者控制工作栅格的样式
	创建一个新的组
	以最大化显示模型,相当于 F 键
	局部放大模型,相当于 W 键

按　钮	功　　　能
⊙	定制旋转中心，并移到可视化图形区的中心，相当于 C 键
✿ 或 ✖	旋转模型，相当于 R 键或 S 键
✋ 或 ⚓	平动模型，相当于 T 键，或者在透视图显示下，动态改变透视深度
🔍	缩放模型，相当于 Z 键

在未选择任何物体的情况下，即单击主菜单工具条中的 ► 按钮后，在可视化图形区的空白处单击鼠标右键，也可以弹出右键快捷菜单，如图 1-5 所示，用于控制图形的显示，大部分功能与主菜单工具条和状态工具条中的按钮功能差不多，在此不再详述。

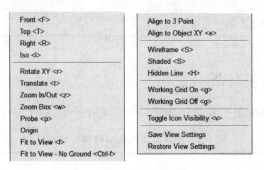

图 1-5　图形区右键快捷菜单

1.3　设置工作环境

在建立模型以前，一般需要首先设置工作环境，如选择坐标系、单位制、工作栅格等。如果单位制设置的与几何模型的单位制不符，则会出现仿真结果上的错误，这些都需要引起读者的特别注意。

1.3.1　设置 ADAMS/View 的工作路径

在新建项目或者新安装了 ADAMS 后，最好新建一个工作路径，将相关的文件放到该路径下，可以方便读存。如果在桌面上有 ADAMS/View 的快捷菜单，在该快捷菜单上单击鼠标右键，或者在 Windows 开始程序中找到 ADAMS/View 的启动菜单，在启动菜单上单击右键，然后在弹出的快捷菜单中选择【属性】项，在属性对话框中选择"快捷方式"页，然后在"起始位置"的输入框中输入已经建立好的工作路径，如图 1-6 所示，这样可以设置 View 的默认的工作路径。在选择工作路径时，不要选择有空格和中文的路径，这样设置的工作路径就是每次启动 ADAMS/View 时默认的工作路径。另外启动 ADMAS/View 后，选择【File】→【Select Directory】命令，可以随时指定工作路径。

1.3.2　设置坐标系和旋转序列

在 ADAMS/View 的左下角，有一个原点不动，但可以随模型旋转的坐标系，该坐标系

图 1-6　Adams View 2020 属性对话框

用于显示系统的总体坐标系的方向,默认为直角坐标系,另外在每个刚体的质心处,系统会固定一个坐标系,称为连体坐标系(局部坐标系,ADAMS/View 中称为 Marker),通过描述连体坐标系在总体坐标系中的方位(方向和位置),就可以完全描述部件在总体坐标系中的方位。

在 ADAMS 中有三种坐标系,分别为直角坐标系(cartesian)、柱坐标系(cylindrical)和球坐标系(spherical),如图 1-7 所示。空间一点在三种坐标系中的坐标分别表示为(x,y,z)、(r,θ,θ)和(ρ,ϕ,θ),并且它们之间满足如下关系:

$$\begin{cases} x = r\cos\theta \\ y = r\sin\theta \\ z = z \end{cases} \qquad \begin{cases} x = \rho\sin\phi\cos\theta \\ y = \rho\sin\phi\sin\theta \\ z = \rho\cos\phi \end{cases}$$

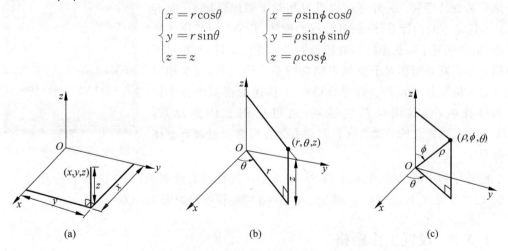

图 1-7　ADAMS 中的坐标系

(a) 直角坐标系;(b) 柱坐标系;(c) 球坐标系

刚体在空间旋转时,其连体坐标系可以相对于自身旋转后的某个坐标轴旋转一定角度(刚体固定,Body Fixed),也可以相对于自身原来的坐标轴旋转一定角度(空间固定,Space

Fixed）。在旋转时，可以绕不同的坐标轴旋转，也可以绕着相同的坐标轴旋转，这样就形成了一个旋转序列。在ADAMS/View中，绕x轴旋转称为1旋转，绕y轴旋转称为2旋转，绕z轴旋转称为3旋转，这样就可以形成多个旋转序列（Rotation Sequence），如313、213、123等。如果按照313刚体固定的旋转序列来旋转坐标系，则旋转过程如图1-8所示。首先绕z轴旋转一定角度，x轴旋转到x'位置，y轴旋转到y'位置，z轴不动，这样就得到新的坐标系（$x'y'z$），如图1-8（a）所示；然后绕坐标系（$x'y'z$）的x'轴旋转一定角度，y'轴旋转到y''位置，z轴旋转到z'位置，x'轴不动，这样就得到另一个新坐标系（$x'y''z'$），如图1-8（b）所示；最后再绕坐标系（$x'y''z'$）的z'轴旋转一定角度，x'轴旋转到x''位置，y''轴旋转到y'''位置，z'轴不动，这样就最终得到了坐标系（$x''y'''z'$），如图1-8（c）所示。这种旋转序列的三次旋转的角度称为欧拉角，欧拉角在高等动力学和多体系统动力学中有广泛的应用，其他旋转系列与此类似，如123、323等。

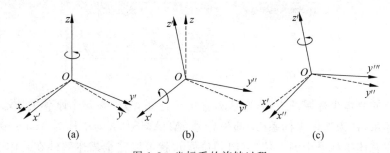

图1-8 坐标系的旋转过程

(a) 313 旋转的第 1 次旋转；(b) 313 旋转的第 2 次旋转；(c) 313 旋转的第 3 次旋转

选择【Setting】→【Coordinate System】命令，弹出坐标系设置对话框，如图1-9所示，在对话框中选择相应的坐标系，以及坐标系的旋转序列。另外还可以设置相对于刚体坐标系（Body Fixed）还是空间坐标系（Spaced Fixed）旋转，若是相对于刚体坐标系，则是相对于每次坐标系旋转后的坐标进行旋转，而相对于空间坐标系则是指相对于空间中原坐标系进行旋转，每次相对旋转的坐标系是不动的。在ADAMS中描述的模型中各个构件的位置时，可以用局部坐标系，也可以用总体坐标系，ADAMS最终建立的运动学方程和动力学方程都要过渡到总体坐标系中。

图1-9 设置坐标系对话框

旋转序列中的Body Fixed和Space Fixed是有很大区别的，以313旋转序列角（$90°$，$-90°$，$180°$）为例，Body Fixed和Space Fixed的旋转过程如图1-10所示。

1.3.3 设置工作栅格

在建立几何模型、坐标系或者铰链时，系统会自动捕捉到工作栅格上。可以修改栅格的形式、颜色和方位等。选择【Setting】→【Working Grid】命令，弹出设置工作栅格对话框，如图1-11所示。可以将栅格设置成矩形坐标（Rectangular）形式或极坐标（Polar）形式，可以用点或者线的形式表示，如图1-12所示，可以设置点或者线的大小或者粗细（Weight）、间距

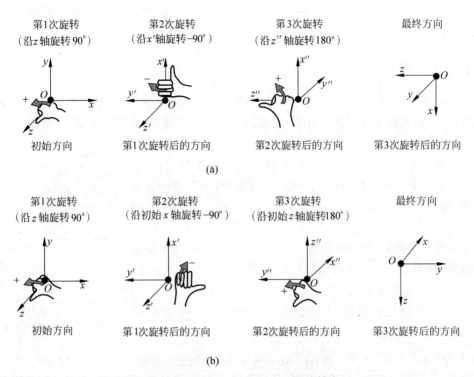

第1次旋转　　　　　第2次旋转　　　　　第3次旋转　　　　　最终方向
（沿z轴旋转90°）　（沿x′轴旋转−90°）　（沿z″轴旋转180°）

初始方向　　　第1次旋转后的方向　　第2次旋转后的方向　　第3次旋转后的方向

(a)

第1次旋转　　　　　第2次旋转　　　　　第3次旋转　　　　　最终方向
（沿z轴旋转90°）　（沿初始x轴旋转−90°）　（沿初始z轴旋转180°）

初始方向　　　第1次旋转后的方向　　第2次旋转后的方向　　第3次旋转后的方向

(b)

图 1-10　Body Fixed 和 Space Fixed 旋转序列

（a）Body Fixed 旋转序列；（b）Space Fixed 旋转序列

及颜色。还可以将栅格的坐标原点放在总体坐标系的原点，也可以将其放在任意位置（Set Location），或将栅格放在其他方向上（Set Orientation）等。

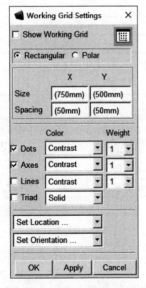

图 1-11　设置工作栅格对话框

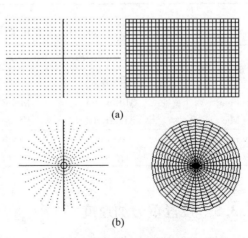

图 1-12　在图形区显示工作栅格

（a）矩形栅格；（b）圆形栅格

如果用户想使用 ADAMS/View 提供的建立几何模型的工具，则需要非常熟练地移动和旋转工作栅格。

1.3.4　设置单位

对于初学者而言，一定要注意 ADAMS/View 中的单位制，经常会发生因为没有注意到系统的单位，而在做了大量的工作后，发现计算的结果与实际的误差太大，很可能就是由于系统的单位制与用户自己使用单位不同引起的。

设置系统的单位，可以在启动时的欢迎对话框中设置，也可以在以后再设置。选择【Setting】→【Units】命令，弹出单位设置对话框，如图 1-13 所示，将相应的单位设置成所需的单位制即可。

系统可以使用的单位制如表 1-5 所示，用户可以设定长度（Length）、质量（Mass）、力（Force）、时间（Time）、角度（Angle）和频率（Frequency）的度量单位。另外还可以使用系统已经定义好的几个单位制的组合，如 MMKS、MKS、CGS 或 IPS，如表 1-6 所示。

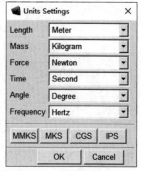

图 1-13　设置单位对话框

表 1-5　ADAMS/View 中可选的单位制

量　　纲	可以使用的度量单位
长度（Length）	Meter，Millimeter，Centimeter，Kilometer，Inch，Foot，Mile
质量（Mass）	Kilogram，Gram，PoundMass，OunceMass，Slug，KilopoundMass，Tonne
力（Force）	Newton，KilogramForce，Dyne，PoundForce，OunceForce，KiloNewton，KilopoundForce，MilliNewton，CentiNewton，Poundal
时间（Time）	Second，Minute，Hour，Millisecond
角度（Angle）	Degree，Radian
频率（Frequency）	Hertz，Radians per second

表 1-6　系统定义的单位制组合

量　　纲	单位制的组合			
	MMKS	MKS	CGS	IPS
长度（Length）	Millimeter	Meter	Centimeter	Inch
质量（Mass）	Kilogram	Kilogram	Gram	Pound
力（Force）	Newton	Newton	Dyne	Pound
角度（Angle）	Degree	Degree	Degree	Degree

1.3.5　设置重力加速度

如果刚体系统的自由度与驱动的数目相同时，系统会进行机构运动仿真，此时系统的构件的位置、速度和加速度等信息与重力加速度无关，完全由模型上定义的运动副和驱动决定，而当系统的自由度大于驱动的数目时，此时系统的位形还不能完全确定，系统对于还不能完全确定的自由度就会在重力的作用下进行动力学计算，因此需要设置重力加速度。

选择【Setting】→【Gravity】命令，弹出设置重力加速度的对话框，如图 1-14 所示，用户可以输入重力加速度矢量在总体坐标系的三个坐标轴上的分量，系统默认为沿着负全局坐标系的 Y 轴方向。在输入加速度值时，一定要注意当前使用的单位制。

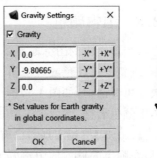

图 1-14　设置重力加速度对话框及其图标的显示

1.3.6　设置图标

图标是指在图形显示区以一种形象的外观符号表示模型中元素的标识，如坐标系、重力加速度、载荷、几何点、弹簧等，如果模型很复杂，可以将图标隐藏起来，在创建模型元素，如运动副时，需要选择坐标系，此时就应该将图标显示出来。

选择【Settings】→【Icon】命令，弹出设置图标对话框，如图 1-15 所示，在 New Value 后的下拉列表中选择 On 或 Off 可以将所有的图标显示或隐藏起来，或单击状态工具栏上的 Icons 按钮，也可控制图标的隐藏或显示。在 New Size 后的输入框中输入图标的尺寸，可以将图标放大或缩小。在 Specify Attributes for 的下拉列表中选择相应的某类模型元素，可以单独设置这类元素的可见性，以及颜色和尺寸等。

1.3.7　设置图形区的背景色

要改变图形区背景的颜色，选择【Settings】→【View Background Color】命令，弹出编辑背景颜色的对话框，如图 1-16 所示，可以选择已经存在的颜色，也可以拖动红、绿和蓝三基色的滑动条来确定新的背景颜色，还可以选择是否有渐变效果 Gradient。

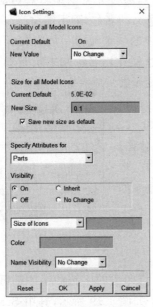

图 1-15　设置图标对话框

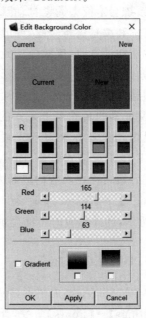

图 1-16　设置图形区的背景色

1.3.8　编辑颜色

可以给图形区中的图标赋予不同的颜色，以方便辨识。可以直接使用系统已经创建的颜色，也可以新创建颜色或者编辑一个已经存在的颜色。选择【Settings】→【Colors】命令，弹出函数编辑对话框，如图 1-17 所示。如果要编辑已经存在的颜色，先在 Color 后的下拉列表中选中颜色名称，然后单击【Color Picker】按钮，弹出选择颜色对话框，从中选择相应的颜色，单击【Apply】按钮实现对已有颜色的编辑；如果要新创建颜色，则先单击【New Color】按钮，然后在弹出的输入框中给要创建的颜色输入一个名称，然后单击 Color Picker 按钮，弹出选择颜色对话框，从中选择相应的颜色，单击【Apply】按钮可创建一个颜色。创建好颜色后，可以通过主菜单工具条中的 ■ 按钮给物体赋予颜色。

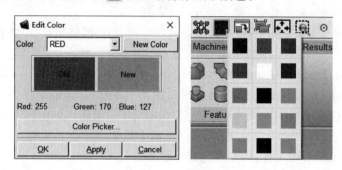

图 1-17　编辑颜色

1.3.9　设置名称

一个模型的元素可以用名称来表示，另外还可以用一个编号（ID）来表示，在建立模型的时候，系统会给模型元素自动赋予一个名称和一个编号，通过元素的编辑对话框，可以对元素的名称和编号进行修改，一般会给元素赋予一个有意义的名称，而不需要修改元素的编号。求解器在计算时，读取模型元素的编号。ADAMS 中的一个元素一般有父元素和子元素，父元素是指其上一级元素，子元素是其下一级元素，这样在用名称来表示元素时就有长格式和短格式之分，长格式是指从最高级的元素一直到该元素的名称，父元素的名称与子元素的名称之间用点来表示，短格式是指只用元素名称来表示元素，例如 . model_1. PART_2. MARKER_1 是长格式名称，而 . MARKER_1 是短格式名称。可以设置元素名称在函数构造器或信息窗口中显示的样式，选择【Settings】→【Names】命令，弹出设置名称对话框，如图 1-18 所示，选择相应的名称显示样式即可。

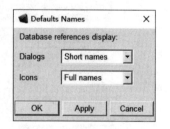

图 1-18　设置名称对话框

1.3.10　设置字体

在 ADAMS/View 的图形显示区的字符和用打印机打印出的字符的字体都可以改变，选择【Settings】→【Fonts】命令，弹出设置字体的对话框，如图 1-19 所示，其中 Screen Font 设置 ADAMS/View 图形区显示的字符的字体，Postscript Font 设置打印机打印字符的字体,在 Screen Font 输入框中单击鼠标右键,在右键快捷菜单中选择【Browse】就会弹出字体列表框,从中旋转一种即可。图 1-20(a)所示的连杆及其局部坐标系的字体是 sans serif,而图 1-20(b)所示的字体是 Arial Black-Bold。

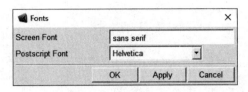

图 1-19 设置字体对话框

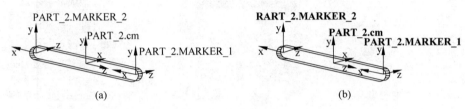

(a) (b)

图 1-20 图形区显示的不同字体

(a) sans serif 字体;(b) Arial Black-Bold 字体

1.3.11 设置载荷的显示大小

可视化图形区可以根据载荷的大小,用图标的长度显示载荷。选择【Settings】→【Force Graphics】命令,弹出载荷设置对话框,如图 1-21 所示,可以输入力(Force)和力矩(Torque)的显示比例,此比例是图标长度与载荷真实值的比例。

1.3.12 设置灯光

选择【Settings】→【Lighting】命令,弹出设置灯光的对话框,如图 1-22 所示。

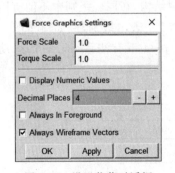

图 1-21 设置载荷对话框

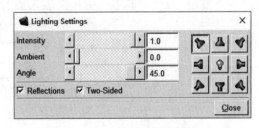

图 1-22 设置灯光对话框

1.3.13 设置界面风格

ADAMS/View 的界面风格分为传统风格和默认风格,选择【Settings】→【Interface Style】→【Classic】命令,切换到传统风格,如图 1-23 所示,传统风格和默认风格在界面上有很大的区别，操作方式也不同。关于传统风格下的建模操作过程，参见本书作者所著的第1版书。

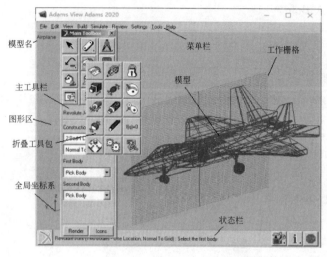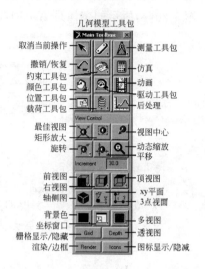

图 1-23　传统界面风格

以上只是设置一些工作环境，可以将常用的设置保存到文件中，选择【Settings】→【Save Settings】命令，工作环境的设置将保存到工作目录下的 aviewBS. cmd 文件中，在启动 ADAMS/View 时会自动读取该文件。如果更改了设置，而又想恢复以前的设置，可以选择【Settings】→【Restore Settings】命令读取 aviewBS. cmd 中的设置。

1.4　ADAMS/View 中建模注意事项

1.4.1　ADAMS/View 中的命名规则

ADAMS 中的每个元素都有一个名称，命名规则采用树结构，在同一级别中不能有同名的元素，在不同级别中可以有相同的名称。ADAMS 中用"."来表示级别，例如对于图 1-24 所示的一个模型，模型名称是 mod，则表示成". mod"，在 mod 下有测量 meas_1、运动副

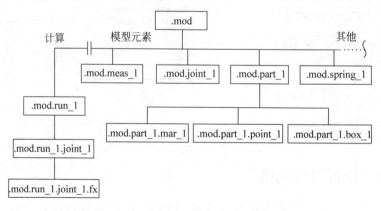

图 1-24　ADAMS/View 中的元素级别

joint_1、构件 part_1,弹簧 spring_1,分别表示成".mod.meas_1"".mod.joint_1"".mod.part_1"和".mod.spring_1",在 part_1 下又有坐标系 mar_1、几何点 point_1 和立方形 box_1,分别表示成".mod.part_1.mar_1"".mod.part_1.point_1"和".mod.part_1.box_1"。以上表示方法是长格式表示法,即从模型名开始,将中间所有级别都列出来,另外一种表示方法是短格式表示法,只把模型中元素名称列出,例如几何点 point_1,可以直接写成"point_1",不用把级别列出。在建模过程对话框中,都需要输入元素的名称,在输入名称时,可以按照长格式方式输入名称,也可以按短格式输入,如果输入名称有问题,在输入名称的对话框中以黄色给予警告。

1.4.2　构件元素的 ID 号

在创建模型元素时,在元素的创建对话框或编辑对话框中,都有一个 Solver ID 号,例如图 1-25 所示是单分量力编辑对话框,在对话框中有 Solver ID。Solver ID 是求解器用于识别元素的编号,对于 Solver ID 一般不需要修改,使用默认的值即可,当然读者也可以修改,只要不与同类型元素的 ID 号相同即可。

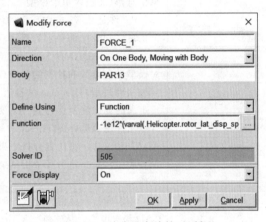

1.4.3　模型元素的注释

为了帮助记忆或其他人理解建模过程,可以给模型中的元素增加注释或解释。在模型元素的新建对话框或者编辑对话框的左下角,都有一个 按钮,单击该按钮,可以进行注释或增加说明。

图 1-25　单分量力编辑对话框

1.4.4　ADAMS 的建模流程

ADAMS 的建模过程一般遵循从简单到复杂的过程,先创建能进行仿真计算概况模型,然后再在概况模型上增加细节,然后再增加优化、客户化界面等,如图 1-26 所示。首先创建能基本表达研究对象的运动学或动力学的必要元素,如构件、运动副、载荷、驱动和接触等,通过这些基本元素能正确表达系统的运动关系,然后对模型进行测试,通过各种计算出的数据判断模型是否准确,在模型没有问题的情况下再细化模型,在模型中增加摩擦、柔性体替换刚性体、在力或驱动中增加复杂的函数、定义设计变量,将模型参数化等,最后对系统的性能进行优化计算,还可以编制客户自己的菜单和对话框。

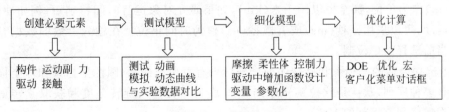

图 1-26　建模流程

1.4.5 ADAMS/View 中的文件类型

在建模和计算的过程中，ADAMS/View 可以生成不同类型的文件，这些文件的扩展名和意义如表 1-7 所示。

表 1-7　ADAMS/View 中用到的文件类型

文 件 类 型	文 件 说 明
*.bin 文件	.bin 文件是 ADAMS/View 存盘的文件，是二进制文件，包含建模、计算结果和后处理的所有信息
*.cmd 文件	.cmd 文件是 ADAMS/View 的建模命令流文件，是文本文件，可以从 View 中导出 cmd 文件，可以修改 cmd 文件内部信息。cmd 文件包含模型的完整拓扑结构信息（包括所有几何信息）、模型仿真信息，为文本文件，可读性强，可以进行编程，是 ADAMS 的二次开发语言，不包含 ADAMS/View 的环境设置信息，不包含仿真结果信息，只能包含单个模型
*.adm 文件	.adm 文件是从 View 中导出的模型语言文件，是文本文件，记录了 bin 文件中的模型信息，.adm 文件和求解器计算指令 acf 文件一起，直接提交给求解器进行计算
*.acf 文件	.acf 文件是 ADAMS/Solver 仿真控制语言，文件中可以包含 ADAMS/Solver 命令对模型进行修改和控制的命令，从而控制仿真的进行
*.req 文件	.req 文件是用户 request 的输入文件，ADAMS/Solver 求解器将仿真分析结果中用户定义的输出变量保存到 .req 文件中
*.res 文件	.res 文件是 ADAMS/Solver 求解器的计算结果文件
*.gra 文件	ADAMS/Solver 将仿真分析结果中图形部分结果输出到 gra 文件
*.out 文件	ADAMS/Solver 将仿真分析结果中用户定义的输出变量以列表的形式输出到 out 文件
*.msg 文件	ADAMS/Solver 将仿真过程中的警告信息、错误信息输出到 msg 文件
*.x_t *.x_b *.step *.iges	CAD 几何模型。从三维 CAD 软件中输入的中间格式的几何形状文件，可以导入 View 中进行刚体建模

1.4.6　建模经验总结

结合作者多年的仿真工作，现简单总结一下多体动力学建模过程需要注意的事项。用户在建立好模型进行仿真计算，查看结果后往往会出现计算结果与经验或者期望不一致的情况，出现这种情况是建模过程中出现了问题，模拟的不是实际情况。要解决建模问题，需要一些实际的经验，如下几条是作者工作经验的总结，仅供读者参考。

（1）对所研究对象要有一个清晰的认识，对研究对象的工作原理必须正确理解。

（2）建立合适的单位制，需要与研究对象相匹配的单位。研究对象尺寸比较大时，可以采用米（m）作为单位，甚至可以用千米（km），如果研究对象运行时间特别短，例如冲击爆炸引起的运动，可以采用毫秒（ms）或者微秒（μs）作为时间单位。在输入参数的数据时，特别要注意当前选择的单位制。

（3）选择合适的坐标系和旋转序列。坐标系有直角坐标系、圆柱坐标系和球坐标系，旋转序列有多种序列，默认是欧拉旋转序列（313 序列），在输入旋转角度和获取旋转角度时，需要对旋转序列有深刻的理解。

（4）建模一定从简到繁，不可一下就建立复杂模型，否则建立的模型往往运行不成功。在建立动力学之前，通过驱动或者驱动为 0 等约束方式，先建立运动学模型，验证运动学没有问题后，再建立动力学模型。建立简单模型研究复杂模型某个关键参数或者某个步骤的合理性等。

（5）几何模型方面，注意几何点 point 和标记点 marker 的区别，利用 point 和 marker 建立构件几何外观时，选择自身上的 point 和 marker，与选择别的构件（或大地）上的 point 和 marker 时的不同。利用外部 CAD 模型建立几何元素，注意 iges、stp 格式的几何模型可能造成质量和转动惯量不准确。

（6）尽量不用虚构件（dummy part），如果确实需要，应将其 6 个自由度全部约束，并使其质量为 0，而不是输入很小的值。

（7）如果多个件之间没有相对运动，不要用固定副将其约束在一起，应该合并成一个构件，否则会额外增加系统的约束方程，造成求解困难。如果确实需要增加固定副，最好建立在质量小的构件的质心处，固定副会产生数值非常大的力矩。

（8）添加运动副、柔性连接或力时，注意方向的选择，可以沿着某个坐标轴，可以垂直工作栅格，可以垂直电脑屏幕。

（9）对于柔性连接，如弹簧 spring、阻尼器 bushing 等，应该知道其力正值和负值的方向，不要使阻尼为 0，bushing 的转动角度不宜过大。

（10）添加约束时，不应使模型产生过约束，可以用基本副代替低副，如果确实需要添加基本副，又无法避免过约束问题，应考虑使用柔性体替换刚性体，柔性体可以产生变形，不会产生过约束问题。

（11）建立位移、速度和加速度函数时，注意 To Marker、From Maker 和 Along Maker 的区别和方向。

（12）在建立样条数据时，应该扩展数据的范围，使其超过所需的范围。在运动驱动函数中使用三次样条（CUBSPL）比使用 Akima 样条好。在力函数中使用 Akima 样条（AKISPL）比使用 Cubic 样条好，Akima 插值方法计算起来更快捷，可以用来定义曲面，但其导数通常情况下是不连续。

（13）用函数模拟接触时，在定义 IMPACT 或 BISTOP 函数中不要使用 1.0 作为指数。使用 IMPACT/BISTOP 建的模型，在进行静力学求解时，相对于设计位置，应该会有轻微的压入。

（14）如果定义了接触，如果出现了接触的两个对象有相互较大的切入量或者穿透的现象，请检查构件约束或驱动的合理性。

（15）参数化建模中，注意设计变量的取值范围和允许的误差，误差过大可能会出现不符合预期的结果。

（16）如果仿真一直报错，可以先让某些约束、力、连接、驱动和部件失效（Deactivate），减少模型的复杂度，直到找出问题的原因。

（17）如果结合传感器进行复杂的脚本仿真，请注意每段仿真的时间段，传感器的作用是否合理，是否对系统约束产生不合理的情形。

第2章

刚性体建模

　　ADAMS 中的构件分为刚性构件和柔性构件。刚性构件是指在受到力的作用后,构件上的任意两点之间的距离不发生相对改变的构件,柔性构件在受力后会产生变形。刚性构件是一种理想的构件,在现实中不存在这样的情况,任何物体在受到力的作用后都会或多或少地产生一定的变形,不过物体的变形一般都很小。在多数情况下,将构件认为是刚性后,在误差范围内,计算结果是完全可以接受的,在一些要求精度比较高,或者需要考虑变形的情况,就要使用柔性件代替刚性构件。刚形体有集中质量和转动惯量,在空间中有 3 个整体平动和 3 个转动自由度,柔性构件除了有 3 个整体平动和 3 个转动自由度外,受力后自身还可以产生变形,集中质量点只有 3 个平动自由度,在进行建模时,大地可以认为充满这个空间,建到大地上的构件是没有自由度的。在 ADAMS/View 中创建刚性构件,一种方法是利用 ADAMS/View 提供的建模工具直接创建刚体构件,另一种方法是通过 ADAMS 与其他 CAD 软件的数据接口,直接导入 CAD 几何模型,通过适当的编辑后就可以转变成 ADAMS 中的刚性构件。本章主要介绍如何使用这两种方法建立刚性构件,本书第 6 章将介绍如何建立柔性体构件。

2.1　直接建立刚体构件的元素

2.1.1　构件与构件元素之间的区别

　　在 ADAMS/View 中,一个复杂的构件(Part)是由一个或者几个几何元素构成的,构件的名称是构成构件的几何元素的总称,可以给构件定义名称,也可以给构成构件的几何元素定义名称。几何元素可以是实体,如立方体、球、圆柱等,也可以是一些起辅助作用的构造元素,如几何点、坐标系、曲线等。读者可以打开第 1 章中的直升机模型文件 helicopter. bin,在后轮上单击鼠标右键,如图 2-1 所示,在弹出的快捷菜单中可以看出该构件的名称为PAR22,它由 3 个圆锥台(Frustum)和两个圆柱(Cylinder)构成。可以给构件 PAR22 或者几何元素起一个新名称,可以修改构件的材料等属性,也可以修改几何元素的位置和方向等属性。如果 PAR22 的质量信息是根据几何的体积和材料的密度自动计算的,那么 PAR22 的质量和质心位置与 PAR22 的几何元素有关。

　　对于比较简单的几何模型,可以直接在 ADAMS/View 中建立,而对于比较复杂的几何

图 2-1　构件与构件元素之间的关系

模型,则需要在其他三维 CAD 软件中将各个零件设计出,将各个零件装配在一起,再输入到 ADAMS/View 中。

2.1.2　直接创建几何元素

在 ADAMS/View 中可以直接创建的几何元素如图 2-2 所示,可以将其分为两类:一类是没有体积信息起辅助作用的几何点、线和坐标系等,称为构造体(Construction),可以用于构造几何实体;一类是有体积信息的几何实体(Solids)。

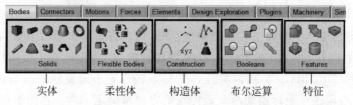

图 2-2　ADAMS/View 中可以直接创建的几何元素

1. 创建几何点(Point)

几何点通常用于创建其他几何体或者铰链(运动副)的基础,在创建其他几何体时可以选择已经存在的点,并且在修改了点的坐标后,与点关联的几何体也会跟着改变,从而实现参数化设计。

在几何工具条上单击创建点 按钮,然后在图形区选择构件或者在相应位置按下鼠标左键就可以创建点。在创建点时,如图 2-3 所示,可以选择将点添加到大地上(Add to Ground)或者选择添加到某个构件上(Add to Part),另外还可以选择将构件与点关联(Attach Near)或者不关联(Don't Attach),如选择关联,可以通过修改点的坐标值来改变构件上的其他几何元素的形状,单击【Point Table】按钮可以输入点的坐标值来创建点。创建点的作用是为了方便创建其他几何元素,因为可以对点的坐标值进行修改,所以如果其他几何元素是通过选择几何点来创建的,则修改了点的坐标值后,与之相关联的几何元素也跟着改变,另外还可以将几何点的坐标值用设计变量来代替,通过修改设计变量的值而修改点的值,从而实现参数化设计,有关参数化设计的内容将在第 10 章中讲解。在图形区,在某个几何点上单击鼠标右键,在弹出的快捷菜单中选择【Modify】,就可以对点的坐标进行编辑,之后弹出编辑点的对话框，可以对点 x、y 和 z 坐标直接修改，修改后单击【Apply】按钮和【OK】按钮。

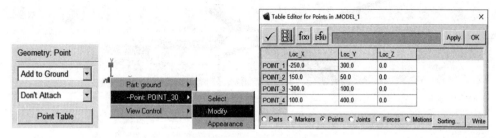

图 2-3　几何点的创建及编辑

2. 创建坐标系（Marker）

在 ADAMS/View 中，Marker 点起到连体坐标系或局部坐标系的作用，与构件固定在一起，随构件一起移动或旋转，与构件不发生相对运动，它有方向。若要计算构件某点处的位移、速度和加速度，则需要在该点处创建 Marker 点，另外在创建运动副和载荷时，系统会自动创建大量的 Marker 点，在定义函数时，也经常需要选择 Marker 点作为函数参数，因此理解好 Marker 点的作用是非常重要的，例如若有两个 Marker 点分别属于两个不同的构件，在仿真过程中可以测量这两个 Marker 的原点在某方向上的相对距离、速度和加速度曲线，以及在某方向上的角度、角速度和角加速度等。

在建模工具条上单击创建坐标系 ⼈ 按钮，然后在图形区选择构件并在相应位置按下鼠标左键就可以创建连体坐标系。在创建坐标系时，可以将局部坐标系添加到大地上（Add to Ground）、添加到构件上（Add to Part），或者添加到曲线上（Add to Curve），还可以设置连体坐标系的方向（Orientation），可以将连体坐标系的 XY 平面旋转到与总体坐标系的某个面平行，还可以指定连体坐标系的两个坐标轴的方向来确定方向。在图形区，在某个连体坐标系上单击鼠标右键，在弹出的快捷菜单中选择【Modify】，弹出编辑对话框，如图 2-4 所示，可以修改连体坐标系的名称（Name）、原点位置（Location）和坐标轴的方向（Orientation），在确定方向时，需要注意当前的坐标系的旋转序列。

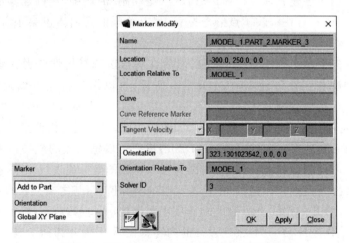

图 2-4　创建坐标系的选项和坐标系的对话框

在 ADAMS/View 中建立的模型,都是在一个全局的坐标系中创建的,这个全局坐标系可以认为是与大地固定在一起而静止不动的坐标系,系统中的元素在全局坐标系下进行运动。另外,为了建立约束方程和施加载荷,还需要在各个刚体或柔性体上建立局部坐标系,局部坐标系与刚体或柔性体固定在一起,并随刚体一起运动。在 ADAMS/View 图形区的左下角处有一个坐标系,该坐标系显示了全局坐标系的方向,不表示全局坐标系的位置。

对于刚体而言,系统会在其质心位置处自动建立一个质心坐标系,该坐标系也是局部坐标系,与刚体固定并随刚体一起运动,与一般局部坐标系所不同的是,质心坐标系用于计算刚体的惯性矩信息,用于表征刚体在全局坐标系中的位置和方向。通过全局坐标系可以计算出刚体上其他局部坐标系在全局坐标系中的位置和方向。在 ADAMS/View 中质心坐标系用 Marker:cm 表示,其他局部坐标系用 Marker 表示,如图 2-5 所示,已知构件的质心坐标系的原点 C 在全局坐标系中的位置为 r_C,从 C 点到另一个局部坐标系原点 P 的矢量在全局坐标系中为 r_C^P,则局部坐标系原点在全局坐标系中的位置为 $r_P = r_C + r_C^P$,以及速度关系 $\dot{r}_P = \dot{r}_C + \dot{r}_C^P$。

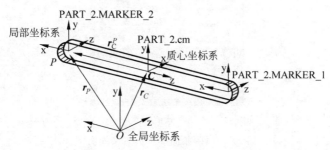

图 2-5　全局坐标系与局部坐标系

3. 创建多义线(Polyline)

多义线是由首尾相连的多条线段构成的,它没有体积。在建模工具条上单击创建多义线 ∧ 按钮,然后在图形区选择构件或在相应位置按下鼠标左键就可以创建多义线或一段线段。在创建多义线时,如图 2-6 所示,可以将多义线作为一个新构件(New Part),或将多义线添加到某构件上(Add to Part),或者将其固定在大地上(Add to Ground),可以选择创建

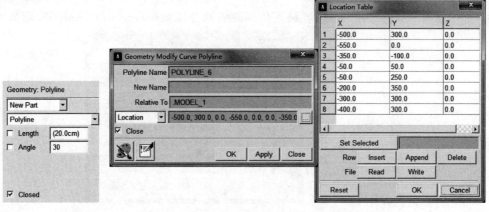

图 2-6　创建多义线的选项及编辑对话框

多义线（Polyline）或者仅创建一条线段（One Line），可以将多义线设置为封闭（Close），也可以设置多义线的长度（Length）和倾斜角（Angle）。如果选择新构件，则由于多义线没有体积信息，也就没有质量信息，所以会弹出警告信息。

在图形区某个多义线上单击鼠标右键，在弹出的快捷菜单中选择【Modify】，弹出编辑对话框，如图 2-7 所示，可以为多义线起新的名称（New Name），可以设置线段上点的新位置（Location），单击 ... 按钮后，弹出编辑点的对话框，可以将不封闭的多义线设置为封闭的线（Close）外，还可以选择已经存在的线段、曲线和圆弧等来创建多义线，图 2-7（a）所示是一条 1/4 圆弧和一条样条曲线，将修改对话框中的修改坐标点设置为修改路径（Path Curve），然后在输入框中单击鼠标右键，在弹出的快捷菜单中，选择【Wire_Geometry】→【Pick】命令，在图形区选择曲线和圆弧后，如图 2-7（b）所示，单击【OK】按钮，则原来的多义线被删除，并以样条曲线和圆弧形成一条新的多义线。需要注意的是，原来的样条曲线和圆弧仍存在，如图 2-7（c）所示。

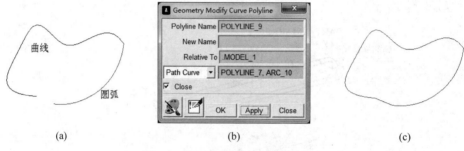

（a）   （b）   （c）

图 2-7　由两条曲线生成多义线实例

（a）两条曲线；（b）拾取曲线；（c）生成多义线

4. 创建圆弧（Arc）

在工具栏上单击创建圆弧 ⌒ 按钮，然后在图形区选择构件或者在相应位置按下鼠标左键确定圆弧的圆心，拖动鼠标确定圆弧的起始点后，就可以创建一段圆弧，如图 2-8 所示。在创建圆弧时，可以将圆弧作为一个新的构件（New Part），或者将圆弧添加到一个刚体上（Add to Part），或者将其固定在大地上（Add to Ground）。可以设置圆弧的半径（Radius）、起始角（Start Angle）和终止角（End Angle），可以将圆弧设置成一个圆。通过圆弧编辑对话框，可以修改圆弧的半径、起始角、终止角和圆弧的分段数（Segment Count）等，圆弧实际

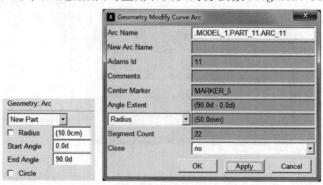

图 2-8　创建圆弧的选项及编辑对话框

上是由多义线构成的,因此圆弧的分段数越多,圆弧越光滑。

5．创建样条曲线（Spline）

单击工具栏中的样条曲线 $\sqrt{xyz}$ 按钮,然后在图形区单击左键确定样条曲线的逼近点或选择一条已经存在的线段,就可以创建样条曲线。需要注意的是,要形成封闭的样条曲线,至少要选择 8 个点,非封闭的样条曲线至少要选择 4 个点。如果选择的点有误,可以再次单击该点后就可以取消该点。在创建样条曲线时,如图 2-9 所示,可以将样条曲线作为一个新的构件（New Part）,或者将样条曲线添加到一个构件上（Add to Part）,或者将其添加到大地上（Add to Ground）。另外可以将样条曲线设置为封闭（Closed）,可以通过选择点来创建样条曲线,也可以通过选择已经存在的曲线来创建曲线,如图 2-10 所示是通过选择一条多义线后生成的样条曲线。

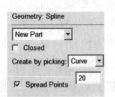

图 2-9　创建样条曲线的选项

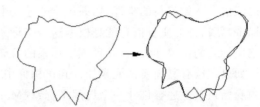

图 2-10　由多义线生成样条曲线实例

同样可以修改样条曲线,图 2-11 所示是编辑样条曲线的对话框,可以修改样条曲线的分段数（Segment Count）,以及样条曲线点的坐标值。

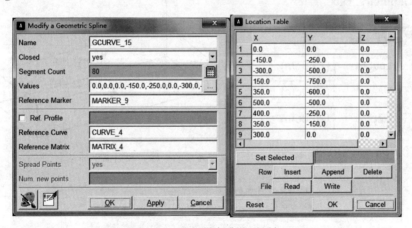

图 2-11　编辑样条曲线对话框

6．创建集中质量点

与其他构造体不同,集中质量点有质量信息,但是没有几何形状,可以单独作为一个构件。单击 按钮,弹出创建集中质量点对话框,如图 2-12 所示,只需要输入质量（Mass）和位置（Location）即可。单击【Apply】按钮后,再单击【Velocity ICs】按钮可以给质量点赋予初始速度。

上面介绍的这些构造元素主要起到辅助作用,除集中质量外,它们并没有质量和体积等信息,如果不手动输入质量信息,它们不能单独作为一个构件,不能完成动力学的计算,它们只能作为辅助作用，例如封闭的线段可以用来拉伸实体，可以用于定义凸轮的轮廓等。下面将介绍创建实体的方法，这些实体有质量和转动惯量等实体信息，是进行动力学计算所必不可少的几何元素。

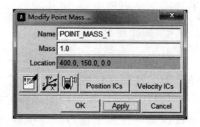

图 2-12　创建集中质量点对话框

7. 创建立方体（Box）

在工具栏中单击立方体 ![] 按钮，然后在图形区按住鼠标左键并拖动鼠标即可创建立方体。如图 2-13 所示，在创建立方体时，可以将立方体作为一个独立的构件（New Part），或者将立方体添加到一个构件上（Add to Part），或者将其添加到大地上（Add to Ground）。另外可以设置立方体的长（Length）、高（Height）和深（Depth），若未指定长、高和深，则系统将高设置为长和深两者中小者的两倍。在创建新的构件时，系统会在立方体的质心位置处创建一个名称为 cm 的质心坐标系，新构件的质量信息就是根据这个坐标系由系统自动计算出来的，因此一般不需要修改该坐标系的位置和方向，并且该坐标系的位置和方向会随着构件的几何元素的改变而改变。如果继续有其他实体元素加入到该构件中，则质心坐标系的位置会移动。另外，在立方体的起始顶点上还会创建一个局部坐标系（Marker 点），通过修改该坐标系的原点和方向，可以移动或者旋转立方体。在立方体上还有一个热点，选中立方体后，会出现该热点，可以拖动该热点，从而改变立方的长和深，当然也可以通过编辑立方体对话框来修改立方体的长、高和深（Diag Corner Coords），如图 2-14 所示。

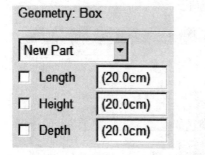
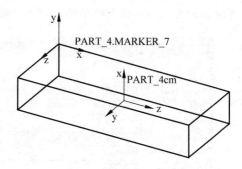

图 2-13　创建立方体的选项及质心坐标系和局部坐标系

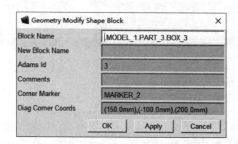

图 2-14　编辑立方体的对话框

8. 创建圆柱体（Cylinder）

在工具栏上单击圆柱体 ![] 按钮，在图形区单击鼠标左键并拖动鼠标就可创建圆柱体，如图 2-15 所示。在创建圆柱体时，可以将圆柱体作为一个新构件（New Part），或者将圆柱体添加到一个构件上（Add to Part），或者将其添加到大地上（Add to Ground）。另外，还可以设置立方体的长度（Length）和半径（Radius），若未设置长度和半径，在创建圆柱体时系统会将长度设置为半径的4倍。在创建新的构件时，系统同样会在圆柱体的质心位置处创建一个名称为cm的质心坐标系，用于计算新构件的质量信息。另外，在圆柱体的起始端的圆心位置处会创建一个局部坐标系，通过修改该坐标系的原点和方向，可以移动或者旋转圆柱体。在圆柱体上有两个热点，选中圆柱体后，拖动这两个热点会改变圆柱体的长度和半径，还可以通过编辑圆柱体的对话框来修改圆柱体的半径和长度，如图2-16所示。可以修改圆柱体的侧面分段数（Side Count For Body）和上下底面圆的分段数（Segment Count For Ends），分段数越多圆柱体越光滑。如果是改变圆柱体的Angle Extent的值，可以将圆柱体变成非360°的圆柱体。

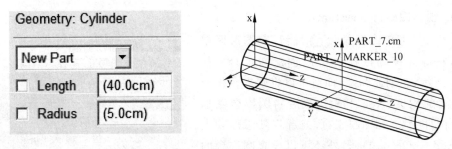

图2-15　创建圆柱体的选项及圆柱体的质心坐标系和局部坐标系

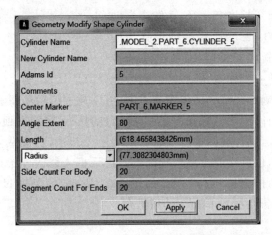

图2-16　编辑圆柱体的对话框

9. 创建球体（Sphere）

在工具栏上单击球体 ⬤ 按钮，在图形区单击鼠标左键并拖动鼠标就可以创建球体。如图2-17所示，在创建圆柱体时，可以将圆柱体作为一个新构件（New Part），或者将圆柱体添加到一个构件上（Add to Part），或者将其添加到大地上（Add to Ground），另外还可以设置球体的半径（Radius）。在创建新的构件时，系统会在球体的球心处创建一个质心坐标系和局部坐标系，质心坐标系用于计算构件的质量信息，局部坐标系确定球体的位置和方向，可以通过编辑局部坐标系的位置或方向来移动或旋转球体在空间中的位置和方向。球体实际上是一个三个半径相等的椭球体（Ellipsoid），选中球体后，在球体上就会出现三个热点，拖动热点，就可以将球体变成椭球体，也可以通过编辑球体的对话框，来设置球体三个半径的长度，如图 2-18 所示。

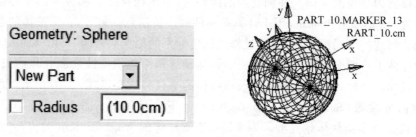

图 2-17　创建球体的选项及球体的质心坐标系和局部坐标系

10. 创建圆锥台（Frustum）

在工具栏上单击圆锥台 ![按钮] 按钮，在图形区单击鼠标左键并拖动鼠标就可以创建圆锥台。如图 2-19 所示，在创建圆锥台时，可以将圆锥台作为一个独立的构件（New Part），或者将圆锥台添加到一个构件上（Add to Part），或者将其添加到大地上（Add to Ground），另外还可以设置圆锥台的长度（Length）、底半径（Bottom Radius）和顶半径（Top Radius）。若未指定长度和半径，系统会自动将底半径设置为长度的 12.5%，顶半径设置为底半径的 50%。在创建新的构件时，系统会在圆锥

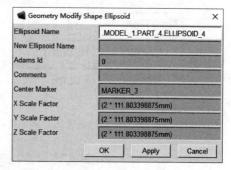

图 2-18　编辑球体的对话框

台的质心处创建一个质心坐标系，在底端创建一个局部坐标系，质心坐标系用于计算构件的质量信息，局部坐标系确定圆锥台的位置和方向，可以通过编辑局部坐标系的位置或方向来移动或旋转圆锥台在空间中的位置和方向。圆锥台的长、底半径和顶半径由三个热点控制，在图形区单击某个圆锥台后，在圆锥台上就会出现三个热点，拖动热点，就可以改变圆锥台的长、底半径和顶半径，也可以通过编辑圆锥台的对话框来修改圆锥台的长、底半径和顶半径，还可以确定底面和侧面圆的分段数，如图 2-20 所示，另外通过修改圆锥台的 Angle Extent 参数，可以将圆锥台变成非 360°的圆锥台。

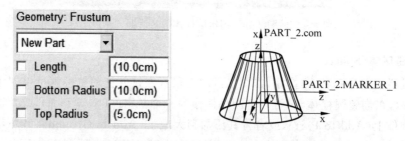

图 2-19　创建圆锥台的选项及圆锥台的质心坐标系和局部坐标系

11. 创建圆环体（Torus）

在工具栏上单击圆环体 ![按钮] 按钮，在图形区单击鼠标左键并拖动鼠标就可以创建圆环

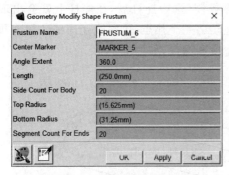

图 2-20 编辑圆锥体的对话框

体,如图 2-21 所示。在创建圆锥台时,可以将圆环体作为一个独立的构件(New Part),或者将圆环体添加到一个构件上(Add to Part),或者将其添加到大地上(Add to Ground),另外还可以设置圆环体的次半径(Minor Radius)和主半径(Major Radius)。若未指定次半径和主半径,系统会自动将次半径设置为主半径的 25%。在创建新的构件时,系统会在圆环体的中心处创建一个质心坐标系和一个局部坐标系,质心坐标系用于计算构件的质量信息,局部坐标系确定圆环体的位置和方向,可以通过编辑局部坐标系的位置或方向来移动或旋转圆环体在空间中的位置和方向。圆环体的主半径和次半径由两个热点控制,在图形区单击选中某个圆环体后,在圆环体上就会出现两个热点,拖动热点,就可以改变圆环体的次半径和主半径,也可以通过编辑圆环体的对话框来修改圆环体的次半径和主半径,如图 2-22 所示,通过修改 Angle Extent 项,可以将圆环体变成非 360°的圆环体。

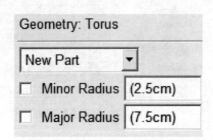

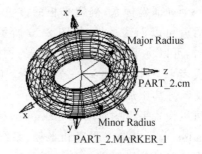

图 2-21 创建圆环体的选项及圆环体的质心坐标系和局部坐标系

12. 创建连杆(Link)

在工具栏上单击连杆 按钮,在图形区单击鼠标左键并拖动鼠标就可以创建连杆,如图 2-23 所示。在创建连杆时,可以将连杆作为一个独立的构件(New Part),或者将连杆添加到一个构件上(Add to Part),或者将其添加到大地上(Add to Ground),另外还可以设置连杆的长度(Length)、宽度(Width)和深度(Depth)。若未指定长度、宽度和深度,系统会自动将宽度设置为长度的 10%,深度为长度的 5%。在创建连杆时,系统在质心位置处创建一个质心坐标系,在两端圆弧的圆心处创

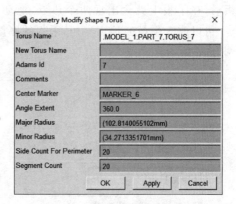

图 2-22 编辑圆环体的对话框

建两个坐标系,起始端的坐标系称为 I_MARKER,终端的坐标系称为 J_MARKER,并且要求这两个坐标系的 XY 平面平行,I_MARKER 和 J_MARKER 决定连杆的长度。要转动连杆,可以选中连杆,在 I_MARKER 处就会出现一个新的坐标系,拖动该坐标系上的热点就

可以转动连杆。连杆的长度、宽度和深度由两个热点控制，选中连杆后，在连杆上就会出现两个热点，拖动一个热点，就可以改变连杆的长度，拖动另一个热点，可以改变连杆的宽度和深度，也可以通过编辑连杆的对话框来修改连杆的宽度和深度，如图 2-24 所示。

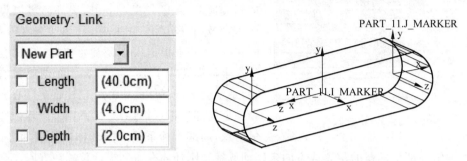

图 2-23　创建连杆的选项及连杆的质心坐标系和局部坐标系

13. 创建平板（Plate）

在工具栏上单击平板 ▲ 按钮，在图形区用鼠标至少选择三个点作为平板的顶点，在第一个顶点处定义一个局部坐标系，确定平板的方位，单击鼠标右键后就可以创建平板，如图 2-25 所示。在创建平板时，可以将平板作为一个独立的构件（New Part），或者将平板添加到一个构件上（Add to Part），或者将其添加到大地上（Add to Ground），另外还可以设置平板的厚度（Thickness）和顶点的半径（Radius），若未指定厚度和半径，系统会自动

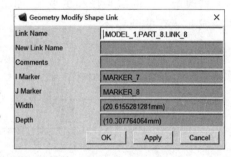

图 2-24　编辑连杆的对话框

将厚度和半径的值设置为 1（当前单位）。在创建平板时，系统在质心处创建一个质心坐标系，在每个顶点的圆弧中心，创建一个坐标系。平板由两个热点控制，在图形区单击某个平板后，在平板上就会出现两个热点，拖动一个热点，就可以改变平板的厚度，拖动另一个热点，可以改变平板的顶点半径，平板的厚度和半径也可以通过编辑平板的对话框来修改，如图 2-26 所示。

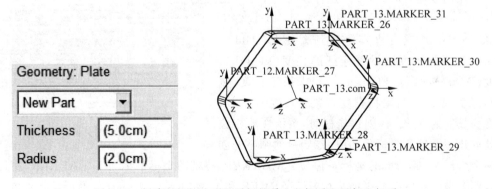

图 2-25　创建平板的选项及平板的质心坐标系和局部坐标系

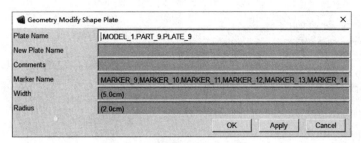

图 2-26　编辑平板的对话框

14. 创建拉伸体（Extrusion）

拉伸体是由轮廓（Profile）、拉伸路径（Path）和拉伸长度（Length）构成的。在工具栏中单击拉伸体按钮 ，然后设置拉伸路径、拉伸长度，在图形区绘制轮廓就可以创建拉伸体，如图 2-27 所示。在绘制轮廓时，可以将创建轮廓的方法设置为拾取点（Points）来创建，并可以选择将绘制的轮廓封闭（Close），或者设置为直接拾取已有的曲线（Curve）来创建。拉伸方向可以设置为沿着栅格的正方向（Forward）、对称于栅格（About Center）、反方向（Backward），或者选择已经存在的曲线（Along Path）。在拉伸体的质心处有一个质心坐标系，在轮廓的中心处有一固定坐标系，通过该坐标系可以旋转拉伸体，可以通过拉伸体的编辑对话框来修改拉伸体，如图 2-28 所示。

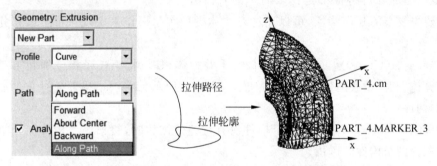

图 2-27　创建拉伸体的选项及拉伸体的质心坐标系和局部坐标系

15. 创建旋转体（Revolution）

旋转体由轮廓和旋转方向构成。在工具栏中单击旋转体 按钮，创建旋转体的选项如图 2-29 所示，然后在图形区拾取两点作为旋转轴，再在图形区选择点来定义旋转轮廓（Points）或者选取已经存在的曲线（Curve），当勾选 Closed 项时，在选择完旋转轮廓的最后一个点后单击鼠标右键就会创建旋转体。在旋转体的质心处有一质心坐标系，在旋转轴的起始点处有一局部坐标系，拖动该坐标

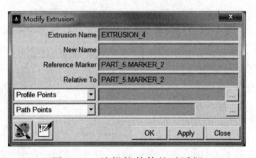

图 2-28　编辑拉伸体的对话框

系可以改变旋转体的形状，另外通过旋转体的编辑对话框可以修改旋转角度（Angle Extent），默认为 360°，如图 2-30 所示。

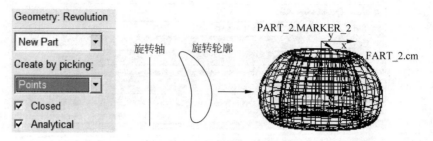

图 2-29　创建旋转体的选项及旋转体的质心坐标系和局部坐标系

16. 创建刚性面（Rigid Plane）

在工具栏中单击刚性面 ▋ 按钮，然后在图形区拖动鼠标就可以创建刚性面。刚性面没有质量信息，可以用来定义接触，以便在两个构件接近时，使两个构件产生碰撞，有关接触的定义详见 4.3 节的内容。

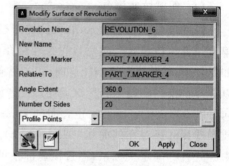

图 2-30　编辑旋转体的对话框

2.1.3　布尔操作

以上创建的几何特征都是比较简单的几何特征，要创建更复杂的几何特征，可以通过对实体进行布尔操作来实现。布尔运算分为以下几种：

（1）布尔加（Unite） ▐ ：当两个构件有重叠的体积时，将第一个构件加到第二个构件上，在计算体积时，重叠的体积只计算一次。图 2-31 所示为将两个构件通过布尔加运算后得到新的构件。

（2）布尔和（Merge） ▐ ：当两个构件没有重叠的体积时，将第一个构件加到第二个构件上，体积为两个构件的体积。

（3）布尔交（Intersect） ▐ ：当两个构件有重叠的体积时，得到两个构件的重合体积。图 2-32 所示为将两个构件进行布尔交运算后得到的新构件。

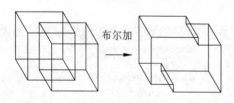

图 2-31　布尔加运算实例

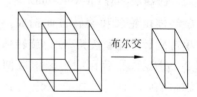

图 2-32　布尔交运算实例

（4）布尔减（Difference） ▐ ：当两个构件有重叠的体积时，从第一个构件的体积中减去重叠的体积。图 2-33 所示为从一个构件中减去另一个构件后得到的新构件。

（5）布尔分（Split） ▐ ：将进行过布尔加运算构件分解为原来的两个构件。图 2-34 所示为将两个经过布尔加运算后得到的新构件，再进行布尔分后得到原来的两个构件。

（6）布尔链（Chain） ▧ ：将首尾相连的构造线连成一条线，这样可以构造更复杂的轮

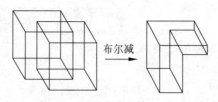

图 2-33 布尔减运算实例

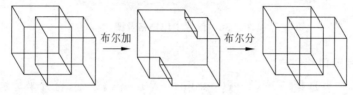

图 2-34 布尔分运算实例

廓,以便进行拉伸、旋转等操作,这样就可以得到比较复杂的实体构件。

2.1.4 实例:创建电动机构件

本节将在 ADAMS/View 中建立如图 2-35 所示的电动机模型的构件,该模型由一个支座,两个挡圈和一个转轴构成。通过该例子,向读者介绍如何在 ADAMS/View 中直接建立实体模型。在 ADAMS/View 中直接建立构件时需要不断地移动和旋转工作栅格。

图 2-35 电动机模型

在建立模型的过程中需要旋转或平移模型,为方便操作,可以使用一些快捷的方式,例如,按键盘上的 F 键可以使整个模型以最大化显示(Fit),按 Z 键和鼠标左键可以放大或缩小模型(Zoom),按 R 键和鼠标左键可以旋转模型(Rotate),按 T 键和鼠标左键可以平移模型(Translate),按 C 键和鼠标左键可以指定旋转中心(Center),按 W 键和鼠标左键可以局部放大模型,按 G 键可以显示或隐藏工作栅格(Grid),按 V 键可以显示或隐藏图标(Visible)。另外在选择几何元素时,如果有多个几何元素叠加到一起,就比较难选择,此时在重叠区可以单击鼠标右键,就会弹出一个对话框,它列出了鼠标附近的几何元素的名称,从中选择想要的几何元素即可。

下面是具体的建立模型构件的步骤。

1. 新建模型

启动 ADAMS/View,选择新建模型(New Model),在新建模型对话框中,选择 MMKS 单位制,即长度单位设置为 mm。

2. 设置工作栅格

选择【Settings】→【Working Grid】命令,在弹出的设置工作栅格对话框中,将 Size 的 X 设置为 200,Y 为 150,Spacing 的 X 设置为 5,Y 为 5,如图 2-36 所示。

3. 设置图标

选择【Settings】→【Icon】命令,弹出图标设置对话框,在 New Size 输入框中输入 5。

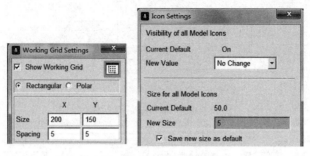

图 2-36　设置工作栅格及图标

4. 打开坐标窗口

按下 F4 键,或者选择【View】→【Coordinate Window】命令,打开坐标窗口。当鼠标在图形区移动时,在坐标窗口中显示了当前鼠标所在位置的坐标值。

5. 绘制长方体

单击工具栏中的绘制长方体 按钮,并在工具栏下端的输入框中,将 Length、Heigth 和 Depth 勾选中,并分别设置为 150、110 和 20,然后在图形区移动鼠标,当鼠标的坐标值显示为 X=−75,Y=−55,Z=0 时,单击鼠标左键,此时就创建了一个长方体,如图 2-37 所示。

6. 创建长方体

单击工具栏中的 按钮,并在主工具栏下端的输入框中,将 Length、Heigth 和 Depth 勾选中,并分别设置为 80、70 和 90,然后在图形区移动鼠标,当鼠标的坐标值显示为 X=−40,Y=−35,Z=0 时,单击鼠标左键,此时就创建了一个长方体,如图 2-38 所示。单击状态工具栏中的 按钮,可以以渲染方式显示。

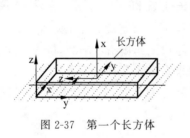

图 2-37　第一个长方体

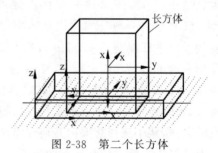

图 2-38　第二个长方体

7. 改变工作栅格的方向

选择【Settings】→【Working Grid】命令,在弹出的设置工作栅格对话框中,单击 Set Orientation 下拉框,选择 Global XZ 项,如图 2-39 所示。

8. 创建几何点(一)

单击工具栏中的 按钮,然后在点(−70,−20,0)、(−55,−90,0)、(55,−90,0)和(70,−20,0)处创建 4 个几何点,如图 2-40 所示。在创建点的时候,如果选择的位置不准,可以在几何点图标上单击鼠标右键,选择【Modify】,在表格编辑窗口中修改点的坐标值,这时的坐标值是全局坐标系下的值。

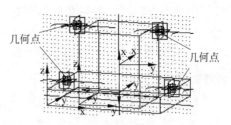

图 2-39 设置工作栅格的方向　　　　图 2-40 创建的几何点(一)

9. 创建拉伸体

单击工具栏中的 按钮,勾选 Closed 项,将 Path 设为 About Centor,Length 设为 20,如图 2-41 所示,然后依次拾取上步创建的 4 个几何点后,单击鼠标右键创建拉伸体。

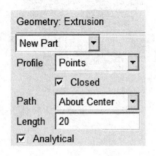

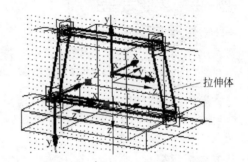

图 2-41 创建拉伸体

10. 创建圆柱体

单击工具栏中的 按钮,勾选长度和半径,并把长度设置为 130,半径设置为 75,如图 2-42 所示,在图形区,单击点(−65,−150,0)和点(65,−150,0),创建一个圆柱体。

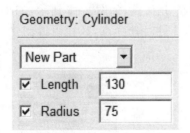

图 2-42 创建圆柱体

11. 进行布尔加运算

单击主工具栏中的布尔加运算 按钮,选择两个件后可以把两个件融为一体,继续单击 按钮,然后将上面几步创建的 4 个构件融为一个构件。在选择几何元素时,如果有多个几何元素叠加到一起,就比较难选择,此时可以单击鼠标右键,会弹出一个对话框,它列出了鼠标附近的几何元素的名称,从中选择想要的几何元素即可。

12. 创建几何点（二）

在工具栏中单击 ▣ 按钮，然后在点 1(-100,-150,0)、点 2(-100,-105,0)、点 3(-45,-105,0)、点 4(-45,-90,0)、点 5(45,-90,0)、点 6(45,-105,0)、点 7(100,-105,0)和点 8(100,-150,0)处创建 8 个几何点，如图 2-43 所示。

13. 创建旋转体（一）

单击工具栏中的 ◢ 按钮，将 Create by picking 设置为 Points，勾选 Closed。首先需要选择两个点作为旋转轴，选择上步中创建的第一个点和最后一个点，其次依次选择上步创建的 8 个点作为旋转轮廓，最后单击鼠标右键后，就可以创建一个旋转体，如图 2-44 所示。

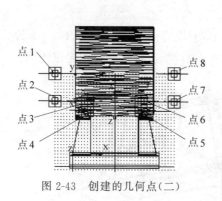

图 2-43　创建的几何点（二）

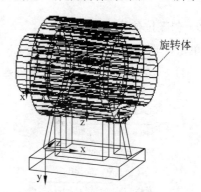

图 2-44　创建的旋转体（一）

14. 进行布尔减运算

单击工具栏中的 ▣ 按钮，首先选择支座体，然后选择上步创建的旋转体。至此支座构件创建结束，如图 2-45 所示。

15. 创建几何点（三）

单击工具栏中的 ▣ 按钮，然后分部在点 1(-80,-125,0)、点 2(-80,-75,0)、点 3(-65,-75,0)和点 4(-65,-125,0)处创建 4 个几何点，如图 2-46 所示，如果选择点的位置时有困难，可以放大模型，或按住键盘上的 Ctrl 键时选择点，或在附近创建一个点，然后再通过点的编辑对话框修改点的坐标值。

图 2-45　布尔运算后的构件

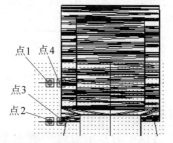

图 2-46　创建的几何点（三）

16. 创建旋转体（二）

单击工具栏中的 ◢ 按钮，将 Create by Picking 设置为 Points，勾选 Closed。选择

（−100，−150，0）和（100，−150，0）两个点作为旋转轴,再依次选择上步创建的 4 个点作为旋转轮廓,最后单击鼠标右键,就可以创建一个旋转体,如图 2-47 所示。

图 2-47　创建的旋转体（二）

用同样的方法,在支座的另一端创建另一个挡圈,其中旋转轮廓的点为点 1(80，−125，0)点 2(80，−75，0)、点 3(65，−75，0)和点 4(65，−125，0),旋转轴为（−100，−150，0）和（100，−150，0）。读者也可以利用菜单工具栏中的移动 ![按钮] 按钮,勾选 Copy 项,然后单击上步中创建的旋转体,再在图形区单击相应的两个点,就可以在复制旋转体时同时移动旋转体。

为方便后面的操作,现在需要把已经创建的 3 个构件隐藏起来。选择【Edit】→【Apperance】命令,弹出数据导航对话框,选择已经创建的 3 个构件,单击【OK】按钮后,弹出编辑外观对话框,如图 2-48 所示,将 Visibility 设置为 Off 后就可以把构件隐藏起来。

图 2-48　数据导航对话框和构件的可见性

17. 创建几何点（四）

单击工具栏中的 ![按钮] 按钮,用鼠标在图形区创建如下 12 几何点: 点 1(−175，−150，0)、点 2(−175，−135，0)、点 3(−105，−135，0)、点 4(−105，−125，0)、点 5(−45，−125，0)、点 6(−45，−120，0)、点 7(45，−120，0)、点 8(45，−125，0)、点 9(90，−125，0)、点 10(90，−135，0)、点 11(130，−135，0)、点 12(130，−150，0),如图 2-49 所示。

18. 创建旋转体（三）

单击工具栏中的 ![按钮] 按钮,将 Create by picking 设置为 Points,勾选 Closed。选择上步创建的第一个点和最后一个点作为旋转轴,再依次选择上步创建的 12 个点作为旋转轮廓,最后单击鼠标右键后,就可以创建旋转体,如图 2-50 所示。按照第 16 步的方法,把其他构

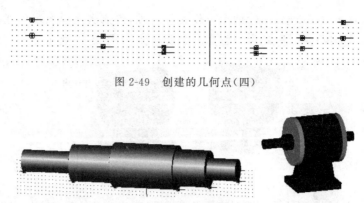

图 2-49 创建的几何点(四)

图 2-50 创建的旋转体(三)

件都显示出来，得到最终的发动机模型。

在本书二维码中的 chapter_02\motor 目录下，有一个 Paraslid 格式的文件 motor. x_t，读者将其导入到 ADAMS/View 中即得发动机模型。

2.1.5 添加特征

以上介绍的是如何创建简单几何体，下面介绍的特征是对以上简单几何体的"修饰"，包括倒直角、倒圆角、打孔、凸台和抽壳等特征。

1. 倒直角(Chamfer)

倒直角实际上是对已有的实体几何元素进行的编辑，倒直角可能添加材料，也可能减少材料。在工具栏中单击倒直角 ![按钮] 按钮，设置倒直角的宽度(Width)，然后在图形区选择实体元素的边，可以多选，单击鼠标右键后就可以创建倒直角特征。如图 2-51 所示，可以通过编辑倒直角的编辑对话框来修改直角边上两半径的长度，如图 2-52(a)所示的立方体，对其某条边进行倒直角，图 2-52(b)是 Radius1＝Radius2＝30mm 的情况，图 2-52(c)是 Radius1＝30mm、Radius2＝80mm 的情况。

图 2-51 编辑倒直角特征的对话框

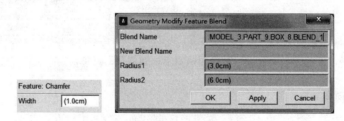

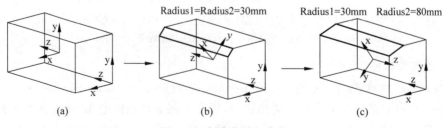

图 2-52 倒直角特征实例

2. 倒圆角（Fillet）

在工具栏中单击倒圆角 按钮，设置圆角的半径（Radius），可以设置两个不等的半径，然后在图形区选择实体元素的边，可以多选，当选择了两个不等半径时，带"＋"标志的一端表示起始半径，单击鼠标右键后，就可以创建倒圆角特征。同样可以通过编辑倒圆角的编辑对话框来修改两半径的长度，如图 2-53（a）所示的立方体，对其某条边进行倒圆角，图 2-53（b）是 Radius1＝Radius2＝30mm 的情况，图 2-53（c）是 Radius1＝30mm、Radius2＝80mm 的情况。

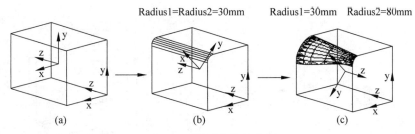

图 2-53 倒圆角特征实例

3. 打孔（Hole）

在工具栏中单击打孔 按钮，设置孔半径（Radius）和孔的深度（Depth），当不选择深度时，将穿透整个构件，然后在图形区选择实体和实体上的某个面后，就可以创建孔特征。可以通过编辑打孔的对话框来修改孔的位置、半径和深度。图 2-54 所示为在立方体上打半径 Radius＝60mm、深度 Depth＝100mm 的孔。

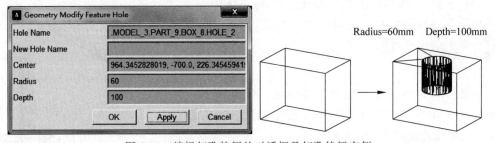

图 2-54 编辑打孔特征的对话框及打孔特征实例

4. 凸台（Boss）

凸台与打孔是一个相反的过程，凸台增加材料，而打孔是删除材料。在工具栏中单击凸台 按钮，设置凸台的半径（Radius）和高度（Height），然后在图形区选择实体和实体上的某个面后，就可以创建凸台特征。可以通过编辑凸台的对话框来修改凸台的位置、半径和高度。图 2-55 所示为在立方体建立一半径 Radius＝60mm、高度 Height＝100mm 的凸台。

5. 抽壳（Shell）

在工具栏中单击抽壳 按钮，设置壳的厚度（Thickness），然后在图形区选择实体和实体的某个面或多个面，单击鼠标右键后，就可以创建抽壳特征。在创建抽壳特征时，可以选择是向外抽壳还是向内抽壳（Inside），默认向外抽壳。如图 2-56（a）所示的立方体，选择三个面分别进行向内抽壳和向外抽壳后，分别如图 2-56（b）和（c）所示。

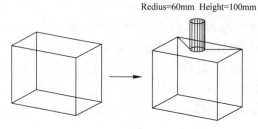

Redius=60mm Height=100mm

图 2-55 凸台特征实例

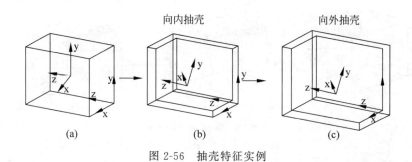

向内抽壳　　　　　向外抽壳

(a)　　　　　　　(b)　　　　　　　(c)

图 2-56 抽壳特征实例

2.2 实例：创建焊接机器人

本节在 ADAMS/View 中绘制如图 2-57 所示的焊接机器人模型，焊接机器人由底座、躯干、肩、手臂、手腕和机械手六部分构成，通过该例子读者可以学到一些建立几何模型的综合方法，以下是建立焊接机器人的详细过程。

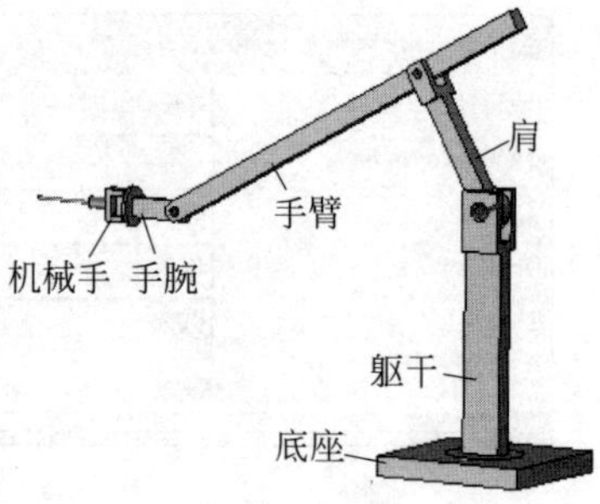

1. 新建模型

启动 ADAMS/View，在欢迎对话框中，选择 New Model 新建模型，在模型名称输入框中输入 welding_robot，将单位设置成 MMKS。

2. 设置工作环境

图 2-57 焊接机器人模型

选择【Settings】→【Working Grid】命令，在工作栅格设置对话框中，将工作栅格的 X 和 Y 尺寸（Size）设置为 1000mm，间距（Spacing）设置为 25mm，将方向（Set Orientation）设置为 Global XZ，单击菜单工具栏中的 按钮，调整视图的方向，单击键盘上的 F4 键，打开坐标窗口。选择【Settings】→【Icons】命令，在图标设置对话框中，将 Size for All Model Icon 项设置为 25。

3. 创建底座构件

（1）单击建模工具条上的拉伸 按钮，将选项设置成 New Part、Profile 设置成 Points、勾选 Closed、Path 设置成 Backward、Lenth 设置成 100，然后在图形区依次选择 $(-200,0,-200)$、$(200,0,-200)$、$(200,0,200)$ 和 $(-200,0,200)$ 四个位置，当鼠标在屏幕上移动时，在鼠标旁边会显示鼠标当前的坐标值。在选择完第四个点时，单击鼠标右键，就可以创建一个拉伸体,如图 2-58(a)所示。将底座的名称修改为 base,在底座上单击鼠标右键,在弹出的右键快捷菜单中,选择【Part:PART_2】→【Rename】命令,在弹出的修改名称的对话框中输入 base。

(2) 在建模工具栏中单击打孔 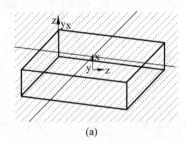 按钮,将半径(Radius)设置成100,深度(Length)设置成100,然后在图形区单击刚刚创建的拉伸体,再选择工作栅格原点附近的一点,此时创建的孔的位置可能并不是期望的位置,这没有关系,在圆孔上单击鼠标右键,在弹出的右键快捷菜单中选择【HoleFeature:Hole_1】→【Modify】命令,在弹出的编辑对话框中,将 Center 输入框中的坐标值设置成 0,0,0,最后生成的底座如图 2-58(b)所示。为方便创建其他构件,现在将 base 隐藏起来,在底座上单击鼠标右键,在弹出的右键快捷菜单中,选择【Part:base】→【Appearance】命令,在弹出的对话框中,选中 Visibility 后的 Off 项。

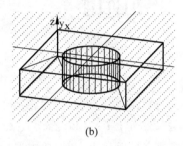

(a)   (b)

图 2-58 底座构件
(a) 创建拉伸体;(b) 创建打孔体

4. 创建躯干构件

(1) 按照第 2 步的方法,将工作栅格的方向设置为总体坐标系的 XY 平面,并单击主工具栏中的 按钮,调整视图的方向。单击建模工具条中的圆柱体 按钮,将选项设置成 New Part、Length 设置成 100、Radius 设置成 100,在图形区单击工作栅格的原点,然后向下拖动鼠标,就可以创建一个圆柱体,将新创建的圆柱体更该名称为 trunk。

(2) 单击建模工具条上的拉伸 按钮,将选项设置成 Add to Part、Profile 设置成 Points、勾选 Closed、Path 设置成 About Center、Lenth 设置成 100,先选择 trunk 件,然后在图形区依次选择(−25,0,0)、(−25,500,0)、(−50,500,0)、(−50,650,0)、(−25,650,0)、(−25,525,0)、(25,525,0)、(25,650,0)、(50,650,0)、(50,500,0)、(−25,500,0)和(−25,0,0),在选择完最后一个点时,单击鼠标右键,就可以创建一个拉伸体,如图 2-59(a)所示。如果在选择工作栅格的点时比较难选,可以按住键盘上的 Ctrl 键就会捕捉到工作栅格。

(3) 单击建模工具条上的圆柱体 按钮,将选项设置成 New Part、Length 设置成 200、Radius 设置成 25,在图形区的(−100.0,600.0,0.0)处单击鼠标左键,然后从左到右水平拖动鼠标,创建一个圆柱体,如图 2-59(b)所示。单击建模工具条上的布尔差 按钮,先单击 trunk 件,再单击圆柱体,就可以在拉伸体上打出一个圆孔。为方便下一步操作,将 trunk 构件隐藏起来。

5. 创建肩构件

(1) 单击建模工具条上的拉伸 按钮,将选项设置成 New Part、Profile 设置成 Points、勾选 Closed、Path 设置成 About Center、Lenth 设置成 50,然后在图形区依次选择

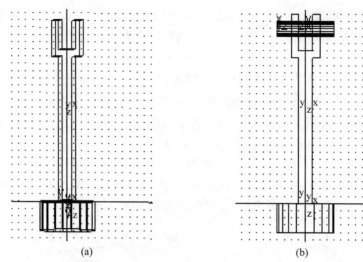

图 2-59　躯干构件

（a）创建拉伸体；（b）创建圆柱体

$(0,-25,0)$、$(-300,-25,0)$、$(-300,-50,0)$、$(-400,-50,0)$、$(-400,-25,0)$、$(-325,-25,0)$、$(-325,25,0)$、$(-400,25,0)$、$(-400,50,0)$、$(-300,50,0)$、$(-300,25,0)$ 和 $(0,25,0)$，在选择完最后一个点时，单击鼠标右键，就可以创建一个拉伸体，将新创建的构件更该名称为 shoulder。

（2）单击建模工具条上的圆柱体 <kbd>按钮</kbd>，将选项设置成 New Part、Length 设置成 50、Radius 设置成 50，先按住 Ctrl 键，在图形区单击 $(0,-25,0)$ 和 $(0,25,0)$ 两点，创建一个圆柱体。然后单击建模工具条上的 <kbd>按钮</kbd>，先单击 shoulder 件，再单击新创建的圆柱体，可以将两个件合并为一个件。

（3）在建模工具条中单击打孔 <kbd>按钮</kbd>，将半径 Radius 设置成 25、深度设置成 50，先单击 shoulder 构件，然后在图形区单击刚刚创建的圆柱体的一端位置，如 $(0,-25,0)$ 端，再选择工作栅格原点附近的一点，此时创建的孔的位置可能并不是期望的位置，这没有关系，在圆孔上单击鼠标右键，在弹出的右键快捷菜单中选择【HoleFeature：Hole_1】→【Modify】命令，在弹出的编辑对话框中，将 Center 输入框中的坐标值设置成 $0,-25.0,0$。

（4）单击建模工具条上的圆柱体 <kbd>按钮</kbd>，将选项设置成 New Part、Length 设置成 200、Radius 设置成 12.5，在图形区先单击点 $(-375,-100,0)$，再单击点 $(375,100,0)$，创建一个新的圆柱体，然后单击建模工具条上的布尔差 <kbd>按钮</kbd>，先单击 shoulder 件，再单击新创建的圆柱体，就可以在 shoulder 件上打出一个圆孔，最后的构件外形如图 2-60 所示。为方便下一步操作，将图形中所有的元素都隐藏掉。

6. 创建手臂构件

（1）单击建模工具条上的拉伸 <kbd>按钮</kbd>，将选项设置成 New Part、Profile 设置成 Points、勾选 Closed、Path 设置成 About Center、Length 设置成 50，然后在图形区依次单击 $(-800,25,0)$、$(300,25,0)$、$(300,-25,0)$ 和 $(-800,-25,0)$ 四个点，然后将构件重新命名为 arm。

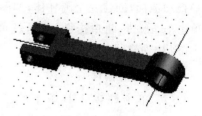

图 2-60　肩构件

(2) 选择【Settings】→【Working Grid】命令,在工作栅格设置对话框中,将方向(Set Orientation)设置为 Global XZ。单击建模工具条上的圆柱体 ![圆柱体] 按钮,将选项设置成 New Part、Length 设置成 50、Radius 设置成 25,在图形区先单击点(−800,−25,0),再单击点(−800,25,0),创建一个新的圆柱体。然后单击建模工具条上的 ![布尔差] 按钮,先单击 arm 件,再单击新创建的圆柱体,可以将两个件合并为一个件。

(3) 在建模工具条中单击打孔 ![打孔] 按钮,将半径 Radius 设置成 12.5、深度设置成 50,然后在图形区单击 arm 构件,然后在与总体坐标系 XY 平面平行的一个表面上单击鼠标,大约在点(0.0,0.0,25.0)附近创建一个圆孔,在圆孔上单击鼠标右键,在弹出的右键快捷菜单中选择【HoleFeature:HOLE_1】→【Modify】命令,在弹出的编辑对话框中,将 Center 输入框中的坐标值设置成 0.0,0.0,25.0。

(4) 在建模工具条中单击打孔 ![打孔] 按钮,将半径 Radius 设置成 12.5、深度设置成 50,然后在图形区单击刚刚创建的拉伸体,然后在与总体坐标系 XY 平面平行的一个表面上单击鼠标,大约在点(−800,0.0,25.0)附近创建一个圆孔,在圆孔上单击鼠标右键,在弹出的右键快捷菜单中选择【HoleFeature:HOLE_2】→【Modify】命令,在弹出的编辑对话框中,将 Center 输入框中的坐标值设置成 0.0,0.0,25.0,此时生成的构件如图 2-61 所示。

(5) 单击建模工具条上的立方体按钮 ![立方体],将选项设置成 New Part,勾选 Length、Height 和 Width 项,并分别输入 100、20 和 100,然后在图形区单击工作栅格原点位置,创建一个新的构件。在图形区选中新创建的立方体,然后选择【Edit】→【Move】命令,在移动对话框中,在 Translate 下的输入框中输入相应的数值,将立方体沿着 x 轴的负方向移动850mm,沿 y 轴的负方向移动 50mm,沿 z 轴的正方向移动 10mm,如图 2-62(a)所示。单击建模工具条上的布尔差 ![布尔差] 按钮,先单击已经创建的拉伸体,再单击新创建的立方体体,就可以在 arm 件上打出另一个缺口,如图 2-62(b)所示。为方便下一步操作,将图形中所有的元素都隐藏掉。

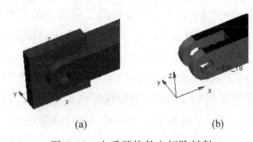

图 2-61 在手臂构件上打孔

图 2-62 在手臂构件上切除材料
(a) 立方体的位置;(b) 切除立方体材料

7. 创建手腕构件

(1) 选择【Settings】→【Working Grid】命令,在工作栅格设置对话框中,将方向 Set Orientation 设置为 Global XY。单击建模工具条上的拉伸 ![拉伸] 按钮,将选项设置成 New Part、Profile 设置成 Points、勾选 Closed、Path 设置成 About Center、Length 设置成 20,然后在图形区依次选择点(−175.0,25.0,0.0)、(25.0,25.0,0.0)、(25.0,−25.0,0.0)和(−175.0,−25.0,0.0),在选择完最后一个点时,单击鼠标右键后,就可以创建一个拉伸体,

将新创建的构件重新命名为 wrist。

（2）在建模工具条中单击打孔 按钮，将半径（Radius）设置成12.5、深度（Length）设置成20，在图形区单击刚刚创建的拉伸体，然后在与工作栅格平行的一个表面上单击鼠标，大约在点（0.0，0.0，10.0）附近创建一个圆孔，在圆孔上单击鼠标右键，在弹出的右键快捷菜单中选择【HoleFeature：HOLE_1】→【Modify】命令，在弹出的编辑对话框中，将 Center 输入框中的坐标值设置成 0.0，0.0，10.0。

（3）在建模工具条中单击打孔 按钮，将半径（Radius）设置成5、深度（Length）设置成50，在图形区单击拉伸体，然后在与轮廓线垂直的一个表面上单击鼠标，大约在点（−150，25，0.0）附近创建一个圆孔，在圆孔上单击鼠标右键，在弹出的右键快捷菜单中选择【HoleFeature：HOLE_2】→【Modify】命令，在弹出的编辑对话框中，将 Center 输入框中的坐标值设置成−150，25，0.0，此时生成的构件如图 2-63（a）所示。

（4）单击建模工具条上的圆柱体 按钮，将选项设置成 New Part、Length 设置成10、Radius 设置成50，在图形区先单击点（−125，0，0），再单击点（−100，0，0），创建一个新的圆柱体，如图 2-63（b）所示。然后单击建模工具条上的 按钮，先单击 wrist

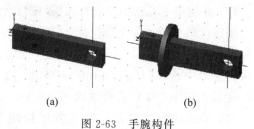

图 2-63　手腕构件

(a) 在手腕构件上的打孔；(b) 在手腕构件上添加圆柱体

件，再单击新创建的圆柱体，可以将两个件合并为一个件。为方便下一步操作，将图形区中所有的元素都隐藏掉。

8. 创建机械手构件

（1）选择【Settings】→【Working Grid】命令，在工作栅格设置对话框中，将工作栅格的 X 和 Y 尺寸（Size）设置为 300mm、间距（Spacing）设置为 5mm，将方向（Set Orientation）设置为 Global XY。单击建模工具条上的拉伸 按钮，将选项设置成 New Part、Profile 设置成 Points、勾选 Closed、Path 设置成 About Center、Lenth 设置成40，在图形区依次选择点（15.0，−25.0，0.0）、（15.0，−40.0，0.0）、（−45.0，−40.0，0.0）、（−45.0，40.0，0.0）、（15.0，40.0，0，0）、（15.0，25.0，0.0）、（−30.0，25.0，0.0）和（−30.0，−25.0，0.0），在选择完最后一个点时，单击鼠标右键，就可以创建一个拉伸体，将新创建的构件取名为 hand。

（2）在建模工具条中单击打孔 按钮，将半径（Radius）设置成5、深度（Length）设置成80，在图形区单击刚刚创建的拉伸体，然后在与工作栅格垂直的一个表面上单击鼠标，大约在点（0.0，40.0，0.0）附近创建一个圆孔，在圆孔上单击鼠标右键，在弹出的右键快捷菜单中选择【HoleFeature：HOLE_1】→【Modify】命令，在弹出的编辑对话框中，将 Center 输入框中的坐标值设置成 0.0，0.0，10.0。

（3）单击建模工具条上的圆柱体 按钮，将选项设置成 New Part、Length 设置成50、Radius 设置成10，在图形区先单击点（−30，0，0），再单击点（−80，0，0），创建一个新的圆柱体。然后单击建模工具条上的 按钮，先单击 hand 件，再单击新创建的圆柱体，可以将两个件合并为一个件。

（4）单击建模工具条上的圆柱体 按钮，将选项设置成 New Part、Length 设置成

150、Radius 设置成 3,在图形区先单击点(−30,0,0),再单击点(−100,0,0),创建一个新的圆柱体。然后单击建模工具条上的  按钮,先单击 hand 件,再单击新创建的圆柱体,可以将两个件合并为一个件,最后得到的构件如图 2-64 所示。

图 2-64 机械手构件

9. 调整构件之间的相对位置

以上只是将各个构件绘制出来,它们之间的位置还不正确,需要调整构件之间的相对位置。

(1) 调整 trunk 的位置。选择【Edit】→【Appearance】命令,弹出数据库浏览对话框,在列表框中选中所有的构件,单击【OK】按钮后弹出外观对话框,将 Visibility 项设置为 On,将所有的构件都显示出来。选择【Edit】→【Move】命令,弹出精确移动构件对话框,如图 2-65 所示,在 Relocate the 后的下拉列表中选择 Part,在 Part 后的输入框中用鼠标右键浏览输入 trunk,在 Rotate 下的输入框中输入 90,然后单击 按钮,将 trunk 构件沿总体坐标系的 Y 轴旋转 90°。

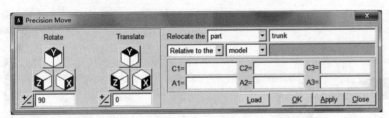

图 2-65 精确移动构件对话框

(2) 调整 shoulder 的位置。在移动对话框中的 Part 后的输入框中用鼠标右键浏览输入 shoulder,在 Translate 输入框中输入 600,单击 按钮,将 shoulder 构件沿总体坐标系的 Y 轴移动 600mm。

(3) 调整 arm 的位置。在移动对话框中的 Part 后的输入框中用鼠标右键浏览输入 arm,在 Translate 输入框中输入 600,单击 按钮,将 arm 构件沿总体坐标系的 Y 轴移动 600mm,在 Translate 输入框中输入 −375,单击 按钮,将 arm 构件沿总体坐标系的负 X 轴移动 375mm。

(4) 调整 wrist 的位置。在移动对话框中的 Part 后的输入框中用鼠标右键浏览输入 wrist,在 Translate 输入框中输入 600,单击 按钮,将 wrist 构件沿总体坐标系的 y 轴移动 600mm,在 Translate 输入框中输入 −1175,单击 按钮,将 wrist 构件沿总体坐标系的负 X 轴移动 1175mm。

(5) 调整 hand 的位置。在移动对话框中的 Part 后的输入框中用鼠标右键浏览输入 hand,在 Translate 输入框中输入 600,单击 按钮,将 hand 构件沿总体坐标系的 Y 轴移动 600mm,在 Translate 输入框中输入 −1325,单击 按钮,将 hand 构件沿总体坐标系的负 X 轴移动 1325mm,如图 2-66 所示。

图 2-66 调整位置

（6）调整 shoulder、arm、wrist 和 hand 的位置。单击建模工具条中的 Marker 点 按钮，将选项设置为 Add to Ground 和 Global XY，然后在 trunk 构件顶部的圆孔附近引动鼠标，当出现 center 信息时，如图 2-67 所示，出现的是 trunk.CSG_5.E37（center），按下鼠标左键，就会在孔的圆心位置处创建一个 Marker 点。在移动对话框中的 Part 后的输入框中用鼠标右键浏览输入 shoulder、arm、wrist 和 hand，在 Relocate the 下的下拉列表中选择 About，在 About 后下拉列表中选择 Marker，然后用鼠标右键拾取刚才创建的 Marker 点，在 Rotate 下的输入框中输入－60，单击，将 shoulder、arm、wrist 和 hand 沿局部坐标系的负 z 轴旋转 60°。

（7）调整 arm、wrist 和 hand 的位置。单击建模工具条中的 Marker 点 按钮，将选项设置为 Add to Ground 和 Global XY，然后在 shoulder 构件顶部的圆孔附近引动鼠标，当出现 center 信息时，按下鼠标左键，就会在孔的圆心位置处创建一个 Marker 点。在移动对话框中的 Part 后的输入框中用鼠标右键浏览输入 arm、wrist 和 hand，在 Marker 后的输入框中用右键拾取刚才创建的 Marker 点，在 Rotate 下的输入框中输入 60，单击，将 arm、wrist 和 hand 沿局部坐标系的 z 轴旋转 60°，最后生成的焊接机器人的模型如图 2-68 所示。

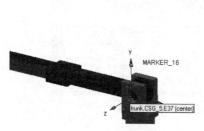

图 2-67　创建局部坐标系　　　　图 2-68　最终生成的焊接机器人的模型

2.3　导入 CAD 模型建立构件

以上是利用 ADAMS/View 提供的建模工具直接在 ADAMS/View 中建立模型，另外还可以利用 ADAMS 提供的 CAD 模型数据接口来导入 CAD 软件的模型，专业的 CAD 软件在建立模型时比较简便，对于复杂的模型可以很快建立起来，将其导入 ADAMS/View 中得到相应的模型。

ADAMS/View 提供的模型数据交换接口有 Parasolid、STEP、IGES、SAT、DXF 和 DWG 等格式，由于现有的三维 CAD 软件基本上都提供以上数据接口，因此将三维 CAD 的模型转换到 ADAMS/View 中并不困难。缺点之一就是从三维 CAD 软件中转换的模型不能进行参数化计算，不能修改构件的几何尺寸，要修改几何尺寸还必须返回三维 CAD 软件中，在三维 CAD 软件中修改后再导入 ADAMS 中。本书中一些例子和练习用的模型是导入 Parasolid 格式的 CAD 文件，其扩展名为 ＊.X_T，请读者注意。可以输出 Parasolid 格式文件的 CAD 软件很多，即便是读者已熟悉的 CAD 软件不能输出 Parasolid 格式的文件，也可以通过输出 step 或 iges 等格式的文件，然后读入到能输出 Parasolid 格式文件的 CAD 软件中，再输出 Parasolid 文件即可。

选择【File】→【Import】命令,弹出导入对话框,如图 2-69 所示,将 File Type 项设置成相应的几何模型的格式,例如 Parasolid 格式的文件,然后在 File To Read 输入框中单击鼠标右键后,选择【Browse】找到本书二维码中 chapter_02\lift 目录下的 lift.X_T 文件,在 Model Name 的输入框中单击右键,选择当前的模型,单击【OK】按钮就可导入 CAD 模型。导入的模型既可以作为一个单独的构件,也可以是彼此独立的构件,如图 2-69 所示是彼此独立的构件,导入几何构件后,再给每个构件赋予一定的材料和颜色,修改构件的名称后就可以作为单独构件使用了,有关构件的修改参见下节的内容。

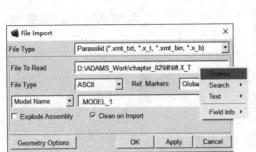

图 2-69　导入构件对话框及导入的模型

2.4　编辑构件

用户在建立构件或者导入 CAD 模型构件以后,可以编辑构件的属性和构成构件元素的属性,包括颜色、位置、名称和材料属性等信息,特别是对于从三维 CAD 软件中导入的几何模型,尤其需要修改这些信息,如果不给导入的构件赋予一定的材料属性,计算过程中就会出现错误信息。图 2-70 所示为导入本书二维码中 chapter_02\motor 目录下的 Parasolid 格式的 motor.X_T 模型,要对构件元素属性或构件属性进行编辑,可以在构件上单击鼠标右键,在弹出的右键快捷菜单中选择构件元素的属性或构件的属性进行编辑即可。图 2-70(a) 所示为对构件元素的颜色进行编辑,图 2-70(b) 所示为对构件的质量或材料等进行编辑。对于从三维 CAD 软件中导入的几何模型,至少要赋予一定的材料属性或质量属性后才能使用。构件的属性包括名称、外观、材料属性和可见性等。

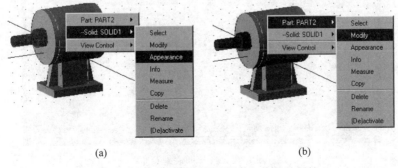

(a)　　　　　　　　　　　　(b)

图 2-70　编辑构件的元素的属性与构件的属性

(a) 编辑构件元素的属性；(b) 编辑构件的属性

2.4.1 进入编辑对话框

在编辑构件前，可以先选择构件。有四种方式可以进入构件编辑对话框：

（1）通过鼠标右键菜单，图 2-70 所示为在构件上单击鼠标右键，然后选择构件或构件元素的编辑项目，就可以直接打开相应的编辑对话框。

（2）在图形区先用鼠标单击构件，表示选择该构件，然后再单击【Edit】菜单下的子菜单，就可以打开相应的编辑对话框。

（3）不先选择构件（如果已经选择了构件，可以单击工具栏中的 ![箭头] 按钮取消选择），而是先单击【Edit】菜单下的子菜单，之后就会弹出数据库导航对话框，如图 2-71 所示，在数据库导航对话框中选择相应的构件或构件元素，单击【OK】按钮后就会弹出相应的编辑对话框。

（4）当模型比较复杂，而且是对多个构件进行编辑，可以通过选择列表来选择构件。选择【Edit】→【Select List】命令，弹出选择列表，如图 2-72 所示，通过该对话框可以一次只选择单个构件，也可以选择多个构件。在 Add Single Object 下的输入对话框中，单

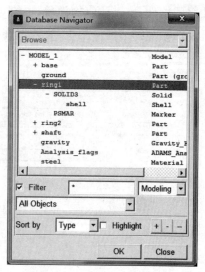

图 2-71　数据库导航对话框

击鼠标右键，可以在弹出的鼠标右键菜单中选择 All 下的 Pick、Browse 或 Guesses 项就可以选择单个构件，然后单击旁边的【Add】按钮，选择的构件就会加入左侧的列表中；要一次进行多选，可以在 Add/Remove Multiple Objects 下选项中，通过过滤的方式将满足条件的所有构件选中，如果选择最下面的【Add】按钮可以将满足条件的构件全部加入左侧的列表中，单击【Remove】按钮，可以将满足条件的构件从左侧的列表中删除。通过选择列表对话框，不仅可以选择构件，还可以选择其他的元素，如约束、驱动等。

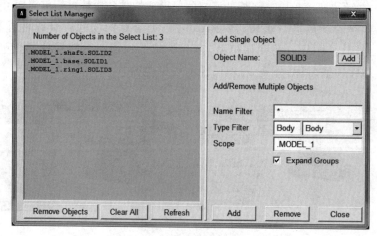

图 2-72　选择列表对话框

此外,为了方便操作,可以将构件和其他元素一起定义成组,通过对组进行操作,如对组进行移动、旋转、可见性、复制和删除等操作,就可以实现对组内所有元素的操作。将模型树由 Browse 页换到 Groups 页,在空白的地方单击鼠标右键,选择【New Group】,弹出创建组的对话框,如图 2-73 所示,在 Objects In Group 中输入元素即可,也可以通过在 Objects In Group 输入框中单击鼠标右键,或选择【All】→【Pick】、【Browse】或【Guesses】等命令。在创建了组以后,还可以解除组,选择【Build】→【Ungroup】命令,在弹出的解除组对话框中输入已经创建的组就可以解除组。

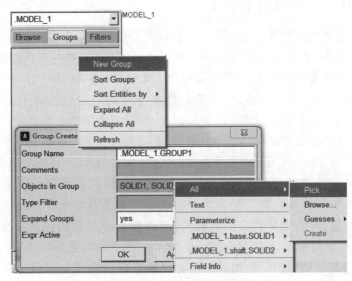

图 2-73　创建组的对话框

2.4.2　编辑构件的外观

由于构件是由几何元素构成的,如果修改了几何元素的颜色,也就是修改了构件的颜色,这对于从 CAD 软件中导入的几何构件来说特别有用。如图 2-74 所示,修改构件元素的方法为:在构件上用鼠标单击右键,在弹出的右键菜单中选择构件(Part)下的几何元素(如Solid),然后再选择【Appearance】项,之后弹出修改外观对话框。可以修改构件元素的可见性(Visibility)、几何元素名称的可见性(Name Visibility)、颜色(Color)、颜色应用的范围

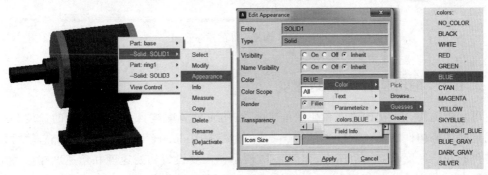

图 2-74　修改构件元素的外观

（Color Scope）、渲染样式（Render）、透明性（Transparency）以及图标的显示大小（Icon Size）等，其中 Visibility 和 Name Visibility 后有 On、Off 和 Inherit 3 个选项，如果已经选择了多个元素，而有元素是显示的，有些元素是隐藏的，选择 On 可以使所有选择的元素显示出来，选择 Off 可以使所有选择的元素隐藏起来，选择 Inherit 是选择元素的可见性不变，原来显示的还是显示，原来隐藏的还是隐藏。对外观的修改也可通过选择【Edit】→【Appearance】命令来修改。

2.4.3　编辑构件的质量信息

若在构件的右键快捷菜单上选择【Modify】项，或者选择【Edit】→【Modify】命令，再通过数据库导航对话框选择构件后，在构件的编辑对话框中可以对构件进行多项修改。如图 2-75 所示，在构件上单击鼠标右键，选择部件名称下的【Modity】项，弹出修改部件对话框，将 Category 设置为 Mass Properties，可以给构件赋予不同的材料。对于直接在 ADAMS/View 中创建构件，系统会自动赋予一个材料属性，然后需要用户根据实际情况进行修改，而对于导入的构件来说是没有任何质量信息的，需要用户为每个构件指定一个材料信息，否则在计算的时候就会出错。对质量信息的修改，可以通过将 Define Mass by 项设置 Geometry and Material Type（选择材料类型）、Geometry and Density（输入材料密度）和 User Input（用户自己输入质量和转动惯量）3 种方法来定义，一旦给构件赋予了材料属性，系统会自动计算出构件的质量、转动惯量和质心的位置，并在质心处自动创建质心坐标系（Marker：cm）。如果几何模型是导入 ADAMS/View 中的，由于系统不能自动给导入的构件赋予材料，所以这一步是必须完成的。给构件赋予材料属性后，单击【Apply】按钮，再单击【Show calculated inertia】按钮，系统就会显示出相应的质量信息。

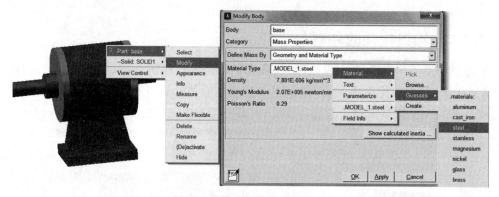

图 2-75　修改构件的质量信息

2.4.4　编辑构件的初始速度

可以给构件一个初始速度和初始角速度，在仿真计算时构件就有了初始的速度和初始的角速度。将构件编辑对话框中的 Category 设置为 Velocity Initial Conditions，就可以定义构件的初始速度和初始角速度，如图 2-76 所示。需要设置初始速度和角速度在参考坐标系（Marker）或者大地坐标系（Ground，全局坐标系）上的分量值。

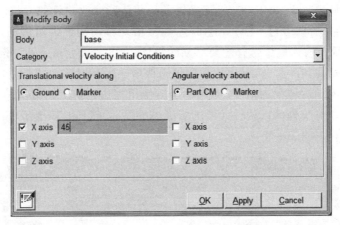

图 2-76 定义构件的初始速度和角速度

2.4.5 编辑构件的名称和位置

在构件编辑对话框中,将 Category 设置成 Name and Position 项,可以修改构件的名称和位置,如图 2-77 所示。在 New Name 输入框中输入构件的新名称,在 Location 中输入要移动的位移,在 Orientation 输入框中输入旋转的角度就可以将构件进行平动或旋转,在 Relative To 输入框中输入某坐标系,可以将构件相对于某个物体进行平动和旋转。另外在确定方向时,还可以选择 Along Axis 和 In Plane 项,当选择 Along Axis 时,需要输入 2 个点的坐标值或 1 个点坐标值,如果输入 1 个点时,系统会将 Location 的位置作为第 1 个点,当选择 In Plane 时,需要输入 3 个点或 2 个点,如果输入 2 个点,系统会把 Location 的位置作为第 1 点。在 ADAMS/View 中绘制构件时,可以先在某特定的位置先把构件绘制好,然后再将其移动到指定的位置,当然也可以利用运动副的约束关系来确定两个构件的相对位置。除了以上修改构件位置和方向的方法外,对于一些由旋转、拉伸等产生的构件,都有一个控制其位置和方向的 Marker 点,通过修改该 Marker 点的位置和方向就可以修改构件的位置和方向。

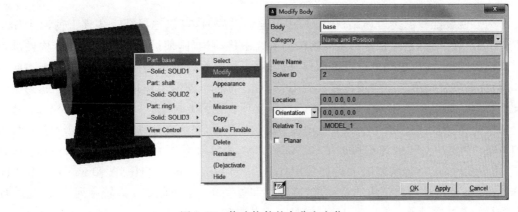

图 2-77 修改构件的名称和方位

对于位置的调整，ADAMS/View 还提供了一种精确修改构件的方位的手段，先在图形区选中构件后，再选择【Edit】→【Move】命令，弹出精确移动构件的对话框，如图 2-78 所示。在 Relocate the 后的输入框中选择想要移动的物体，在 Relative to the 后的输入框中输入作为参考坐标系的物体，在 C1、C2 和 C3 后的输入框中输入相对移动的距离，在 A1、A2 和 A3 后的输入框中输入相对转动的角度，当然也可以使用左边的【Rotate】和【Translate】按钮来旋转和移动构件。修改构件或构件元素的名称也可以选择【Edit】→【Rename】命令，或在右键快捷菜单中选择 Rename 项。

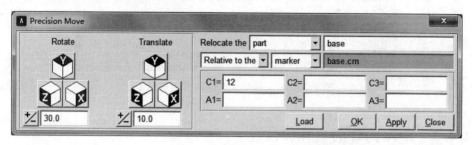

图 2-78　精确移动对话框

在移动或选择构件时，为了获得两个构件的相对位置和相对角度，可以使用 ADAMS/View 提供的测量工具，选择【Tools】→【Measure Distance】命令，弹出测量对话框，如图 2-79 所示。需要输入第一个坐标系（Marker 点）、第二个坐标系，以及参考坐标系，其中测量的数值是第一个坐标系在参考坐标系中相对于第二个坐标系的位置和角度，当参考坐标系未指定时，使用总体坐标系作为参考坐标系。

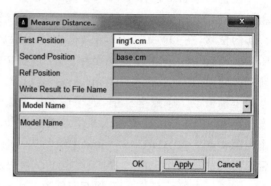

图 2-79　测量对话框

2.4.6　编辑构件的初始状况

为方便装配和创建运动副（铰链），在创建运动副时，可以选择两个构件上的两个作用点，在仿真计算时，系统会根据运动副的约束关系移动构件，使运动副关联的两个构件满足运动副的约束方程，也就是进行装配计算。例如，如果在定义旋转副时，选择了两个不同的作用点，系统会将第二个作用点移动到第一个作用点上，使两个作用点重合，这样起到了装配的作用。如图 2-80 所示，如果再将 Category 项设置为 Position Initial Conditions，并选择了相应的项，则该构件就不会改变选中项目的起始位置，在仿真计算时，有可能出现计算失败的情况。当选中 Global X、Global Y 和 Global Z 时，系统就不会在相应方向上进行平移装配计算，而不选时，就会在该方向上进行装配计算。PSI Orientation、THETA Orientation 和 PHI Orientation 分别是指欧拉角的章动角、自转角和进动角，也就是 313 旋转序列，选中这些项不进行旋转装配计算，关于装配计算参见 7.1 节中的内容。

另外，如果将 Category 设置为 Ground 项，可以将一个件定义成固定于大地上静止件。

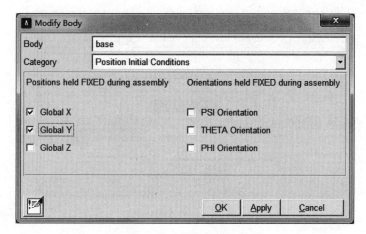

图 2-80 修改构件的初始状况

通过右键快捷菜单和【Edit】下的菜单，还可以删除（Delete）、重命名（Rename）和复制（Copy）构件和构件元素。

2.4.7 实例：导入和编辑机械手

本节练习如何导入在三维 CAD 软件中绘制的模型，以及导入模型后的编辑操作。本书导入的几何模型都是 Parasolid 格式的，导入 Parasolid 格式模型后，可以进行布尔计算，可以直接计算构件的质量信息，可以捕捉到模型的几何特征，如圆心、顶点等信息，这些对于在后面章节中介绍的建立运动副、柔性连接等都很方便。

本例导入从其他三维 CAD 软件中绘制的机械手模型，如图 2-81 所示，该模型文件为 Parasolid 格式，文件名为 robot_hand. X_T，位于本书二维码中 chapter_02/robot_hand 目录下。

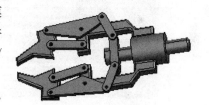

下面就是导入模型并对构件进行编辑的详细过程，在开始实例前，请将文件 robot_hand. X_T 复制到 ADAMS/View 的工作目录下。

图 2-81 机械手模型

1. 新建模型

启动 ADAMS/View，在欢迎对话框中选择新建模型（New Model），在新建模型对话框中，并将模型取为 Robot_hand，单击选择【MMKS】，单击【OK】按钮。

2. 导入几何模型

选择【File】→【Import】命令，弹出导入对话框，如图 2-82 所示，将 File Type 设置为 Parasolid，然后在 File To Read 后的输入框中单击鼠标右键，在右键快捷菜单中选择【Browse】，之后弹出选择文件对话框，找到文件 robot_hand. X_T，在 Model Name 后的输入框中单击鼠标右键，在弹出的右键快捷菜单中选择【Model】→【Guesses】→【Robot_hand】命令，单击【OK】按钮后，就将模型导入 ADAMS/View 中，单击状态工具栏中的 按钮后，以渲染方式显示。

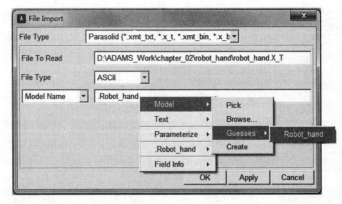

图 2-82　导入对话框

3. 修改第 1 个件的材料属性

如图 2-83 所示，先在第 1 个件上单击鼠标右键，在弹出的右键快捷菜单中选择【Modify】，之后弹出编辑构件的对话框，将 Category 项设置为 Mass Properties，将 Define Mass By 项设置为 Geometry and Material Type，再在 Material Type 的输入框中单击鼠标右键，在弹出的右键快捷菜单中选择【Material】→【Guesses】→【steel】命令，然后单击【OK】按钮后，第 1 个构件的材料属性就定义结束了，在构件上会自动产生一个质心坐标系。

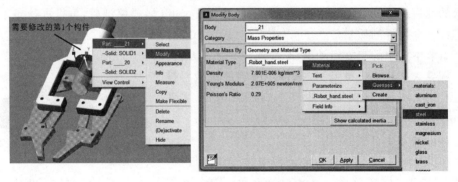

图 2-83　修改第 1 个构件的材料属性

4. 修改第 1 个构件的颜色

仍在第 1 个构件上单击鼠标右键，在弹出的右键快捷菜单选择【--Solid：SOLID1】→【Appearance】命令，如图 2-84 所示，之后弹出修改构件元素外观的对话框，在 Color 后的输入框中单击鼠标右键，在弹出的右键快捷菜单中选择【Color】→【Guesses】→【BLUE】命令，或其他颜色，单击【OK】按钮后，构件的颜色也就改变了，如果颜色还不能立即改变过来，只需旋转或平动一下模型即可。

5. 修改构件的名称

仍在第 1 个构件上单击鼠标右键，在弹出的右键快捷菜单选择【Rename】，如图 2-85 所示，之后弹出修改构件名称的对话框，在 New Name 输入框中输入新的名称，例如 .Robot_hand.Part_1。

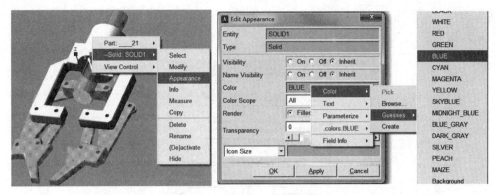

图 2-84　修改构件元素的颜色

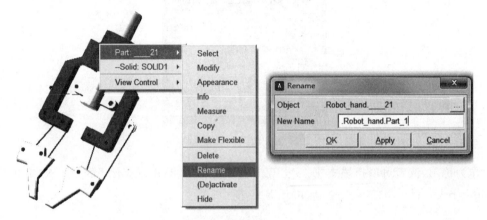

图 2-85　修改构件的名称

6. 修改其他构件的属性

按照第 3～5 步的方法修改其他构件的材料属性、颜色和名称。

7. 合并固定件

单击布尔和 按钮,单击如图 2-86 所示的两个构件,可以将这两个构件合并为一个构件。

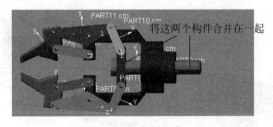

图 2-86　合并构件

8. 验证模型

对于一个大的模型,往往会漏掉构件而没有给构件赋予材料属性的情况,要验证模型的正确性,只需进行一次仿真,方法是单击建模工具条上的 Simulation Control,再单击 按钮,弹出仿真控制对话框,如图 2-87 所示,再单击 按钮进行计算,这个计算是在重力作用下的运动。如果所有的构件已经修改过质量信息,整个模型在重力的作用下会"掉"下来,如果还有构件没有修改,则会弹出信息窗口,显示哪个构件有问题,然后再修改相应的构件即可。最后别忘记保存模型,以备后用。

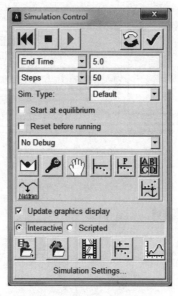

图 2-87 仿真控制对话框

作为练习,读者可以扫描本书二维码获取 chapter_02\lift 目录下的 lift. X_T 模型和 welding_robot 目录下的 welding_robot. X_T 模型。

2.5 实例：创建汽车的悬架和转向系统

本节建立汽车悬架系统和转向系统的刚体构件模型,整个模型和各个构件的名称如图 2-88 所示。在下面的步骤中可能需要缩放或旋转模型,为此按键盘上的 Z 键和鼠标左键就可以放大或缩小模型,按键盘的 R 键和鼠标左键可以旋转模型,按键盘的 T 键和鼠标左键可以平移模型。

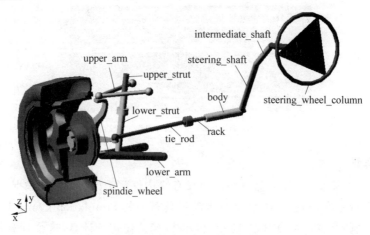

图 2-88 汽车悬架和转向系统

1. 创建新模型

启动 ADAMS/View 后,选择新建模型(New Model),取模型名称为 Susp_Steer,将单位设置成 MMKS,如图 2-89 所示。

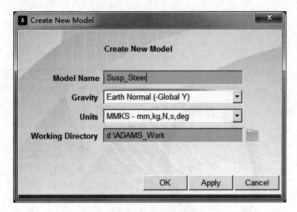

图 2-89　新建模型

2. 设置工作环境

选择【Settings】→【Working Grid】命令,在弹出的设置工作栅格对话框中,将 Spacing 设置为 X 为 20、Y 为 20。选择【Settings】→【Icon】命令,弹出图标设置对话框,在 New Size 输入框中输入 50,选择【Settings】→【Coordinate System】命令,在弹出的设置坐标系对话框中,选择 Cartesian 和 313 旋转序列。

3. 创建 steering_wheel_column 构件

(1) 创建点。单击建模工具条上的创建点 ▫ 按钮,设置成 Add to Ground 和 Don't Attach,然后在工作栅格上的任意位置处单击鼠标左键,在大地上创建一个点。在模型树的 ground 下找到刚刚创建的点 POINT_1,在它上面单击鼠标右键,选择 Rename,如图 2-90 所示。在弹出的修改名称对话框中,输入新名字 P1,单击【OK】按钮,单击键盘上的 F 键,找到 P1 点。然后再在模型树 P1 上双击鼠标左键,弹出表格编辑对话框,将 P1 的坐标修改成 $(-729.12, 677.13, -889.37)$,单击【Apply】按钮和【OK】按钮退出对话框。用同样的方法,在大地上创建另外一个点 P2$(-729.12, 597.13, -484.38)$。

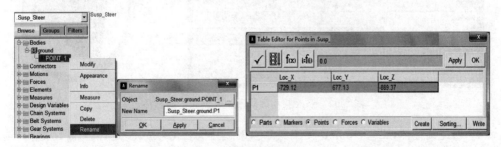

图 2-90　修改点的名称和坐标值

(2) 创建圆环。单击建模工具条上的创建圆环 ◯ 按钮,设置成 New Part,选中 Minor Radius,并输入 10,选中 Major Radius,并输入 170,然后在图形区选择刚刚创建的点 P1,如

图 2-91 所示。这时新创建了一个新构件 PART_2、坐标系 MARKER_1 和坐标系 cm，在模型树 PART_2 上单击鼠标右键，选择【Rename】，在修改名称对话框中输入 steering_wheel_column，然后在模型树 steering_wheel_column 下的 MARKER_1 上单击鼠标右键，选择【Rename】，将 MARKER_1 的名称更改成 MAR1，在 MAR1 上双击鼠标右键，弹出修改对话框，将 Orientation 设置成 0.0，11.1738832418，0.0，单击【OK】按钮关闭对话框，这时圆环的方向会稍微旋转一下。

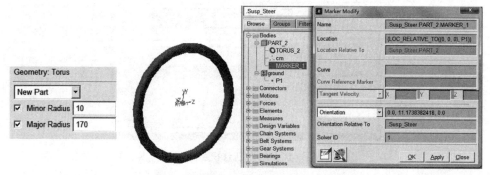

图 2-91 创建圆环并修改圆环的方向

（3）创建圆柱体（一）。单击建模工具条上的创建圆柱 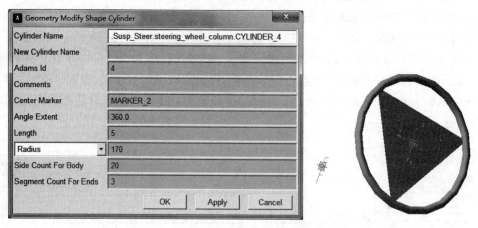 按钮，仅选择 Add to Part，不选择 Length 和 Radius，然后用鼠标单击刚刚创建的圆环，把圆柱体加到 steering_wheel_column 中，再在图形区单击点 P1 和 P2，创建一个新圆柱体，在模型树部件 steering_wheel_column 下的 CYLINDER 上双击鼠标右键，弹出修改圆柱体对话框，如图 2-92 所示，将 Length 设置成 5，Radius 设置成 170，Segment Count For Ends 设置成 3，单击【OK】按钮后创建完圆柱体，可以将新产生的坐标系 MARKER_2 的名称修改成 MAR2。

图 2-92 修改圆柱体对话框及创建的圆柱体

（4）创建圆柱体（二）。单击建模工具条上的创建圆柱 按钮，选择 Add to Part，选中 Radius，不选择 Length，并将半径 Radius 设置成 15，然后用鼠标单击圆环，把圆柱体加到 steering_wheel_column 中，再在图形区单击点 P1 和 P2，如图 2-93 所示，可以将新产生的坐标系 MARKER_3 的名称更改为 MAR3。

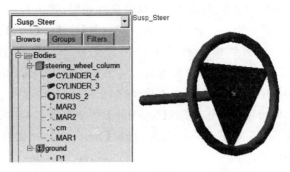

图 2-93 steering_wheel_colum 构件

4. 创建 intermediate_shaft 构件

(1) 创建点。单击建模工具条上的创建点 按钮,设置成 Add to Ground 和 Don't Attach,然后在工作栅格上的任意位置处单击鼠标左键,在模型树的 ground 下找到刚刚创建的点,在它上面单击鼠标右键,选择 Rename,在弹出的修改名称对话框中,输入新名字 P3,单击【OK】按钮。然后再在模型树 P3 上双击鼠标左键,弹出表格编辑对话框,将 P3 的坐标修改成(-729.12,467.13,-314.37),单击【Apply】按钮和【OK】按钮退出对话框。

(2) 创建圆柱体。单击建模工具条上的创建圆柱 按钮,选择 New Part,选中 Radius,不选择 Length,将半径 Radius 设置成 15,在图形区单击点 P2 和 P3,创建新构件 PART_3,同时在模型树 PART_3 下面新创建了坐标系 MARKER_4、质心坐标系 cm 和圆柱体。在 PART_3 上单击鼠标右键,选择【Rename】,弹出修改名称对话框,输入 intermediate_shaft,单击【OK】按钮,在 MARKER_4 上单击鼠标右键,选择【Rename】,弹出修改名称对话框,输入 MAR1,单击【OK】按钮。

5. 创建 steering_shaft 构件

(1) 创建点。单击建模工具条上的创建点 按钮,设置成 Add to Ground 和 Don't Attach,然后在工作栅格上的任意位置处单击鼠标左键,在模型树的 ground 下找到刚刚创建的点,在它上面单击鼠标右键,选择 Rename,在弹出的修改名称对话框中,输入新名字 P4,单击【OK】按钮。然后再在模型树 P4 上双击鼠标左键,弹出表格编辑对话框,将 P4 的坐标修改成(-729.12,177.13,-114.37),单击【Apply】按钮和【OK】按钮退出对话框。

(2) 创建圆柱体。单击建模工具条上的创建圆柱 按钮,选择 New Part,选中 Radius,不选择 Length,将半径 Radius 设置成 15,在图形区单击点 P3 和 P4,创建了新构件 PART_4,同时在模型树 PART_4 下面新创建了坐标系 MARKER_5、质心坐标系 cm 和圆柱体。在 PART_4 上单击鼠标右键,选择【Rename】,弹出修改名称对话框,输入 steering_shaft,单击【OK】按钮,在 MARKER_4 上单击鼠标右键,选择【Rename】,弹出修改名称对话框,输入 MAR1,单击【OK】按钮。

6. 创建 body 构件

(1) 创建点。单击建模工具条上的创建点 按钮,设置成 Add to Ground 和 Don't Attach,然后在工作栅格上的任意位置处单击鼠标左键,在模型树的 ground 下找到刚刚创建的点,在它上面单击鼠标右键,选择 Rename,在弹出的修改名称对话框中,输入新名字

P5，单击【OK】按钮。然后再在模型树 P5 上双击鼠标左键，弹出表格编辑对话框，将 P5 的坐标修改成(-529.12,177.13,-114.37)，单击【Apply】按钮和【OK】按钮退出对话框。

（2）创建圆柱体。单击建模工具条上的创建圆柱 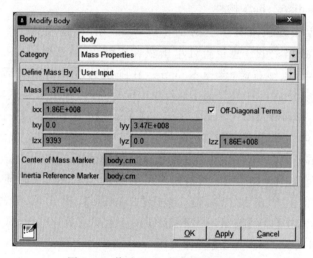 按钮，选择 New Part，选中 Radius，不选择 Length，将半径 Radius 设置成 20，在图形区单击点 P4 和 P5，创建了新构件 PART_5，同时在模型树 PART_5 下面新创建了坐标系 MARKER_6、质心坐标系 cm 和圆柱体。在 PART_5 上单击鼠标右键，选择【Rename】，弹出修改名称对话框，输入 body，单击【OK】按钮，在 MARKER_6 上单击鼠标右键，选择【Rename】，弹出修改名称对话框，输入 MAR1，单击【OK】按钮。

（3）修改质量。在模型树 body 上双击左键，弹出构件编辑对话框，如图 2-94 所示，按照图中的数据输入，修改构件的质量信息，单击【OK】按钮关闭对话框。

图 2-94 修改 Body 构件的质量信息

7. 创建 rack 构件

（1）创建点。单击建模工具条上的创建点 按钮，设置成 Add to Ground 和 Don't Attach，然后在工作栅格上的任意位置处单击鼠标左键，在模型树的 ground 下找到刚刚创建的点，在它上面单击鼠标右键，选择 Rename，在弹出的修改名称对话框中，输入新名字 P6，单击【OK】按钮。然后再在模型树 P6 上双击标左键，弹出表格编辑对话框，将 P6 的坐标修改成(-417.12,177.13,-114.37)，单击【Apply】按钮和【OK】按钮退出对话框。

（2）创建圆柱体。单击建模工具条上的创建圆柱 按钮，选择 New Part，选中 Length 和 Radius，长度 Length 设置成 35，半径 Radius 设置成 25，在图形区单击点 P6 和 P5，创建了新构件 PART_6，同时在模型树 PART_6 下面新创建了坐标系 MARKER_7、质心坐标系 cm 和圆柱体。在 PART_6 上单击鼠标右键，选择【Rename】，弹出修改名称对话框，输入 rack，单击【OK】按钮，在 MARKER_7 上单击鼠标右键，选择【Rename】，输入 MAR1，单击【OK】按钮。

（3）添加特征。单击建模工具条上的添加凸台特征 按钮，将半径 Radius 设置成 10，高 Height 设置成 300，然后在刚刚创建的圆柱上靠近 Body 一侧的面上单击鼠标左键，创建一个圆柱形凸台，这个凸台的中心位置可能不是圆柱的中心位置，在图形区的凸台上单击鼠标右键,选择【HoleFeature:HOLE_1】→【Modify】命令,如图 2-95 所示,在弹出的对话框中,将 Center 修改成−452.12,177.13,−114.37,单击【OK】按钮。

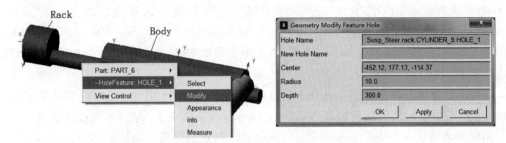

图 2-95 修改凸台

8. 创建 tie_rod 构件

(1) 创建点。单击建模工具条上的创建点 ▣ 按钮,设置成 Add to Ground 和 Don't Attach,然后在工作栅格上的任意位置处单击鼠标左键,在模型树的 ground 下找到刚刚创建的点,在它上面单击鼠标右键,选择 Rename,在弹出的修改名称对话框中,输入新名字 P7,单击【OK】按钮。然后再在模型树 P7 上双击鼠标左键,弹出表格编辑对话框,将 P7 的坐标修改成(−24.12,165.13,−114.37),单击【Apply】按钮和【OK】按钮退出对话框。

(2) 创建圆柱体。单击建模工具条上的创建圆柱 ▬ 按钮,选择 New Part,选中 Radius,不选择 Length,将半径 Radius 设置成 10,在图形区单击点 P6 和 P7,创建了新构件 PART_7,同时在模型树 PART_7 下面新创建了坐标系 MARKER_8、质心坐标系 cm 和圆柱体。在 PART_7 上单击鼠标右键,选择【Rename】,弹出修改名称对话框,输入 tie_rod,单击【OK】按钮,在 MARKER_8 上单击鼠标右键,选择【Rename】,输入 MAR1,单击【OK】按钮。

(3) 创建球体(一)。单击建模工具条上的球体 ● 按钮,选择 Add to Part,将半径 Radius 设置成 15,然后单击刚刚创建的圆柱体(tie_rod),在单击点 P6,在 P6 位置处创建一个球体。

(4) 创建球体(二)。用同样的方法在 tie_rod 上的 P7 点创建半径是 20 的球体。

9. 创建 lower_arm 构件

(1) 创建点。单击建模工具条上的创建点 ▣ 按钮,设置成 Add to Ground 和 Don't Attach,在工作栅格上的任意位置处单击鼠标左键,在模型树的 ground 下找到刚刚创建的点,在它上面单击鼠标右键,选择 Rename,在弹出的修改名称对话框中,输入新名字 P8,单击【OK】按钮。然后再在模型树 P8 上双击鼠标左键,弹出表格编辑对话框,将 P8 的坐标修改成(−305.0,12.75,−82.19),单击【Apply】按钮和【OK】按钮退出对话框。用同样的方法再创建两个点 P9(−305.0,12.75,124.98)和 P10(0.0,53.25,0.0)。

(2) 创建圆柱体(一)。单击建模工具条上的创建圆柱 ▬ 按钮,选择 New Part,选中 Radius,不选择 Length,将半径 Radius 设置成 20,在图形区单击点 P8 和 P10,创建了新构件 PART_8,同时在模型树 PART_8 下面新创建了坐标系 MARKER_11、质心坐标系 cm 和圆柱体。在 PART_8 上单击鼠标右键,选择【Rename】,弹出修改名称对话框,输入 lower_arm,单击【OK】按钮,在 MARKER_11 上单击鼠标右键,选择【Rename】,输入 MAR1,单击【OK】按钮。

（3）创建圆柱体（二）。单击建模工具条上的创建圆柱 ▇ 按钮，选择 Add to Part，选中 Radius，不选择 Length，将半径 Radius 设置成 20，先在图形区选择刚刚创建的圆柱体（lower_arm），再在图形区单击点 P9 和 P10，同时在模型树 lower_arm 下面新创建了坐标系 MARKER_12 和圆柱体。在 MARKER_12 上单击鼠标右键，选择【Rename】，输入 MAR2，单击【OK】按钮。

（4）创建球体。单击建模工具条上的球体 ● 按钮，选择 Add to Part，将半径 Radius 设置成 20，然后单击刚刚创建的圆柱体（lower_arm），再单击点 P8，在 P8 位置处创建一个球体。用同样的方法在 lower_arm 构件上 P9 和 P10 两点创建两个同样的球体。

10. 创建 upper_arm 构件

（1）创建点。单击建模工具条上的创建点 ▇ 按钮，设置成 Add to Ground 和 Don't Attach，在工作栅格上的任意位置处单击鼠标左键，在模型树的 ground 下找到刚刚创建的点，在它上面单击鼠标右键，选择 Rename，在弹出的修改名称对话框中，输入新名字 P11，单击【OK】按钮。然后再在模型树 P11 上双击鼠标左键，弹出表格编辑对话框，将 P11 的坐标修改成（-228.5,360.77,-109.0），单击【Apply】按钮和【OK】按钮退出对话框。用同样的方法再创建两个点 P12（-228.5,360.77,71.0）和 P13（0.0,351.05,0.0）。

（2）创建圆柱体（一）。单击建模工具条上的创建圆柱 ▇ 按钮，选择 New Part，选中 Radius，不选择 Length，将半径 Radius 设置成 10，在图形区单击点 P11 和 P13，创建了新构件 PART_9，同时在模型树 PART_9 下面新创建了坐标系 MARKER_16、质心坐标系 cm 和圆柱体。在 PART_9 上单击鼠标右键，选择【Rename】，弹出修改名称对话框，输入 upper_arm，单击【OK】按钮，在 MARKER_16 上单击鼠标右键，选择【Rename】，输入 MAR1，单击【OK】按钮。

（3）创建圆柱体（二）。单击建模工具条上的创建圆柱 ▇ 按钮，选择 Add to Part，选中 Radius，不选择 Length，将半径 Radius 设置成 10 先在图形区选择刚刚创建的圆柱体（lower_arm），再在图形区单击点 P12 和 P13，同时在模型树 upper_arm 下面新创建了坐标系 MARKER_17 和圆柱体。在 MARKER_17 上单击鼠标右键，选择【Rename】，输入 MAR2，单击【OK】按钮。

（4）创建球体。单击建模工具条上的球体 ● 按钮，选择 Add to Part，将半径 Radius 设置成 20，然后单击刚刚创建的圆柱体（upper_arm），再单击点 P11，在 P11 位置处创建一个球体。用同样的方法在 upper_arm 构件上 P12 和 P13 两点处创建两个同样的球体。

11. 创建 lower_strut 构件

（1）创建点。单击建模工具条上的创建点 ▇ 按钮，设置成 Add to Ground 和 Don't Attach，在工作栅格上的任意位置处单击鼠标左键，在模型树的 ground 下找到刚刚创建的点，在它上面单击鼠标右键，选择 Rename，在弹出的修改名称对话框中，输入新名字 P14，单击【OK】按钮。然后再在模型树 P14 上双击鼠标左键，弹出表格编辑对话框，将 P14 的坐标修改成（-95.0,57.0,1.72），单击【Apply】按钮和【OK】按钮退出对话框。用同样的方法再创建两个点 P15（-126.98,238.35,0.0）和 P16（-161.71,435.31,0.0）。

（2）创建圆柱体（一）。单击建模工具条上的创建圆柱 ▇ 按钮，选择 New Part，选中

Radius,不选择 Length,将半径 Radius 设置成 17,在图形区单击点 P14 和 P15,创建了新构件 PART_10,同时在模型树 PART_10 下面新创建了坐标系 MARKER_21、质心坐标系 cm 和圆柱体。在 PART_10 上单击鼠标右键,选择【Rename】,弹出修改名称对话框,输入 lower_strut,单击【OK】按钮,在 MARKER_21 上单击鼠标右键,选择【Rename】,输入 MAR1,单击【OK】按钮。

(3) 创建圆柱体(二)。单击建模工具条上的创建圆柱 按钮,选择 Add to Part,选中 Length 和 Radius,将 Length 设置成 30、半径 Radius 设置成 30,先在图形区选择刚刚创建的圆柱体(lower_strut),再在图形区单击点 P15 和 P16,同时在模型树 lower_strut 下面新创建了坐标系 MARKER_22 和圆柱体。在 MARKER_22 上单击鼠标右键,选择【Rename】,输入 MAR2,单击【OK】按钮。

(4) 添加特征。单击建模工具条上的添加凸台特征 按钮,将半径 Radius 设置成 18,高 Height 设置成 70,然后在刚刚创建的圆柱靠近上侧的面上单击鼠标左键,创建一个圆柱形凸台,这个凸台的中心位置可能不是正确位置,在图形区的凸台上单击鼠标右键,选择【HoleFeature:HOLE_1】→【Modify】命令,在弹出的对话框中,将 Center 修改成 -132.19,267.89,0,单击【OK】按钮。

12. 创建 upper_strut 构件

创建圆柱体。单击建模工具条上的创建圆柱 按钮,选择 New Part,选中 Length 和 Radius,将长度 Length 设置成 200、半径 Radius 设置成 15,在图形区单击点 P16 和 P15,创建了新构件 PART_11,同时在模型树 PART_11 下面新创建了坐标系 MARKER_23、质心坐标系 cm 和圆柱体。在 PART_11 上单击鼠标右键,选择【Rename】,弹出修改名称对话框,输入 upper_strut,单击【OK】按钮,在 MARKER_23 上单击鼠标右键,选择【Rename】,输入 MAR1,单击【OK】按钮。

13. 创建 spindle_wheel 构件

(1) 创建点。单击建模工具条上的创建点 按钮,设置成 Add to Ground 和 Don't Attach,在工作栅格上的任意位置处单击鼠标左键,在模型树的 ground 下找到刚刚创建的点,在它上面单击鼠标右键,选择 Rename,在弹出的修改名称对话框中,输入新名字 P17,单击【OK】按钮。然后再在模型树 P17 上双击鼠标左键,弹出表格编辑对话框,将 P17 的坐标修改成(178.88,152.78,0.0),单击【Apply】按钮和【OK】按钮退出对话框。用同样的方法再创建两个点 P18(42.88,152.78,0.0)。

(2) 创建圆柱体。单击建模工具条上的创建圆柱 按钮,选择 New Part,选中 Radius,不选择 Length,将半径 Radius 设置成 50,在图形区单击点 P17 和 P18,创建了新构件 PART_12,同时在模型树 PART_12 下面新创建了坐标系 MARKER_24、质心坐标系 cm 和圆柱体。在 PART_12 上单击鼠标右键,选择【Rename】,弹出修改名称对话框,输入 spindle_wheel,单击【OK】按钮,在 MARKER_24 上单击鼠标右键,选择【Rename】,输入 MAR1,单击【OK】按钮。

(3) 创建轮胎的参考坐标系。单击建模工具条上的创建坐标系 按钮,选择 Add to Part 和 Global XY Plane 项,先选择刚刚创建的圆柱体(spindle_wheel),然后在工作栅格的原点单击鼠标,如果选择的不是原点,可以双击新建立坐标系,将其位置 Location 设置成

（0.0，0.0，0.0）。在新创建的坐标系上单击鼠标右键，选择【Rename】，输入 wheel_reference，单击【OK】按钮。

（4）导入轮胎模型。选择【File】→【Import】命令，弹出导入对话框，如图 2-96 所示。将 File Type 设成 Shell(＊.shl)，在 File Name 输入框中单击鼠标右键，选择【Browse】，找到本书二维码中 chapter_02\susp_steer 目录下的 wheel.shl 文件，在 Shell Name 输入框中输入 wheel，在 Reference Maker 输入框中单击鼠标右键，选择【Maker】→【Guesses】命令，然后找到刚刚创建的坐标系 wheel_reference，单击【OK】按钮。用同样的方法导入本书二维码中的 spindle.shl 文件。

图 2-96　导入几何模型

到此，我们创建了汽车悬架和转向系统，只不过还没有添加运动副和驱动，模型还不能运动起来，我们将在下章中添加运动副和驱动。请保存模型，以备后用。

第3章

运动副与驱动

一个系统通常是由多个构件组成的,各个构件之间通常存在某些约束关系,即一个构件限制另一个构件的运动,两个构件之间的这种约束关系,通常称为运动副或者铰链,通过抽象和总结,将约束分为几个常用的基本约束和运动副。要模拟系统的真实运动情况,就需要根据实际情况抽象出相应的运动副,并在构件间定义运动副。要使系统能够运动起来,还需要在运动副上添加驱动和载荷,以及在构件之间施加载荷。驱动从本质上来说,也是一种约束,只不过这种约束是约束两个构件按照确定的规律运动,而运动副约束两个构件在受约束的自由度上的运动规律是相对静止不动,系统根据运动副建立的约束方程的右边等于零,而根据驱动建立的约束方程的右边等于驱动规律。本章主要介绍有关运动副的定义、运动副的驱动和广义驱动。

3.1 定义运动副

运动副关联两个构件,并限制两个构件之间的相对运动。在定义运动副时,一般都需要选择两个构件,即便是存在只选择一个构件的情况下,则将另一个构件默认为是大地(Ground),而且是第一个构件相对于第二个构件运动,在运动副约束的两个构件上分别定义一个 Marker,用这两个 Marker 建立约束方程,第 1 个构件上的 Marker 称为 I-Marker,第 2 个构件上的 Marker 称为 J-Marker。

在 ADAMS/View 中的约束分为低副(Joints)、基本副(Primitives)、耦合副(Couplers)和特殊副(Special)四类,其中特殊副又称为高副。如图 3-1 所示是各运动副所对应的图标。

图 3-1　运动副及驱动的按钮

3.1.1 低副的定义

在 ADAMS 中，低副有固定副、旋转副、滑移副、圆柱副、球铰副、平面副、等速副、万向节（胡克铰）和螺杆副，低副是用得最多的运动副，在一般机械系统中广泛存在。两个构件在空间中有 6 个相对自由度，即 3 个平动自由度和 3 个旋转自由度，在两个构件之间添加了运动副以后，运动副所关联的两个构件之间相对自由就有所减少。表 3-1 所示是对低副约束关系的说明。

表 3-1 低副的约束关系

名　称	按　钮	图形区图标	约 束 关 系
固定副 （Fixed）			固定副将两个构件固定在一起，两个构件之间没有任意相对运动，即固定副约束两个构件之间的 3 个平动自由度和 3 个旋转自由度，两个构件之间没有任何相对自由度
旋转副 （Revolute）			旋转副约束两个构件在某一点处绕旋转轴只能相对旋转，即旋转副约束两个构件之间的 3 个平动自由度和 2 个旋转自由度，两个构件之间只有 1 个旋转自由度
滑移副 （Translation）			滑移副约束两个构件只能沿某滑移轴线滑移，即滑移副约束两个构件之间的 2 个平动自由度和 3 个旋转自由度，两个构件之间只有 1 个平动自由度
圆柱副 （Cylindrical）			圆柱副约束两个构件沿某轴线既可以旋转也可以滑移，即圆柱副约束两个构件之间的 2 个平动自由度和 2 个旋转自由度，两个构件之间有 1 个平动自由度和 1 个旋转自由度
球铰副 （Spherical）			球铰副约束两个构件只能旋转，不能滑移，即球铰副约束两个构件之间的 3 个平动自由度，两个构件之间有 3 个旋转自由度
平面副 （Planar）			平面副约束一个构件只能在另一个构件的某一个面内运动，即平面副约束两个构件之间的 1 个平动自由度和 2 个旋转自由度，两个构件之间有 2 个平动自由度和 1 个旋转自由度
等速副 （Constant Velocity）			等速副约束两个构件在两个方向上的旋转速度相等，即等速副约束两个构件之间的 3 个平动自由度和 1 个旋转自由度，两个构件之间有 2 个旋转自由度
万向节 （Hooke 或 Universal）			万向节（或胡克副）约束两个构件之间的 3 个平动自由度和 1 个旋转自由度，两个构件之间有 2 个旋转自由度
螺杆副 （Screw）			螺杆副约束两个构件之间的 2 个平动自由度和 2 个旋转自由度，两个构件之间有 1 个平动自由度和 1 个旋转自由度，且这两个自由度之间满足一定的关系，即两个构件相对旋转 360°时，也相对滑移一个螺距的距离

各种低副的定义方式基本相同,下面以旋转副的定义过程为例,来介绍非复合副的定义方式。在工具栏中单击旋转副的图标 ,然后再确定创建旋转副的选项,如图 3-2 所示。定义旋转副需要确定如下参数:

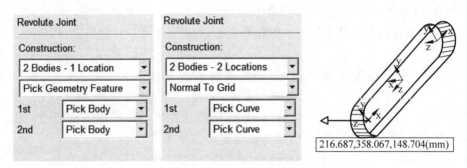

图 3-2 创建运动副的选项和运动副的轴线

(1) 1 Location-Bodies impl.:需要选择构件上的一个位置,系统自动会在所选位置处将两个毗邻的构件添加旋转副,如果所选位置处只有一个构件,则在这个构件与大地(Ground)之间创建旋转副,使用这种方法不能指定旋转副关联的两个构件的先后顺序。如需要在构件与大地之间创建运动副,且该构件与大地之间的位置已经确定,使用该方法即可。

(2) 2 Bodies-1Location:需要选择两个构件和一个位置,其中第一个构件相对于第二个构件运动,且其中一个构件可以为大地,如果两个构件之间的装配位置关系已经确定,使用该方法即可。

(3) 2 Bodies-2Locations:需要选择两个构件和两个位置,其中第一个构件相对于第二个构件运动,且其中一个构件可以为大地,如果两个构件之间的装配位置还没有完全确定,使用该方法定义的旋转副,在进行仿真计算时,系统会自动移动这两个构件,使这两个位置点重合,这种计算称为装配计算(Assembly),有关装配计算的内容详见第 7 章中的内容。

(4) Pick Geometry Feature:用手动的方式确定旋转轴的方向,当鼠标在屏幕上移动时,会出现一个带箭头的方向用于确定旋转轴,当出现用户想要的方向时,按下鼠标左键即可,如图 3-2 所示。

(5) Normal To Grid:当工作栅格显示时,旋转副的旋转轴的方向与工作栅格面垂直,当工作栅格没有显示时,旋转轴的方向与计算机屏幕所在的平面垂直,且旋转轴的正向垂直屏幕向外。

(6) Pick Body:选择构件,有 1st 和 2nd 两个选择,表示第一个构件和第二个构件,第一个构件相对于第二个构件运动。

(7) Pick Curve:选择样条曲线(Spline Curve)或者数据曲线(Data Curve),有关数据曲线的内容,请参考第 9 章中的内容。如果选择的 Pick Curve,选择在图形区拾取曲线,这时运动副可以沿着曲线运动,而不是相对于构件位置静止了。

在创建了运动副以后,在运动副关联的两个构件上会分别固结两个坐标系(Marker),第一个构件上坐标系称为 I-Marker,第二个构件上的坐标系称为 J-Marker,这两个坐标系用于计算这两个构件的相对运动关系，运动副的作用实际上就是建立两个构件的运动约束方程，运动副的约束方程就是通过这两个坐标系来建立的，并且运动副关联的两个构件的相对运动关系也是通过这两个坐标系来表达的，这两个运动副的原点就是运动副在两个构件上的作用点，或称为铰点。通过这两个坐标系可以计算出两个构件的相对位移、相对速度、相对加速度以及这两个构件上作用的力和力矩等，如果删除这些坐标系，则相应的运动副也会被删除。

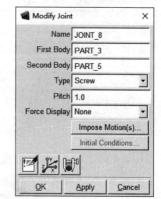

需要说明的是，在定义螺杆副时，如果是选择的 Pick Geometry Feature 项，则在手动定义方向上时，需要注意的是，两个方向一定要平行，同向或反向，而不能是其他情况，另外就是还需要修改螺纹的螺距，方法是在螺杆副上单击鼠标右键，在弹出的菜单中选择【Modify】项，就会弹出修改螺杆副的对话框，如图 3-3 所示，在 Pitch 输入框中输入螺距即可，这里的螺距是指螺杆副关联的两个构件相对旋转一圈时，两个构件相对滑移的距离。

图 3-3　螺杆副的编辑对话框

胡克副和万向节共用一个按钮，只要双击胡克副 🔲 按钮，就变成定义万向节的按钮。胡克副与万向节是有区别的，如图 3-4 所示，胡克副的旋转轴与万向节的旋转轴是不一样的。

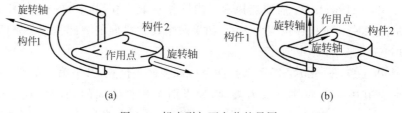

(a)　　　　　　　　　　　　　　　　(b)

图 3-4　胡克副与万向节的异同

（a）胡克副；（b）万向节

另外，等速副与胡克副有些类似，对于胡克副而言，如果第一个构件是主动件且匀速转动，则第二个构件的转速一般是非匀速的，而对于等速副而言，第二个构件与第一个构件的转速始终相同，如果第一个构件是匀速的，则第二个构件也是匀速的。此外，等速副的定义方式还有特殊要求，如图 3-5 所示，定义等速副时需要选择两个构件和两个等速旋转方向，同时在作用点处，在第一个构件和第二个构件上分别固结两个坐标系 I-Marker 和 J-Marker，等速副会将 I-Marker 的 z_i 轴与第一个等速旋转方向平行，J-Marker 的 z_j 轴与第二个等速旋转方向平行，此外还要求 I-Marker 的 x_i 轴与 J-Marker 的 y_j 轴之间的夹角要与 I-Marker 的 y_i 轴与 J-Marker 的 x_j 轴之间的夹角相等，为方便达到此目的，可以将两坐标系的 x_i 轴和 x_j 轴重合或将 y_i 轴和 y_j 轴重合即可。

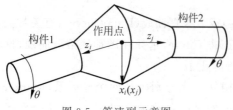

图 3-5　等速副示意图

平面副的定义需要确定一个方向，这个方向是垂直于两个构件相对运动的平面，也就是说两个只能做相对平面运动的构件，其相对运动的平面垂直于这个方向。

3.1.2 实例：旋转副和滑移副

本例主要练习旋转副和滑移副的定义过程,所需文件为 robot_hand_start. bin,位于本书二维码中的 chapter_03/robot_hand 目录下,请将 robot_hand_start. bin 文件复制到 ADAMS/View 的工作目录下,或者直接打开 2.4.7 节中保存的模型。在下面的步骤中可能需要缩放或旋转模型,为此按键盘上的 Z 键和鼠标左键就可以放大或缩小模型,按键盘的 R 键和鼠标左键可以旋转模型,按键盘的 T 键和鼠标左键可以平移模型。按 V 键可以隐藏或显示图标,按 G 键可以隐藏或显示工作栅格,单击状态工具栏上的 ⊕ 按钮可以渲染或线框显示模型。

1. 打开模型

启动 ADAMS/View,在欢迎对话框中选择打开文件(Existing Model),单击【OK】按钮后,弹出打开文件对话框,在对话框中找到 robot_hand_start. bin。

2. 设置工作环境

如果工作栅格没有打开,按下键盘上的 G 键,将工作栅格显示出来,单击状态工具栏上的 ⊕ 按钮,以渲染方式显示模型。选择【Settings】→【Icon】命令,弹出图标设置对话框,在 New Size 输入框中输入 30,单击【OK】按钮。

3. 创建固定副

单击建模工具条 Connectors 中的固定副 ⊕ 按钮,并将定义固定副的选项设置为 1 Location 和 Normal To Grid,然后在图形区单击 Part2 上的一点,将 Part2 固定在大地上,如图 3-6 所示。

4. 创建旋转副

单击工具栏中的旋转副 ⊛ 按钮,并将创建旋转副的选项设置为 2 Bodies-1 Location 和 Normal Grid,然后在图形区单击第一个构件 Part10 和第二个构件 Part3,之后需要选择一个作用点,将鼠标移动到 Part10 和 Part3 关联的圆孔附近,当出现 center 信息时,如图 3-7 所示,显示的是 Part3. SOLID3. E16(center),按下钮鼠标左键后就可以创建旋转副,旋转轴的方向垂直于工作栅格。如果在选择构件时不容易选取,可以放大模型,也可以在构件上单击鼠标右键,在弹出的选取对话框的列表中,选择相应的构件即可。

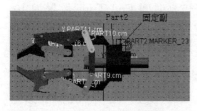

图 3-6 创建第 1 个运动副(固定副)

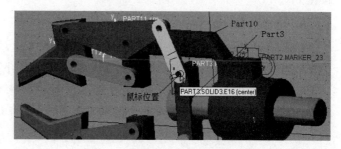

图 3-7 创建第 2 个运动副(旋转副)

按照同样的操作过程,完成其他旋转副的定义,如图 3-8 所示。

图 3-8　创建其他旋转副

5. 设置工作栅格的方向

选择【Settings】→【Working Grid】命令，在弹出的对话框中，选择 Set Orientation 下拉列表中的 Global XZ 项，单击【OK】按钮后，使工作栅格与总体坐标系的 XZ 面平行。

6. 创建滑移副

单击建模工具条中的滑移副 按钮，并将创建滑移副的选项设置为 2 Bodies-1 Location 和 Normal Grid，然后单击选择第一个构件 Part3 和第二个构件 Part2，之后需要选择一个作用点，单击鼠标左键后，就可以创建滑移副，如图 3-9 所示。

图 3-9　创建第 14 个运动副（滑移副）

7. 添加驱动

单击建模工具条 Motions 中的滑移驱动 按钮，然后再在图形区点选上步创建的滑移副，就可以创建一个常值函数驱动，这并不满足我们的要求，需要在驱动图标上单击鼠标右键，在弹出的右键快捷菜单中选择【Motion：Motion1】→【Modify】命令弹出编辑驱动的对话框，在 Function(time) 后的输入框中输入 40 * sin(90d * time)，其中的 d 表示度，单击【OK】按钮。

8. 运行仿真计算

单击建模工具条 Simulation 中的仿真计算 按钮，将仿真时间 End Time 设置为 10，仿真步数 Steps 设置为 500，然后单击 按钮进行仿真计算。

需要特别注意的是，以上创建的运动副对模型来说是过约束的，这可以通过菜单【Tools】→【Model Verify】来查看过约束的情况，通过将其中的几个旋转副变成基本副，或者将刚性体变成柔性体，可以解决过约束的问题。

3.1.3　实例：定义球铰副

上例中创建的旋转副的方向都是垂直于工作栅格，本例练习手动指定旋转副的方向和球铰副的定义。本例所需的文件为 sphere_joint.bin,该文件位于本书二维码中的 chapter_03/ sphere_joint 下,请将该文件复制到 ADAMS/View 的工作目录下。

1. 打开模型

启动 ADAMS/View,在欢迎对话框中选择打开文件(Existing Model),单击【OK】按钮后,弹出打开文件对话框,在对话框中找到 sphere_joint.bin。

2. 创建固定副

单击建模工具条 Connectors 中的固定副 🔒 按钮,然后选择 1 Location 和 Normal to Grrid 项,再单击 Part7 上的一角,将 Part7 固定在大地上,如图 3-10 所示。

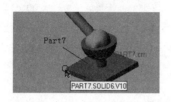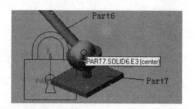

图 3-10   创建固定副和球铰副

3. 创建球铰副

单击建模工具条 Connectors 中的球铰副 🔩 按钮,然后选择 2 Bodies-1 Location 和 Normal to Grrid,在图形区选择 Part6 和 Part7,如图 3-10 所示,然后选择一个作用点,将鼠标移动到两构件连接的圆球处,当出现 center 信息时,按下鼠标左键就可以创建球铰副。

按照第 3 步的方法在 Part5 和 Part6 之间创建一个球铰副,如图 3-11 所示。

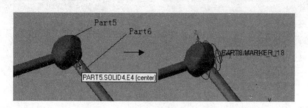

图 3-11   创建球铰副

4. 创建 Marker 点

单击建模工具条 Bodies 中的 Marker 点 📍 按钮,选择 Add to Part 和 Global XY 项,然后单击 Part4 和 Part4 上如图 3-12(a)所示的一点,创建一个 Marker 点。转动模型,按照同样的方式在另一侧也创建一个 Marker 点,如图 3-12(b)所示。下面将在这两个 Marker 点中间再创建一个 Marker 点,在刚才创建的第一个 Marker 点上单击鼠标右键,在弹出的右键菜单中选择 Modify 后,弹出编辑对话框,在编辑对话框中将 Marker 点的原点位置坐标 Location(−95.4527266384,10.0821823166,49.3697734655)记录下来,按照同样的方式将另一个 Marker 点原点坐标 Location(−94.357682721,28.0706908914,58.0423992545)记录下来,然后单击建模工具条上的 Marker 点 📍 按钮,选择 Add to Part 和 Global XY 项,然后单击 Part4 和其他任意一点,再创建一个 Marker 点,右键单击该 Marker 点,在弹出的编辑对话框中,将其原点位置改为以上两 Marker 点原点位置和的一半,也就是

Location （（−95.4527266384−94.357682721）/2，（10.0821823166+28.0706908914）/2，（49.3697734655+58.0423992545）/2）=（−94.9052046795,19.0764366040,53.70608636），如图 3-12（c）所示（以上对位置的计算可以通过 ADAMS/View 提供的设计过程函数实现，读者可以在以后的学习中慢慢体会）。

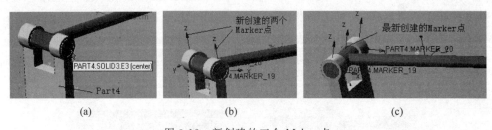

图 3-12　新创建的三个 Maker 点

（a）创建第一个 Marker 点；（b）创建第二个 Marker 点；（c）创建第三个 Marker 点

5. 创建旋转副

单击建模工具条 Connectors 中的旋转副 按钮，将选项设置为 2 Bodies-1 Location 和 Pick Feature，之后单击 Part4 和 Part5，再选取上步创建的最后一个 Marker 点的原点位置，如图 3-13（a）所示，随后移动鼠标来指定旋转副的旋转轴，将鼠标指向另一个 Marker 点的原点，如图 3-13（b）所示，单击鼠标左键后，就可以创建旋转副。

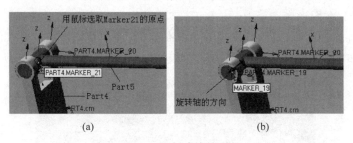

图 3-13　创建旋转副

6. 创建旋转副

单击工具条上的旋转副 按钮，将选项设置为 2 Bodies-1 Location 和 Pick Feature，之后单击 Part2 和 Part3，再选取 Part3 的质心坐标系作为旋转副的作用点，随后移动鼠标来指定旋转副的旋转轴，单击鼠标左键后，就可以创建旋转副，如图 3-14 所示。

图 3-14　创建旋转副

7. 创建固定副

在 Part2 和 Part4 之间创建一个固定副，在 Part3 和大地之间创建一个旋转副，这样所有的运动副就创建结束了。

8. 添加驱动

单击建模工具条 Motions 中的旋转驱动 按钮，然后再选择上面创建的最后一个旋转副，也就是 Part3 和 Part2 之间的旋转副，再在图形区的旋转驱动图标上单击鼠标右键，在快捷菜单中选择【Modify】,在编辑对话框中将驱动函数设置为 $40d * \sin(90d * time)$。

9. 运行仿真计算

单击建模工具条 Simulation 中的仿真计算 ⚙ 按钮,将仿真时间 End Time 设置为 10、仿真步数 Steps 设置为 500,然后单击 ▶ 按钮进行仿真计算。

3.1.4 齿轮副的定义

齿轮副的定义与其他运动副相比,会特别一些。如图 3-15 所示,齿轮副关联两个运动副和一个方向坐标系(Marker),这两个运动副可以是旋转副、滑移副或圆柱副,通过它们的不同组合,就可以模拟直齿齿轮、斜齿轮、锥齿轮、行星齿轮、涡轮-蜗杆和齿轮-齿条等传动形式。除以上要求以外,还要求这两个运动副关联的第一个构件和第二个构件分别为齿轮 1 和共同件、齿轮 2 和共同件,共同件是齿轮的载体,通常是箱体等结构。另外还要求方向坐标系固定在共同件上,且方向坐标系的 Z 轴的方向指向

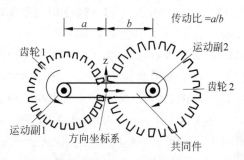

图 3-15 齿轮副示意图

齿轮啮合的方向,Z 轴也是齿轮啮合力的方向,如果不满足以上条件,在进行计算时,就会出现计算失败的情况或传动关系不正确的情况。方向坐标系的原点与两个运动副之间的距离将决定齿轮的传动比,共同件可以是大地(Ground)。

在建模工具条 Connectors 中单击齿轮副 齿 按钮,之后弹出创建齿轮副的对话框,如图 3-16 所示。在 Joint Name 输入框中单击鼠标右键,在弹出的快捷菜单中选择【Joint】→【Pick】命令,然后在图形区选择两个旋转副,或者使用【Browse】和【Guesses】进行选择也可,用同样的方法可以为 Common Velocity Marker 项拾取方向坐标系。

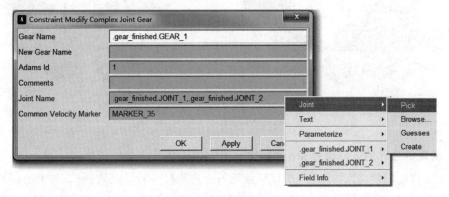

图 3-16 创建齿轮副的对话框

3.1.5 实例:齿轮传动

本例主要练习齿轮副的定义过程,所需文件为 gear_start. bin,位于本书二维码中的 chapter_03/gear_joint 下,请将其复制到 ADAMS/View 的工作目录下。本例的模型如

图 3-17 所示，由 3 个构件和 4 个 Marker 点构成，其中 Part2 和 Part3 之间的传动比为 2∶3，Part3 和 Part4 之间的传动比为 1∶1。下面是本例的详细过程。

1. 打开模型

启动 ADAMS/View，在欢迎对话框中选择打开文件（Exiting Model），弹出打开文件的对话框，找到 gear_start.bin 文件，单击【OK】按钮，打开文件后，请先熟悉模型。

2. 创建直齿轮的方向坐标系

在图形区双击 Marker_1，或者在 Marker_1 上单击鼠标右键，在弹出的右键快捷菜单中选择【Marker:Marker_1】→【Modify】命令，之后弹出编辑对话框，将 Marker_1 的原点位置（Location 输入框中的坐标值）记录下来，为 P1(0.0,0.0,−12.7)，用同样的方法记录 Marker_2 的原点位置，为 P2(166.3699951172,0.0,−12.7)，根据 Part2 和 Part3 之间的传动比 2∶3，可以计算出齿轮副方向坐标系的原点为 P3(166.3699951172×3/5,0.0,−12.7)，也就是 P3(99.82199707032,0.0,−12.7)。单击工具栏中的定义 Marker 点的 按钮，将选项设置为 Add to Ground 和 Global XZ Plane，也就是将方向坐标系放置到大地上，方向坐标系的 XY 平面与总体坐标系的 XZ 平面平行，从而方向坐标系的 Z 轴与总体坐标系的 Y 轴平行，从而满足方向坐标系的 Z 轴指向齿轮副啮合的方向，设置了以上选项后，在工作栅格的任意处单击鼠标左键，先将方向坐标系临时放置到此处，然后再双击该坐标系，在弹出的编辑对话框中，将其原点位置 Location 设置为前面已计算出的坐标值 P3(99.82199707032,0.0,−12.7)，单击【OK】按钮后，新创建的方向坐标系如图 3-18 所示。（以上计算方向坐标系原点的过程可以使用 ADAMS/View 提供的设计过程位置函数实现。）

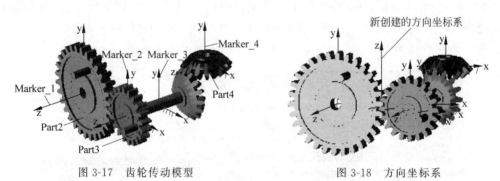

图 3-17　齿轮传动模型　　　　　　　　　图 3-18　方向坐标系

3. 创建锥齿轮的方向坐标系

由于锥齿轮的传动比为 1∶1，所以锥齿轮的方向坐标系的原点到 Part3 和 Part4 旋转轴的距离要相等，为此，先要找到 Part3 和 Part4 旋转轴的交点处的坐标。在图形区双击 Marker_3 和 Marker_4，在其编辑对话框中分别记录下两坐标系原点的坐标值 P4(166.3699951172,0.0, −93.3449993322) 和 P5(166.3699951172,61.5950029759,−226.0599975586)，从而得到两旋转轴的交点位置 P6(166.3699951172,0.0,−226.0599975586)，P5 与 P6 两点间的距离为 61.5950029759，还需要在构件 Part3 的旋转轴找到一点 P7，使 P7 与 P6 的距离等于 P5 与 P6 的距离，取 P7(166.3699951172,0.0,−226.0599975586+61.5950029759)，即

P7(166.3699951172,0.0,-164.4649945827),取 P5 与 P7 中间的坐标值 P8 就是锥齿轮的方向坐标系的原点,P8 为(166.3699951172,61.5950029759/2,(-226.0599975586 -164.4649945827)/2),即 P8(166.3699951172,30.79750148795,-195.26249607065)。单击工具栏中的 Marker 文 按钮,将选项设置为 Add to Ground 和 Global YZ Plane,也就是将方向坐标系的 Z 轴与总体坐标系的 X 轴平行,从而满足方向坐标系的 Z 轴指向锥齿轮副啮合的方向,设置了以上选项后,在工作栅格的任意处单击鼠标左键,然后再双击该坐标系,在弹出的编辑对话框中,将其原点坐值 Location 设置为前面已计算出的 P8 的坐标值 (166.3699951172,30.79750148795,-195.26249607065),单击【OK】按钮后,新创建的方向坐标系如图 3-19 所示。

4. 创建三个旋转副

单击建模工具栏 Connectors 上的创建旋转副 按钮,将选项设置为 1 Location-Bodies impl. 和 Pick Geometry Feature,然后在 Marker_1、Marker_3 和 Marker_4 处分别创建 3 个旋转副,如图 3-20 所示。

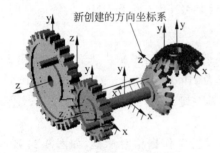

图 3-19 创建方向坐标系

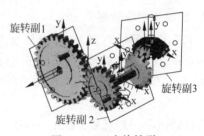

图 3-20 三个旋转副

5. 创建齿轮副

单击工具栏上齿轮副 按钮,之后弹出创建齿轮副的对话框,如图 3-21 所示。在对话框中的 Joint Name 输入框中单击鼠标右键,在弹出的右键菜单中选择【Joint】→【Pick】命令,然后在图形区单击旋转副 1(JOINT_1)和旋转副 2(JOINT_2),用同样的方法为方向坐标系 Common Velocity Marker 拾取 MARKER_35。按照同样的方法在旋转副 2 和旋转副 3 之间创建另一个齿轮副,方向坐标系为 MARKER_36,最后创建的齿轮副如图 3-22 所示。

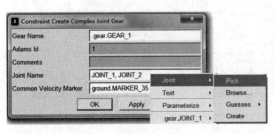

图 3-21 用右键快捷菜单为齿轮副拾取运动副

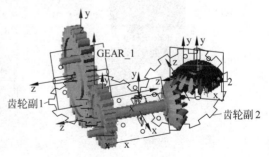

图 3-22 齿轮副

6. 施加驱动

单击工具栏 Motions 上的旋转驱动 ⬡ 按钮，将驱动速度设置为 20，然后在图形区单击旋转副 3，在旋转副 3 上定义旋转驱动。

7. 运行仿真计算

单击建模工具条 Simulation 中的仿真计算 ⚙ 按钮，将仿真时间 End Time 设置为100、仿真步数 Steps 设置为 1000，然后单击 ▶ 按钮进行仿真计算。

3.1.6 实例：齿轮-螺杆传动

本例用齿轮副建立齿轮和螺杆的传递，本例所需文件位于二维码中 chapter_03\worm_gear 目录下的 worm_gear_start.bin，请将其复制到本地工作目录下。

1. 打开模型

启动 ADAMS\View，在欢迎对话框中选择打开模型，打开后的模型如图 3-23 所示，由2 个构件组成 Gear 和 Worm，另外还有 2 个几何点 POINT_1 和 POINT_2。

2. 创建 2 个旋转副

如果工作栅格没有打开，单击键盘上的 G 键把工作栅格显示出来。单击建模工具条Connectors 中的创建旋转副 ⬡ 按钮，将选项设置为 2Bodies-1 Location 和 Normal to Grid，先单击 Gear 作为第 1 个件，再在其他位置单击鼠标左键，选择大地作为第 2 个件，最后选择POINT_1，创建旋转副 JOINT_1。

选择【Settings】→【Working Grid】命令，弹出设置工作栅格对话框，如图 3-24 所示，单击 Set Orientation，然后选择 Global YZ，单击【OK】按钮。

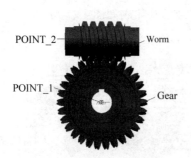

图 3-23 齿轮-螺杆机构

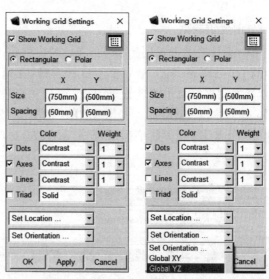

图 3-24 设置工作栅格对话框

单击建模工具条 Connectors 中的创建旋转副 ⬡ 按钮，将选项设置为 2Bodies-1 Location和 Normal to Grid，先单击 Worm 作为第 1 个件，再在其他位置单击鼠标左键，选择大地作为第

2 个件,最后选择 POINT_2,创建旋转副 JOINT_2。

3. 创建共同坐标系

单击工具条 Bodies 中的 Marker ⚒ 按钮,将选项设置为 Add to Ground,在工作区任意位置单击鼠标左键,创建一个 Marker。用左键双击刚刚创建的 Marker,弹出编辑对话框,如图 3-25 所示,将 Location 设置成 0.0,75.7809,0.0,将 Orientation 设置成 90.0,81.0747676,270.0,单击【OK】按钮。

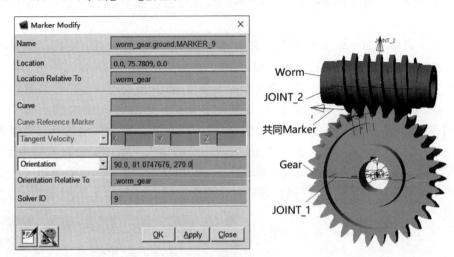

图 3-25 Marker 编辑对话框及 Marker 位置

4. 创建齿轮副

单击建模工具条 Connectors 上的齿轮副 ⚙ 按钮,之后弹出创建齿轮副的对话框,如图 3-26 所示。在对话框中的 Joint Name 输入框中单击鼠标右键,在弹出的右键菜单中选择【Joint】→【Pick】命令,然后在图形区单击旋转副 JOINT_1 和旋转副 JOINT_2,用同样的方法为方向坐标系 Common Velocity Marker 拾取刚刚创建的 MARKER_9。

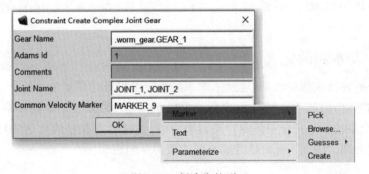

图 3-26 创建齿轮副

5. 创建驱动

单击工具栏 Motions 上的旋转驱动 ⚙ 按钮,将驱动速度设置为-100,然后在图形区单击旋转副 2,在旋转副 2 上定义旋转驱动。

6. 运行仿真计算

单击建模工具条 Simulation 中的仿真计算 ⚙ 按钮，将仿真时间 End Time 设置为 100，仿真步数 Steps 设置为 1000，然后单击 ▶ 按钮进行仿真计算。

3.1.7 耦合副的定义

耦合副通常用于皮带轮传递和链齿轮传递等，耦合副通常关联 2 个或 3 个旋转副或滑移副，如图 3-27 所示。

在建模工具条 Connectors 中单击耦合副 ✎ 按钮，然后再选取两个旋转副或者滑移副后就可以创建由两个运动副构成的耦合副，且第一个运动副为驱动副，第二个运动副为从动副。要设定耦合副的传动比或实现 3 个运动副的复合运动，需要在耦合副的编辑对话框中来修改。在图形区的耦合副图标上单击鼠标右键，在弹出的右键快捷菜单中，选择【Modify】项，然后弹出编辑耦合副的对话框，如图 3-28 所示。要实现由 3 个运动副构成耦合运动，需要选择 Tree Joint Coupler 项后，为新出现的第三个运动副输入框拾取运动副。另外还需要输入运动副的传递比例关系（Scale）k_1、k_2 和 k_3，如果三个运动副转过的角度或滑移的距离分别为 θ_1、θ_2 和 θ_3，则耦合副确定的约束关系是 $k_1\theta_1 + k_2\theta_2 + k_3\theta_3 = 0$。

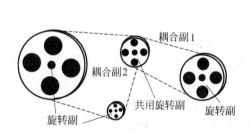

图 3-27　耦合副的示意图

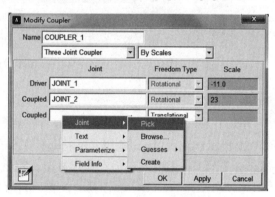

图 3-28　耦合副的编辑对话框

3.1.8 基本副的定义

基本副是一种抽象的运动副，通过基本副的组合可以得到更复杂的约束，基本副也可以组合成常用的低副，例如平行副和点-点副就可以组合成旋转副。基本副在特定的场合有特殊的应用，一个系统如果完全用低副和高副来约束，往往会造成过约束，此时就需要一定量的基本副替代低副。表 3-2 所示是对基本副约束关系的说明。

表 3-2　基本副的约束关系

名　称	按　钮	图　标	约　束　关　系
平行副（Parallel）	⊓	⟟	平行副约束第一个构件的某个方向与第二个构件的某个方向始终平行，平行副约束两个构件之间的 2 个旋转自由度，两个构件之间有 3 个平动自由度和 1 个旋转自由度

续表

名　　称	按　钮	图　标	约　束　关　系
垂直副 （Perpendicular）			垂直副约束第一个构件的某个方向始终垂直于第二个构件的某个方向,垂直副约束两个构件之间的 1 个旋转自由度,两个构件之间有 3 个平动自由度和 2 个旋转自由度
方向副 （Orientation）			方向副约束第一个构件只能相对第二个构件平动,而不能转动,方向副约束两个构件之间的 3 个旋转自由度,两个构件之间有 3 个平动自由度
点-面副 （Inplane）			点-面副约束第一个构件的某点只能在第二个构件的某个平面内运动,点-面副约束两个构件之间的 1 个平动自由度,两个构件之间有 2 个平动自由度和 3 个旋转自由度
点-线副 （Inline）			点-线副约束第一个构件的一点在第二个构件上的某个方向上,点-线副约束两个构件之间的 2 个平动自由度,两个构件之间有 1 个平动自由度和 3 个旋转自由度
点-点副 （Atpoint）			点-点副约束第一个构件上某点与第二个构件上的某点始终重合,点-点副约束两个构件之间 3 个平动自由度,两个构件之间有 3 个旋转自由度

对基本运动副更详细的解释如下。由于在建立基本运动副的时候,在第一个构件上固定 I-Maker 坐标系,在第二个构件上固定 J-Marker 坐标系,平行副就是约束 I-Marker 的 Z 轴与 J-Marker 的 Z 轴始终平行,垂直副就是约束 I-Marker 的 Z 轴与 J-Marker 的 Z 轴始终垂直,方向副就是约束 I-Marker 的三个坐标轴与 J-Marker 的三个坐标轴始终平行,点-面副就是约束 I-Marker 的原点始终在 J-Marker 的 XY 平面内,点-线副就是约束 I-Marker 的原点始终在 J-Marker 的 Z 轴上,点-点副就是约束 I-Marker 的原点与 J-Marker 的原点始终重合。

基本副的创建过程与低副的创建过程基本相同,一般需要选择第一个构件和第二个构件或者曲线,然后选择一个作用点以及一个方向或两个方向,根据基本副的物理意义很容易知道如何定义基本副。基本副的约束关系不同,定义的时候,操作上也会有所不同,可以根据基本副的约束关系和状态工具条的提示来确定具体的操作。定义基本副的选项的意义如下:

(1) 1 Location-Bodies impl.：需要选择构件上的一个位置,系统自动会在所选位置处将两个毗邻的构件添加基本副,如果所选位置处只有一个构件,则在这个构件与大地(Ground)之间创建基本副,使用这种方法不能指定基本副关联的两个构件的先后顺序。如需要在构件与大地之间创建基本副,且该构件与大地之间的位置已经确定,使用该方法即可。

(2) 2 Bodies-1Location：需要选择两个构件和一个位置,其中第一个构件相对于第二个构件运动,且其中一个构件可以为大地,如果两个构件之间的位置关系已经确定,使用该方法即可。

(3) 2 Bodies-2Locations：需要选择两个构件和两个位置,其中第一个构件相对于第二个构件运动,且其中一个构件可以为大地,如果两个构件之间的装配位置还没有完全确定,使用该方法定义的基本副,在进行仿真计算时,系统会自动移动这两个构件,使这两个位置点重合，这种计算称为装配计算（Assembly），有关装配计算的内容详见第 7 章中的内容。

（4）Normal To Grid：当工作栅格显示时，基本副的轴向与工作栅格面垂直，当工作栅格没有显示时，基本副的方向与计算机屏幕所在的平面垂直，且方向的正向垂直屏幕向外。

（5）Pick Geometry Feature：用手动的方式确定基本副的方向，当鼠标在屏幕上移动时，会出现一个带箭头的方向用于确定方向，当出现用户想要的方向时，按下鼠标左键即可。

（6）Pick Body：选择构件，有 1st 和 2nd 两个选择，表示第一个构件和第二个构件，第一个构件相对于第二个构件运动。

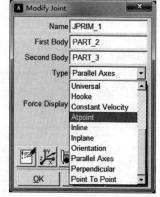

（7）Pick Curve：选择样条曲线（Spline Curve）或者数据曲线（Data Curve），有关数据曲线的内容，请参考第 9 章中的内容。如果选择的 Pick Curve，选择在图形区拾取曲线，这时运动副可以沿着曲线运动，而不是相对于构件位置静止了。

需要注意的是，在工具栏中没有点 点副的按钮，要定义点-点副，可以通过右键单击某个运动副的图标，然后在快捷菜单中选择【Modify】项，在弹出的运动副编辑对话框中，将运动副的类型 Type 设置为 Atpoint，如图 3-29 所示，从对话框中可以看出，运动副的类型还可以更改成其他类型，只要满足它们的定义条件。

图 3-29　改变运动副的类型

3.1.9　高副的定义

在 ADAMS/View 中提供两种高副：一种是点-线副，或者称为柱销-滑槽副；另一种是线-线副，或者称为凸轮-从动轮副。点-线副约束是指一个构件上的一个点在另一个构件上的一条曲线移动，两者不能分离，曲线可以是平面曲线，也可以是空间曲线，可以封闭，也可以不封闭；点-线副约束了 2 个滑移自由度；点-线副适合的模型如图 3-30 所示。线-线副约束是指一个构件上的一条线与另一个构件上的一条线始终接触，曲线必须是平面曲线，且两个曲线必须在一个平面内，即使在定义的时候也不共面；在进行计算时，系统会自动旋转两个构件，使两条曲线共面，因此此线-线副约束了 2 个平动自由度和 2 个旋转自由度。线-线副适合的模型如图 3-31 所示。在定义高副时，需要注意的是，最好是使接触的曲线封闭，且用尽可能多的点来定义曲线，如果是线-线副，则两条曲线间也不要出现有多个点接触的情况。

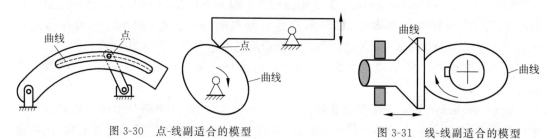

图 3-30　点-线副适合的模型　　　　　　图 3-31　线-线副适合的模型

在定义点-线副时，先单击工具条中的 按钮，选择一个构件上的某点，再选择另一个构件上的某条曲线（Curve）或实体边（Edge）。在定义线-线副时，先单击工具条中的 按钮，选择一个构件上的某条曲线（Curve）或实体边（Edge），再选择另一构件上的某条曲线

(Curve)或实体边(Edge)。通过高副和其他低副的组合,可以实现凸轮等机构。

3.1.10 实例:凸轮机构

本例将创建一个凸轮机构,主要练习点-线副的定义过程,所需文件为 cam_high_start. bin,位于本书二维码中的 chapter_02/cam_high 目录下,请将其复制到 ADAMS/View 的工作目录下。

本例的凸轮机构模型如图 3-32 所示,由 2 个构件和 3 个 Marker 点构成,其中凸轮 Part2 是主动件,Part3 是从动件凸轮,Part2 上有样条曲线,在样条曲线和 Part3 上的一点之间创建点-线副,Part2 与大地间创建旋转副,Part3 与大地之间创建滑移副,它们共同构成了一个凸轮机构。

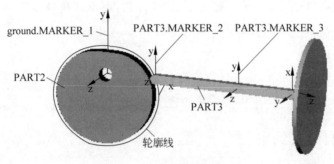

图 3-32 凸轮机构模型

1. 打开模型

启动 ADAMS/View,在欢迎对话框中选择打开文件(Existing Model),单击【OK】按钮后,弹出打开文件的对话框,找到 cam_high_start. bin 文件。打开文件后,请先熟悉模型。

2. 创建旋转副

单击建模工具条 Connectors 中的旋转副 按钮,然后选择 2Bodies-1Location 和 Nomal to Grid 项(如果工作栅格没有打开,按键盘的 G 键将工作栅格打开),然后在图形区单击构件 PART2 作为第一个件,再在空白区单击鼠标左键,选择大地作为第二个件,再选择 ground. MARKER_1 的原点,就在 PART2 和大地之间创建了一个旋转副。

3. 创建滑移副

单击建模工具条 Connectors 中的滑移副 按钮,然后选择 2Bodies-1Location 和 Pick Geometry Feature 项,然后在图形区单击构件 PART3 作为第一个件,再在空白区单击鼠标左键,选择大地作为第二个件,再选择 PART3. MARKER_3 的原点,拖动鼠标直到出现一个和滑杆方向相同的箭头时按下鼠标左键,此时就在 PART3 和大地之间创建了一个滑移副,如图 3-33 所示。

4. 创建点-线副

单击建模工具条 Connectors 中的点-线副 按钮,然后选择构件 PART3 上的 MAKER_2 的原点,如果比较难选择,可以在其附近单击鼠标右键,在弹出的选择对话框中,选择 PART3. MARKER_2,单击【OK】按钮,再选择 PART2 上的凸轮轮廓线,就在

PART2 和 ART3 之间创建了一个点-线副,如图 3-34 所示。

 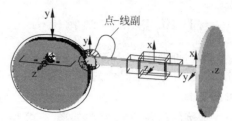

图 3-33　创建的旋转副和滑移副　　　　　　图 3-34　创建的点-线副

5．添加驱动

在建模工具条 Motions 中单击旋转驱动 按钮,将旋转速度设置为 180,在图形区用鼠标单击旋转副,就在旋转副上创建了旋转驱动。

6．运行仿真计算

单击建模工具条 Simulation 中的仿真计算 按钮,将仿真时间 End Time 设置为100、仿真步数 Steps 设置为 1000,然后单击 按钮进行仿真计算。

3.1.11　自定义约束

除了以上类型的约束外,ADAMS 还提供了用户自定义形式的约束,单击工具条中的 GCN 按钮,弹出如图 3-35 所示的对话框,需要用户在 f(q)中输入约束表达式,可以单击 按钮用函数构造对话框来定义,有关函数的使用详见第 8 章的内容。例如如果需要约束两个 MARKER_8 和 MARKER_1之间的距离始终为 10,输入表达式 DM(MARKER_8,MARKER_1)-10 即可,其中DM 函数是求解两个 MARKER 原点之间的距离。

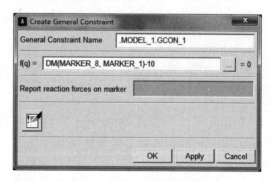

图 3-35　用户自定义约束

3.2　添加驱动

在 ADAMS/View 中,在模型上定义的驱动是将运动副未约束的其他自由度做进一步约束。从某种意义上说,驱动也是一种约束,只是这种约束是时间的函数。系统有确定位形的充要条件是系统的自由度等于驱动的数目。如果系统还有未约束住的自由度,则对于未约束住的自由度会在重力和其他载荷的作用下进行动力学计算,对于有确定位形的自由度会进行运动学计算。对于图 3-36 所示的模型由连杆 1、连杆 2、旋转副 1、旋转副 2 和对旋转副 1 的驱动组成,其中旋转副 1 关联连杆 1 和大地,旋转副 2 关联连杆 2 和连杆 1 组成。由于驱动的作用,连杆 1 的位形(位置和姿态)是完全确定的,连杆 2 的位形还没有完全确定,

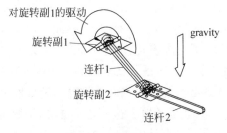

图 3-36 驱动约束

在仿真过程中,连杆 1 将作运动学计算,而连杆 2 将在重力的作用下作动力学计算。

在 ADAMS/View 中可以在运动副上添加驱动,也可以在两个构件的两个点之间添加驱动,前者比较直观易理解,后者抽象不易理解。

3.2.1 在运动副上添加驱动

在运动副上添加驱动实际上是将运动副还没有约束住的自由度"管住",让其按照某种规律变化。在定义运动副的时候,系统会自动在运动副所关联的两个构件上分别固结一个坐标系(Marker),由这两个坐标系来建立起运动副的约束方程,如果在运动副上添加了驱动,则驱动就直接利用这两个坐标系来建立起驱动约束方程,因此在运动副上添加驱动时,不会产生新坐标系。

在运动副上添加驱动,可以通过两种方法进行:一种是利用建模工具条 Motions 中的驱动按钮;另一种是直接在运动副的编辑对话框中,在没有约束的自由度上直接加驱动方程。

1. 利用 Motions 工具条定义驱动

ADAMS/View 的建模工具条的 Motions 中提供一般旋转驱动和滑移驱动两种类型,如表 3-3 所示。

表 3-3 在运动副上可以添加的驱动

驱动类型	按 钮	驱动图标	可以驱动的运动副	说 明
旋转驱动			旋转副圆柱副	约束第一个构件相对于第二个构件,绕 J-Marker 的 z 轴按照确定的规律旋转
滑移驱动			滑移副圆柱副	约束第一个构件相对于第二个构件,沿着 J-Marker 的 z 轴按照确定的规律滑移

从表 3-3 中可以看出,旋转驱动只能添加到旋转副和圆柱副上,滑移驱动只能添加到滑移副和圆柱副上。要在运动副上添加驱动,只需在工具栏中单击旋转驱动或滑移驱动的按钮,然后输入驱动的速度值,系统默认是通过速度来驱动的,当然也可以驱动位移和加速度,这需要在编辑驱动对话框中来修改。在图形区选择某个驱动图标,然后单击鼠标右键,在弹出的右键快捷菜单中选择【Modify】项,或者选择【Edit】→【Modify】命令打开编辑驱动的对话框,如图 3-37 所示。通过修改 Joint 项,可以将驱动移动到其他的运动副上,还可以将

Direction 选择为 Translational（平动驱动）或 Rotational（旋转驱动），此外 Type（驱动类型）项可以分为 Displacement（位移）、Velocity（速度）和 Acceleration（加速度），如果选择 Velocity，还可以指定 Displacement IC（初始位移），如果选择 Acceleration，还可指定 Displacement IC（初始位移）和 Velocity IC（初始速度），驱动规律是通过 Function(time)项来定义的，单击 ▓ 按钮后，弹出函数构造器，可以通过双击函数名的方式将函数放置到编辑框中，单击【Plot】按钮可以绘制函数曲线，单击【Verify】按钮可以验证函数表达式是否准确，函数构造器在使用 ADAMS 时非常重要，有关 ADAMS 函数构造器及函数的说明，参见第 8 章中的内容。

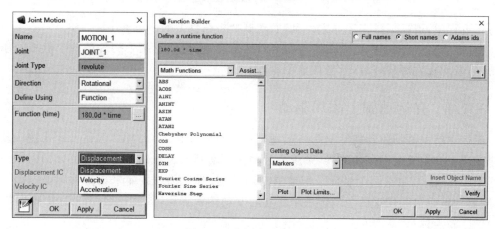

图 3-37　编辑驱动对话框

2. 通过运动副的编辑对话框定义驱动

运动副约束了两个构件之间某些自由度，还有一些自由度是自由的（free）。在自由的自由度上可以定义驱动，这时的驱动也相当于约束，只不过驱动是约束两个构件在自由的自由度上按照输入的规律运动。在图形区的运动副图标上单击鼠标右键，或者在模型树的运动副上单击鼠标右键，选择【Modify】，可以弹出运动副编辑对话框。图 3-38 所示为球铰副编辑对话框，单击【Impose Motion(s)】按钮，弹出施加强迫运动对话框，在自由的自由度上选择约束类型（位移、速度或加速度），然后输入对应的约束规律和初始值。

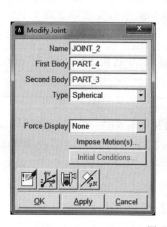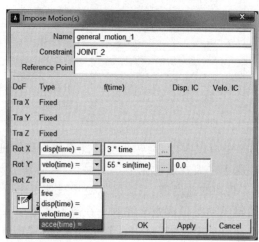

图 3-38　球铰副编辑对话框

图 3-39 所示为平行副的编辑对话框,单击【Impose Motion(s)】按钮,也可以在平行副上定义驱动。因此通过运动副的编辑对话框,不仅可以在滑移副、旋转副和圆柱副定义驱动,还可以在其他类型的运动副(包括基本副)上定义驱动,这比用工具条的驱动应用更广泛。

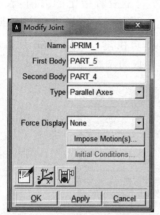
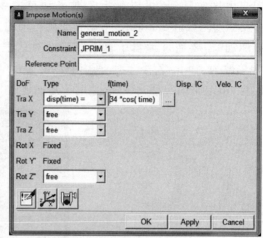

图 3-39 平行副编辑对话框

3.2.2 在构件的两点之间添加驱动

与在运动副上加驱动相比,在两点之间加驱动可能比较难理解些。在运动副上加驱动实际上是在约束上再添加约束,而在两点间添加驱动实际上是在两个构件上的两个点之间只建立一种约束,两个构件之间减少了一个自由度。在两个构件间可以至多建立 6 个点驱动,分别为 3 个平动驱动和 3 个旋转驱动,其功能与运动副的约束和运动副上添加的驱动约束是一样的。

两点间的驱动分为单自由度驱动和多自由度驱动。单自由度驱动也就是一次只能约束一个自由度,两个件之间要定义多个单自由度驱动,可以通过定义多个单自由度驱动实现,也可以使用多自由度驱动实现;多自由度驱动可以一次定义多个自由度的驱动。

在两点之间添加驱动的过程与定义运动副的过程类似,单击工具栏中的单自由度驱动按钮 或多自由度驱动按钮 ,然后根据模型要求选择相应的选项即可。

(1)1 Location-Bodies impl.:需要选择构件上的一个位置,系统自动会在所选位置处将两个毗邻的构件添加驱动,如果所选位置处只有一个构件,则在这个构件与大地(Ground)之间建立驱动。

(2)2 Bodies-1Location:需要选择两个构件和一个点,其中第一个构件相对于第二个构件运动,且其中一个构件可以为大地,系统自动会在这两个构件之间通过第一个构件上的一点与第二个构件上与该点重合的点之间建立驱动。

(3)2 Bodies-2Locations:需要选择两个构件和构件上的两个点,其中第一个构件相对于第二个构件运动,且其中一个构件可以为大地,系统会自动在这两个构件之间通过这两个点建立驱动。

（4）Normal To Grid：当工作栅格显示时，点驱动的滑移轴或旋转轴的方向与栅格面垂直，当工作栅格没有显示时，滑移轴与旋转轴的方向与计算机屏幕所在的平面垂直。

（5）Pick Geometry Feature：用手动的方式确定滑移轴或旋转轴的方向，当鼠标在屏幕上移动时，会出现一个带箭头的方向，当出现用户想要的方向时，按下鼠标左键即可。

若是单自由度驱动，还可以确定是对平动自由度驱动还是对旋转自由度进行驱动（Direction）及驱动函数（Function），平动轴或旋转轴的方向是沿着指定的方向，若要在其他方向上进行驱动，需要通过编辑单自由度驱动对话框，如图 3-40 所示。根据实际情况将 Direction 项修改为 Along Z 等选项，其中 Along 是指平动自由度，而 Around 是指旋转自由度，当然还可以指定驱动类型是位移、速度还是加速度，及驱动函数等。

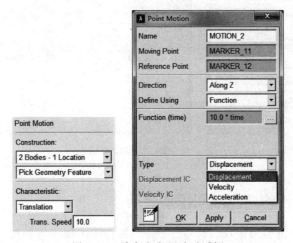

图 3-40　单自由度驱动对话框

若是多自由度驱动，在完成以上选项时，会自动弹出多自由度驱动对话框，如图 3-41 所示。若要在某个自由度上添加驱动，则只需要在该自由度上指定驱动类型 disp(time)、velo(time)或 acce(time)（位移、速度或加速度）及驱动函数，驱动类型若为速度，还需要指定初始位移，若为加速度，还需要指定初始位移和初始速度，如不需要在某自由度上添加驱动，只需将该自由度指定为 free。

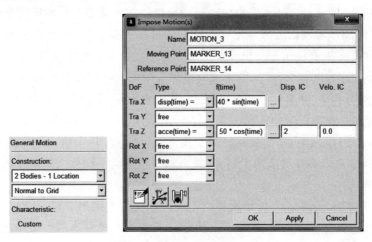

图 3-41　多自由度驱动对话框

对于两点间的驱动,系统会在第一个构件作用点和第二个构件的作用点处分别定义一个坐标系 I-Marker 和 J-Marker,系统会利用这两个坐标系来建立驱动约束方程,而对于在运动副上直接添加的驱动,是直接利用了运动副上已经存在的坐标系,因此在运动副上添加驱动时就不会产生新坐标系。在定义两点间驱动时,需要指定方向,这个方向实际上就是指定 I-Marker 和 J-Marker 的 Z 轴方向。对于单自由度驱动而言,系统默认的驱动方向是沿 I-Marker 的 Z 轴,对于多自由度驱动而言,指定的驱动自由度的方向是指 I-Marker 的坐标轴的方向。

3.2.3 约束总结

现将低副、基本副、高副和驱动限制的自由度做一个总结,如表 3-4、表 3-5 和表 3-6 所示。

表 3-4 低副限制的自由度

运动副类型	限制的平动自由度个数	限制的旋转自由度个数	限制的总自由度个数
等速副	3	1	4
圆柱副	2	2	4
固定副	3	3	6
胡克副	3	1	4
平面副	1	2	3
旋转副	3	2	5
螺杆副	0.5	0.5	1
球铰副	3	0	3
滑移副	2	3	5
万向节	3	1	4

表 3-5 基本副限制的自由度

运动副类型	限制的平动自由度个数	限制的旋转自由度个数	限制的总自由度个数
点-点副	3	0	3
点-线副	2	0	2
点-面副	1	0	1
方向副	0	3	3
平行副	0	2	2
垂直副	0	1	1

表 3-6 高副和驱动限制的自由度

运动副类型	限制的平动自由度个数	限制的旋转自由度个数	限制的平动和旋转混合自由度个数	限制的广义自由度个数	限制的总自由度个数
耦合副	—	—	1	—	1
线-线副	—	—	—	2	2
齿轮副	—	—	1	—	1
滑移驱动	1	—	—	—	1

续表

运动副类型	限制的平动 自由度个数	限制的旋转 自由度个数	限制的平动和旋转 混合自由度个数	限制的广义 自由度个数	限制的总 自由度个数
旋转驱动	—	1	—	—	1
点-线副	—	—	—	2	2
自定义约束	—	—	1	—	1

注："—"表示无此项内容。

3.2.4 实例：焊接机器人运动副和驱动

本节完成 2.2 节中创建的焊接机器的运动副和驱动，请将本书二维码中 chapter_03\
welding_robot 目录下的 welding_robot_start.bin 复制到 ADAMS/View 的工作目录下，或
者直接使用 2.2 节完成的模型。

1. 打开模型

启动 ADAMS/View，在欢迎对话框中选择打开文件（Existing Model），单击【OK】按钮
后，弹出打开文件对话框，在对话框中找到 welding_robot_start.bin。

2. 设置工作环境

如果图标和工作栅格没有打开，单击键盘上的 V 键和 G 键将图标和工作栅格打开。选
择【Settings】→【Working Grid】命令，在弹出的对话框中，选择 Set Orientation 下拉列表中
的 Global XZ 项，单击【OK】按钮后，使工作栅格与总体坐标系的 XZ 平面平行。选择
【Settings】→【Icon】命令，弹出图标设置对话框，在 New Size 输入框中输入 100，单击【OK】
按钮。

3. 建立固定副

单击建模工具条 Connectors 中的固定副 🔒 按钮，
并将定义固定副的选项设置为 1 Location 和 Normal
To Grid，然后在图形区单击 base 构件上的一角点，将
base 固定在大地上，如图 3-42 所示。

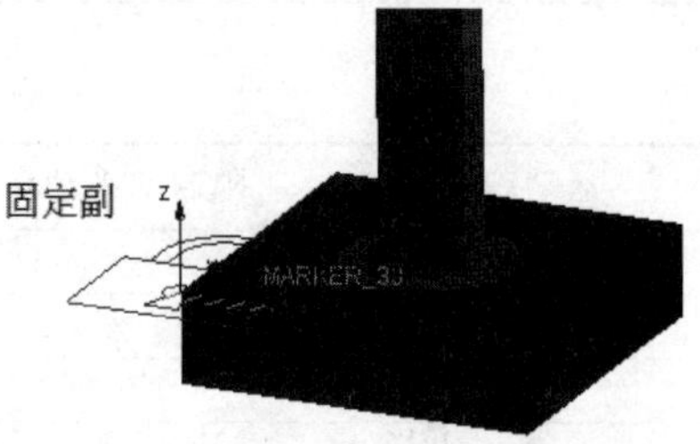

4. 创建几何点

单击建模工具条 Bodies 中的几何点 ⊙ 按钮，将选

图 3-42　base 与大地的固定副

项设置成 Add to Ground 和 Don't Attach，然后在工作栅格上任意位置单击鼠标左键，创建
一个几何点，然后以同样的方法再创建 4 个几何点。在图形区任意一个几何点上单击鼠标
右键，选择几何点下的【Modify】，弹出表格编辑对话框，如图 3-43 所示，按照图中的坐标值
修改这几个点坐标，这些点位于两个构件之间的圆孔中心位置。

5. 创建 trunk 与 base 之间的旋转副

单击建模工具条 Connectors 下的旋转副 🔩 按钮，并将创建旋转副的选项设置为 2
Bodies-1 Location、Normal To Grid 和 Pick Body，然后在图形区先单击 trunk 构件，再单击
base 构件，之后选择大地上的处于 trunk 和 base 之间的几何点（POINT_58），创建一旋转

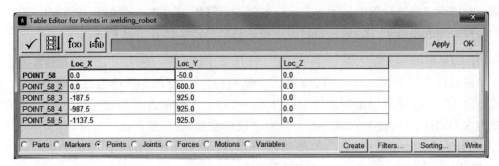

图 3-43　表格编辑对话框

副。在刚创建的旋转副图标上单击鼠标右键,选择【Rename】,在弹出的对话框中,将旋转副的名称修改成 JOINT_A。

6. 创建 shoulder 与 trunk 之间的旋转副

选择【Settings】→【Working Grid】命令,在弹出的对话框中,选择 Set Orientation 下拉列表中的 Global XY 项,单击【OK】按钮后,使工作栅格与总体坐标系的 XY 面平行。

单击建模工具条 Connectors 下的旋转副 按钮,并将创建旋转副的选项设置为 2 Bodies-1 Location、Normal To Grid 和 Pick Body,然后在图形区先单击 shoulder 构件,再单击 trunk 构件,之后选择大地上的处于 shoulder 和 trunk 之间的几何点(POINT_58_2),创建一旋转副。在刚创建的旋转副图标上单击鼠标右键,选择【Rename】,在弹出的对话框中,将旋转副的名称修改成 JOINT_B。

7. 创建 arm 与 shoulder 之间的旋转副

单击建模工具条 Connectors 下的旋转副 按钮,并将创建旋转副的选项设置为 2 Bodies-1 Location、Normal To Grid 和 Pick Body,然后在图形区先单击 arm 构件,再单击 shoulder 构件,之后选择大地上的处于 arm 和 shoulder 之间的几何点(POINT_58_3),创建一旋转副。在刚创建的旋转副图标上单击鼠标右键,选择【Rename】,在弹出的对话框中,将旋转副的名称修改成 JOINT_C。

8. 创建 wrist 与 arm 之间的旋转副

单击建模工具条 Connectors 下的旋转副 按钮,并将创建旋转副的选项设置为 2 Bodies-1 Location、Normal To Grid 和 Pick Body,然后在图形区先单击 wrist 构件,再单击 arm 构件,之后选择大地上的处于 wrist 和 arm 之间的几何点(POINT_58_4),创建一旋转副。在刚创建的旋转副图标上单击鼠标右键,选择【Rename】,在弹出的对话框中,将旋转副的名称修改成 JOINT_D。

9. 创建 hand 与 wrist 之间的旋转副

选择【Settings】→【Working Grid】命令,在弹出的对话框中,选择 Set Orientation 下拉列表中的 Global XZ 项,单击【OK】按钮后,使工作栅格与总体坐标系的 XZ 平面平行。

单击建模工具条 Connectors 下的旋转副 按钮,并将创建旋转副的选项设置为 2 Bodies-1 Location、Normal To Grid 和 Pick Body,然后在图形区先单击 hand 构件,再单击 wrist 构件,之后选择大地上的处于 hand 和 wrist 之间的几何点(POINT_58_5),创建一旋转副。在刚创建的旋转副图标上单击鼠标右键,选择【Rename】,在弹出的对话框中,将旋转副的名称修改成 JOINT_E,最后创建的这些运动副的位置如图 3-44 所示。

10. 创建驱动

单击建模工具条 Motions 下的旋转驱动 按钮,然后在图形区单击旋转副 JOINT_A。在模型树 Motions 下找到刚创建的 MOTION_1,在它上面单击右键,选择【Rename】,将名称改为 MOTION_A,在 MOTION_A 上双击鼠标左键,或者单击鼠标右键,选择驱动下的【Modify】,弹出驱动编辑对话框,如图 3-45 所示,在 Function(time)输入框中输入 180d * time,将 Type 设置成 Displacement,单击【OK】按钮。

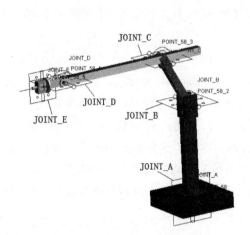

图 3-44　焊接机器人的运动副

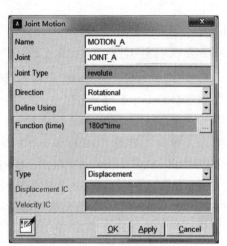

图 3-45　MOTION_A 的编辑对话框

以相同的方法,分别为旋转副 JOINT_B、JOINT_C、JOINT_D 和 JOINT_E 添加旋转驱动,JOINT_B 的驱动函数是 0 * time,JOINT_C 的驱动函数是 15d * sin(180d * time-90d)+15d,JOINT_D 的驱动函数是-15d * sin(180d * time-90d)-15d,JOINT_E 的驱动函数是 0 * time。

11. 仿真计算

单击建模工具条 Simulation 中的仿真计算 按钮,将仿真时间 End Time 设置为 5、仿真步数 Steps 设置为 500,然后单击 按钮进行仿真计算。

3.2.5　冗余约束

对于图 3-46(a)所示的平面机构模型,共有 4 个构件和 6 个旋转副,由于构件作平面自由度,每个构件有 3 个自由度,每个旋转副约束 2 个自由度,故系统的自由度为 $3 \times 4 - 2 \times 6 = 0$,这显然是错误的,问题是这些旋转副中有多余的,如果将图 3-46(a)中解除一个构件,改为图 3-46(b)所示模型,则系统的自由度为 $3 \times 3 - 2 \times 4 = 1$,而图 3-46(b)所示模型的运动学方式与图 3-46(a)所示模型的运动学关系是完全一致的,所以可以用图 3-46(b)所示模型来代替图 3-46(a)所示的模型,尽管图 3-46(a)所示的模型在 ADAMS 中也能运行,但最好还是避免出现这种情况。

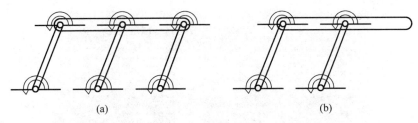

图 3-46 冗余约束

上面的这种冗余约束一般不容易发现,下面的这种冗余约束只要稍加注意就可以避免。图 3-47(a)所示为本书二维码中 chapter_03\redundant_constraints 下的模型,在现实中,通常会将构件 1 用两个旋转副与大地连接,将构件 1 与构件 2 也用两个旋转副连接,就如同房子上的门一样,从强度和安全的角度来考虑,人们常常会用两个合页将门与墙壁连接起来,而在 ADAMS/View 中,一个旋转副限制了 5 个自由度,如果用两个旋转副来限制两个构件,显示是过约束了,因为两个构件之间只有 6 个相对自由度。由于旋转副是刚性约束,只要用 1 个旋转副来连接两个构件就可以完全模拟现实情况了,如果将图 3-47(a)改变为图 3-47(b)的情况,将两个旋转副变为一个旋转,并将旋转副的位置放到两个旋转副的中间位置,就可以避免过约束的情况。

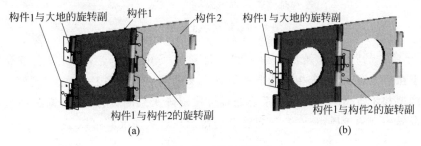

图 3-47 冗余约束
(a)错误的约束;(b)正确的约束

上面的过约束的情况是多添加了运动副,另一种过约束的情况是,运动副的个数与实际的情况相同,但还是会产生过约束,这通常是在一个封闭的回路中产生的,例如对于前面图 3-9 所示的机械手模型,如果全部用低副来约束构件,系统是过约束的,这些运动副之间存在封闭回路,选择【Tools】→【Model Verify】命令在信息窗口中可以看到过约束的情况和被接触的约束,如图 3-48 所示,系统根据运动副建立的约束方程中有 12 个约束方程是过约束的,在过约束的情况下,系统在求解时会自动解除一些约束,在被解除约束的自由度上就不会计算构件之间的相互作用力。如果用户正想计算被解除自由度上的作用力,由于该自由度上的约束被接触了,用户就得不到想要的结果。为了避免系统不是过约束的,可以使用基本副来代替低副,由于基本副约束的自由度要少于低副约束的自由度,因此使用低副可以确保系统不会产生过约束,不过需要用户对一个具体复杂系统中构件之间的运动关系和基本副约束的自由度有深刻的理解,否则也很难消除过约束。对于图 3-9 所示的过约束情况,可以将其中的几个旋转副用基本副中的点-线副来替代,如图 3-49 所示,就可以避免产生过约束的情况。

在有些时候,当模型仿真计算到某位置时,会出现系统的位形不唯一,也就是多解的情

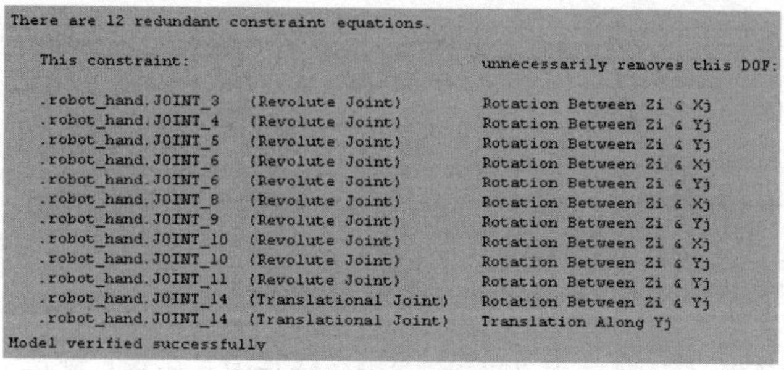

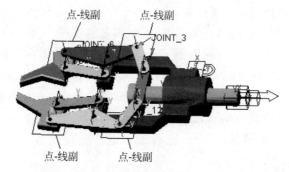

图 3-48   过约束信息

点-线副   点-线副
JOINT_3

JOINT_6

点-线副   点-线副

图 3-49   机械手正确的约束

况，在位形不唯一的时刻，系统的约束方程是奇异的（Singularity），系统就会解算失败。另外也会由于粗心大意，将两个相互矛盾的驱动定义到同一个模型上，也会出现解算失败的情况。奇异构型和矛盾驱动可以通过系统的雅可比矩阵来判断，用户不必知道系统具体是如何计算出奇异构型和矛盾驱动的，只要注意防范出现这些情况就可以了。

3.3   实例：汽车悬架和转向系统的约束与驱动

在 2.5 节中，我们建立了汽车悬架和转向系统的几何模型，还没有添加约束和驱动，本节将在原有的基础上完成约束和驱动。通过这个实例，读者可以学会胡克副、耦合副、单向驱动和胡克副修改等内容。本节所使用的模型是 susp_steer_start.bin，位于本书二维码中 chapter_03\susp_steer 目录下，读者可以先复制到 ADAMS/View 的工作目录下，或者直接使用 2.5 节完成的模型。在下面的步骤中可能需要缩放或旋转模型，为此按键盘上的 Z 键和鼠标左键就可以放大或缩小模型，按键盘的 R 键和鼠标左键可以旋转模型，按键盘的 T 键和鼠标左键可以平移模型。按 V 键可以隐藏或显示图标，按 G 键可以隐藏或显示工作栅格，单击状态工具栏上的 按钮可以渲染或线框显示模型。

1. 打开模型

启动 ADAMS/View，在欢迎对话框中选择打开文件（Existing Model），单击【OK】按钮后，弹出打开文件对话框，在对话框中找到 susp_steer_start.bin。打开模型后，先研究模型的构成。图 3-50 所示是悬架和转向系统各构件的名称。

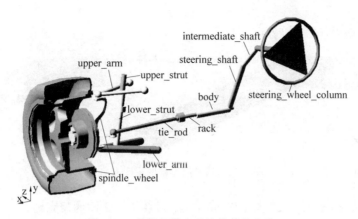

图 3-50　悬架和转向系统构件的名称

2. 建立 steering_wheel_column 构件与 body 构件之间的旋转副

单击建模工具条 Connectors 下的旋转副 按钮，并将创建旋转副的选项设置为
2 Bodies-1 Location 和 Pick Geometry Feature，然后在图形区先单击 steering_wheel_
column 构件，再单击 body 构件，之后选择一个大地上的点 P1，最后在点 P1 上移动鼠标，当
出现沿着圆柱轴线方向的箭头时，单击鼠标右键，弹出选择对话框，如图 3-51 所示，从中选
择 MAR2.Z 或者 MAR3.Z，单击【OK】按钮，创建完第一个旋转副。在模型树 Connectors
下找到刚刚创建的 JOINT_1，在它上面单击鼠标右键，选择【Rename】，在弹出的对话框中，
将旋转副的名称修改成 stwheel_body_rev。

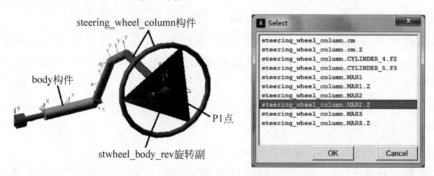

图 3-51　建立 stwheel_body_rev 旋转副

3. 建立 steering_wheel_column 构件与 intermediate_shaf 构件之间的胡克副

单击建模工具条 Connectors 下的胡克副 按钮，并将创建胡克副的选项设置为 2
Bodies-1 Location 和 Pick Geometry Feature，然后在图形区先单击 steering_wheel_column
构件，再单击 intermediate_shaf 构件，之后选择一个大地上的点 P2，在 intermediate_shaf 构
件的圆柱上移动鼠标，当出现"CYLINDER_5.E"信息时，如图 3-52 所示，按下鼠标左键，然
后再在 intermediate_shaf 构件的圆柱上移动鼠标，同样当出现"CYLINDER_6.E"信息或者
出现坐标系的 Z 向时，按下鼠标左键，这样就选择了两个方向。在模型树 Connectors 下找
到刚刚创建的 JOINT_2，在它上面单击鼠标右键，选择【Rename】，在弹出的对话框中，将胡
克副的名称修改成 stwheel_intshft_hook。

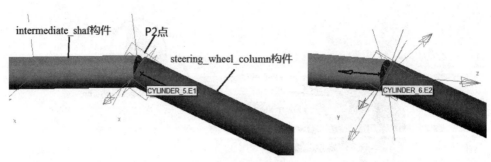

图 3-52   选择胡克副的旋转方向

4. 建立 intermediate_shaf 构件与 steering_shaft 构件之间的胡克副

用上面的相同的方法，在点 P3 处建立 intermediate_shaf 构件与 steering_shaft 构件之间的胡克副，并将胡克副改名为 intshft_stshft_hook。

5. 建立 steering_shaft 构件与 body 构件之间的圆柱副

单击建模工具条 Connectors 下的圆柱副 按钮，并将创建圆柱副的选项设置为 2 Bodies-1 Location 和 Pick Geometry Feature，然后在图形区先单击 steering_shaft 构件，再单击 body 构件，之后选择大地上的点 P4，在 steering_shaf 构件的圆柱上移动鼠标，当出现 "CYLINDER_7. E" 信息时，按下鼠标左键，在模型树 Connectors 下找到刚刚创建的 JOINT_4，在它上面单击鼠标右键，选择【Rename】，在弹出的对话框中，将滑移副的名称修改成 stshft_body_cyl。

6. 建立 body 构件与大地之间的固定副

单击建模工具条 Connectors 下的固定副 按钮，并将创建固定副的选项设置为 2 Bodies-1 Location 和 Normal To Grid，然后在图形区先单击 body 构件，再在空白处单击鼠标左键选择大地，之后选择大地上的点 P5。在模型树 Connectors 下找到刚刚创建的 JOINT_5，在它上面单击鼠标右键，选择【Rename】，在弹出的对话框中，将固定副的名称修改成 body_grnd_fixed。

7. 建立 rack 构件与 body 构件之间的滑移副

单击建模工具条 Connectors 下的滑移副 按钮，并将创建滑移副的选项设置为 2 Bodies-1 Location 和 Pick Geometry Feature，然后在图形区先单击 rack 构件，再单击 body 构件，之后选择大地上的点 P5，在 body 构件的圆柱上移动鼠标，当出现 "CYLINDER_8. E" 信息，或者出现其他坐标系 Z 轴方向信息时，按下鼠标左键，在模型树 Connectors 下找到刚刚创建的 JOINT_6，在它上面单击鼠标右键，选择【Rename】，在弹出的对话框中，将滑移副的名称修改成 rck_body_trans。

8. 建立圆柱副与滑移副之间的耦合副

单击建模工具条 Connectors 下的耦合副 按钮，在图形区先单击圆柱副 stshft_body_cyl 图标，再单击 rck_body_trans 图标，创建一个耦合副。在图形区找到刚刚创建的耦合副，在它上面单击鼠标右键，选择【Modify】，弹出耦合副的编辑对话框，如图 3-53 所示，将 Driver 后面的 Freedom Type 更改成 Rotational，比例是－1，然后在 Coupled 行的 Scale 中

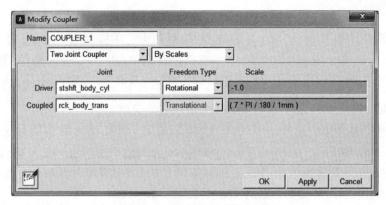

图 3-53　耦合副编辑对话框

输入 7 * PI/180/1mm，其中 PI 是常值函数，单击【OK】按钮。最后在图形区耦合副上单击鼠标右键，选择【Rename】，将耦合副改名为 steer_rack_coupler。

9. 建立 tie_rod 构件与 rack 构件之间的胡克副

用上面的相同的方法，在点 P6 处建立 tie_rod 构件与 rack 构件之间的胡克副，并将胡克副改名为 tierod_rack_hook。

10. 建立 spindle_wheel 构件与 tie_rod 构件之间的球铰副

单击建模工具条 Connectors 下的球铰副 按钮，并将创建球铰副的选项设置为 2 Bodies-1 Location 和 Normal To Grid，然后在图形区先单击 spindle_wheel 构件，再单击 tie_rod 构件，之后选择大地上的点 P7。在模型树 Connectors 下找到刚刚创建的 JOINT_8，在它上面单击鼠标右键，选择【Rename】，在弹出的对话框中，将球铰副的名称修改成 tierod_spndl_sph。

11. 建立 lower_arm 构件与 spindle_wheel 构件之间的球铰副

用同样的方法在点 P10 处建立 lower_arm 构件与 spindle_wheel 构件的球铰副，将球铰副的名称修改成 lwrarm_spndl_sph。

12. 建立 upper_arm 构件与 spindle_wheel 构件之间的球铰副

用同样的方法在点 P13 处建立 upper_arm 构件与 spindle_wheel 构件的球铰副，将球铰副的名称修改成 upperarm_spndl_sph。

13. 建立 lower_arm 构件与大地之间的旋转副

单击建模工具条 Connectors 下的旋转副 按钮，并将创建旋转副的选项设置为 2 Bodies-1 Location 和 Normal To Grid，然后在图形区先单击 lower_arm 构件，再在图形区空白处单击鼠标左键，选择大地，之后选择大地上的点 P8，创建一个旋转副，然后在它上面单击鼠标右键，选择【Rename】，在弹出的对话框中，将旋转副的名称修改成 lowerarm_grnd_rev。

14. 建立 upper_arm 构件与大地之间的旋转副

用同样的方法在点 P11 处建立 upper_arm 与大地之间的旋转副，并将旋转副改名为 upperarm_grnd_rev。

15. 建立 lower_strut 构件与 lower_arm 构件的球铰副

单击建模工具条 Connectors 下的球铰副 <img> 按钮，并将创建球铰副的选项设置为 2 Bodies-1 Location 和 Normal To Grid，然后在图形区先单击 lower_strut 构件，再单击 lower_arm 构件，之后选择大地上的点 P14。将新创建的球铰副改名为 strtlwr_lwrarm_sph。

16. 建立 upper_strut 构件与 lower-strut 构件的滑移副

单击建模工具条 Connectors 下的滑移副 <img> 按钮，并将创建滑移副的选项设置为 2 Bodies-1 Location 和 Pick Geomtry Feature，然后在图形区先单击 upper_strut 构件，再单击 lower_strut 构件，之后选择大地上的点 P13，移动鼠标，当出现沿着圆柱轴向的箭头时按下鼠标左键。将新创建的滑移副更名为 strt_upper_lower_trans。

17. 建立 uper_strut 构件与大地的胡克副

单击建模工具条 Connectors 下的胡克副 <img> 按钮，并将创建胡克副的选项设置为 2 Bodies-1 Location 和 Pick Geometry Feature，然后在图形区先单击 upper_strut 构件，再单击图形区的空白处，选择大地，之后选择点 P16，然后移动鼠标，先选择一个沿着圆柱体向下的方向，再旋转一个沿着圆柱体向上的方向，如图 3-54 所示。将新创建的胡克副更名为 strtuppr_grnd_hook。

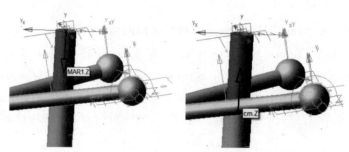

图 3-54　选择胡克副的两个方向

18. 建立 spindle_wheel 构件与大地之间的单点驱动

单击建模工具条 Motions 下的单向驱动 <img> 按钮，并将选项设置成 2 Bodies-1 Location 和 Normal To Grid，在图形区先单击 spindle_wheel 构件，再在图形区的空白处单击左键，选择大地，之后选择点 P17，然后移动鼠标，当出现向上的箭头时，例如图 3-55 中的 MAR1. Y，按下鼠标左键，选择向上的方向。

在建模工具条 Motions 下的 MOTION_1 双击鼠标左键，弹出单方向驱动对话框，如图 3-56 所示。在 Function（time）输入框中输入 80 * sin（360d * time），将 Type 设置成 Displacement，单击【OK】按钮。最后在 MOTION_1 上单击鼠标右键，选择【Rename】，将单向驱动改名为 spindle_motion。

19. 建立 steering_wheel_column 构件与 body 构件之间的驱动

单击建模工具条 Motions 下的旋转驱动 <img> 按钮，然后单击方向盘上的旋转副 stwheel_body_rev。在建模工具条 Motions 下的 MOTION_2 双击鼠标左键，弹出旋转驱动对话框，如图 3-57 所示。在 Function（time）输入框中输入 270 * sin（time），将 Type 设置成

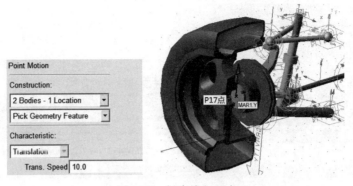

图 3-55　创建单向驱动

Displacement，单击【OK】按钮。最后在 MOTION_2 上单击鼠标右键，选择【Rename】，将旋转驱动改名为 steerwheel_motion。

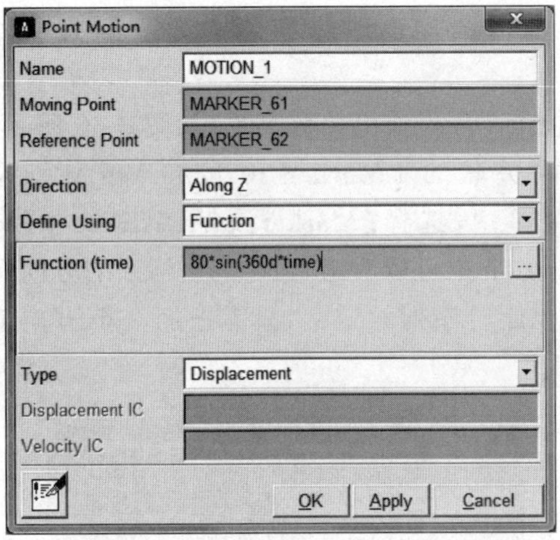

图 3-56　单向驱动的边界对话框 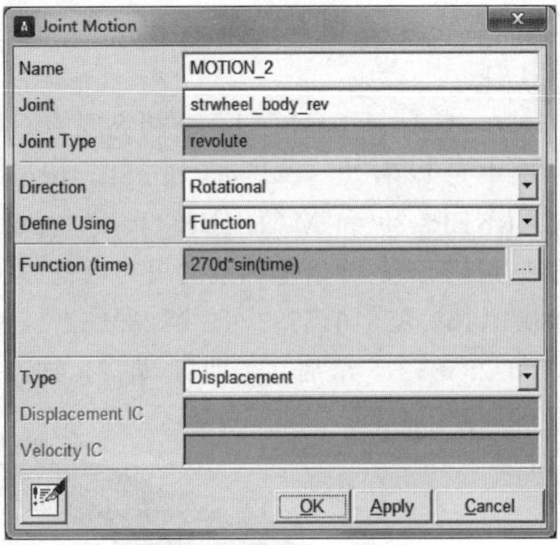 　　　　　 图 3-57　旋转驱动对话框

20. 验证模型

以上建立的运动副中，由于运动副较多，容易引起过约束。选择【Tools】→【Model Verify】命令，弹出信息窗口，如图 3-58 所示，从中可以看出既没有过约束，也没有多余的自由度，约束正好等于系统的自由度。

21. 运行仿真计算

单击建模工具条 Simulation 中的仿真计算 ⚙ 按钮，将仿真时间 End Time 设置为 100、仿真步数 Steps 设置为 1000，然后单击 ▶ 按钮进行仿真计算。在仿真过程中会出现弹出信息窗口和警告信息，如图 3-59 所示。分析原因是 stwheel_intshft_hook 胡克副和 intshft_stshft_hook 胡克副的定义有问题，这两个胡克副的 I-Marker 的 X 轴方向和 J-Marker 的 Y 方向不成 90°，需要修改 I-Marker 或 J-Marker 的旋转角度。

22. 改进模型

从信息窗口中，可以看出 stwheel_intshft_hook 胡克副关联的 I-Marker 的 X 轴方向和

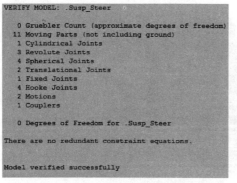

```
VERIFY MODEL: .Susp_Steer

   0 Gruebler Count (approximate degrees of freedom)
  11 Moving Parts (not including ground)
   1 Cylindrical Joints
   3 Revolute Joints
   4 Spherical Joints
   2 Translational Joints
   4 Fixed Joints
   4 Hooke Joints
   2 Motions
   1 Couplers

   0 Degrees of Freedom for .Susp_Steer

There are no redundant constraint equations.


Model verified successfully
```

图 3-58 验证模型

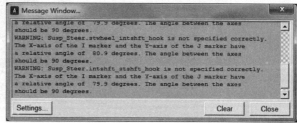

图 3-59 信息窗口

J-Marker 的 Y 方向的角度是 80.9°，与 90°还少 9.1°，intshft_stshft_hook 胡克副关联的 I-Marker 的 X 轴方向和 J-Marker 的 Y 方向的角度是 79.9°，与 90°还少 11.1°，要改变着夹角，只需绕着 Z 轴方向旋转相应的角度即可，下面我们就改进这两个胡克副关联的 I Marker。

在 stwheel_intshft_hook 胡克副中心处单击鼠标右键，弹出快捷菜单，如图 3-60 所示。从图中可以看出 stwheel_intshft_hook 胡克副关联的 I-Marker 和 J-Marker 分别是 MARKER_39 和 MARKER_40，在右键快捷菜单中，选择【Marker：MARKER_39】→【Modify】命令，弹出坐标系编辑对话框，从 Orientation 中可以看出，当前的坐标系的方向是 180.0,168.8261617582,65.0928585278，根据 313 旋转序列的定义，只需把第 3 个方向值 65.0928585278 增加 9.1 即可，即 74.1928585278。

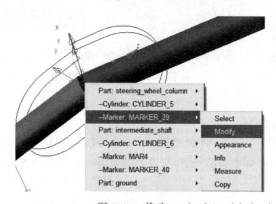

图 3-60 修改 stwheel_intshft_hook 胡克副的 I-Marker 的方向

在 intshft_stshft_hook 胡克副中心处单击鼠标右键，弹出快捷菜单，如图 3-61 所示，从图中可以看出 intshft_stshft_hook 胡克副关联的 I-Marker 和 J-Marker 分别是 MARKER_41 和 MARKER_42，在右键快捷菜单中，选择【Marker：MARKER_41】→【Modify】命令，弹出坐标系编辑对话框，从 Orientation 中可以看出，当前的坐标系的方向是 180.0,142.5946433686,47.6056807024，根据 313 旋转序列的定义，只需把第 3 个方向值 47.6056807024 增加 11.1 即可，即 58.056807024。修改完成后，再进行仿真计算，将不会出现任何警告信息。

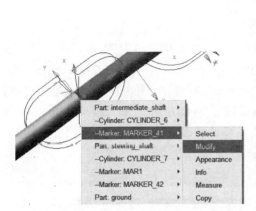
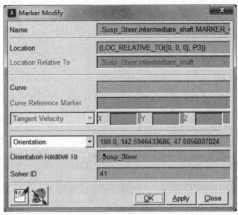

图 3-61　修改 intshft_stshft_hook 胡克副的 I-Marker 的方向

3.4　实例：挖掘机的约束与驱动

　　本节将建立一个挖掘机的复杂系统的约束和驱动，挖掘机的模型如图 3-62 所示，它由 13 个构件构成，各构件的名称在图上都做了标注，其中 trax 构件没有几何外形，与大地相连。本例的模型是 traxcavator_start.bin，位于本书二维码中 chapter_03\traxcavator 目录下，请先将文件复制到工作目录下。在下面的步骤中可能需要缩放或旋转模型，为此按键盘上的 Z 键和鼠标左键就可以放大或缩小模型，按键盘的 R 键和鼠标左键可以旋转模型，按键盘的 T 键和鼠标左键可以平移模型。按 V 键可以隐藏或显示图标，按 G 键可以隐藏或显示工作栅格，单击单击状态工具栏上的 🌐 按钮可以渲染或线框显示模型。

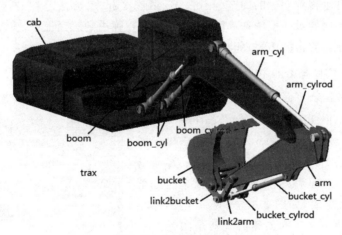

图 3-62　挖掘机的模型

1. 打开模型

　　启动 ADAMS/View，在欢迎对话框中选择打开文件（Existing Model），单击【OK】按钮后，弹出打开文件对话框，在对话框中找到 traxcavator_start.bin，打开模型后，请先熟悉模型。在模型树 Bodies 下，大地 Ground 构件下面已经建立了 A～O 共 15 个点，这些点将用于建立运动副。

2. 设置工作环境

如果工作栅格没有打开，按下键盘上的 G 键，将工作栅格显示出来，如果图标没有显示出来，按下键盘的 V 键，单击状态工具栏上的 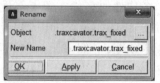 按钮，以渲染方式显示模型。选择【Settings】→【Working Grid】命令，单击 Set Orientation，选择 Global YZ，单击【OK】按钮。选择【Settings】→【Icon】命令，弹出图标设置对话框，在 New Size 输入框中输入 500，单击【OK】按钮。选择【Settings】→【Units】命令，将单位设置成 MMKS，单击【OK】按钮。

3. 建立 trax 构件与大地的固定副

trax 构件没有几何外观，但是它有质量信息，通过坐标系 A 来表示 trax 构件，如图 3-63 所示。单击建模工具条 Connectors 下的固定副 🔒 按钮，并将创建固定副的选项设置为 2 Bodies-1 Location 和 Normal To Grid，然后在图形区先单击坐标系 A，再在空白处单击鼠标左键选择大地，之后选择大地上的点 P1，创建固定副。在刚创建的固定副图标上单击鼠标右键，选择【Rename】，在弹出的对话框中，将固定副的名称修改成 trax_fixed。

图 3-63　创建固定副 trax_fixed

为了方便，可以将刚创建的固定副 trax_fixed 隐藏起来，方法是在 trax_fixed 图标上单击鼠标右键，在弹出的对话框中选择【Appearance】，在弹出的对话框中，将 Visibility 设置成 off，如图 3-64 所示，单击【OK】按钮。

4. 建立 cab 构件与 trax 构件的旋转副

单击建模工具条 Connectors 下的旋转副 🪣 按钮，并将创建旋转副的选项设置为 2 Bodies-1 Location、Pick Geometry Feature 和 Pick Body，然后在图形区先单击 cab 构件，再单击坐标系 A，之后选择大地上的点 A，最后在点 A 上移动鼠标，当出现沿着向上的箭头，并出现沿着某个坐标系的 Y 轴方向的文字时，如图 3-65 所示，单击鼠标左键，创建一个旋转副。在刚创建的旋转副图标上单击鼠标右键，选择【Rename】，在弹出的对话框中，将旋转副的名称修改成 JOINT_A。

5. 建立 boom 构件与 cab 构件的旋转副

单击建模工具条 Connectors 下的旋转副 🪣 按钮，并将创建旋转副的选项设置为 2 Bodies-1

图 3-64　外观对话框

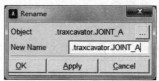

图 3-65 创建旋转副 A

Location、Normal To Grid 和 Pick Body，然后在图形区先单击 boom 构件，再单击 cab 构件，之后选择大地上的点 B，如图 3-66 所示，创建一旋转副。在刚创建的旋转副图标上单击鼠标右键，选择【Rename】，在弹出的对话框中，将旋转副的名称修改成 JOINT_B。

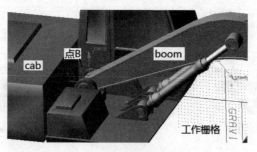

图 3-66 创建旋转副 B

6. 建立 boom_cyl 构件与 cab 构件的旋转副

单击建模工具条 Connectors 下的旋转副 按钮，并将创建旋转副的选项设置为 2 Bodies-1 Location 和 Normal To Grid，然后在图形区先单击 boom_cyl 构件，再单击 cab 构件，之后选择大地上的点 C，如图 3-67 所示，创建旋转副，在选择 boom_cyl 构件时，如果不好选，可以先在 boom_cyl 构件上单击鼠标右键，从弹出的对话框中选择 boom_cyl 构件。在刚创建的旋转副图标上单击鼠标右键，选择【Rename】，在弹出的对话框中，将旋转副的名称修改成 JOINT_C。

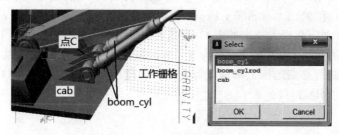

图 3-67 创建旋转副 C

7. 建立 boom_cylrod 构件与 boom_cyl 构件的滑移副

单击建模工具条 Connectors 下的滑移副 按钮，并将创建滑移副的选项设置为 2 Bodies-1 Location 和 Pick Geometry Feature，然后在图形区先单击 boom_cylrod 构件，再单击 boom_cyl 构件，之后选择大地上的点 D，最后在 boom_cylrod 构件的圆柱上移动鼠标，当出现沿着圆柱轴向的箭头，并出现文字提示时，如图 3-68 所示，单击鼠标左键，创建一个滑移副，在选择 boom_cylrod 和 boom_cyl 时，可以在构件上单击鼠标右键，从弹出的对话框中选择构件。在刚创建的旋滑移副图标上单击鼠标右键，选择【Rename】，在弹出的对话框中，将滑移副的名称修改成 JOINT_D。

8. 建立 boom 构件与 boom_cylrod 构件的点-线副

单击建模工具条 Connectors 下的点-线副 按钮，并将创建点-线副的选项设置为 2 Bodies-1 Location 和 Normal To Grid，然后在图形区先单击 boom 构件，再单击 boom_cylrod 构件，之后选择大地上的点 E，如图 3-69 所示，创建点-线副，由于点 E 在 boom 构件里面，所以在选择点 E 的时候，一定要根据出现的文字提示"ground. E"选择，不要选到其他点上。在刚创建的点-线副图标上单击鼠标右键，选择【Rename】，在弹出的对话框中，将点-线副的名称修改成 JPRIM_E。

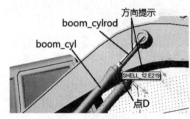

图 3-68　创建滑移副 D

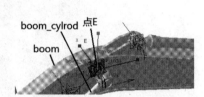

图 3-69　创建点-线副 E

9. 建立 arm_cyl 构件与 boom 构件的旋转副

单击建模工具条 Connectors 下的旋转副 按钮，并将创建旋转副的选项设置为 2 Bodies-1 Location 和 Normal To Grid，然后在图形区先单击 arm_cyl 构件，再单击 boom 构件，之后选择大地上的点 F，如图 3-70 所示，创建旋转副，由于点 F 在 boom 构件里面，所以在选择点 F 的时候，一定要根据出现的文字提示"ground. F"选择，不要选到其他点上。在刚创建的旋转副图标上单击鼠标右键，选择【Rename】，在弹出的对话框中，将旋转副的名称修改成 JOINT_F。

10. 建立 arm_cylrod 构件与 arm_cyl 构件的滑移副

单击建模工具条 Connectors 下的滑移副 按钮，并将创建滑移副的选项设置为 2 Bodies-1 Location 和 Pick Geometry Feature，然后在图形区先单击 arm_cylrod 构件，再单击 arm_cyl 构件，之后选择大地上的点 G，最后在 arm_cylrod 构件的圆柱上移动鼠标，当出现沿着圆柱轴向的箭头，并出现文字提示时，单击鼠标左键，创建一个滑移副，如图 3-71 所示。在刚创建的旋滑移副图标上单击鼠标右键，选择【Rename】，在弹出的对话框中，将滑移副的名称修改成 JOINT_G。

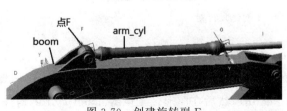

图 3-70　创建旋转副 F

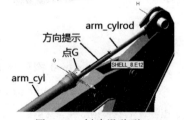

图 3-71　创建滑移副 G

11. 建立 arm 构件与 arm_cylrod 构件的点-线副

单击建模工具条 Connectors 下的点-线副 按钮，并将创建点-线副的选项设置为 2 Bodies-1 Location 和 Normal To Grid，然后在图形区先单击 arm 构件，再单击 arm_cylrod 构件，之后选择大地上的点 H，创建点-线副，如图 3-72 所示。在刚创建的点-线副图标上单击鼠标右键，选择【Rename】，在弹出的对话框中，将点-线副的名称修改成 JPRIM_H。

12. 建立 arm 构件与 boom 构件的旋转副

单击建模工具条 Connectors 下的旋转副 按钮，并将创建旋转副的选项设置为 2 Bodies-1 Location 和 Normal To Grid，然后在图形区先单击 arm 构件，再单击 boom 构件，之后选择大地上的点 I，创建旋转副，如图 3-73 所示，由于点 I 在 arm 构件里面，所以在选择点 I 的时候，一定要根据出现的文字提示"ground.I"选择，不要选到其他点上。在刚创建的旋转副图标上单击鼠标右键，选择【Rename】，在弹出的对话框中，将旋转副的名称修改成 JOINT_I。

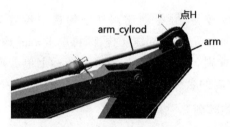

图 3-72 创建点-线副 H

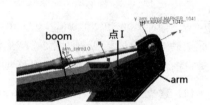

图 3-73 创建旋转副 I

13. 建立 bucket_cyl 构件与 arm 构件的旋转副

单击建模工具条 Connectors 下的旋转副 按钮，并将创建旋转副的选项设置为 2 Bodies-1 Location 和 Normal To Grid，然后在图形区先单击 bucket_cyl 构件，再单击 arm 构件，之后选择大地上的点 J，如图 3-74 所示，创建旋转副。在刚创建的旋转副图标上单击鼠标右键，选择【Rename】，在弹出的对话框中，将旋转副的名称修改成 JOINT_J。

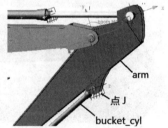

图 3-74 创建旋转副 J

14. 建立 link2arm 构件与 arm 构件的旋转副

单击建模工具条 Connectors 下的旋转副 按钮，并将创建旋转副的选项设置为 2 Bodies-1 Location 和 Normal To Grid，然后在图形区先单击 link2arm 构件，再单击 arm 构件，之后选择大地上的点 K，如图 3-75 所示，创建旋转副。在刚创建的旋转副图标上单击鼠标右键，选择【Rename】，在弹出的对话框中，将旋转副的名称修改成 JOINT_K。

15. 建立 link2bucket 构件与 arm2arm 构件的球铰副

单击建模工具条 Connectors 下的球铰副 按钮，并将创建球铰副的选项设置为 2 Bodies-1 Location 和 Normal To Grid，然后在图形区先单击 link2bucket 构件，再单击 link2arm 构件，之后选择大地上的点 L，如图 3-76 所示，创建球铰副。在刚创建的球铰副图标上单击鼠标右键,选择【Rename】,在弹出的对话框中,将球铰副的名称修改成 JOINT_L。

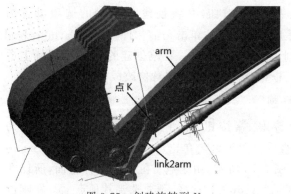

图 3-75　创建旋转副 K

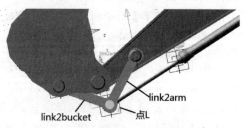

图 3-76　创建球铰副 L

16. 建立 bucket 构件与 arm 构件的圆柱副

单击建模工具条 Connectors 下的圆柱副 ![icon] 按钮,并将创建圆柱副的选项设置为 2 Bodies-1 Location 和 Normal To Grid,然后在图形区先单击 bucket 构件,再单击 arm 构件,之后选择大地上的点 M,如图 3-77 所示,创建圆柱副。在刚创建的圆柱副图标上单击鼠标右键,选择【Rename】,在弹出的对话框中,将圆柱副的名称修改成 JOINT_M。

17. 建立 bucket 构件与 link2bucket 构件的旋转副

单击建模工具条 Connectors 下的旋转副 ![icon] 按钮,并将创建旋转副的选项设置为 2 Bodies-1 Location 和 Normal To Grid,然后在图形区先单击 bucket 构件,再单击 link2bucket 构件,之后选择大地上的点 N,如图 3-78 所示,创建旋转副。在刚创建的旋转副图标上单击鼠标右键,选择【Rename】,在弹出的对话框中,将旋转副的名称修改成 JOINT_N。

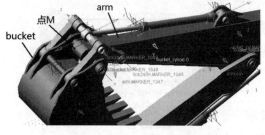

图 3-77　创建圆柱副 M

图 3-78　创建旋转副 N

18. 建立 bucket_cylrod 构件与 bucket_cyl 构件的滑移副

单击建模工具条 Connectors 下的滑移副 ![icon] 按钮,并将创建滑移副的选项设置为 2 Bodies-1 Location 和 Pick Geometry Feature,然后在图形区先单击 bucket_cylrod 构件,再单击 bucket_cyl 构件,之后选择大地上的点 O,最后在 bucket_cylrod 构件的圆柱上移动鼠标,当出现沿着圆柱轴向的箭头,并出现文字提示时,如图 3-79 所示,单击鼠标左键,创建一个滑移副。在刚创建的旋滑移副图标上单击鼠标右键,选择【Rename】,在弹出的对话框中,将滑移副的名称修改成 JOINT_O。

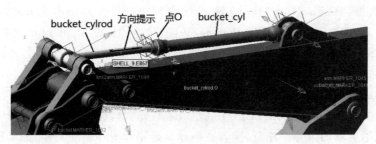

图 3-79 创建滑移副 O

19. 建立 link2arm 构件与 bucket_cylrod 构件的点-线副

单击建模工具条 Connectors 下的点-线副 按钮,并将创建点-线副的选项设置为 2 Bodies-1 Location 和 Normal To Grid,然后在图形区先单击 link2arm 构件,再单击 bucket_cylrod 构件,之后选择大地上的点 L,如图 3-80 所示,创建点-线副。在刚创建的点-线副图标上单击鼠标右键,选择【Rename】,在弹出的对话框中,将点-线副的名称修改成 JPRIM_L。

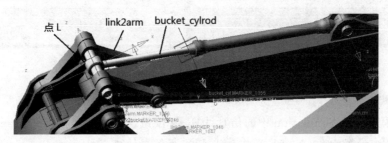

图 3-80 创建点-线副 L

20. 验证模型

以上建立的运动副中,由于运动副较多,容易引起过约束。选择【Tools】→【Model Verify】命令,弹出信息窗口,如图 3-81 所示。从中可以看出没有过约束的情况,并且还有 4 个自由的自由度。

21. 添加驱动

下面添加 4 个驱动,来"管住"4 个自由的自由度。单击建模工具条 Motions 下的旋转驱动 按钮,然后在图形区单击旋转副 JOINT_A。在模型树 Motions 下找到刚创建的 MOTION_1,在它上面单击右键,选择

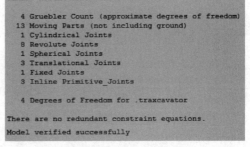

图 3-81 模型验证信息

【Rename】,将名称改为 MOTION_A,在 MOTION_A 上双击鼠标左键,弹出驱动编辑对话框,如图 3-82 所示,在 Function(time)输入框中输入 STEP(time,8,0,15,100) * 1d + STEP(time,35,0,40,−100) * 1d + STEP(time,47,0,52,100) * 1d,将 Type 设置成 Displacement,单击【OK】按钮。单击建模工具条 Motions 下的滑移驱动 按钮,然后在图形区单击滑移副 JOINT_D。在模型树 Motions 下找到刚创建的 MOTION_2,在它上面单击右键,选择【Rename】,将名称改为 MOTION_D,在 MOTION_D 上双击鼠标左键,弹出

驱动编辑对话框，在 Function（time）输入框中输入 STEP（time，0. 0，0. 0，4，400）+ STEP（time，15，0，20，-500）+ STEP（time，30，0，34，600），将 Type 设置成 Displacement，单击【OK】按钮。以相同的方法，分别在滑移副 JIONT_G 和 JIONT_O 上分别定义滑移驱动，对应的驱动函数分别为 STEP（time，0. 0，0. 0，5，1100）+ STEP（time，18，0，27，-400）+ STEP（time，32，0，35，200）+STEP（time，40，0，45，300）和 STEP（time，4. 0，0. 0，8，600）+ STEP（time，20，0，30，-600）+STEP（time，43，0，47，500），这里使用了 STEP 函数，有关函数的内容参见第 8 章的内容。注意，读者在创建旋转副和滑移副的时候，如果所选构件的顺序或者滑移方向与本书的步骤不一样，那么对应的驱动应该乘以-1。

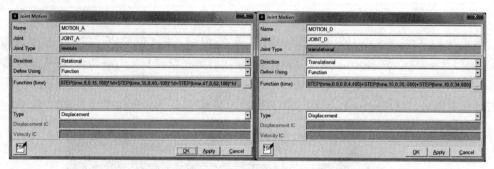

图 3-82　旋转驱动和滑移驱动的边界对话框

22. 仿真计算

单击建模工具条 Simulation 中的仿真计算 ⚙ 按钮，将仿真时间 End Time 设置为 50、仿真步数 Steps 设置为 2000，然后单击 ▶ 按钮进行仿真计算。

第4章

施 加 载 荷

在一个系统中,构件与构件之间由于存在约束,所以在构件与构件之间就会产生作用力与反作用力,这种力是成对出现的,而且是大小相等,方向相反,这种力可以称为系统的内力。如果在约束上不存在摩擦,系统的内力对系统往往不做功,不会产生能量损失。如果在运动副上定义了摩擦,或者对系统定义了外来载荷,则系统的能量就会减少或增加,系统就处于不平衡状态,系统的位形就会改变。对系统不做功的内力称为保守内力,对系统做功的内力称为非保守内力,或力元。系统受到外来载荷或非保守内力的作用时,系统内的构件就会产生加速度,系统就会处于动态变化中,系统将会做动力学计算。

在 ADAMS/View 中,载荷主要分为外部载荷、内部载荷和特殊载荷,外部载荷主要是力、力矩和重力,内部载荷主要是构件之间的一些柔性连接关系,如弹簧、衬套力、柔性梁、接触以及约束上的摩擦等。在 ADAMS/View 中,可以定义的载荷如图 4-1 所示。

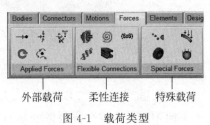

图 4-1 载荷类型

4.1 外部载荷

4.1.1 载荷的定义

载荷可以分为外部载荷和内部载荷,外部载荷主要是指主矢和主矩,是系统内的构件与系统外的元素之间的作用力,外部载荷直接作用在构件上的一个点,其方向可以是相对于总体坐标系不变的(Space Fixed),也可以是相对于构件不变的(Body Moving)。

外部载荷的形式比较简单,分为单分量形式和多分量形式的力和力矩,如表 4-1 所示。

表 4-1 外力类型

外力类型	按 钮	图 标	说 明
单向力	→	⇔	在两个构件的两点之间施加一单向力
单向力矩	↻	⌒	在两个构件的两点之间施加一单向力矩

续表

外力类型	按　钮	图　标	说　明
三分量力			在两个构件的两点之间施加一个由 3 个分量组成的力
三分量力矩			在两个构件的两点之间施加一由 3 个分量组成的力矩
广义力			在两个构件的两点之间施加一由 3 个分量组成的力和由 3 个分量组成的力矩
重力		GRAVITY	在重力场中构件受到的重力

1. 单向力和单向力矩的定义

单击工具条 Forces 中的单向力 ↦ 按钮或单向力矩 ↺ 按钮，然后根据需要选择相应的选项即可，如图 4-2 所示，定义单向力和力矩需要确定如下选项。

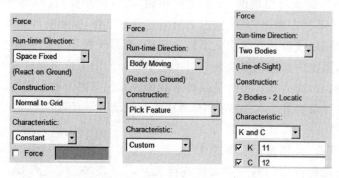

图 4-2　定义单向力的选项

（1）Space Fixed：空间固定力，力的方向相对于总体坐标系不变，也就是在计算过程中力的方向不随受力构件方位的变换而变化。

（2）Body Moving：构件固定力，力的方向相对于受力构件的局部坐标系不变，由于构件受力后，其位置和方向将会发生改变，所以力的方向时刻在发生改变。

（3）Two Bodies：在两个构件上的两个点之间产生一对作用力和反作用力，力的方向在这两点的连线上，由于两个构件在计算过程中相对位置和方向会发生改变，所以力的方向也会发生改变。这时需要先选择力的作用件和力的反作用件，再选择力的作用点和反作用点。

（4）Normal to Grid：确定力的方向为垂直于工作栅格。

（5）Pick Feature：手动定义力的方向，当鼠标在图形区移动时，会出现一个方向箭头，出现用户需要的方向时，单击鼠标左键即可。

（6）Constant：输入力的大小，其数值恒定不变。

（7）Custom：由用户自己编辑函数决定力的大小。

（8）K and C：类似于一个弹簧，大小为刚度力和阻尼力的和，刚度力由力的两个作用点的距离变化量和滑移刚度（K）决定，阻尼力由两作用点的相对速度和阻尼系数（C）决定。

确定了相应的选项后，然后在图形区选择相应的构件和作用点及方向后，就可以在构件上定义单向力或力矩。在只选择一个构件的情况下，系统默认为另一个构件是大地，并将构件作为第一个构件,将大地作为第二个构件。当只选择一个作用点时,两个构件上的两个作用点重合,系统会自动在第一个构件的作用点处固定一个坐标系 I-Marker 作为受力点,在第二个构件的作用点处固定一个 J-Marker 作为反作用力受力点,当选择 K and C 来确定力的大小时,系统就会根据这两个坐标系原点之间的相对位置的变化量和相对速度来决定力的大小,例如,有两个 Marker 点 MARKER_6 和 MARKER_7 分别属于不同的构件,这两个 MARKER 点的初始距离是 100,如果输入 K 和 C 分别是 11 和 12 时,这时这两点作用的力的表达式是 $-11.0 *$ (DM(MARKER_6,MARKER_7)-100)$-12.0 *$ VR(MARKER_6,MARKER_7),其中 DM 函数是求两个 MARKER 点的距离,VR 是求两个 MARKER 点的相对速度。

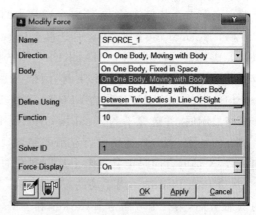

可以通过编辑单向力或者单向力矩对话框来修改已经定义的力。在图形区的单向力或者单向力矩图标上单击右键,选择【Modify】项,或者在模型树 Forces 下找到对应的力后双击名称,弹出力的编辑对话框,如图 4-3 所示,如可以将力的方向更改为依赖于其他构件(On One Body,Moving with Other Body),可以将力的大小定义成函数,从而实现力的大小依赖于其他构件的位形、速度或加速度等。

图 4-3 单向力的编辑对话框

2. 多分量力和多分量力矩的定义

单向力或单向力矩是直接定义力或力矩的幅值和力的方向来定义的,另外还可以用力或力矩在坐标系的三个坐标轴上的分量来确定力的大小和力的方向。多分量力和多分量力矩包括三分量力、三分量力矩和它们的组合力,也就是广义力,多分量力或多分量力矩需要确定在坐标系 I-Marker 的三个坐标轴上的每个分量的值。多分量力和力矩的定义过程与单向力和力矩的定义过程类似,只不过需要输入多个力或力矩的分量值。单击建模工具条 Forces 中的三分量力 ⚡ 按钮、三分量力矩 ⚙ 按钮或六分量力 ⚙ 按钮后,选择相应的选项即可,如图 4-4 所示。在定义多分量力的时候,有如下选项。

(1) 1 Location:需要选择构件上的一个位置,系统自动会在所选位置处将两个毗邻的构件添加多分量力,如果所选位置处只有一个构件,则在这个构件与大地(Ground)之间创

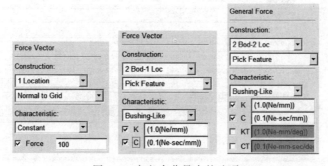

图 4-4 定义多分量力的选项

建多分量力,使用这种方法不能指定多分量力作用的两个构件的先后顺序。如需要在构件与大地之间创建多分量力,且该构件与大地之间的位置已经确定,使用该方法即可。

（2）2 Bod-1Loc：需要选择两个构件和一个位置,其中第一个构件是力的作用件,第二个构件是力的反作用件,且其中一个构件可以为大地,如果两个构件之间的位置关系已经确定,则使用该方法即可。

（3）2 Bod-2Loc：需要选择两个构件和两个位置,其中第一个构件是力的作用件,第二个构件是力的反作用件,其中某个构件可以是大地,所选择的两个作用点分别是第一个构件上的点和第二个构件上的点,第一个点是力的作用点,第二个点是力的反作用点。

（4）Normal to Grid：不论是选择 1 Location 还是 2 Loc,都会在两个构件（其中一个可以是大地）上分别作用一个 MARKER。当选择 1 Location 时,这两个 MARKER 是在所选位置处,是重合的;当选择 2Loc 时,两个 MARKER 分别在两个所选位置,是不重合的,第一个构件上的 MARKER 称为 I-Marker,第二个构件上的 MARKER 称为 J-Marker。当工作栅格显示时,并选择了 Normal to Grid,则 I-Marker 和 J-Marker 的坐标系方向与工作栅格的方向一致,当工作栅格没有显示的时候,I-Marker 和 J-Marker 的方向与当前视图的方向一致,X 轴的方向是电脑屏幕上从左到右的方向,Y 轴方向是屏幕上从下向上的方向。

（5）Pick Feature：用手动的方式确定两个方向,即第一个方向是 I-Marker 和 J-Marker 的 X 轴方向,第二个方向是 I-Marker 和 J-Marker 的 Y 轴方向。

（6）Constant：输入力的值。

（7）Bushing-Like：需要输入刚度 K 和阻尼 C,这时多分量力和广义力类似弹簧。例如,当选择 2 Bod-2Loc,K 和 C 的输入的值分别是 1 和 0.1 时,这时对应的 X、Y 和 Z 方向的力的表达式都是 $-1.0*DX(MARKER\_12,MARKER\_13,MARKER\_13)-0.1*VX(MARKER\_12,MARKER\_13,MARKER\_13,MARKER\_13)$,可以通过力编辑对话框对每个方向的表达式进行修改,当所选的 2 个位置不重合时,即 DX 不为 0,这时就会有初始载荷产生。

可以通过多分量力和力矩的编辑对话框来修改已经定义的力或力矩,图 4-5 所示为三分量力编辑对话框,可以看出参考坐标系是 MARKER_3 即 J-Marker,可以编辑 X Force、Y Force 和 Z Force 的函数表达式,以及载荷显示在哪个件上（Force Display）。

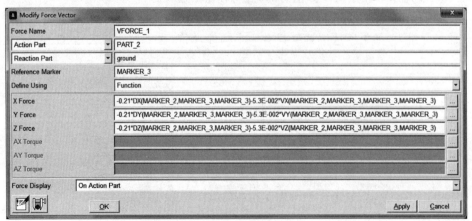

图 4-5　三分量力的编辑对话框

图 4-6 所示为广义力的编辑对话框,其中 X Force、Y Force 和 Z Force 分别为 I-Marker 坐标系上的三个力分量,AX Torque、AY Torque 和 AZ Torque 分别为 I-Marker 坐标系上的三个力矩分量。

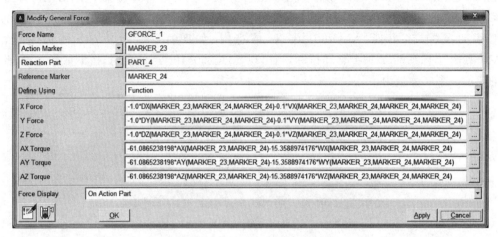

图 4-6　广义力的编辑对话框

4.1.2　实例:直升机螺旋桨载荷

本节通过一个直升机的模型,如图 4-7 所示,在直升机螺旋桨的 MAR60110 和 MAR70110 处定义三分量力,在尾螺旋桨 MAR80110 处定义单分量力,将直升机飞起来。本节的模型是 helicopter_start. bin,位于本书二维码中 chapter_04\helicopter 目录下,请将 helicopter_start. bin 文件复制到 ADAMS 的工作目录下。在下面的步骤中可能需要缩放或旋转模型,按键盘上的 Z 键和鼠标左键就可以放大或缩小模型,按键盘的 R 键和鼠标左键可以旋转模型,按键盘的 T 键和鼠标左键可以平移模型。

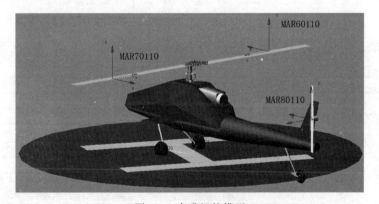

图 4-7　直升机的模型

1. 打开模型

启动 ADAMS/View,在欢迎对话框中选择打开文件(Existing Model),单击【OK】按钮后,弹出打开文件对话框,在对话框中找到 helicopter_start. bin,打开模型后,请先熟悉模型。

2. 定义第一个三分量力

单击建模工具条 Forces 中的三分量力 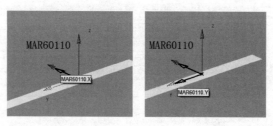 按钮，将 Construction 选项设置成 1Location 和 Pick Feature，Characteristic 设置成 Bushing-Like。然后选择螺旋桨上的 MAR60110 坐标系，还需要选择两个方向，分别定义三分量力的 X 和 Y 方向，在 MAR60110 坐标系的 X 轴上移动鼠标，当出现"MAR60110.X"信息时，如图 4-8 所示。按下鼠标左键，在 MAR60110 坐标系的 Y 轴上移动鼠标，当出现"MAR60110.Y"信息时，按下鼠标左键，此时就创建了一个三分量力。

图 4-8　选择三分量力的 X 和 Y 方向

3. 编辑第一个三分量力

在刚刚创建的三分量力的图标上单击鼠标右键，选择三分量力下的【Modify】，弹出三分量力的编辑对话框，如图 4-9 所示。在 Action Part 输入框中确认是 PAR6 构件，在 Reaction Part 输入框中确认是 PAR999 构件（大地），如果不是请修改，则在 X Force 输入框中输入 VARVAL(VAR14) * SIN(VARVAL(VAR12) * DTOR)-VARVAL(VAR15) * COS(VARVAL(VAR12) * DTOR)，在 Y Force 输入框中输入 0，在 Z Force 输入框中输入 VARVAL(VAR14) * COS(VARVAL(VAR12) * DTOR) + VARVAL(VAR15) * SIN(VARVAL(VAR12) * DTOR)，单击【OK】按钮，这里 VARVAL 函数是求状态变量的值的函数，DTOR 是将角度转换成弧度的常量函数，关于状态变量的使用，可以参考第 8 章中的内容。

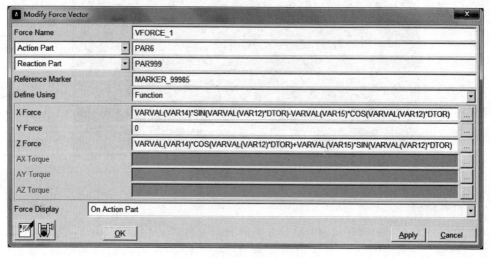

图 4-9　三分量力编辑对话框

4. 定义第二个三分量力

单击建模工具条 Forces 中的三分量力 ⊹ 按钮,将 Construction 选项设置成 1Location 和 Pick Feature,Characteristic 设置成 Bushing-Like,然后选择螺旋桨上的 MAR70110 坐标系,在 MAR70110 坐标系的 X 轴上移动鼠标,当出现"MAR70110. X"信息时,按下鼠标左键,再在 MAR70110 坐标系的 Y 轴上移动鼠标,当出现"MAR70110. Y"信息时,按下鼠标左键,此时就创建了另一个三分量力。

5. 编辑第二个三分量力

在刚刚创建的三分量力的图标上单击鼠标右键,选择三分量力下的【Modify】,弹出三分量力的编辑对话框,在 Action Part 输入框中确认是 PAR7 构件,在 Reaction Part 输入框中确认是 PAR999 构件(大地),如果不是请修改,则在 X Force 输入框中输入 VARVAL(VAR24) * SIN(VARVAL(VAR22) * DTOR)-VARVAL(VAR25) * COS(VARVAL(VAR22) * DTOR),在 Y Force 输入框中输入 0,在 Z Force 输入框中输入 VARVAL(VAR24) * COS(VARVAL(VAR22) * DTOR)＋VARVAL(VAR25) * SIN(VARVAL(VAR22) * DTOR),单击【OK】按钮,这里用到了 VARVAL 函数,用于获取状态变量的值。

6. 定义单分量力

单击建模工具条 Forces 中的单分量力 ➞● 按钮,将 Run-time Direction 选项设置成 Body Moving,Construction 设置成 Pick Feature,Characteristic 设置成 Constant,然后选择尾翼螺旋桨构件 PAR99,再单击尾翼螺旋桨中心位置处的 MAR80110 坐标系,在 MAR80110 坐标系的 Y 轴上移动鼠标,当出现"MAR80110. Y"信息时,按下鼠标左键,创建一个单分量力。

7. 编辑单分量力

在刚刚创建的单分量力的图标上单击鼠标右键,选择单分量力下的【Modify】,弹出单分量力的编辑对话框,如图 4-10 所示,在 Function 输入框中输入 IF(MODE－5:－1,0,－1) * (－150000 * (varval(yaw_angle)-varval(yaw_sp))－15e3 * varval(yaw_rate)),单击【OK】按钮,其中 IF 函数是判断函数,可以参考第 7 章中的内容。

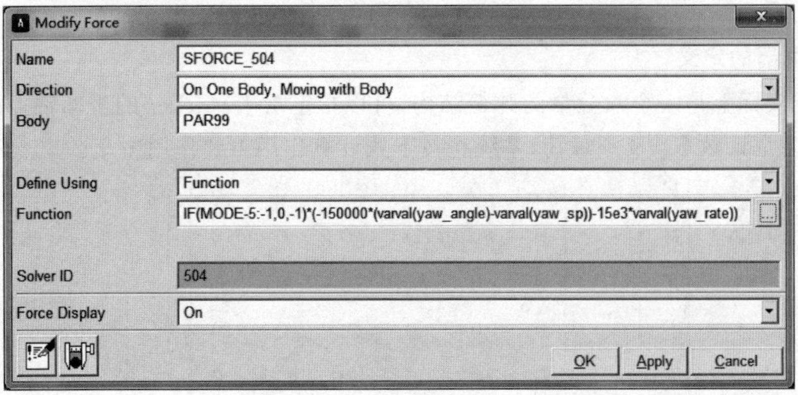

Modify Force	
Name	SFORCE_504
Direction	On One Body, Moving with Body
Body	PAR99
Define Using	Function
Function	IF(MODE-5:-1,0,-1)*(-150000*(varval(yaw_angle)-varval(yaw_sp))-15e3*varval(yaw_rate))
Solver ID	504
Force Display	On

图 4-10 单分量力编辑对话框

8. 仿真计算

单击建模工具条 Simulation 中的仿真计算 ⚙ 按钮，将仿真时间 End Time 设置为 5、仿真步数 Steps 设置为 5000，然后单击 ▶ 按钮进行仿真计算。

4.2 柔性连接

4.2.1 柔性连接的定义

我们已经讲过运动副，在两个构件之间定义的运动副，实际上是在两个构件之间添加的刚性连接关系，运动副关联的两个构件在运动副约束的自由度上不能产生相对运动，但可以产生作用力和作用力矩。除了刚性连接外，两个构件之间可能还有柔性连接关系，这些柔性连接关系包括阻尼器（衬套力）、弹簧、卷曲弹簧、柔性梁和力场等，柔性连接关系并不减少两个构件之间的相对自由度，只是在两个构件产生相对位移和相对速度时，这两个构件就产生一对与相对位移成正比的弹性力或力矩，以及与速度成正比的阻尼力，这种弹性力与位移的方向相反，阻尼力与速度的方向相反，它们起阻碍两构件相对运动的作用。柔性连接只考虑作用力和力矩，而不考虑柔性连接的质量。表 4-2 所示是可以定义的柔性连接的类型。

表 4-2 柔性连接

柔性连接	按 钮	图形区图标	说 明
阻尼器（衬套力）			在两个构件之间产生一对与相对位移和相对速度成正比的三分量作用力
弹簧			在两个构件之间产生一对与相对位移和相对速度成正比的单方向作用力
卷曲弹簧			在两个构件之间产生一对与相对角度和相对角速度成正比的单方向作用力
柔性梁			在两个构件之间产生一对用有限元理论中梁单元计算出的作用力
力场	{6x6}	{9x9}	在两个构件之间产生一对多分量作用力

1. 阻尼器的定义

阻尼器实际上是一个六分量的弹簧结构，可以指定沿 J-Marker 的坐标轴上的刚度系数 k_{ii} 和旋转阻尼系数 C_{ii} 及预载荷，系统将按下式计算作用力和作用力矩：

$$
\begin{bmatrix} F_x \\ F_y \\ F_z \\ T_x \\ T_y \\ T_z \end{bmatrix} = - \begin{bmatrix} k_{11} & 0 & 0 & 0 & 0 & 0 \\ 0 & k_{22} & 0 & 0 & 0 & 0 \\ 0 & 0 & k_{33} & 0 & 0 & 0 \\ 0 & 0 & 0 & k_{44} & 0 & 0 \\ 0 & 0 & 0 & 0 & k_{55} & 0 \\ 0 & 0 & 0 & 0 & 0 & k_{66} \end{bmatrix} \begin{bmatrix} x \\ y \\ z \\ \theta_x \\ \theta_y \\ \theta_z \end{bmatrix} -
$$

$$\begin{bmatrix} C_{11} & 0 & 0 & 0 & 0 & 0 \\ 0 & C_{22} & 0 & 0 & 0 & 0 \\ 0 & 0 & C_{33} & 0 & 0 & 0 \\ 0 & 0 & 0 & C_{44} & 0 & 0 \\ 0 & 0 & 0 & 0 & C_{55} & 0 \\ 0 & 0 & 0 & 0 & 0 & C_{66} \end{bmatrix} \begin{bmatrix} v_x \\ v_y \\ v_z \\ \omega_x \\ \omega_y \\ \omega_z \end{bmatrix} + \begin{bmatrix} f_{x0} \\ f_{y0} \\ f_{z0} \\ t_{x0} \\ t_{y0} \\ t_{z0} \end{bmatrix}$$

式中，r，y，z 分别为第一个构件上的 I-Marker 坐标系相对于第二个构件上的 J-Marker 坐标系的相对位移；θ_x，θ_y，θ_z 分别为 I-Marker 坐标系相对于 J-Marker 坐标系的相对角位移；v_i 和 ω_i 分别为 I-Marker 相对于 J-Marker 的相对速度和相对角速度；f_{i0} 和 t_{i0} 是预载荷。

定义阻尼器时，单击建模工具条中的 按钮。阻尼器的定义过程与前面介绍的定义多分量力的过程基本相似，只不过这里指明的方向是 I-Marker 和 J-Marker 的 Z 轴的方向。定义阻尼器的选项如图 4-11 所示，各选项的意义如下。

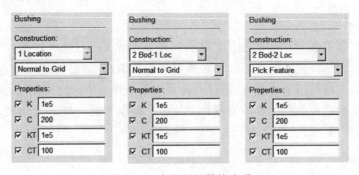

图 4-11　定义阻尼器的选项

（1）1 Location：需要选择构件上的一个位置，系统自动会在所选位置处将两个毗邻的构件添加多分量力，如果所选位置处只有一个构件，则在这个构件与大地（Ground）之间创建阻尼器，如需要在构件与大地之间创建阻尼器，且该构件与大地之间的位置已经确定，使用该方法即可。

（2）2 Bod-1Loc：需要选择两个构件和一个位置，其中第一个构件是阻尼器力的作用件，第二个构件是阻尼器力的反作用件，且其中一个构件可以为大地，如果两个构件之间的位置关系已经确定，使用该方法即可。

（3）2 Bod-2Loc：需要选择两个构件和两个位置，其中第一个构件是力的作用件，第二个构件是阻尼器力的反作用件，其中某个构件可以是大地，所选择的两个作用点分别是第一个构件上的点和第二个构件上的点，第一个点是力的作用点，第二个点是力的反作用点，如果选择的 2 个点不重合，则相当于有了预载荷。

（4）Normal to Grid：不论是选择 1 Location 还是 2 Loc，都会在两个构件（其中一个可以是大地）上分别作用一个 MARKER，当选择 1 Location 时，这两个 MARKER 是在所选位置处，是重合的，当选择 2Loc 时，两个 MARKER 分别在两个所选位置，是不重合的，第一个构件上的 MARKER 称为 I-Marker，第二个构件上的 MARKER 称为 J-Marker。当工作栅格显示时，并选择了 Normal to Grid，则 I-Marker 和 J-Marker 的坐标系 Z 轴垂直于工作栅格，当工作栅格没有显示的时候，I-Marker 和 J-Marker 的 Z 轴方向垂直于电脑屏幕向外。

（5）Pick Feature：用手动的方式确定 I-Maker 和 J-Marker 的 Z 轴方向。当选择 1 Location 时，需要选择一个方向，这个方向就是 I-Maker 和 J-Marker 的 Z 轴方向，当选择 2-Loc 时，需要选择两个方向，第一个方向是 I-Marker 的 Z 轴方向，第二个方向是 J-Marker 的 Z 轴方向，X 轴和 Y 轴方向由系统确定。

（6）K 和 C：分别是力的刚度和阻尼值。

（7）KT 和 CT 分别是力矩的刚度和阻尼。

可以通过编辑阻尼器的对话框来修改相应的参数，如图 4-12 所示，可以修改平动自由度和旋转自由度的刚度系数（Stiffness）和阻尼系数（Damping）以及预载荷（Preload）。

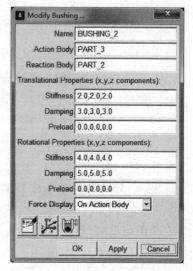

图 4-12　阻尼器的编辑对话框

2. 弹簧的定义

弹簧与阻尼器类似，可以指定刚度系数和阻尼系数，只不过弹簧是用 I-Marker 和 J-Marker 原点间的距离、速度和方向来计算弹簧的作用力，而阻尼器是用分量的形式来计算阻尼器的作用力。弹簧用于计算力，而卷曲弹簧用于计算力矩，它们两个合起来可以组成阻尼器。定义弹簧和卷曲弹簧参数的物理意义与阻尼器参数的物理意义相同，定义方式也类似，下式是弹簧作用力的计算公式：

$$F = -k(r - r_0) - c\frac{\mathrm{d}r}{\mathrm{d}t} + f$$

式中，k 是弹簧的刚度系数；r 和 r_0 分别是弹簧的长度和初始长度；c 是阻尼系数；f 是预载荷（Preload）。

定义弹簧时，单击建模工具条中的 按钮，输入刚度和阻尼，如图 4-13 所示，然后选择不同构件上的 2 个点即可。可以通过弹簧编辑对话框修改弹簧的刚度系数（Stiffness Coefficient）、阻尼系数（Damping Coefficient）、初始长度（Length at Preload）和预载荷（Preload）等。另外，如果用户有弹簧作用力与弹簧长度和速度之间的试验数据，就可以定义非线性弹簧，只需将定义刚度和阻尼的选项设置为 Spline：F = f(defo) 和 Spline：F = f(velo)。有关样条型数据 Spline 的定义，我们将在第 9 章中介绍。卷曲弹簧的作用力和参数设置与此类似，在此不再多赘述。

3. 卷曲弹簧的定义（Torsion Spring）

卷曲弹簧和弹簧类似，卷曲弹簧用于计算力矩。定义卷曲弹簧是单击建模工具条中的 按钮，选项如图 4-14 所示，各选项的意义如下。

（1）1 Location：需要选择构件上的一个位置，系统自动会在所选位置处将两个毗邻的构件添加卷曲弹簧，如果所选位置处只有一个构件，则在这个构件与大地（Ground）之间创建卷曲弹簧。

（2）2 Bod-1Loc：需要选择两个构件和一个位置，其中第一个构件是卷曲弹簧的作用

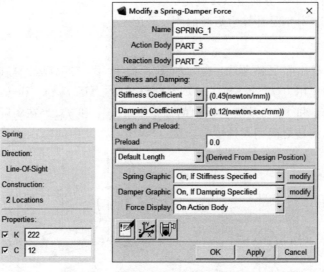

图 4-13 弹簧选项和弹簧编辑对话框

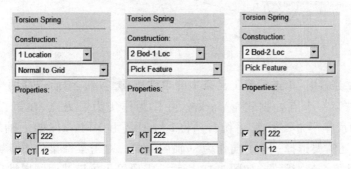

图 4-14 定义卷曲弹簧的选项

件,第二个构件是反作用件,且其中一个构件可以为大地,如果两个构件之间的位置关系已经确定,使用该方法即可。

(3) 2 Bod-2Loc:需要选择两个构件和两个位置,其中第一个构件是卷曲弹簧的作用件,第二个构件是卷曲弹簧的反作用件,其中某个构件可以是大地,所选择的两个作用点分别是第一个构件上的点和第二个构件上的点,第一个点是力的作用点,第二个点是力的反作用点。

(4) Normal to Grid:不论是选择 1 Location 还是 2 Loc,都会在两个构件(其中一个可以是大地)上分别作用一个 MARKER,当选择 1 Location 时,这两个 MARKER 是在所选位置处,是重合的,当选择 2Loc 时,两个 MARKER 分别在两个所选位置,是不重合的,第一个构件上的 MARKER 称为 I-Marker,第二个构件上的 MARKER 称为 J-Marker。当工作栅格显示时,并选择了 Normal to Grid,则 I-Marker 和 J-Marker 的坐标系 Z 轴垂直于工作栅格,当工作栅格没有显示的时候,I-Marker 和 J-Marker 的 Z 轴方向垂直于电脑屏幕向外。

(5) Pick Feature:用手动的方式确定 I-Marker 和 J-Marker 的 Z 轴方向。当选择 1 Location 时,需要选择一个方向,这个方向就是 I-Marker 和 J-Marker 的 Z 轴方向,当选择 2-Loc 时,需要选择两个方向,第一个方向是 I-Marker 的 Z 轴方向,第二个方向是 J-Marker

的 Z 轴方向，X 轴和 Y 轴方向由系统确定。

（6）KT 和 CT 分别是计算力矩时的刚度和阻尼。

4. 柔性梁的定义

柔性梁连接要比阻尼器复杂一些，如图 4-15 所示，它可以计算 12 个作用力，沿 J-Marker 坐标轴的作用力 f_1、f_2 和 f_3 以及绕坐标轴的力矩 f_4、f_5 和 f_6，沿 I-Marker 坐标轴的作用力 f_7、f_8 和 f_9 以及绕坐标轴的力矩 f_{10}、f_{11} 和 f_{12}。在实际模型中，可以将一个构件分为几段，每段之间用柔性梁来连接，可参考 6.1 节中的内容。

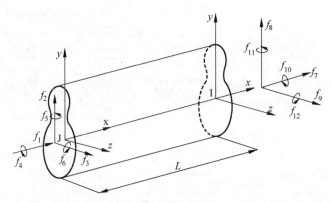

图 4-15　柔性梁示意图

定义柔性梁连接时，单击建模工具条中的柔性梁 ![按钮] 按钮，然后选择两个构件上的两个作用点即可。在第一个点处创建 I-Marker，并作为作用力受力点，在第二个点处创建 J-Marker，并作为反作用力受力点，系统自动将 I-Marker 和 J-Marker 的 x 轴的方向沿着这两个作用点，另外还需要选择一个方向作为 y 轴的方向。双击柔性梁的图标或者通过右键快捷菜单打开柔性梁编辑对话框，如图 4-16 所示。需要输入梁横截面的属性以及柔性梁的材料参数。其中 Ixx、Iyy 和 Izz 分别为绕 x 轴、y 轴和 z 轴的惯性矩，Y Shear Area Ratio 和 Z Shear Area Ratio 分别是 y 和 z 方向的剪切变形系数，具体内容可以参看有限元理论中关于梁单元的铁木辛柯理论，如果用户想忽略剪切变形，可以将该项设为零。Young's Modulus 为所用材料的弹性模量 E；Shear Modulus 为材料的剪切模量 G；Length 为柔性梁的长度 L，可以由 I-Marker 和 J-Marker 原点间的距离而得到；Area Of Cross Section 为柔性梁的横截面的面积 A；Damping Ratio 是阻尼比 R，柔性梁的阻尼矩阵中的元素 C_{ij} 可以由刚度矩阵的元素 k_{ij} 与阻尼比 R 的乘积得到，即 $C_{ij} = k_{ij}R$，或者选择 Matrix Of Damping Terms 直接输入阻尼系数。由于阻尼矩阵是对称矩阵，因此在输入阻尼系数时，只需输入阻尼矩阵中的下三角矩阵即可，可

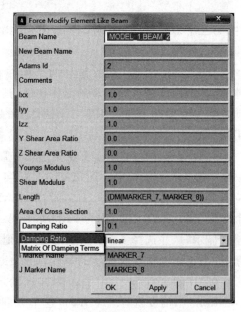

图 4-16　柔性梁的编辑对话框

以按照如下矩阵中元素的编号顺序输入阻尼系数，即按照 $C_{01} \sim C_{21}$ 顺序输入即可。

$$
\begin{bmatrix}
C_{01} & & & & & \\
C_{02} & C_{07} & & & & \\
C_{03} & C_{08} & C_{12} & & & \\
C_{04} & C_{09} & C_{13} & C_{16} & & \\
C_{05} & C_{10} & C_{14} & C_{17} & C_{19} & \\
C_{06} & C_{11} & C_{15} & C_{18} & C_{20} & C_{21}
\end{bmatrix}
$$

有了以上数据后，就可以计算出作用在 I-Marker 点出的作用力，ADAMS 用下面的公式计算作用力：

$$
\begin{bmatrix}
F_x \\
F_y \\
F_z \\
T_x \\
T_y \\
T_z
\end{bmatrix}
= -
\begin{bmatrix}
k_{11} & 0 & 0 & 0 & 0 & 0 \\
0 & k_{22} & 0 & 0 & 0 & k_{26} \\
0 & 0 & k_{33} & 0 & k_{35} & 0 \\
0 & 0 & 0 & k_{44} & 0 & 0 \\
0 & 0 & k_{53} & 0 & k_{55} & 0 \\
0 & k_{62} & 0 & 0 & 0 & k_{66}
\end{bmatrix}
\begin{bmatrix}
x - L \\
y \\
z \\
\theta_x \\
\theta_y \\
\theta_z
\end{bmatrix} -
$$

$$
\begin{bmatrix}
C_{11} & C_{12} & C_{13} & C_{14} & C_{15} & C_{16} \\
C_{21} & C_{22} & C_{23} & C_{24} & C_{25} & C_{26} \\
C_{31} & C_{32} & C_{33} & C_{34} & C_{35} & C_{36} \\
C_{41} & C_{42} & C_{43} & C_{44} & C_{45} & C_{46} \\
C_{51} & C_{52} & C_{53} & C_{54} & C_{55} & C_{56} \\
C_{61} & C_{62} & C_{63} & C_{64} & C_{65} & C_{66}
\end{bmatrix}
\begin{bmatrix}
v_x \\
v_y \\
v_z \\
\omega_x \\
\omega_y \\
\omega_z
\end{bmatrix}
$$

刚度矩阵中的系数 k_{ij} 由图 4-16 中输入的数据来决定，用户不必关心这些数据是如何计算出来的。

用下式计算作用在 J-Marker 上的反作用力和力矩：

$$
F_j = -F_i
$$

$$
T_j = -T_i - L \times F_i
$$

5. 力场的定义

两个构件除了以上可以"看"到的连接以外，还可以通过力场来定义两个构件之间的"看不到"的作用力，如吸引力。力场作用在 I-Marker 上的力和力矩按照下式计算：

$$
\begin{bmatrix}
F_x \\
F_y \\
F_z \\
T_x \\
T_y \\
T_z
\end{bmatrix}
= -
\begin{bmatrix}
k_{11} & k_{12} & k_{13} & k_{14} & k_{15} & k_{16} \\
k_{21} & k_{22} & k_{23} & k_{24} & k_{25} & k_{26} \\
k_{31} & k_{32} & k_{33} & k_{34} & k_{35} & k_{36} \\
k_{41} & k_{42} & k_{43} & k_{44} & k_{45} & k_{46} \\
k_{51} & k_{52} & k_{53} & k_{54} & k_{55} & k_{56} \\
k_{61} & k_{62} & k_{63} & k_{64} & k_{65} & k_{66}
\end{bmatrix}
\begin{bmatrix}
x - x_0 \\
y - y_0 \\
z - z_0 \\
\theta_x - \theta_{x0} \\
\theta_y - \theta_{y0} \\
\theta_z - \theta_{z0}
\end{bmatrix} -
$$

$$\begin{bmatrix} C_{11} & C_{12} & C_{13} & C_{14} & C_{15} & C_{16} \\ C_{21} & C_{22} & C_{23} & C_{24} & C_{25} & C_{26} \\ C_{31} & C_{32} & C_{33} & C_{34} & C_{35} & C_{36} \\ C_{41} & C_{42} & C_{43} & C_{44} & C_{45} & C_{46} \\ C_{51} & C_{52} & C_{53} & C_{54} & C_{55} & C_{56} \\ C_{61} & C_{62} & C_{63} & C_{64} & C_{65} & C_{66} \end{bmatrix} \begin{bmatrix} v_x \\ v_y \\ v_z \\ \omega_x \\ \omega_y \\ \omega_z \end{bmatrix} + \begin{Bmatrix} f_{x0} \\ f_{y0} \\ f_{z0} \\ t_{x0} \\ t_{y0} \\ t_{z0} \end{Bmatrix}$$

式中，x_0，y_0 和 z_0 是 I-Marker 和 J-Marker 之间的初始位移；θ_{x0}，θ_{y0} 和 θ_{z0} 是 I-Marker 和 J-Marker 之间的初始角度；其他参数仍如前。

力场的定义过程与前面定义卷曲弹簧的定义过程类似，单击建模工具条中的力场按钮 {8x8}，选项如图 4-17 所示，各选项的意义如下。

图 4-17　定义力场的选项

（1）1 Location：需要选择构件上的一个位置，系统自动会在所选位置处将两个毗邻的构件添加力场，如果所选位置处只有一个构件，则在这个构件与大地（Ground）之间创建力场。

（2）2 Bod-1Loc：需要选择两个构件和一个位置，其中第一个构件是力场的作用件，第二个构件是阻尼器力的反作用件，且其中一个构件可以为大地，如果两个构件之间的位置关系已经确定，使用该方法即可。

（3）2 Bod-2Loc：需要选择两个构件和两个位置，其中第一个构件是力场的作用件，第二个构件是力场的反作用件，其中某个构件可以是大地，所选择的两个作用点分别是第一个构件上的点和第二个构件上的点。

（4）Normal to Grid：不论是选择 1 Location 还是 2 Loc，都会在两个构件（其中一个可以是大地）上分别作用一个 MARKER，当选择 1 Location 时，这两个 MARKER 是在所选位置处，是重合的，当选择 2Loc 时，两个 MARKER 分别在两个所选位置，是不重合的，第一个构件上的 MARKER 称为 I-Marker，第二个构件上的 MARKER 称为 J-Marker。当工作栅格显示时，并选择了 Normal to Grid，则 I-Marker 和 J-Marker 的坐标系 Z 轴垂直于工作栅格，当工作栅格没有显示的时候，I-Marker 和 J-Marker 的 Z 轴方向垂直于电脑屏幕向外，X 轴和 Y 轴分别在电脑屏幕的水平和竖直方向。

（5）Pick Feature：用手动的方式确定 I-Marker 和 J-Marker 的 Z 轴方向。当选择 1 Location 时，需要选择一个方向，这个方向就是 I-Marker 和 J-Marker 的 Z 轴方向，当选择 2-Loc 时，需要选择两个方向，第一个方向是 I-Marker 的 Z 轴方向，第二个方向是 J-Marker 的 Z 轴方向，X 轴和 Y 轴方向由系统确定。

力场计算公式中的参数需要在力场的编辑对话框中输入，如图 4-18 所示，其中 Translation At Preload 是初始位移 x_0，y_0 和 z_0，Rotation At Preload 是初始角度 θ_{x0}，θ_{y0}

和 θ_{z0}，Force Preload 和 Torque Preload 是预载荷 f_{i0} 和 t_{i0}，Stiffness Matrix 是刚度矩阵，需要按照如下的编号方式，一列一列地输入，Damping Ratio 是阻尼比 R，力场的阻尼矩阵中的元素 C_{ij} 可以由刚度矩阵的元素 k_{ij} 与阻尼比 R 的乘积得到，即 $C_{ij} = k_{ij}R$，或者选择 Matrix Of Damping Terms，按照输入刚度矩阵系数的方式直接输入阻尼系数。

$$\begin{bmatrix} k_{01} & k_{07} & k_{13} & k_{19} & k_{25} & k_{31} \\ k_{02} & k_{08} & k_{14} & k_{20} & k_{26} & k_{32} \\ k_{03} & k_{09} & k_{15} & k_{21} & k_{27} & k_{33} \\ k_{04} & k_{10} & k_{16} & k_{22} & k_{28} & k_{34} \\ k_{05} & k_{11} & k_{17} & k_{23} & k_{29} & k_{35} \\ k_{06} & k_{12} & k_{18} & k_{24} & k_{30} & k_{36} \end{bmatrix}$$

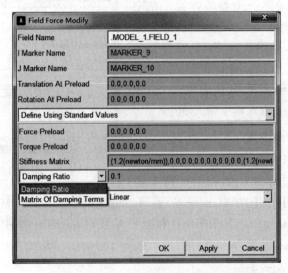

图 4-18　力场的编辑对话框

4.2.2　实例：卫星柔性连接

本例建立 1 个卫星的柔性连接模型，主要练习柔性连接的定义过程，在卫星仓与信号接收器、接收器与试验台、电池板与卫星仓之间建立柔性连接。所需文件为 flex_link_start.bin，位于本书二维码中的 chapter_04/flex_link 目录下，请将其复制到 ADAMS/View 的工作目录下。本例的模型如图 4-19 所示，由太阳能电池板 Panel_1 和 Panel_2、卫星仓 Bus、接收器 Payload_adaptor、试验台 test_base 和 6 个几何点构成，下面是详细的操作过程。

1. 打开模型

启动 ADAMS/View，在欢迎对话框中选择打开文件(Existing Model)，单击【OK】按钮后，弹出打开文件对话框，在对话框中找到 flex_link_start.bin，打开模型后，请先熟悉模型。该模型由 5 个构件、3 个运动副和

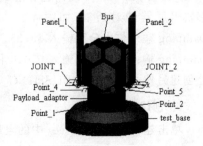

图 4-19　卫星模型

6 个几何点构成,这 5 个构件分别为 Panel_1、Panel_2、Bus、Payload_adaptor 和 test_base,旋转副 JOINT_1 关联 Panel_1 和 Bus,旋转副 JOINT_2 关联 Panel_2 和 Bus,另外一个固定副 JOINT_3 位于 test_base 的质心位于处,关联 test_base 和大地,6 个几何点分别为 Point_1、Point_2、Point_3、Point_4、Point_5 和 Point_6。

2. 创建第 1 个卷曲弹簧

单击键盘上的 G 键,将工作栅格打开,并且将工作栅格的平面与总体坐标系的 XY 平面平行。单击建模工具条 Forces 中的卷曲弹簧 ◎ 按钮,将选项设置为 2Bodies-1 Locaton,方向设置为 Normal to Grid,在图形区单击 Panel_1 和 Bus 两个构件,然后再单击 JOINT_1 上的 Marker 点,就可以创建第一个卷曲弹簧。在刚创建的卷曲弹簧的图标上双击鼠标右键,弹出编辑卷曲弹簧的对话框,如图 4-20 所示,在弹簧的刚度系数 Stiffness Coefficient 和阻尼系数 Damping Coefficient 输入框中分别输入 50 和 10,在 Angle at Preload 输入框中输入 90。

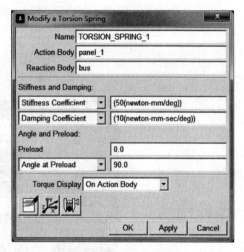

图 4-20　编辑卷曲弹簧的对话框

3. 创建第 2 个卷曲弹簧

单击建模工具条 Forces 中的卷曲弹簧 ◎ 按钮,然后在图形区单击 Panel_2 和 Bus 两个构件,然后再单击 JOINT_2 上的 Marker 点,就可以创建第 2 个卷曲弹簧。按照上步的方法,将弹簧的刚度系数(Stiffness Coefficient)和阻尼系数(Damping Coefficient)设置为 50 和 10,将 Angle at Preload 设置为-90。

4. 改变工作栅格的方向

选择【Settings】→【Working Grid】命令,弹出设置工作栅格的对话框,在对话框的底部,在 Set Orientation 下拉列表中选择 Global XZ 项,单击【OK】按钮后,工作栅格的方向与总体坐标系的 XZ 平面平行。

5. 创建阻尼器

单击建模工具条 Forces 中的阻尼器 ᡶ 按钮,将选项设置为 2Bodies-1 Locaton,方向设置为 Normal to Grid,在图形区单击 Bus 和 payload_adaptor 两个构件,然后再单击几何点 Point_1,就在 Point_1 处创建了第 1 个阻尼器 BUSHING_1。用鼠标双击阻尼器图标,弹出编辑阻尼器的对话框,如图 4-21(a)所示,在 Translational Properties 下的 Stiffness 和 Damping 输入框中分别输入 35,35,35 和 2,2,2,在 Rotational Properties 下的 Stiffness 和 Damping 输入框中分别输入 0,0,0 和 0,0,0。按照同样的方式和设置在 Point_2 和 Point_3 处创建另外两个阻尼器 BUSHING_2 和 BUSHING_3。

6. 创建阻尼器

单击建模工具条 Forces 中的阻尼器 ᡶ 按钮,将选项设置为 2Bodies-1 Locaton,方向设置为 Normal to Grid,在图形区单击 payload_adaptor 和 test_base 两个构件,然后再单击几何点 Point_4,就在 Point_4 处创建了第 4 个阻尼器 BUSHING_4。用鼠标双击阻尼器图标,弹出编辑阻尼器的对话框,如图 4-21(b)所示。在 Translational Properties 下的 Stiffness 和 Damping 输入框中分别输入 200,200,200 和 3,3,3,在 Rotational Properties 下的 Stiffness 和 Damping 输入框中分别输入 0,0,0 和 0,0,0。按照同样的方式和设置在 Point_5 和 Point_6 处创建另外两个阻尼器 BUSHING_5 和 BUSHING_6,最后创建的柔性连接模型如图 4-22(a)所示。

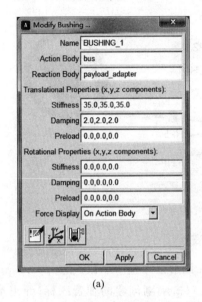 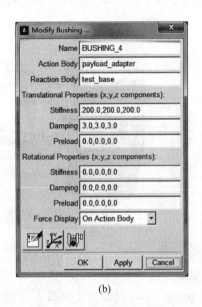

(a)　　　　　　　　　　　　(b)

图 4-21　编辑阻尼器的对话框

(a) 编辑 BUSHING_1～3 阻尼器；(b) 编辑 BUSHING_4～6 阻尼器

7. 仿真计算

在仿真计算之前,选择【Settings】→【Gravity】命令,在弹出的重力加速度设置对话框中,确信已经将重力加速度关闭。运行仿真计算。单击建模工具条 Simulation 中的仿真计算 按钮,将仿真时间 End Time 设置为 20、仿真步数 Steps 设置为 200,然后单击 按钮进行仿真计算,观察 Panel_1、Panel_2 和 Bus 构件的振动情况,最后 Panel_1 和 Panel_2 张开后的情况如图 4-22(b)所示。读者可以将两个卷曲弹簧的刚度设置为不相等,如一个为 50,另一个为 90,进一步观察 Bus 的振动情况。

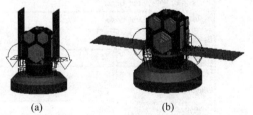

(a)　　　　(b)

图 4-22　卫星的柔性连接模型

(a) 柔性连接模型；(b) 电池板张开后的模型

4.2.3　实例：汽车悬架柔性连接

本例主要帮助读者熟悉 Spring 连接和 Bushing 的连接,本例所需文件为 susp_steer. bin,位于本书二维码中 chapter_04\susp_steer 目录下,请复制到本机工作目录下。本例计算轮胎在竖向激励下，轮胎的前束角（Toe Angle）的值。

1. 打开模型

启动 ADAMS\View，打开 susp_steer_start. bin。打开模型后，先熟悉模型，如图 4-23 所示，上下摆臂 Upper_Arm 和 Lower_Arm 与大地相连接的位置处放置了几何点（硬点）HP1、HP2、HP4 和 HP5，轮胎中心位置的 Marker 为 Center，计算前束角的辅助 Marker 为 TA_ref，建立弹簧辅助 Marker 为 upper_spring_seat 和 lower_spring_seat。

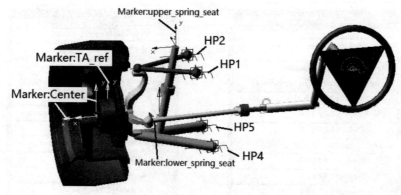

图 4-23　汽车悬置转向系统

2. 定义弹簧

单击建模工具栏 Forces 中的 按钮，然后在图形区单击 Marker 点 upper_spring_seat 和 lower_spring_seat，创建一个弹簧。在图形区双击刚刚创建的弹簧图标，弹出编辑对话框，如图 4-24 所示，输入刚度值 24 和阻尼值 5，Preload 下选择 Length at Preload，并输入 600，单击【OK】按钮。

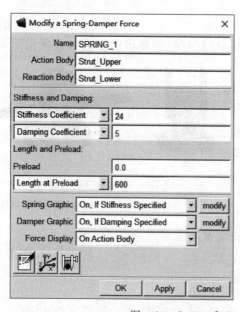
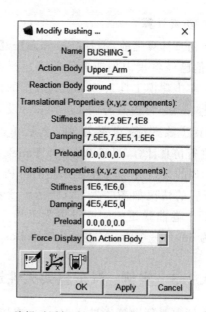

图 4-24　Spring 和 Bushing 编辑对话框

3. 定义阻尼器

如果工作栅格没有显示出来,单击键盘的 G 键。单击建模工具栏 Forces 中的 按钮,将选项设置为 2Bodies-1 Locaton,方向设置为 Normal to Grid,在图形区单击 upper_arm 构件,再在空白处任意位置单击鼠标左键(选择大地),然后再单击几何点 HP1,就在 HP1 处创建了第 1 个阻尼器 BUSHIING_1。用鼠标双击阻尼器图标,弹出编辑阻尼器的对话框,在 Translational Properties 下的 Stiffness 和 Damping 输入框中分别输入 2.9E7,2.9E7,1E8 和 7.5E5,7.5E5,1.5E6,在 Rotational Properties 下的 Stiffness 和 Damping 输入框中分别输入 1E6,1E6,0 和 4E5,4E5,0,单击【OK】按钮。用同样的方式和设置将上摆臂和下摆臂与大地分别在 HP2、HP4 和 HP5 处创建另外 3 个阻尼器 BUSHING_2、BUSHING_3 和 BUSHING_4。

4. 定义驱动

单击建模工具条 Motions 中的单向驱动 按钮,将选项设置为 2Bodies-1 Locaton,方向设置为 Pick Geometry Feature,然后在图形区单击轮胎和大地,再选择轮胎中心处的 Marker 点 Center,方向选择 Center 的 Y 轴方向。在图形区双击驱动的图标,弹出编辑对话框,在 Function(time)中输入 80 * sin(360d * time),Type 设置成 Displacement,单击【OK】按钮。

5. 定义前束角测量

单击建模工具条 Design Explore 中函数测量按钮 ,如图 4-25 所示,输入函数表达式 ATAN(DZ(Center,TA_ref)/DX(Center,TA_ref)) * RTOD,单击【OK】按钮。

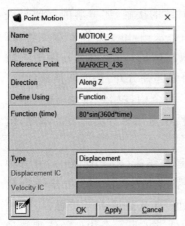
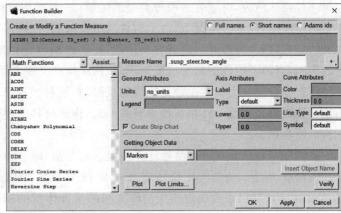

图 4-25　单向驱动对话框和定义函数测量对话框

6. 仿真计算

单击建模工具条 Simulation 中的仿真计算 按钮,将仿真时间 End Time 设置为 2、仿真步数 Steps 设置为 200,然后单击 按钮进行仿真计算,如图 4-26 所示,可以得到轮胎前束角曲线。

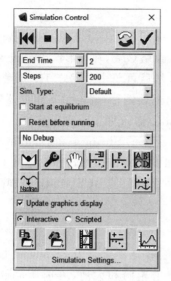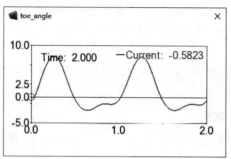

图 4-26　计算控制对话框和前束角曲线

4.3　接触

4.3.1　接触的定义

当两个构件的表面之间发生接触时，这两个构件就会在接触的位置产生接触力。接触力是一种特殊的力，可以分为两种类型的接触：一种是时断时续的接触，如下落的钢球与铁板之间的碰撞，在这种情况下，两个构件从不接触到接触再到不接触，由于存在相对运动，在接触的位置，两个构件开始出现材料压缩，构件的动能转化成材料的压缩势能，并伴随着能量的损失，当两个构件的相对速度为零时，两个构件又要开始弹起并分开，势能转换成动能，并伴随着能量的损失。另一种是连续的接触，在这种情况下，两个构件始终接触，这时系统会把这种接触定义成一种非线性弹簧的形式，构件材料的弹性模量用来计算弹簧的刚度，阻尼当成能量损失。

在 ADAMS/View 中有两种计算接触力的方法，即一种是补偿法（Restitution），另一种是冲击函数法（Impact）。补偿法需要确定两个参数，即惩罚系数（Penalty）和补偿系数（Restitution），惩罚系数确定两个构件之间的重合体积的刚度，也就是说由于接触，一个构件的一部分体积要进入另一个构件内，惩罚系数越大，一个构件进入另一个构件的体积就越小，接触刚度就越大，接触力是惩罚系数与插入深度的乘积，如果惩罚系数过小，就不能模拟两个构件之间的真实接触情况，如果过大，就会使计算出现问题，甚至不能收敛，为此可以选用辅助的拉格朗日扩张法（Augmented Lagrange），通过多步迭代来解决这个问题。补偿系数决定两个构件在接触时能量的损失。冲击函数法是根据 Impact 函数来计算两个构件之间的接触力，接触力由两个部分组成，一是由于两个件之间的相互切入而产生的弹性力，二是由相对速度产生的阻尼力。

定义接触的两个构件，是通过构件上的几何元素来实现的，如果一个构件是由多个几何元素构成的,则可以选择一个构件上几个几何元素来定义一个接触体,如可以把构成一个构件的几个实体(Solid)定义成一个接触体。接触体可以是实体,也可以是曲线,当是曲线时,必须保证两个曲线始终在一个平面内,为达到此目的,可以使用平面副、旋转副等将两个构件的运动限制在一个平面内。ADAMS/View 可以使用的接触类型有 Solid-Solid(实体与实体)、Curve-Curve(曲线与曲线)、Point-Curve(点与曲线)、Point-Plane(点与平面)、Curve-Plane(曲线与平面)、Sphere-Plane(球与平面)、Sphere-Sphere(球与球)、Flex Body to Solid(柔性体与实体)、Flex Body to Flex Body(柔性体与柔性体)和 Flex Edge to Curve(柔性体的边与曲线)。如果几何模型是从其他 CAD 软件中导入的,建议用户在导入的时候,最好导入 Parasolid 格式的几何体,这样就可以很容易地实现 Solid-Solid 类型的接触,有关柔性体的内容参见第 6 章的内容。除柔性体和 Solid-Solid 外,接触类型可以总结为如图 4-27 所示。需要注意的是,Point-Curve 和 Curve-Curve 接触类型的两个参考 Marker 的 XY 平面必须平行,Point-Plane、Curve-Plane 和 Sphere-Plane 接触类型的平面参考 Marker 的 Z 轴的方向必须指向点、曲线和球。

单击工具栏中的接触 按钮,然后弹出定义接触的对话框,如图 4-28 所示,在对话框中各选项如下。

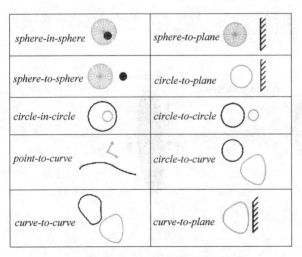

图 4-27 点-线-面的接触

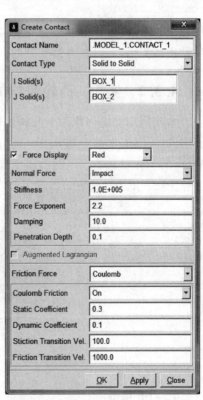

图 4-28 编辑接触力的对话框

(1) Contact Type:选择接触类型,然后拾取相应的几何元素,可以选择同一个构件上的多个同类型的几何元素。若选择曲线时,还可以单击 按钮以改变接触力的方向。定义两个构件接触时,需要设置计算接触力的计算方法和计算摩擦力的方法。

（2）Normal Force：确定计算接触力的方法，有 Restitution（补偿法）、Impact（冲击函数副）和 User Defined（用户自定义法）。如果选择了 Restitution，需要输入惩罚系数（Penalty）和补偿系数（Restitution Coefficient），还可以选择拉格朗日扩张法（Augmented Lagrange）。如果选择 Impact，需要输入接触刚度（Stiffness）k、指数（Force Exponent）e、阻尼（Damping）d 和切入深度（Penetration Depth），其中切入深度决定了何时阻尼达到最大值，使用 Impact 方法时，各项的物理意义可以参考第 8 章中对 Impact 函数的解释。

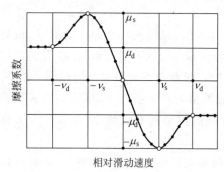

图 4-29　摩擦系数与滑动速度曲线

（3）Friction Force：确定一个构件在另一个构件上滑动时摩擦力的计算方法，有 Coulomb（库仑法）、None（没有摩擦力）和 User Defined（用户自定义）。若选择 Coulomb，需要设定静态系数 μ_s（Static Coefficient）、动态系数 μ_d（Dynamic Coefficient）、静滑移速度 v_s（Stiction Transition Vel.）和动滑移速度 v_d（Friction Transition Vel.），当一个构件在另一个构件上滑动时，系统按照如图 4-29 所示的曲线计算摩擦系数。

除了直接定义两个元素之间的接触外，还可以使用 Impact 函数和 Bistop 函数分别实现单边接触和双边接触，有关 Impact 和 Bistop 函数的使用和实例，可以参考第 8 章的内容。

4.3.2　实例：凸轮机构的接触

本例利用接触创建一个凸轮机构，主要练习接触的定义过程，所需文件为 cam_contact_start. bin，位于本书二维码中 chapter_04\cam_contact 目录下，请将其复制到 ADAMS/View 的工作目录下。本例的模型如图 4-30 所示，由 2 个构件和 3 个 Marker 点构成，其中凸轮 Part2 是主动件，Part3 是从动件，下面是详细的操作过程。

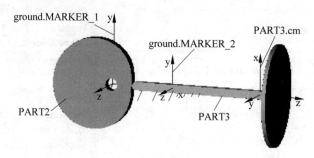

图 4-30　实例的模型

1. 打开模型

启动 ADAMS/View，在欢迎对话框中选择打开文件（Existing Model），单击【OK】按钮后，弹出打开文件对话框，在对话框中找到 cam_contact_start. bin，打开模型后，请先熟悉模型。

2. 创建旋转副

单击建模工具条 Connectors 中的旋转副 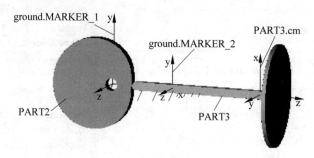 按钮，然后选择 2Bodies-1Loc 和 Normal to Grid（如果工作栅格没有打开，请先将工作栅格打开，单击键盘上的 G 键），然后在图形区单击构件 PART2 作为第 1 个件，再在空白区单击鼠标左键，选择大地作为第 2 个件，再选择 ground. MARKER_1 的原点，在 PART2 和大地之间创建了一个旋转副。

3. 创建滑移副

单击建模工具条 Connectors 中的滑移副 按钮，然后选择 2Bodies-1Loc 和 Pick Geometry Feature，然后在图形区单击构件 PART3 作为第 1 个件，再在空白区单击鼠标左键，选择大地作为第 2 个件，再选择 ground. MARKER_2 的原点，拖动鼠标直到出现一个和滑杆方向相同的箭头使按下鼠标左键，此时就在 PART3 和大地之间创建了 1 个滑移副。

4. 创建弹簧

单击建模工具条 Forces 中的弹簧 按钮，将弹簧的刚度 K 设置为 200，然后选择构件 PART3 上的质心坐标系和大地上的坐标系 ground. MARKER_2，如果比较难选择，可以在其附近单击鼠标右键，在弹出的选择对话框中选择 ground. MARKER_2，就可以在 PART3 和大地之间创建 1 个弹簧，如图 4-31 所示。

5. 添加接触

单击建模工具条 Forces 中的接触 按钮，弹出创建接触的对话框，如图 4-32 所示，将 Contact Type 设置为 Solid to Solid，然后在 I Solid(s) 输入框中单击鼠标右键，在弹出的快捷菜单中选择【Contact_Solid】→【Pick】命令，在图形区单击 PART2，用同样的方法为 J Solid(s) 输入框拾取 PART3，然后单击【OK】按钮，在 PART2 和 PART3 之间定义了接触。

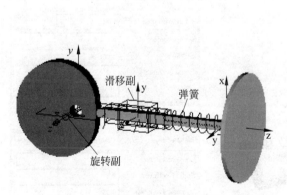

图 4-31　创建的运动副与弹簧

图 4-32　定义接触

6. 添加驱动

单击建模工具条 Motions 中的旋转驱动 按钮，将旋转速度设置为 $180°/s$，在图形区用鼠标选择旋转副，然后在旋转副上添加了旋转驱动。

7. 运行仿真

单击建模工具条 Simulation 中的仿真计算 ⚙ 按钮，将仿真时间 End Time 设置为 4、仿真步数 Steps 设置为 400，然后单击 ▶ 按钮进行仿真计算。

4.3.3 实例：锥齿轮接触传动

本节利用接触，实现齿轮传动，本例模型为本书二维码中 chapter_04\gear_contact 目录下的 differential_start. bin，请将文件复制本节工作目录下，模型为车用差速器，由多个齿轮构成。

1. 打开模型

启动 ADAMS/View，打开 differential_start. bin，打开后请先熟悉模型，如图 4-33 所示，差速器由 6 个齿轮构成，gcar1 gear2 啮合、gear3-gear5 啮合、gear3-gear6 啮合、gear4-gear5 啮合、gear5-gear6 啮合，各构件之间的旋转副已经建立。

2. 定义接触

单击建模工具条 Forces 中的接触 ⚪ 按钮，弹出定义接触对话框，如图 4-34 所示，将 Contact Type 设置成 Solid to Solid，在 I Solid(s)输入框中单击鼠标右键，选择【Contact Solid】→【Pick】命令，从图形区 gear1 的齿轮部分的实体 gear1_geometry，在 J Solid(s)输入框中单击鼠标右键，选择【Contact Solid】→【Pick】命令，然后从图形区 gear2 的齿轮部分的实体 gear2_geometry，接触刚度 Stiffness 设置成 1.0E＋06，静摩擦系数 Static Coefficient 设置成 0.1，动摩擦系数 Dynamic Coefficient 设置成 0.05，其他保持不变，单击【OK】按钮。

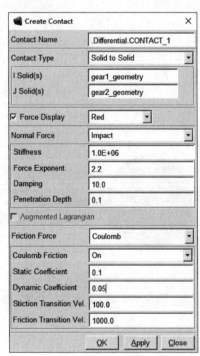

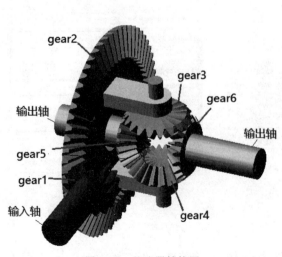

图 4-33　差速器结构图　　　　　　　　图 4-34　定义接触对话框

用同样的方法为其他齿轮定义 4 对接触，这些接触是 I Solid(s) 和 J Solid(s) 分别是 gear3_geometry 与 gear5_geometry、gear3_geometry 与 gear6_geometry、gear4_geometry 与 gear5_geometry、gear5_geometry 与 gear6_geometry。

3. 定义驱动

单击建模工具条 Motions 中的旋转驱动 ⚙ 按钮，将旋转速度设置成 300，然后选择 JOINT_1。

4. 仿真计算

单击建模工具条 Simulation 中的仿真计算 ⚙ 按钮，将仿真时间 End Time 设置为 10、仿真步数 Steps 设置为 1000，然后单击 ▶ 按钮进行仿真计算。

4.4 摩擦力

由于旋转副、滑移副、圆柱副、胡克副(万向节)和球铰副只限制了两个构件的部分自由度，而在没有限制的自由度的方向上，两个构件可以产生相对位移或相对旋转，这样就可以在能产生相对位移或相对旋转的自由度上定义摩擦，使系统在做动力学计算时考虑到摩擦力的存在，这样仿真出来的结果更符合实际。摩擦只能定义在运动副上，而不能定义在柔性连接上。

由于运动副限制了两个构件的相对平移自由度和相对旋转自由度，在这些被限制的自由度上，就会产生约束力和约束力矩。在 ADAMS 中约束力称为 Reaction Force(反作用力)，相对于可以平动或旋转的自由度而言，垂直于可以移动或旋转自由度上的约束力矩称为 Bending Moment(弯曲力矩)，而平行于可以移动或旋转自由度上的约束力矩称为 Torsional Moment(扭转力矩)。这样对于平动自由度上摩擦力而言，可以将弯曲力矩和扭转力矩除以一力臂(Arm)就可以等效为一个反作用力，再加上已经有的反作用力，乘以一个摩擦系数后，就可以计算出该滑移自由度上的摩擦力，同样对于旋转自由度上的摩擦力而言，可以将反作用力乘以一力臂，就可以等效为一个力矩，再加上已经有的弯曲力矩和扭转力矩，乘以一个摩擦系数后就可以计算出摩擦力矩。

本节以滑移副为例，讲解有关在运动副上添加摩擦力时各选项的意义。在滑移副编辑对话框中，单击右下角的添加摩擦力按钮 ▨ 后，弹出定义在运动副上定义摩擦力的对话框，如图 4-35 所示，各项的物理意义如下。

(1) Mu Static：静态摩擦系数 μ_S，静摩擦力为 $f_S = \mu_S |N|$，其中 N 为滑移副关联的两个构件之间的总压力，$N = N_1 + N_2 + N_3$，N_1 是两个构件之间的作用力，N_2 为扭转力矩的等效压力，N_3 为弯曲力矩的等效压力。

(2) Mu Dynamic：动态摩擦系数 μ_d，$f_d = \mu_d |N|$。

(3) Reaction Arm：反作用力的力臂，扭转力矩除以反作用力的力臂，就可以计算出等效扭转力矩的等效压力 N_2。

(4) Initial Overlap：滑移副沿滑移轴的初始位移值，弯曲力矩除以位移值，就可以计算出弯曲力矩的等效压力 N_3。

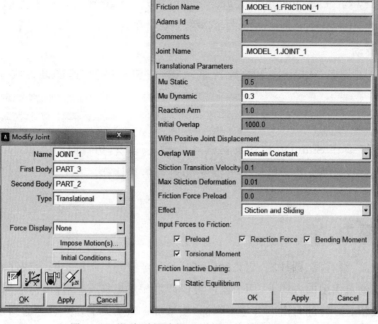

图 4-35　滑移副的编辑对话框和摩擦力对话框

（5）Overlap Will：滑移副的位移值的变换情况，有三个选项 Remain Constant（保持为常值）、Increase（增加）和 Decrease（减少）。

（6）Stiction Transition Velocity：静态滑动速度，只有当滑移副的相对速度大于该值时，滑移副关联的两个构件才开始滑动，小于该值则滑移副关联的两个构件根本不产生相对运动。

（7）Max Stiction Deformation：在静摩擦时，滑移副最大的位移。

（8）Friction Force Preload：静摩擦预载荷，例如由过盈装配而产生的装配压力。

（9）Effect：确定在计算仿真时，在静摩擦和动摩擦阶段是否考虑到摩擦力的作用，如果考虑摩擦力可能使计算变慢，如果在静摩擦和动摩擦阶段需要考虑摩擦力，则选择 Stiction and Sliding，如果只在静摩擦阶段考虑摩擦力，则选择 Stiction Only，如果只在动摩擦阶段考虑摩擦力，则选择 Sliding Only。

（10）Input Forces to Friction：选择引起摩擦力吃的因素，可以选择 Preload（预载荷）、Reaction Force（反作用力）和 Bending Moment（弯曲力矩），选中的考虑，不选中的就不考虑。

（11）Friction Inactive During：选中 Static Equilibrium 则计算静平衡时不考虑摩擦力的影响。

以上对滑移副摩擦力的解释和定义摩擦力时的物理参数的意义可以用图 4-36 所示的模型来表示。

旋转副、圆柱副、球铰副和万向节的受力示意图如图 4-37 所示，从受力示意图和相应的摩擦力对话框中内容，可以很容易知道各输入项的意义。

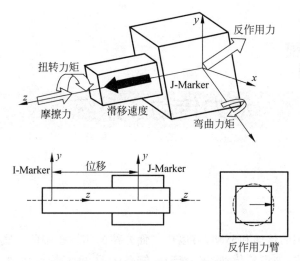

图 4-36　滑移副上的受力示意图

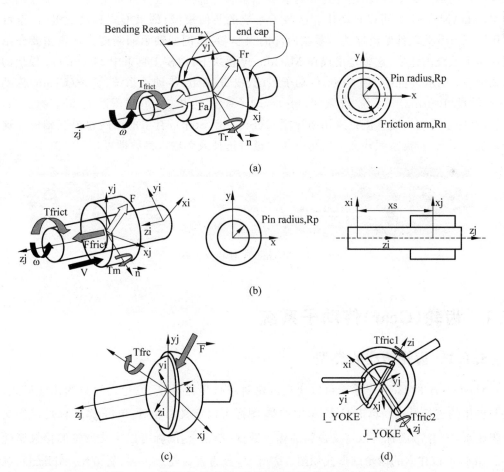

图 4-37　旋转副、圆柱副、球铰副和万向节的受力示意图

（a）旋转副的受力示意图；（b）圆柱副的受力示意图；（c）球铰副的受力示意图；（d）万向节的受力示意图

第5章

动力传动子系统

对于机械中常用的传递和驱动,可以用前面介绍的用运动副的形式定义传递关系,对于一些常用的传动形式,如齿轮传动、皮带传动、链条传动、绳索传动和轴承等,ADAMS/View对这些传动形式做了封装,建立这些封装或子系统只需给出这些子系统的几何参数和几何类型,ADAMS/View 可以自动建立这些子系统的几何模型、约束形式和接触等,甚至可以利用第三方专业软件给出这些子系统内部的力学参数,例如轴承的刚度。本章主要介绍常用传递子系统的建模,这些是集成在 Machinery 模块下,建模工具条中 Machinery 模块的按钮如图 5-1 所示,包括齿轮(Gear)传动子系统、皮带(Belt)传动子系统、链条(Chain)传动子系统、轴承(Bearing)子系统、绳索(Cable)传动子系统、电机(Motor)子系统和凸轮(Cam)子系统,这些子系统的建立流程采用向导模式(Step by Step),有了前面的建模基础建立这些子系统并不难,只需按照在向导的每一步中进行选择或者输入参数即可。

图 5-1 Machinery 模块的子系统

5.1 齿轮(Gear)传动子系统

5.1.1 齿轮传动的类型

Machinery 的 Gear 子系统可以建立齿轮对和行星齿轮系、齿轮之间力的传递形式、齿轮与机体的连接形式。单击 Gear 组中的 ![icon] 图标可以定义齿轮对,单击 ![icon] 图标可以定义行星齿轮系,单击 ![icon] 图标可以定义齿轮的输出数据,单击 ![icon] 图标可以定义齿轮的接触属性文件。Gear 可以建立的齿轮的形式如图 5-2 所示,分为直齿轮(Spur)、斜齿轮(Helical)、锥齿轮(Bevel)、蜗杆-齿轮(Worm)、齿条-齿轮(Rack)和双曲线齿轮(Hypoid)。齿轮与机体的连接形式有 Compliant、Rotational、Fixed 和 None,Compliant 是通过 Bushing 与机体连接,需要定义 Bushing 的刚度和阻尼值,Rotational 和 Fixed 分别是指通过旋转副和固定副与机体

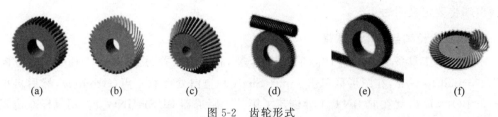

图 5-2　齿轮形式

(a) 直齿轮(Spur)；(b) 斜齿轮(Helical)；(c) 锥齿轮(Bevel)；(d) 蜗杆-齿轮(Worm)；

(e) 齿条-齿轮(Rack)；(f) 双曲线齿轮(Hypoid)

连接,None 是没有连接。

5.1.2　齿轮传动方法

Machinery 模块中一对齿轮的运动传递方法有 Coupler、Simplified、Detailed、3D Contact 和 Advanced 3D Contact 共 5 种方法。Coupler 是指两个齿轮之间通过耦合副(Coupler)来传递运动关系。Simplified 适合所有类型的齿轮对。Simplified 传递关系计算齿轮啮合力时分为两种：一种是间隙冲击力,两个齿从接触前到接触会有冲击载荷；另一种是接触力,两个齿接触后有压力和摩擦力。Simplified 传递关系的齿轮啮合力使用多分量力和多分量力矩(Gforce)来建立,涉及三个单向力和三个单向力矩。Detailed 传递关系只适合直齿轮,采用渐开线方程和 IMPACT 函数来计算齿接触力,IMPACT 函数的使用参见第 8 章的内容,Detailed 传递关系的齿轮啮合力使用多分量力和多分量力矩(Gforce)来建立。3D Contact 适合所有类型的齿轮对,通过接触来实现传动,需要建立详细的三维CAD 模型,齿的轮廓形状是渐开线,齿轮对可以不在一个平面内。以上几种传动类型都是把齿轮当成刚性体进行计算,在接触的两个齿之间定义一个弹性力,而 Advanced 3D Contact 传动类型可以考虑齿的柔性和变形,ADAMS/View 会自动在后台建立齿的有限元模型,以便考虑齿的变形,在工作目录下会产生临时文件,临时文件有可能会很大,因此需要较大的硬盘空间,Advanced 3D Contact 传动类型只用于直齿轮和斜齿轮。齿轮对的建立过程采用向导形式,采用 Step by Step 的形式,下面通过实例来说明齿轮对的建立过程。

5.1.3　实例：斜齿轮对的建立

本例在两个齿轮轴上建立一对斜齿轮,每个齿轮轴通过 2 个点与大地建立柔性连接,本例所需文件是本书二维码中 chapter_05\gear 目录下的 gear_helical_start. bin 模型,请将该文件复制到本机工作目录下。

1. 打开模型

启动 ADAMS/View,在欢迎对话框中选择打开模型,然后找到并打开 gear_helical_start. bin 模型,打开的模型如图 5-3 所示,有两个轴 Input_Shaft 和 Output_Shaft,四个几何点,齿轮轴在几何点处通过 Bushing 与大地连接,在驱动输入端将要定义旋转驱动,在力

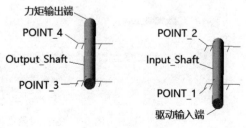

图 5-3　齿轮轴模型

矩输出端将要定义阻力矩。

2. 建立齿轮轴与大地的连接

单击建模工具条 Forces 中的阻尼器按钮 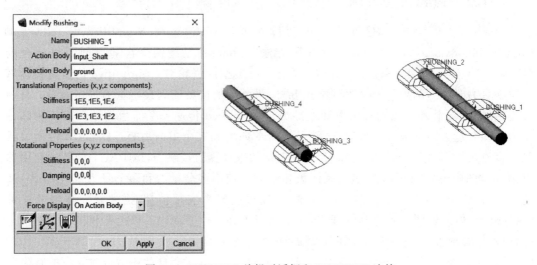，将选项设置为 2Bodies-1 Locaton，方向设置为 Normal to Grid，在图形区单击 Input_Shaft 和空白处任意一点（Ground），然后再单击几何点 POINT_1，就在 POINT_1 处创建了第一个阻尼器 BUSHIING_1。用鼠标双击阻尼器图标，弹出编辑阻尼器的对话框，如图 5-4 所示，在 Translational Properties 下的 Stiffness 和 Damping 输入框中分别输入 1E5，1E5，1E4 和 1E3，1E3，1E2，在 Rotational Properties 下的 Stiffness 和 Damping 输入框中分别输入 0，0，0 和 0，0，0。按照同样的方式和设置在 POINT_2 处创建 Input_Shaft 和大地之间的柔性连接 BUSHING_2，分别在 POINT_3 和 POINT_4 处创建 Output_Shaft 和大地之间两个阻尼器 BUSHING_3 和 BUSHING_4。

图 5-4　BUSHING 编辑对话框和 BUSHING 连接

3. 建立斜齿轮对

第 1 步，选择齿轮的类型。单击建模工具条 Machinery 的 Gear 组中的 ⚙ 图标，弹出定义齿轮对向导对话框。如图 5-5 所示，在 Type 页中把 Gear Type 设置成 Helical，单击【Next】按钮。

第 2 步，选择齿轮方法。在 Method 页中把 Method 设置成 Simplified，单击【Next】按钮。

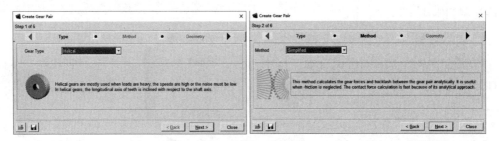

图 5-5　选择齿轮类型和选择齿轮方法对话框

第 3 步,设置齿轮的几何参数。如图 5-6 所示,在 Geometry 页中,在模数 Module 中输入 10,压力角 Pressure Angle 中输入 20,螺旋角 Helix Angle 中输入 10,旋转轴 Axis of Rotation 选择 Global Z,GEAR1 的中心位置 Center Location 是 0,0,0,齿数 No. of Teeth 是 100,齿轮宽 Gear Width 是 60,中心孔的半径 Bore Radius 是 25,GEAR2 的中心位置 Center Location 是 713,0,0,齿数 No. of Teeth 是 40,齿轮宽 Gear Width 是 60,中心孔的半径 Bore Radius 是 25,单击【Next】按钮。

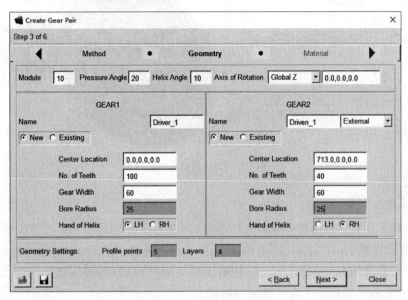

图 5-6　设置齿轮的几何参数

第 4 步,设置材料和接触参数。在 Material 页中全部使用默认参数,单击【Next】按钮。

第 5 步,设置齿轮的连接方式和连接件。在 Connection 页中,如图 5-7 所示,GEAR1 的 Type 设置成 Fixed,Body 中输入 Output_Shaft,GEAR2 的 Type 设置成 Fixed,Body 中输入 Input_Shaft,单击【Next】按钮。

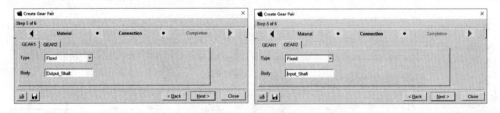

图 5-7　选择齿轮的连接方式和连接件

第 6 步,完成齿轮定义。在 Completion 页中单击【Finish】按钮完成斜齿轮对的定义。

4. 定义驱动

单击建模工具条 Motions 中的单点驱动按钮 ⬚,将 Construction 设置成 2 Bodies-1Location 和 Normal to Grid,Characteristic 设置成 Rotation,先单击 Input_Shaft,再在空白处单击鼠标左键(选择大地),然后在 Input_Shaft 的端部轻轻移动鼠标,当出现 center 信息时,按下左键。双击刚刚创建的驱动图标,如图 5-8 所示,确认 Direction 选择 Around Z,

Type 为 Displacement，在 Function（time）中输入 step（time，0，0，2，1000d * time），单击【OK】按钮。

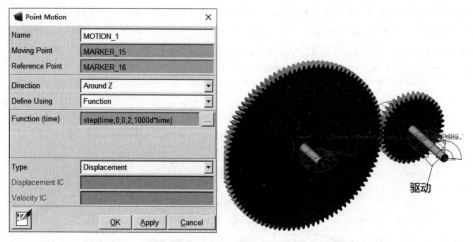

图 5-8　驱动编辑对话框

5. 定义输出力矩

单击建模工具条 Forces 中的单向力矩按钮 ，将 Run-time Direction 设置成 Space Fixed，Construction 设置成 Normal to Grid，Characteristic 设置成 Constant，并勾选 Torque，输入 100，然后在图形区选择 Output_Shaft，在输出端轻轻移动鼠标，当出现 center 信息时按下鼠标左键，力矩的作用应使大齿轮轴反向旋转。

6. 定义测量和仿真计算

在 BUSHING_1 上单击鼠标右键，选择【Measure】，如图 5-9 所示，将 Characteristic 选择 Force，Component 选择 X 或 Y，单击【OK】按钮。单击建模工具条 Simulation 中的仿真计算按钮 ，将仿真时间 End Time 设置为 10、仿真步数 Steps 设置为 10000，然后单击 按钮进行仿真计算，可以看到 BUSHING_1 的动态载荷，在 2s 后的数据非常稳定。

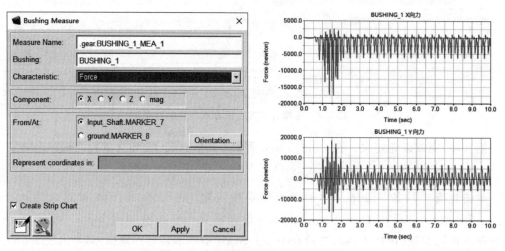

图 5-9　定义测量对话框和测量曲线

5.1.4 实例：锥齿轮和直齿轮

本例建立一对锥齿轮和一对直齿轮，用接触方式实现齿轮传动。

1. 打开模型

启动 ADAMS/View，打开本书二维码中 chapter_05\gear 目录下的 gear_bevel_start. bin 模型，打开的模型如图 5-10 所示，有 3 个轴 Shaft1、Shaft2 和 Shaft3，6 个几何点，齿轮轴在几何 点处通过 Bushing 与大地连接。

2. 建立齿轮轴与大地的连接

单击建模工具条 Forces 中的阻尼器按钮 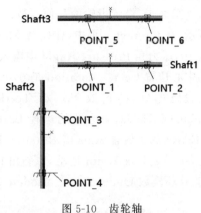，将 选项设置为 2Bodies-1 Locaton，方向设置为 Normal to Grid，在图形区单击 Shaft1 和空白处任意一点 (Ground)，然后再单击几何点 POINT_1，就在 POINT_ 1 处创建了第一个阻尼器 BUSHIING_1。用鼠标双 击阻尼器图标，弹出编辑阻尼器的对话框，如图 5-11 所示，在 Translational Properties 下的 Stiffness 和

图 5-10 齿轮轴

Damping 输入框中分别输入 1E5，1E5，1E5 和 1000，1000，1000，在 Rotational Properties 下 的 Stiffness 和 Damping 输入框中分别输入 0，0，0 和 0，0，0。在 POINT_2 处按照同样的方 式和设置创建 Shaft2 和大地之间的连接 BUSHING_2，在 Shaft2 和大地之间分别在 POINT_3 和 POINT_4 处创建两个阻尼器 BUSHING_3 和 BUSHING_4，在 Shaft3 和大地 之间分别在 POINT_5 和 POINT_6 处创建另外两个阻尼器 BUSHING_5 和 BUSHING_6。

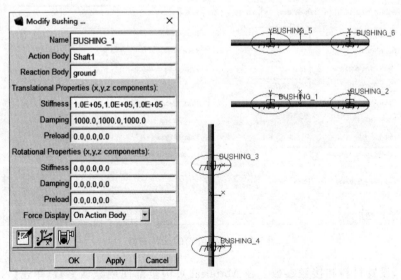

图 5-11 BUSHING 编辑对话框和 BUSHING 连接

3. 建立锥齿轮

第 1 步，选择齿轮的类型。单击建模工具条 Machinery 的 Gear 组中的 图标，弹出定

义齿轮对向导对话框。如图 5-12 所示，在 Type 页中把 Gear Type 设置成 Bevel，单击【Next】按钮。

第 2 步，选择齿轮方法。在 Method 页中把 Method 设置成 3D Contact，单击【Next】按钮。

第 3 步，设置齿轮的几何参数。如图 5-13

图 5-12 齿轮对向导对话框

所示，在 Geometry 页中，在模数 Module 中输入 10，压力角 Pressure Angle 中输入 20，平均螺旋角 Mean Spiral Angle 中输入 30，GEAR1 的中心位置 Center Location 是 0，0，0，GEAR1 旋转轴 Axis of Rotation 选择 Orientation，位置是 0，90，0，齿数 No. of Teeth 是 30，面宽 Face Width 是 30，倾斜角 Pitch Angle 是 30.96375653，中心孔的半径 Bore Radius 是 15，外环模数 Outer Trans. Module 是 6、GEAR2 的旋转轴 Axis of Rotation 选择 Orientation，位置是 90，90，0，齿数 No. of Teeth 是 50，面宽 Face Width 是 30，倾斜角 Pitch Angle 是 59.03624347，中心孔的半径 Bore Radius 是 15，外环模数 Outer Trans. Module 是 6，轮廓点 Profile points 是 10，单击【Next】按钮。

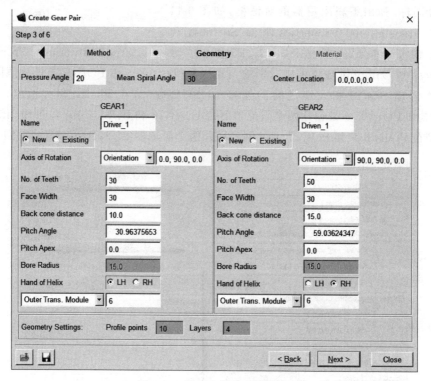

图 5-13 设置齿轮的几何参数

第 4 步，设置材料和接触参数。在 Material 页中全部使用默认参数，单击【Next】按钮。

第 5 步，设置齿轮的连接方式和连接件。在 Connection 页中，如图 5-14 所示，GEAR1 的 Type 设置成 Fixed，Body 中输入 Shaft2，GEAR2 的 Type 设置成 Fixed，Body 中输入 Shaft1，单击【Next】按钮，在 Completion 页中单击【Finish】按钮完成锥齿轮对的定义。

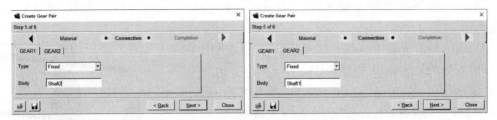

图 5-14　选择齿轮的连接方式和连接件

4. 建立直齿轮对

第 1 步,选择齿轮的类型。单击建模工具条 Machinery 的 Gear 组中的 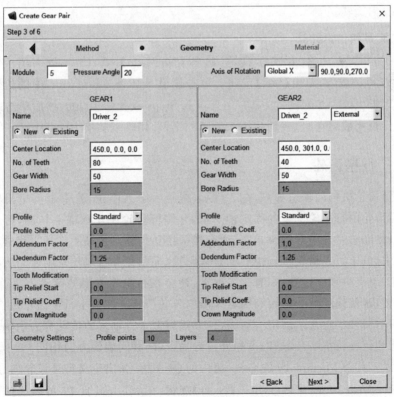 图标,弹出定义齿轮对向导对话框。在 Type 页中把 Gear Type 设置成 Spur,单击【Next】按钮。

第 2 步,选择齿轮方法。在 Method 页中把 Method 设置成 3D Contact,单击【Next】按钮。

第 3 步,设置齿轮的几何参数。如图 5-15 所示,在模数 Module 中输入 5,压力角 Pressure Angle 中输入 20,旋转轴 Axis of Rotation 是 Global X,GEAR1 的中心位置 Center Location 是 Shaft1 的质心位置 450,0,0,齿数 No. of Teeth 是 80,齿轮宽 Gear Width 是 50,中心孔的半径 Bore Radius 是 15,GEAR2 的中心位置 Center Location 是 Shaft3 的质心位置 450,301,0,齿数 No. of Teeth 是 40,齿轮宽 Gear Width 是 50,中心孔的半径 Bore Radius 是 15,单击【Next】按钮。

图 5-15　设置齿轮的几何参数

第4步，设置材料和接触参数。在 Material 页中，全部使用默认参数，单击【Next】按钮。

第5步，设置齿轮的连接方式和连接件。GEAR1 的 Type 设置成 Fixed，Body 中输入 Shaft1，GEAR2 的 Type 设置成 Fixed，Body 中输入 Shaft3，单击【Next】和【Finish】按钮完成斜齿轮对的定义，如图 5-16 所示。

图 5-16　锥齿轮和直齿轮模型

5．定义驱动

单击建模工具条 Motions 中的单点驱动按钮，将 Construction 设置成 2 Bodies-1Location 和 Normal to Grid，Characteristic 设置成 Rotation，先单击 Shaft2，再在空白处单击鼠标左键（选择大地），然后在 Shaft2 的端部轻轻移动鼠标，当出现 center 信息时，按下左键。双击刚刚创建的驱动图标，确认 Direction 选择 Around Z，Type 为 Displacement，在 Function(time) 中输入 step(time,0,0,2,1000d * time)，单击【OK】按钮。

6．定义阻力矩

单击建模工具条 Forces 中的单向力矩按钮，将 Run-time Direction 设置成 Space Fixed，Construction 设置成 Pick Feature，Characteristic 设置成 Constant，并勾选 Torque，输入−100，然后在图形区选择 Shaft3，在 Shaft3 的一端轻轻移动鼠标，当出现 center 信息时按下鼠标左键，移动鼠标，当出现沿着 Shaft3 的轴向箭头时，按下鼠标左键，力矩的作用应使齿轮轴反向旋转。

7．定义测量和仿真计算

在 BUSHING_1 上单击鼠标右键，选择【Measure】，将 Characteristic 选择 Force，Component 选择 Z 或 Y，单击【OK】按钮。单击建模工具条 Simulation 中的仿真计算按钮，将仿真时间 End Time 设置为 10、仿真步数 Steps 设置为 10000、然后单击 ▶ 按钮进行仿真计算。计算完成后存盘，我们将用于轴承的实例，用轴承替换 BUSHING。

5.1.5　行星齿轮

简单行星齿轮机构的构造如图 5-17 所示，包括一个太阳轮、若干个行星齿轮和一个齿圈，其中行星齿轮由行星轮支架的固定轴支承，允许行星轮在支承轴上转动，行星齿轮和相邻的太阳轮、齿圈总是处于常啮合状态，通常都采用斜齿轮以提高工作的平稳性。简单的行星齿轮机构中，位于行星齿轮机构中心的是太阳轮，太阳轮和行星轮常啮合。行星轮除了可以绕行星轮支架支承轴旋转外，在有些工况下，还会在行星轮支架的带动下，围绕太阳轮的中心轴线旋转，这就像地球的自转和绕着太阳的公转一样。在整个行星齿轮机构中，如行星轮的自转存在，而行星轮支架固定不动，这种方式类似平行轴式的传动称为定轴传动。齿圈是内齿轮，它和行星轮常啮合，是内齿和外齿轮啮合，两者间旋转方向相同。

单击建模工具条 Machinery 的 Gear 组中的 图标，弹出定义行星齿轮向导对话框，在 Type 页中选择 Gear 为 Planetary，单击【Next】按钮，在 Method 页中，可以选择 Simplified、Detailed、3D Contact 和 Advanced 3D Contact，单击【Next】按钮，在 Geometry 页中，如图 5-18 所

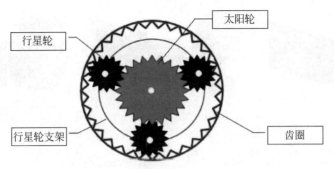

$$N_圈 \times R_圈 - N_太 \times R_太 = (R_圈 - R_太) \times N_架$$

图 5-17 行星齿轮机构的构造

示,输入中心位置、旋转轴的方向、模数、压力角、齿轮厚度、螺旋角、行星轮的个数、各个轮的轮齿数量,单击【Next】按钮,在 Material 页需要确定齿轮的材料参数、接触参数,单击【Next】按钮,在 Connection 页需要各个齿轮与外界的连接方法(Rotational、Fixed、Compliant 和 None)以及与哪个构件相连接,最后单击【Next】和【Finish】按钮完成行星齿轮的定义。

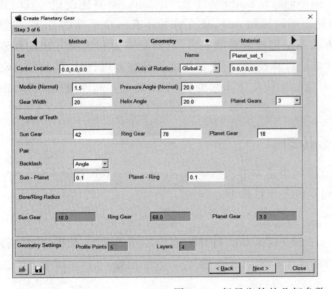

图 5-18 行星齿轮的几何参数

5.2 皮带(Belt)传动子系统

5.2.1 皮带传动的类型

ADAMS/View 中根据皮带轮是否带有沟槽,皮带传动类型可以分为 Poly-V Grooved、Trapezoidal Toothed 和 Smooth,这三种类型的轮和皮带的样式如图 5-19 所示,Poly-V Grooved 轮是有 V 形槽的轮,Trapezoidal Toothed 是有梯形槽的轮,Smooth 是不带槽表面光滑的轮。与轮对应,皮带上也有 V 形槽、梯形槽或者无槽。皮带的建模是将皮带分成多

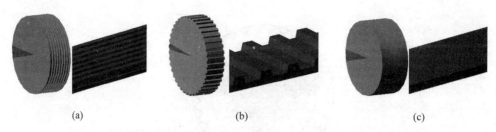

图 5-19　轮的形状及对应的皮带样式

(a) Poly-V Grooved 轮及皮带；(b) Trapezoidal Toothed 轮及皮带；(c) Smooth 轮及皮带

段，每段之间用弹性连接，计算皮带与轮之间的接触力。

根据轮的建模方法、计算轮与皮带之间的关系及轮传动的计算方法，可以将皮带传动分为 Constraint、2D Links、3D Links、3D Links Nonplanar 和 3D Simplified，每种都有 Constraint、2D Links 和 3D Links 方法，光滑轮还有 3D Links Nonplanar 和 3D Simplified 方法。Constraint 方法是最简单的方法，根据轮的半径和链条的弹性，得到轮转度的传动比，2D Links 方法和 3D Links 方法对几何形状的要求相同，都需要计算链条与轮的接触力，2D Links 方法只适合轮的旋转方向与全局坐标系的某个方向相同的情况，而 3D Links 允许轮的旋转方向与全局坐标系的方向不同，2D Links 方法比 3D Links 计算速度快。3D Links Nonplanar 除了可以计算链条与轮之间的接触力外，还允许轮不在一个平面内，皮带在侧向有少量的位移。3D Simplified 方法不是把皮带离散成多段，而是用力和约束方法计算带的弯曲、轴向弹性和质量特性，这种方法计算速度快，皮带不能循环往复进行计算，只能移动少量的距离。建立轮时，还可以同时建立能使皮带张紧的轮，下面通过实例说明皮带传动的建立过程。

5.2.2　实例：V 型皮带传动

本例建立 3 个 V 型皮带轮，所需模型是本书二维码中 chapter_05\belt 目录下的 belt_V_start.bin 模型，请将该文件复制到本机工作目录下。

1. 打开模型

启动 ADAMS/View，打开 belt_V_start.bin，打开模型后先熟悉模型，如图 5-20 所示，模型有 4 个轴，我们将在 Shaft1、Shaft3 和 Shaft4 上建立 3 个 V 型轮。

2. 建立 V 型轮

第 1 步，选择轮的类型。单击建模工具条 Machinery 下的 按钮，如图 5-21 所示，在 Type 页中，名称采用默认值，Type 选择 Poly-V Grooved，单击【Next】按钮。

第 2 步，选择方法。在 Method 中，Method 选择 2D Links，单击【Next】按钮。

第 3 步，设置轮的几何参数。在

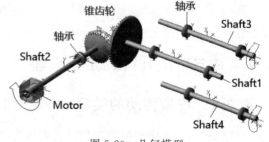

图 5-20　几何模型

Geometry Pulleys 页，如图 5-22 所示，在 Number of Pulleys 中输入 3，并按 Enter 键，在 Axis of Rotation 中选择 Global X，在 1 页的 Name 中输入 V1，在 Center Location 中单击鼠

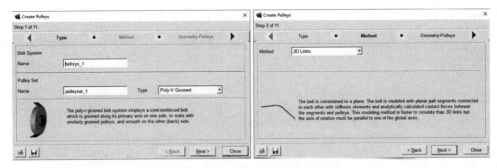

图 5-21 选择轮的类型和方法

标右键,选择【Pick Location】,然后在图形区单击 Shaft1 的质心坐标系,其坐标 450,0,0 输入到 Center Location 中,Pulley Width 输入 30,Pulley Pitch Diameter 中输入 200,单击 2 页,在 Name 中输入 V2,在 Center Location 中单击鼠标右键,选择【Pick Location】,然后在图形区单击 Shaft3 的质心坐标系,其坐标 450,301,0 输入到 Center Location 中,Pulley Width 输入 30,Pulley Pitch Diameter 中输入 150,单击 3 页,在 Name 中输入 V3,在 Center Location 中单击鼠标右键,选择【Pick Location】,然后在图形区单击 Shaft4 的质心坐标系,其坐标 450,301,−400 输入到 Center Location 中,Pulley Width 输入 30,Pulley Pitch Diameter 中输入 150,单击【Next】按钮。

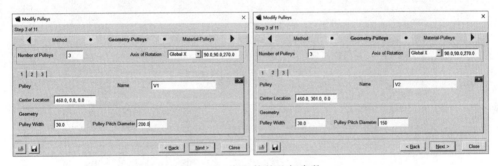

图 5-22 定义轮的几何参数

第 4 步,定义材料参数。在 Material-Pulleys 页中使用默认的材料,单击【Next】按钮。

第 5 步,定义轮的连接件。在 Connection-Pulleys 页中,如图 5-23 所示,在 1 页中,Type 选择 Fixed,在 Body 输入框中单击鼠标右键,选择【Body】→【Pick】命令,然后单击 Shaft1,在 2 页中,Type 选择 Fixed,在 Body 输入框中单击鼠标右键,选择【Body】→【Pick】命令,然后单击 Shaft3,在 3 页中,Type 选择 Fixed,在 Body 输入框中单击鼠标右键,选择【Body】→【Pick】命令,然后单击 Shaft4,单击【Next】按钮。

第 6 步,定义轮的输出。在 Output-Pulleys 页中使用默认值,单击【Next】按钮。

第 7 步,完成轮的定义。在 Completion-Pulleys 页中,单击【Next】按钮。

第 8 步,定义张紧轮。张紧轮能使皮带有预紧力,在 Geometry-Tensioners 页中,如图 5-24 所示,在 Number of Tensioner with Deviation Pulley 输入框中输入 1 并按 Enter 键,将 Type 设置成 Rotational,Tensioner Name 中输入名称 Press,Pivot Center 中输入 450,150,150,在 Length 中输入 60,Width 中输入 10,Depth 中输入 5,Installation Angle 输

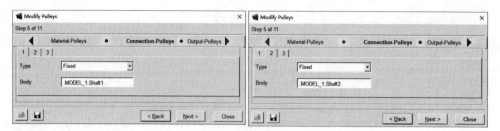

图 5-23　定义连接件

入框中输入 0，在 Deviation Pulley Name 输入框中输入名称 V4，Axis Of Rotation 输入框中
选择 Global X，Pulley Radius 输入框中输入 30，Pulley Width 输入框中输入 30，Belt Face
Side 选择 Out，单击【Next】按钮。

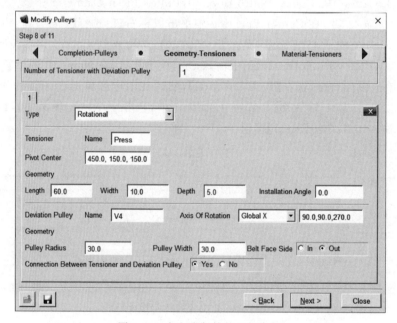

图 5-24　定义张紧轮的几何参数

第 9 步，定义张紧轮材料参数。在 Material-Tensioners 页中使用默认的材料，单击
【Next】按钮。

第 10 步，定义张紧轮的连接件。在 Connection-Tensioners 页中，如图 5-25 所示，Body
选择 Ground，Stiffness 中输入 1E＋5，Damping 中输入 10，Preload 中输入 0，单击【Next】
按钮。

第 11 步，完成轮的定义。在 Completion 页中单击【Finish】按钮，完成的轮模型如图 5-26
所示。

3. 定义皮带

第 1 步，定义皮带的类型。单击建模工具条 Machinery 下的皮带按钮 🎡，在 Type 页，
如图 5-27 所示，在 Name 输入框总单击右键，选择【pulley_set】→【Guesses】→【beltsys_
1pulleyset_1】命令，找到已经创建好的带轮，单击【Next】按钮。

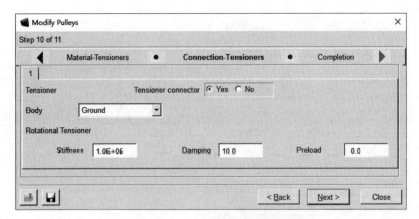

图 5-25　定义张紧轮的连接件

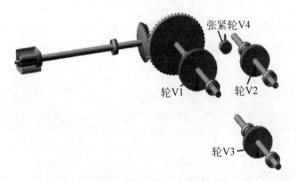

图 5-26　定义完成的轮模型

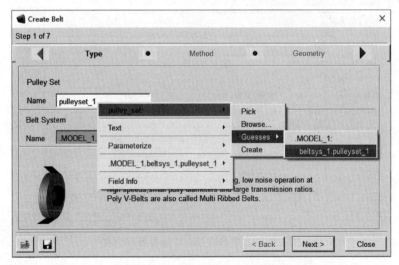

图 5-27　选择带轮对话框

第 2 步，选择方法。在 Method 页中，将 Method 设置成 2D Link，单击【Next】按钮。

第 3 步，定义 V 型带的几何参数。在 Geometry 页，如图 5-28 所示，在 Segment Length 中输入 15，其他参数保持不变，单击【Next】按钮。

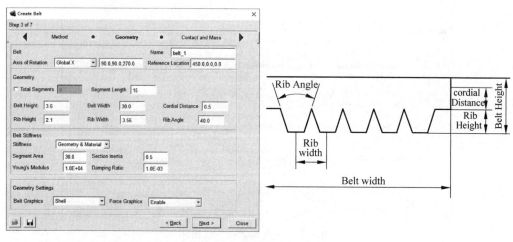

图 5-28　皮带参数及物理意义

第 4 步，定义皮带的质量信息和接触参数。在 Contact and Mass 页，如图 5-29 所示，需要输入皮带质量、惯性矩、接触参数和摩擦系数，单击【Next】按钮。

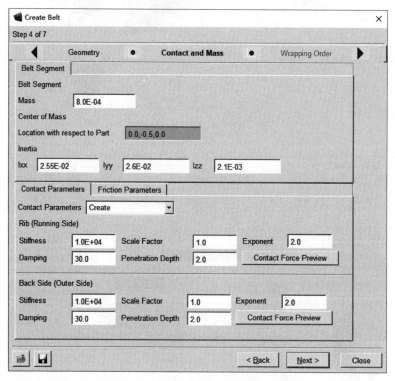

图 5-29　皮带的质量和接触参数对话框

第 5 步，确定皮带连接带轮的顺序。在 Wrapping Order 页，如图 5-30 所示，当有多个轮时，需要正确输入带轮连接轮的顺序，从轴的旋转方向按照顺时针方向依次选择带轮。在 Wrapping Order 输入框中，单击鼠标右键选择【UDE_Instance】→【Guesses】命令，然后按照 V1→V4→V2→V3 的顺序依次选择带轮，单击【Next】按钮，会弹出确认对话框，包括皮带的分段数量、皮带的拉伸力和皮带的应变，单击【Yes】按钮。

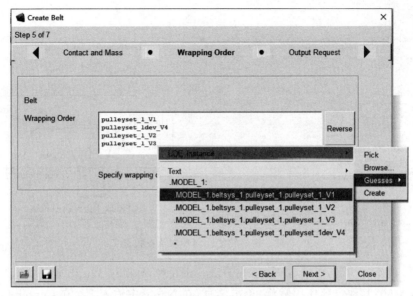

图 5-30　选择皮带的连接顺序

第 6 步,定义皮带的输出。在 Output Request 页中,单击【Next】按钮。

第 7 步,完成带轮的定义。在 Completion 页中,单击【Finish】按钮,完成的皮带模型如图 5-31 所示。

4. 仿真计算

单击建模工具条 Simulation 中的仿真计算按钮 ,将仿真时间 End Time 设置为 5、仿真步数 Steps 设置为 5000,然后单击 ▶ 按钮进行仿真计算。

图 5-31　皮带模型

5.2.3　实例:梯形皮带传动

本例建立 2 个梯形皮带轮,并在轮上定义皮带驱动。

1. 新建模型

启动 ADAMS/View,新建模型,单位采用 MMKS。

2. 建立梯形轮

第 1 步,选择轮的类型。单击建模工具条 Machinery 下的  按钮,在 Type 页中,名称采用默认值,Type 选择 Trapezoidal Toothed,单击【Next】按钮。

第 2 步,选择方法。在 Method 页中,Method 选择 2D Links,或者 3D Links,单击【Next】按钮。

第 3 步,设置轮的几何参数。在 Geometry-Pulleys 页,如图 5-32 所示,在 Number of Pulleys 中输入 2,并按 Enter 键,在 Axis of Rotation 中选择 Global Z,在 1 页的 Name 中输入 P1,在 Center Location 中单击鼠标右键,选择【Pick Location】,然后在图形区单击工作栅

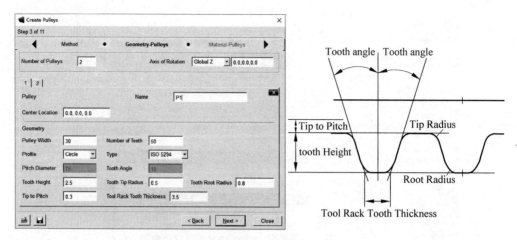

图 5-32　定义轮的几何参数及参数意义

格原点位置，其坐标 0,0,0 输入到 Center Location 中，Pulley Width 输入 30，Number of Teeth 中输入 50，其他内容使用默认，单击 2 页，在 Name 中输入 P2，在 Center Location 中输入坐标 500,0,0，Number of Teeth 中输入 30，其他内容使用默认，单击【Next】按钮。

第 4 步，定义材料参数。在 Material-Pulleys 页中使用默认的材料，单击【Next】按钮。

第 5 步，定义轮的连接件。在 Connection-Pulleys 页中，使用默认，连接到大地上，单击【Next】按钮。

第 6 步，定义轮的输出。在 Output-Pulleys 页中使用默认值，单击【Next】按钮。

第 7 步，完成轮的定义。在 Completion-Pulleys 页中，单击【Next】按钮。

第 8 步，定义张紧轮。在 Geometry-Tensioners 页中，如图 5-33 所示，在 Number of Tensioner with Deviation Pulley 中输入 1 并按 Enter 键，将 Type 设置成 Rotational，Tensioner Name 中输入一个名称，Pivot Center 中输入 250,100,0，在 Length 中输入 50，Width 中输入 10，Depth 中输入 5，Installation Angle 中输入 270，在 Deviation Pulley Name 中输入名称 P3，旋转轴 Axis Of Rotation 中旋转 Global Z，Pulley Radius 中输入 25，Pulley Width 中输入 30，Belt Face Side 选择 Out，单击【Next】按钮。

第 9 步，定义张紧轮材料参数。在 Material-Tensioners 页中使用默认的材料，单击【Next】按钮。

第 10 步，定义张紧轮的连接件。在 Connection-Tensioners 页中，Body 选择 Ground，Stiffness 中输入 1E+5，Damping 中输入 10，Preload 中输入 0，单击【Next】按钮。

第 11 步，完成轮的定义。在 Completion 页中单击【Finish】按钮。

3. 定义皮带

第 1 步，定义皮带的类型。单击建模工具条 Machinery 下的皮带按钮 ，在 Type 页，在 Name 输入框总单击右键，选择【pulley_set】→【Guesses】→【beltsys_1pulleyset_1】命令，找到已经创建的带轮，单击【Next】按钮。

第 2 步，选择方法。在 Method 页中，将 Method 设置成 2D Link，单击【Next】按钮。

第 3 步，定义梯形带的几何参数。在 Geometry 页，使用默认值，单击【Next】按钮。

第 4 步，定义皮带的质量信息和接触参数。在 Contact and Mass 页，需要输入皮带质

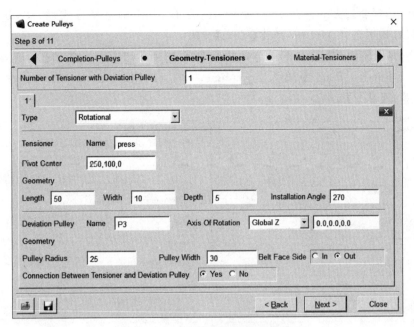

图 5-33　定义张紧轮的几何参数

量、惯性矩、接触参数和摩擦系数,单击【Next】按钮。

第 5 步,确定皮带连接带轮的顺序。在 Wrapping Order 页,当有多个轮时,需要正确输入带轮连接轮的顺序,从轴的旋转方向按照顺时针方向依次选择带轮。在 Wrapping Order 输入框中,单击鼠标右键选择【UDE_Instance】→【Guesses】命令,然后按照 P1→P3→P2 的顺序依次选择带轮,单击【Next】按钮,会弹出确认对话框,包括皮带的分段数量、皮带的拉伸力和皮带的应变,单击【Yes】按钮。

第 6 步,定义皮带的输出。在 Output Request 页中,单击【Next】按钮。

第 7 步,完成带轮的定义。在 Completion 页中,单击【Finish】按钮,完成的皮带模型如图 5-34 所示。

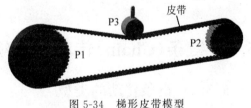

图 5-34　梯形皮带模型

4. 添加力矩

单击建模工具条 Forces 下的单向力矩按钮 🔄,选择 Space Fixed 和 Normal to Grid,Characteristic 选择 Constant,勾选 Torque 并输入 10,然后单击 P2 轮,再在 P2 轮上选择任意一个点。

5. 轮的驱动

第 1 步,选择轮。单击建模工具条 Machinery 下的带轮驱动按钮 ◎,在 Actuator 页,如图 5-35 所示,在 Pulley Set Name 中单击鼠标右键,选择【pulley_set】→【Guesses】命令,找到已经创建的轮,在 Actuator Name 中输入驱动的名称,然后在 Pulley 输入框中单击鼠标右键,选择【UDE_Instance】→【Guesses】→【pulleyset_1. pulleyset_1_P1】命令,单击【Next】按钮。

第2步，选择驱动方式。在 Type 页中，Type 有 Motion（运动方式）和 Torque（力矩方式）两种方法，这里选择 Motion，单击【Next】按钮。

第3步，确定驱动方程。在 Function 页，如图 5-36 所示，Function 类型选择 User Defined，然后在 User Entered Func 中输入 step（time，0，0，1，90d）* time，Direction 选择顺时针 Clockwise，单击【Next】按钮。

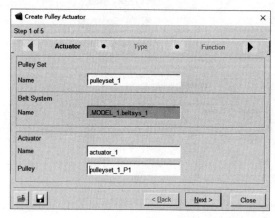
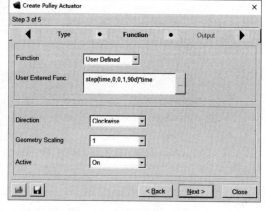

图 5-35 选择轮对话框   图 5-36 驱动方程对话框

第4步，定义输出。在 Output 页中使用默认值，单击【Next】按钮。

第5步，完成驱动定义。在 Completion 页，单击【Finish】按钮。

6. 仿真计算

单击建模工具条 Simulation 中的仿真计算按钮 ⚙ ，将仿真时间 End Time 设置为5、仿真步数 Steps 设置为5000，然后单击 ▶ 按钮进行仿真计算。

5.3 链条（Chain）传动子系统

5.3.1 链条传动的类型

Machinery 模块的链轮分为 Roller Sprocket 和 Silent Sprocket 两种，如图 5-37 所示，Roller Sprocket 的链条类似于自行车的链条，链条上有个可以滚动的圆柱，Silent Sprocket 的轮齿是渐开线形状，链条上也有渐开线形状的凸起。链轮的建模方法与皮带轮类似，两种方式都可以选择 Constraint、2D Links 和 3D Links 方法，Roller Sprocket 还可选择 3D Links Nonplanar 方法。Constraint 方法是最简单的方法，根据轮的半径和链条的弹性，得到轮传动的转速比，2D Links 方法和 3D Links 方法对几何形状的要求相同，都需要计算链条与轮的接触力，2D Links 方法只适合轮的旋转方向与全局坐标系的某个方向相同的情况，而 3D Links 允许轮的旋转方向与全局坐标系的方向不同，2D Links 方法比 3D Links 计算速度快。3D Links Nonplanar 除了可以计算链条与轮之间的接触力外，还允许轮不在一个平面内，皮带在侧向也可有少量的位移。链条可以分为首尾连接闭环式的链条，还可以有首尾不连接开环式的链条。

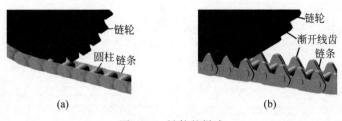

图 5-37 链轮的样式

（a）Roller Sprocket；（b）Silent Sprocket

链条是由多段链节依次连接而成，在计算相邻两个链节之间的作用力时，可以采用线性（Linear）、非线性（Non-Linear）和高级非线性（Advanced）3 种方法，如图 5-38 所示，这 3 种方法力 F 与链节长度 x 之间的关系分别为 $F=k_1x$，$F=k_1x+k_2x^3+k_3x^5$ 和 $F=k_1x+k_2x^2+k_3x^3+k_4x^4+k_5x^5$，下面通过实例说明链条传动的建立过程。

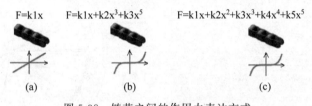

图 5-38 链节之间的作用力表达方式

（a）Linear；（b）Non-Linear；（c）Advanced

5.3.2 实例：Roller Sprocket 型链条传动

本例建立 3 个 Roller Sprocket 型链轮，所需模型是本书二维码中 chapter_05\chain 目录下的 chain_roller_start. bin 模型，请将该文件复制到本机工作目录下。

1. 打开模型

启动 ADAMS/View，打开 chain_roller_start. bin 模型，打开模型后先熟悉模型，模型有 4 个轴，我们将在 Shaft1、Shaft3 和 Shaft4 上建立 3 个 Roller 型链轮。

2. 建立 Roller Sprocket 型链轮

第 1 步，选择轮的类型。单击建模工具条 Machinery 下的 按钮，如图 5-39 所示，在 Type 页中，名称采用默认值，Type 选择 Roller Sprocket，单击【Next】按钮。

第 2 步，选择方法。在 Method 中，Method 选择 2D Links，单击【Next】按钮。

第 3 步，设置轮的几何参数。在 Geometry-Sprocket 页，如图 5-40 所示，在 Number of Sprocket 中输入 3，并按 Enter 键，在 Axis of Rotation 中选择 Global X，在 1 页的 Name 中输入 S1，在 Center Location 中单击鼠标右键，选择【Pick Location】，然后在图形区单击 Shaft1 的质心坐标系，其坐标 450，0，0 输入 Center Location 中，在 Number of Teeth 中输入 50，单击 2 页，在 Name 中输入 S2，在 Center Location 中单击鼠标右键，选择【Pick Location】，然后在图形区单击 Shaft3 的质心坐标系，其坐标 450，301，0 输入 Center Location 中，在 Number of Teeth 中输入 40，单击 3 页，在 Name 中输入 S3，在 Center Location 中单击鼠标右键，选择【Pick Location】，然后在图形区单击 Shaft4 的质心坐标系，

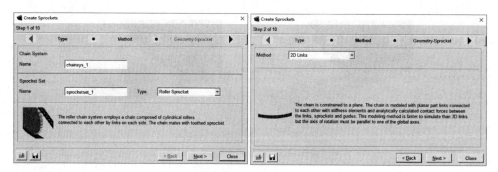

图 5-39　选择轮的类型和方法

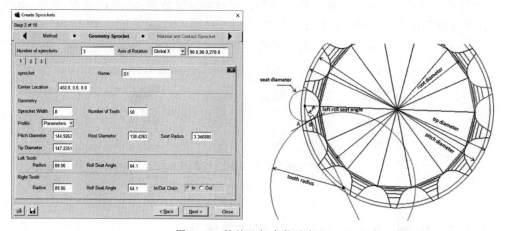

图 5-40　轮的几何参数及意义

其坐标 450,301,－400 输入到 Center Location 中,在 Number of Teeth 中输入 40,单击【Next】按钮。

第 4 步,定义材料和接触参数。在 Material and Contact-Sprocket 页中使用默认的材料,单击【Next】按钮。

第 5 步,定义轮的连接件。在 Connection-Sprocket 页中,如图 5-41 所示,在 1 页中,Type 选择 Fixed,在 Body 输入框中单击鼠标右键,选择【Body】→【Pick】命令,然后单击 Shaft1,在 2 页中,Type 选择 Fixed,在 Body 输入框中单击鼠标右键,选择【Body】→【Pick】命令,然后单击 Shaft3,在 3 页中,Type 选择 Fixed,在 Body 输入框中单击鼠标右键,选择【Body】→【Pick】命令,然后单击 Shaft4,单击【Next】按钮。

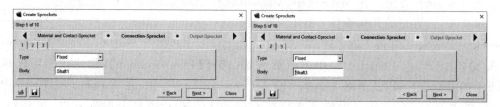

图 5-41　定义轮的连接关系

第 6 步,定义轮的输出。在 Output-Sprocket 页中使用默认值,单击【Next】按钮。
第 7 步,完成轮的定义。在 Completion-Pulleys 页中,单击【Next】按钮。

第8步,定义引导装置。本例无链条引导装置,单击【Next】按钮。

第9步,定义引导装置材料参数。使用默认的材料,单击【Next】按钮。

第10步,完成轮的定义。在Completion页中单击【Finish】按钮。

3. 定义链条

第1步,定义链条的类型。单击建模工具条Machinery下的链条按钮 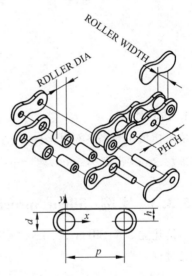,在Type页,在Name输入框总单击右键,选择【sprocket_set】→【Guesses】→【chainsys_1sprocketset_1】命令,找到已经创建的链轮,单击【Next】按钮。

第2步,选择方法。在Method页中,将Method设置成2D Link,单击【Next】按钮。

第3步,定义链条的柔顺性。在Compliance页中,将Compliance设置成Non-Linear,单击【Next】按钮。

第4步,定义Roller Sprocket型链条的几何参数。在Geometry页,如图5-42所示,可以输入刚度系数K1、K2和K3及阻尼,Y向和Z向的刚度和阻尼,XYZ向的扭转刚度和阻尼,使用默认值,单击【Next】按钮。

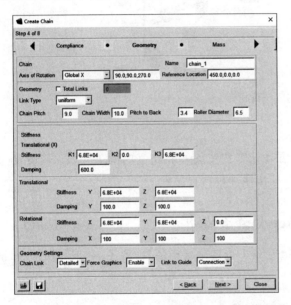

图5-42　链条参数及物理意义

第5步,定义链条的质量信息。在Mass页,需要输入链条质量、惯性矩,单击【Next】按钮。

第6步,确定链条连接链轮的顺序。在Wrapping Order页,如图5-43所示,当有多个轮时,需要正确输入链轮的顺序,从轴的旋转方向按照顺时针方向依次选择链轮。在Wrapping Order输入框中,单击鼠标右键选择【UDE_Instance】→【Guesses】命令,然后按照S1→S2→S3的顺序依次选择带轮,单击【Next】按钮,会弹出确认对话框,包括链条的分段数量、链条的拉伸力和链条的应变,单击【Yes】按钮。

第7步,定义链条的输出。在Output Request页中,单击【Next】按钮。

第8步,完成链轮的定义。在Completion页中,单击【Finish】按钮,完成的链条模型如图5-44所示。

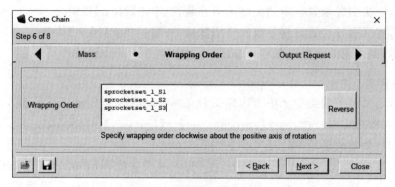

图 5-43　选择链条的连接顺序

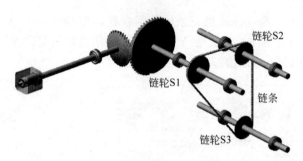

图 5-44　链轮和链条模型（一）

4. 仿真计算

单击建模工具条 Simulation 中的仿真计算按钮 ⚙️，将仿真时间 End Time 设置为 5、仿真步数 Steps 设置为 5000，然后单击 ▶ 按钮进行仿真计算。

5.3.3　实例：Silent Sprocket 型链条传动

本例建立 2 个 Silent Sprocket 型链轮和 1 个链条导引装置，熟悉 Silent Sprocket 链条的定义过程。

1. 新建模型

启动 ADAMS/View，单位制选择 MMKS。

2. 建立 Silent Sprocket 型链轮

第 1 步，选择轮的类型。单击建模工具条 Machinery 下的 ⚙️ 按钮，在 Type 页中，名称采用默认值，Type 选择 Silent Sprocket，单击【Next】按钮。

第 2 步，选择方法。在 Method 中，Method 选择 2D Links，单击【Next】按钮。

第 3 步，设置轮的几何参数。在 Geometry-Sprocket 页，在 Number of Pulleys 中输入 2，并按 Enter 键，在 Axis of Rotation 中选择 Global Z，在 1 页的 Name 中输入 S1，在 Center Location 中输入坐标 0，0，0，在 Number of Teeth 中输入 34，单击 2 页，在 Name 中输入 S2，在 Center Location 中输入 300，0，0，在 Number of Teeth 中输入 34，单击【Next】按钮。

第 4 步，定义材料和接触参数。在 Material and Contact Sprocket 页中使用默认的材料,单击【Next】按钮。

第 5 步,定义轮的连接件。在 Connection-Sprocket 页中,使用默认的值 Ground,单击【Next】按钮。

第 6 步,定义轮的输出。在 Output-Sprocket 页中使用默认值,单击【Next】按钮。

第 7 步,完成轮的定义。在 Completion-Pulleys 页中,单击【Next】按钮。

第 8 步,定义引导装置。对于 Silent Sprocket 型链轮,不能定义引导装置。在 Geometry Guide 页中单击【Next】按钮。

第 9 步,定义引导装置材料参数。在 Material-Guide 页中使用默认的材料,单击【Next】按钮。

第 10 步,完成轮的定义。在 Completion 页中单击【Finish】按钮。

3. 定义链条

第 1 步,定义链条的类型。单击建模工具条 Machinery 下的链条按钮 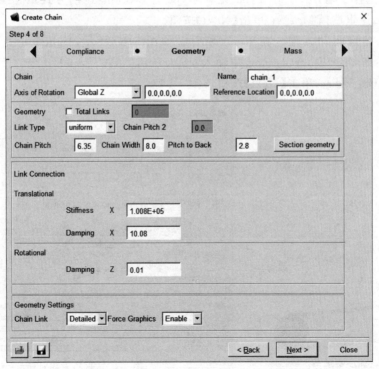,在 Type 页,在 Name 输入框总单击右键,选择【sprocket_set】→【Guesses】→【chainsys_1. sprocketset_1】命令,找到已经创建的链轮,单击【Next】按钮。

第 2 步,选择方法。在 Method 页中,将 Method 设置成 2D Link,单击【Next】按钮。

第 3 步,定义链条的柔顺性。在 Compliance 页中,将 Compliance 设置成 Linear,单击【Next】按钮。

第 4 步,定义 Silent Sprocket 型链条的几何参数。在 Geometry 页,如图 5-45 所示,可以输入刚度系数 K1、K2 和 K3 及阻尼,Y 向和 Z 向的刚度和阻尼,XYZ 向的扭转刚度和阻尼使用默认值,单击【Next】按钮。

图 5-45 链条参数

第5步，定义链条的质量信息。在 Mass 页，需要输入链条质量、惯性矩，单击【Next】按钮。

第6步，确定链条连接链轮的顺序。在 Wrapping Order 页，当有多个轮时，需要正确输入链轮的顺序，从轴的旋转方向按照顺时针方向依次选择链轮。在 Wrapping Order 输入框中，单击鼠标右键选择【UDE_Instance】→【Guesses】命令，然后按照 S1→S2 的顺序依次选择带轮，单击【Next】按钮，会弹出确认对话框，包括链条的分段数量、链条的拉伸力和链条的应变，单击【Yes】按钮。

第7步，定义链条的输出。在 Output Request 页中，单击【Next】按钮。

第8步，完成带轮的定义。在 Completion 页中，单击【Finish】按钮，完成的链条模型如图 5-46 所示。

4. 定义阻力矩

单击建模工具条 Forces 下的单向力矩按钮 ⟳ ，选择 Space Fixed 和 Normal to Grid，Characteristic 选择 Constant，勾选 Torque 并输入−10，然后单击 S2 轮，再在 S2 轮上选择任意一个点。

5. 定义轮的驱动

第1步，选择轮。单击建模工具条 Machinery 下的链轮驱动按钮 ⚙ ，在 Actuator 页，在 Pulley Set Name 中单击鼠标右键，选择【pulley_set】→【Guesses】命令，找到已经创建的轮，在 Actuator Name 中输入驱动的名称，然后在 Pulley 输入框中单击鼠标右键，选择【UDE_Instance】→【Guesses】→【pulleyset_1. pulleyset_1_S1】命令，单击【Next】按钮。

第2步，选择驱动方式。在 Type 页中，Type 有 Motion（运动方式）和 Torque（力矩方式）两种方法，这里选择 Motion，单击【Next】按钮。

第3步，确定驱动方程。在 Function 页，如图 5-47 所示，Function 类型选择 User Defined，然后在 User Entered Func. 中输入 step(time,0,0,0.1,90d) * time，Direction 选择逆时针 Anti Clockwise，单击【Next】按钮。

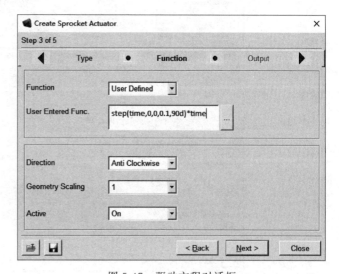

图 5-46　链轮和链条模型（二）　　　　　　图 5-47　驱动方程对话框

第4步,定义输出。在 Output 页使用默认值,单击【Next】按钮。

第5步,完成驱动定义。在 Completion 页,单击【Finish】按钮。

6. 仿真计算

单击建模工具条 Simulation 中的仿真计算按钮 ⚙,将仿真时间 End Time 设置为 5、仿真步数 Steps 设置为 5000,然后单击 ▶ 按钮进行仿真计算。

5.3.4 实例:开环链条传动

以上实例的链条都是闭环的,还可以建立开环链条的传动。下面通过一个实例说明开环链条的创建过程,开环链条需要定义链条的起始点和终止点。本例所需文件为本书二维码中 chapter_05\chain 目录下的 chain_open_start.bin 模型,请将该文件复制到本机工作目录下。

1. 打开模型

启动 ADAMS/View,打开模型。打开后的模型如图 5-48 所示,构件有导轨(orbit)、滑块(slider)和负载(loads),滑块与导轨间有滑移副 JOINT_3,另外还有 4 个几何点。

2. 建立 Roller Sprocket 型链轮

第1步,选择轮的类型。单击建模工具条 Machinery 下的 按钮,在 Type 页中,名称采用默认值,Type 选择 Roller Sprocket,单击【Next】按钮。

第2步,选择方法。在 Method 中,Method 选择 2D Links,单击【Next】按钮。

第3步,选择链条的连接件。在 Location-Anchor 页中,如图 5-49 所示,在 Start Anchor 的

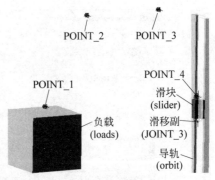

图 5-48 提升机构

Location 输入框中单击鼠标右键,选择【Pick Location】,然后在图形区单击 POINT_1,在 Connection Part 中单击鼠标右键,选择【Part】→【Pick】命令,然后在图形区单击 loads 件,在 End Anchor 的 Location 输入框中单击鼠标右键,选择【Pick Location】,然后在图形区单击 POINT_4,在 Connection Part 中单击鼠标右键,选择【Part】→【Pick】命令,然后在图形区单击 slider 件,单击【Next】按钮。

第4步,设置轮的几何参数。在 Geometry-Sprocket 页,如图 5-50 所示,在 Number of Sprockets 中输入 2,并按 Enter 键,在 Axis of Rotation 中选择 Global X,在 1 页的 Name 中输入 S1,在 Center Location 中单击鼠标右键,选择【Pick Location】,然后在图形区单击 POINT_2,在 Number of Teeth 中输入 60,其他使用默认值,在 2 页的 Name 中输入 S2,在 Center Location 中单击鼠标右键,选择【Pick Location】,然后在图形区单击 POINT_3,在 Number of Teeth 中输入 60,其他使用默认值,单击【Next】按钮。

第5步,定义材料和接触参数,在 Material and Contact Sprocket 页中使用默认的材料,单击【Next】按钮。

第6步,定义轮的连接件。在 Connection-Sprocket 页中,在 1 页中,Type 选择 Rotational,

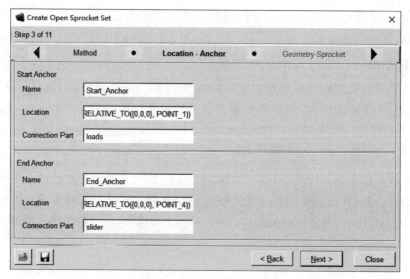

图 5-49　选择链条的连接件

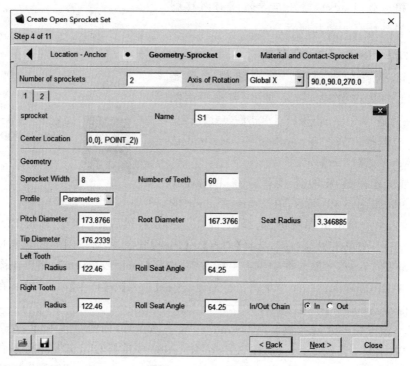

图 5-50　轮的几何参数

Body 使用默认的 ground,单击【Next】按钮。

　　第 7 步,定义轮的输出。在 Output-Sprocket 页中使用默认值,单击【Next】按钮。

　　第 8 步,完成轮的定义。在 Completion-Pulleys 页中,单击【Next】按钮。

　　第 9 步,定义引导装置。本例无链条引导装置,单击【Next】按钮。

　　第 10 步,定义引导装置材料参数。使用默认的材料,单击【Next】按钮。

　　第 11 步,完成轮的定义。在 Completion 页中单击【Finish】按钮。

3. 定义链条

第 1 步,定义链条的类型。单击建模工具条 Machinery 下的链条按钮 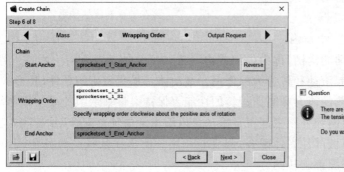,在 Type 页,在 Name 输入框总单击右键,选择【sprocket_set】→【Guesses】→【chainsys_1. sprocketset_1】命令,找到已经创建的链轮,单击【Next】按钮。

第 2 步,选择方法。在 Method 页中,将 Method 设置成 2D Link,单击【Next】按钮。

第 3 步,定义链条的柔顺性。在 Compliance 页中,将 Compliance 设置成 Non-Linear,单击【Next】按钮。

第 4 步,定义 Roller Sprocket 型链条的几何参数。在 Geometry 页,可以输入刚度系数 K1、K2 和 K3 及阻尼,Y 向和 Z 向的刚度和阻尼,XYZ 向的扭转刚度和阻尼单击,使用默认值,单击【Next】按钮。

第 5 步,定义链条的质量信息。在 Mass 页,需要输入链条质量、惯性矩,使用默认值,单击【Next】按钮。

第 6 步,确定链条连接链轮的顺序。在 Wrapping Order 页,如图 5-51 所示,Start Anchor 和 End Anchor 不变,在 Wrapping Order 输入框中,单击鼠标右键选择【UDE_Instance】→【Guesses】命令,然后选择 S1 轮,再单击鼠标右键选择【UDE_Instance】→【Guesses】命令,然后选择 S2 轮,单击【Next】按钮,会弹出确认对话框,包括链条的分段数量、链条的拉伸力,单击【Yes】按钮。

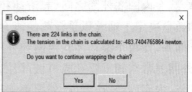

图 5-51 链条的连接顺序

第 7 步,定义皮带的输出。在 Output Request 页中,单击【Next】按钮。

第 8 步,完成带轮的定义。在 Completion 页中,单击【Finish】按钮,完成的链条模型如图 5-52 所示。

4. 定义驱动

单击建模工具条中 Motions 下的滑移驱动按钮，然后单击滑移副 JOINT_3,双击刚刚创建的驱动 MOTION_1,将驱动函数更改为-200 * sin(90d * time),单击【OK】按钮。

5. 仿真计算

单击建模工具条 Simulation 中的仿真计算按钮，将仿真时间 End Time 设置为 5、仿真步数 Steps

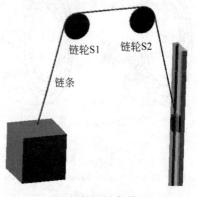

图 5-52 链轮和链条模型(三)

设置为 1000，然后单击 ▶ 按钮进行仿真计算。

5.4 轴承（Bearing）子系统

5.4.1 轴承的类型

轴承有很大的刚度和阻尼，要准确模拟轴承的特性还是比较困难的，建立多体模型，可以把轴承用旋转副或者圆柱副来简化模拟，如果知道轴承的刚度和阻尼，可以用 Bushing 来模拟。Machinery 模块建立轴承时，还可以考虑轴承的构造结构，根据构造和齿轮所处的位置及速度，自动计算出轴承的刚度，这样模拟的精度就会提高很多。

轴承分为滚珠轴承（ball bear）和滚柱轴承（roller bear），它们的构造如图 5-53 所示。轴承的基本结构都是由内圈、外圈、滚动体（滚珠或滚柱）和保持架四个零件组成。内圈（又称内套或内环）通常固定在轴颈上，内圈与轴一起旋转。内圈外表面上有供滚珠或滚柱滚动的沟槽。外圈（又称外套或外环）通常固定在轴承座或机器的壳体上，起支承滚动体的作用。外圈内

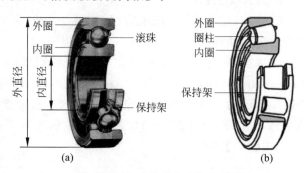

图 5-53 滚珠轴承和滚柱轴承
（a）滚珠轴承；（b）滚柱轴承

表面上也有供钢球或滚子滚动的沟槽，称为内沟或内滚道。每个轴承都配有一组或几组滚动体，装在内圈和外圈之间，起滚动和传递力的作用。滚动体是承受负荷的零件，其形状、大小和数量决定了轴承承受载荷的能力和高速运转的性能。保持架将轴承中的滚动体均匀地相互隔开，使每个滚动体在内圈和外圈之间正常滚动。内圈通常与轴紧配合，并与轴一起旋转，外圈通常与轴承座孔或机械部件壳体配合，起支承作用。但是在某些应用场合，也有外圈旋转，内圈固定，或者内、外圈都旋转的。

轴承可以细分为如图 5-54 所示的几种类型。

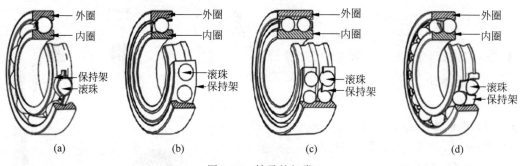

图 5-54 轴承的细类

（a）single row groopr ball bearing；（b）single row angular contact bearing；（c）double row angular contact bearing；（d）self-aligning ball bearing；（e）cylindrical roller bearing；（f）needle roller bearing；（g）tapered roller bearing；（h）spherical roller bearing

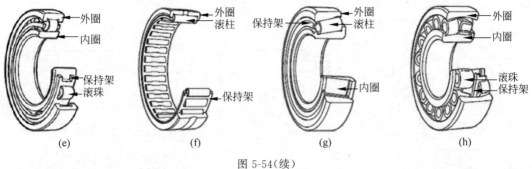

图 5-54(续)

Machinery 模拟轴承 Bearing 有 Joint、Compliant 和 Detailed 3 种方法，Joint 是用旋转副或圆柱副来模拟，Compliant 是用 Bushing 来模拟，Detailed 是根据轴承的几何结构自动计算刚度。Detailed 支持的轴承的几何结构如图 5-55 所示，需要在界面上输入这些几何参数。

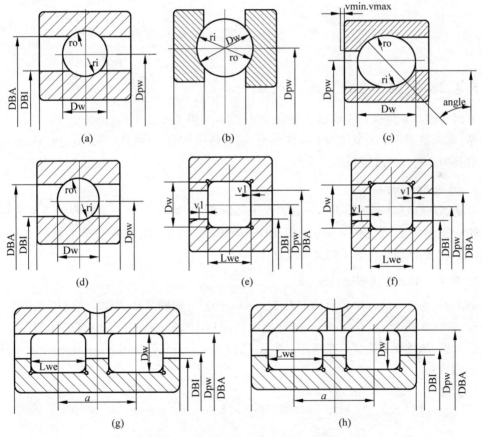

图 5-55 轴承截面参数

(a) deep groove ball bearing single row；(b) deep groove thrust ball bearing one sided；(c) angular contact ball bearing single row；(d) four point bearing；(e) cylindrical roller bearing single row；(f) cylindrical roller bearing single row full complement；(g) cylindrical roller bearing double row；(h) cylindrical roller bearing double row full complement；(i) axial cylindrical roller bearing；(j) needle roller bearing with/without internal ring；(k) needle cage；(l) tapered roller bearing single row；(m) spherical roller bearing；(n) axial spherical roller bearing

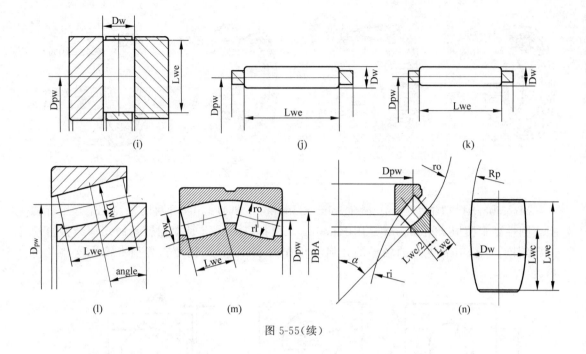

图 5-55（续）

5.4.2 实例：轴承

下面通过具体实例来说明轴承的建立过程，本例用 Detailed、Compliant 和 Joint 建立 6 个齿轮，本例使用 5.1.4 节实例完成的模型，或者使用本书二维码中 chapter_05\bearing 目录下的 bearing_start.bin 模型。

1. 删除 Bushing

启动 ADAMS/View，打开 bearing_start.bin 模型，或者用 5.1.4 节实例完成的模型，在左侧的模型树上，找到 Forces 下的 BUSHING_1～BUSHING_6，单击鼠标右键选择【Delete】，把 6 个 BUSHING 删除。

2. 用 Detailed 方法创建轴承

第 1 步，选择方法。单击建模工具条 Machinery 下的轴承按钮 ⊚，弹出创建轴承向导对话框，如图 5-56 所示，在 Method 对话框中，Method 选择 Detailed，单击【Next】按钮。

第 2 步，选择轴承类型。在 Type 页中，选择 Deep Groove Ball Bearing Single Row，单击【Next】按钮。

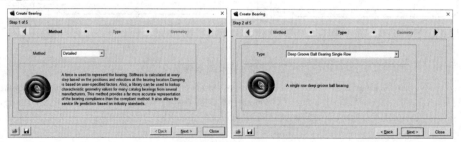

图 5-56 创建轴承向导对话框（一）

第 3 步,确定轴承的几何尺寸。在 Geometry 页,如图 5-57 所示,设置旋转轴 Axis of Rotation 为 Global Y,在轴承位置 Bearing Location 输入框中单击鼠标右键,选择【Pick Location】,然后在图形区选择 POINT_3,或者直接输入(LOC_RELATIVE_TO(⟨0,0,0⟩, POINT_3)),将 Create Bearing 选择为 From Database,在直径 Diameter 中输入 30,并选择 Bore,单击【Next】按钮。

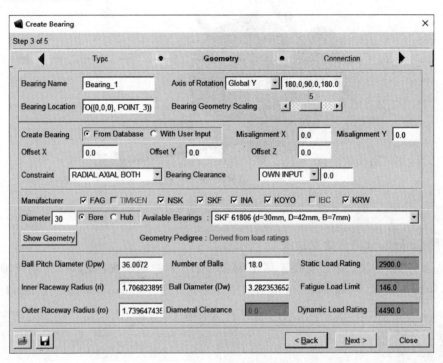

图 5-57　轴承几何尺寸对话框

第 4 步,确定轴承连接件。在 Connection 页中,如图 5-58 所示,在 Shaft 输入框中单击鼠标右键,选择【Body】→【Pick】命令,然后拾取 Shaft2 构件,在 Housing 中拾取大地 Ground,单击【Next 按钮】。

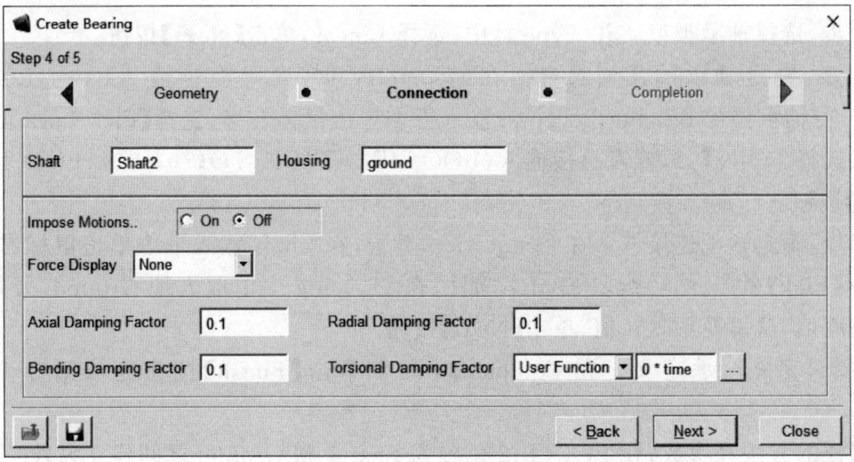

图 5-58　定义轴承的连接件

第5步，完成轴承定义。在 Completion 页中，单击【Finish】按钮完成第1个轴承的创建。

用同样的方法和参数，在 POINT_4 位置为 Shaft2 和 Ground 之间建立另外一个轴承，如图 5-59 所示。

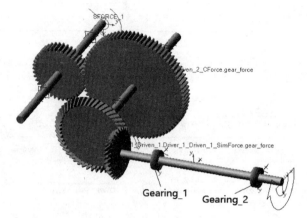

图 5-59　新建立的轴承模型

3. 用 Compliant 方法建立轴承

第1步，选择方法。单击建模工具条 Machinery 下的轴承按钮 ，弹出创建轴承向导对话框，如图 5-60 所示，在 Method 对话框中，Method 选择 Compliant，单击【Next】按钮。

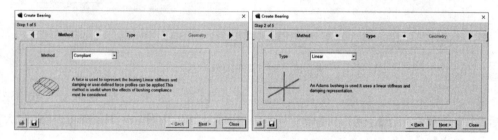

图 5-60　创建轴承向导对话框（二）

第2步，选择轴承类型。在 Type 页中，选择 Linear，单击【Next】按钮。

第3步，确定轴承的几何尺寸。在 Geometry 页，设置旋转轴 Axis of Rotation 为 Global X，在轴承位置 Bearing Location 输入框中单击鼠标右键，选择【Pick Location】，然后在图形区选择 POINT_1，或者直接输入（LOC_RELATIVE_TO（{0,0,0}，POINT_1）），单击【Next】按钮。

第4步，确定轴承连接件。在 Connection 页中，在 Shaft 输入框中单击鼠标右键，选择【Body】→【Pick】命令，然后拾取 Shaft1 构件，在 Housing 中拾取大地 Ground，另外需要输入轴承刚度值，这里使用默认值，单击【Next】按钮。

第5步，完成轴承定义。在 Completion 页中单击【Finish】按钮完成第3个轴承的创建。

用同样的方法和参数，在 POINT_2 位置为 Shaft1 和 Ground 之间建立另外一个轴承。

4. 用 Joint 方法建立轴承

第 1 步,选择方法。单击建模工具条 Machinery 下的轴承按钮 ⚙,弹出创建轴承向导对话框,在 Method 对话框中,Method 选择 Joint,单击【Next】按钮。

第 2 步,选择轴承类型。在 Type 页中,Type 可以选择 Radial-Thrust 和 Radial,选择 Radial-Thrust 表示旋转副,轴承可以承受轴向力和径向了,选择 Radial 表示圆柱副,只承受径向了,这里选择 Radial-Thrust,单击【Next】按钮。

第 3 步,确定轴承的几何尺寸。在 Geometry 页,设置旋转轴 Axis of Rotation 为 Global X,在 Bearing Location 轴承位置输入框中单击鼠标右键,选择【Pick Location】,然后在图形区选择 POINT_5,或者直接输入(LOC_RELATIVE_TO({0,0,0},POINT_5)),单击【Next】按钮。

第 4 步,确定轴承连接件。在 Connection 页中,在 Shaft 输入框中单击鼠标右键,选择【Body】→【Pick】命令,然后拾取 Shaft3 构件,在 Housing 中拾取大地 Ground,另外需要输入轴承刚度值,这里使用默认值,单击【Next】按钮。

第 5 步,完成轴承定义。在 Completion 页中单击【Finish】按钮完成第 5 个轴承的创建。由于旋转副是刚性连接,无须再创建另外一个轴承,否则会产生过约束。

5. 定义轴承的输出

单击建模工具条 Machinery 下的轴承输出按钮 📈,弹出创建轴承输出对话框,如图 5-61 所示,在 Bearing Name 输入框对话框中单击鼠标右键,选择【Bearing】→【Pick】命令,然后从图形区拾取 Bearing_1,单击【OK】按钮。

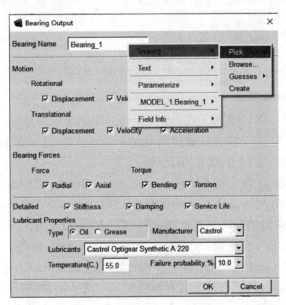

图 5-61　定义轴承输出对话框

6. 仿真计算

单击建模工具条 Simulation 中的仿真计算按钮 ⚙,将仿真时间 End Time 设置为 10、仿真步数 Steps 设置为 10000,然后单击 ▶ 按钮进行仿真计算。

5.5 电机（Motor）子系统

5.5.1 电机的类型

电机输出力矩，是动力单元。Machinery 模块定义电机的方法有 Curve Based、Analytical 和 External，Curve Based 方法是根据电机转速与输出力矩之间的关系来建立电机，事先需要给出转速与力矩曲线，Analytical 方法是根据电机的几何结构、电机的工作原理、电机的输入电流电压与输出力矩的公式来计算电机的输出力矩，External 方法是需要与其他控制软件，如 MATLAB、Easy5 等实现对电机的联合仿真。

对于用 Analytical 建立的电机，电机类型可以分为交流同步电机（AC Synchronous Motor）、直流电机（DC Motor）、无刷直流电机（Brushless DC Motor）和步进电机（Stepper Motor），要建立这些电机，除需要输入几何参数外，还需要输入电机的额定电压、电流、电阻、额定转速、电磁场极数、额定频率等。下面我们通过实例来说明用 Curved Based 和 Analytical 方法建立电机的过程。

5.5.2 实例：Curve Based 电机

我们以 5.2.2 节建立的模型为例，来说明 Curve Based 电机的建立过程。本例需要的文件为二维码中 chapter_05\motor 目录下的 motor_curve_start.bin 模型，或者使用 5.2.2 节完成的模型。

1. 打开模型

启动 ADAMS/View，打开 motor_curve_start.bin 模型。

2. 建立 Curve Based 电机

第 1 步，选择方法。单击建模工具条 Machinery 中的电机按钮 ，弹出创建电机向导对话框，在 Method 页中，将 Method 设置成 Curve Based，单击【Next】按钮。

第 2 步，选择类型。直接单击【Next】按钮。

第 3 步，选择连接方式。在 Motor Connections 页中，如图 5-62 所示，Motor 选择 Replace Motion，然后在 Motion Name 中选择 MOTION_1，方向 Direction 选择 CW（顺时针方向），其他选项根据被替换的驱动自动更新，单击【Next】按钮。

第 4 步，确定电机的几何参数。在 Motor Geometry 页中，如图 5-63 所示，需要输入电机转子的长度 Rotor Length、转子的半径 Rotor、定子的长度 Stator Length 和定子的宽度 Stator Width，还需要输入转子和定子的材料信息，单击【Next】按钮。

第 5 步，确定电机的输入。在 Input 页中，如图 5-64 所示，单击左上角的下拉菜单中，有 Select Spline、Enter Spline File 和 Create Data Points 选项，Select Spline 需要选择已经建立好的样条线型数据，关于样条线性数据的内容请参考第 9 章的内容，Enter Spline File 需要选择 *.csv 格式的表格文件，本节选择 Create Data Points，X 列表示电动机转子的转速，Y 列表示电机输出的力矩，单击【Next】按钮。

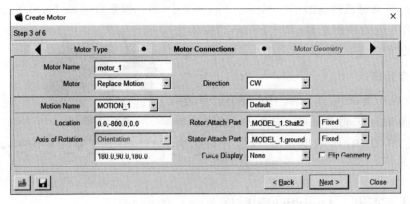

图 5-62 电机连接设置对话框

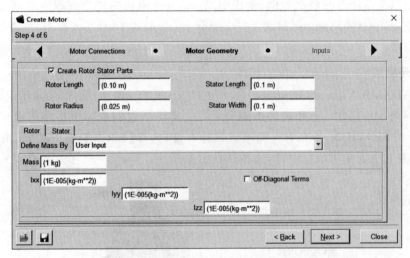

图 5-63 电机转子和定子的几何信息对话框

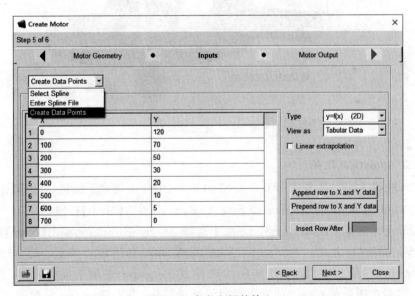

图 5-64 定义电机的输入

第6步，定义电机的输出。在 Motor Output 页中，将比例系数 Scale Factor 设置成2.0，表示电机输出力矩的乘积系数，单击【Finish】按钮完成电机定义，如图5-65所示。

3. 仿真计算

单击建模工具条 Simulation 中的仿真计算 ⚙ 按钮，将仿真时间 End Time 设置为10、仿真步数 Steps 设置为10000，然后单击 ▶ 按钮进行仿真计算。

图 5-65　建立的电机模型

5.5.3　实例：Analytical 电机

我们以汽车差速器的模型为例，来说明 Analytical 电机的建立过程。本例需要的文件为二维码中 chapter_05\motor 目录下的 motor_analytical_start.bin 模型，或者使用 4.3.3 节完成的模型。

1. 打开模型

启动 ADAMS/View，打开 motor_analytical_start.bin 模型，如图5-66所示，差速器的输入端有驱动 MOTION_1 和旋转副 JOINT_1，需要把它们删除。在左侧模型树上找到 Motions 下的 MOTION_1，在它上面单击鼠标右键，选择【Delete】，在 Connnectors 下找到 JOINT_1，在它上面单击鼠标右键，选择【Delete】。

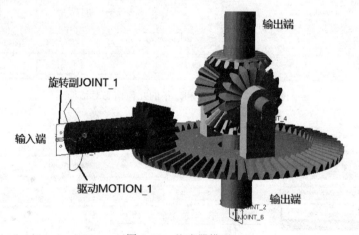

图 5-66　差速器模型

2. 建立 Analytical 电机

第1步，选择方法。单击建模工具条 Machinery 中的电机 🖳 按钮，弹出创建电机向导对话框，在 Method 页中，将 Method 设置成 Analytical，单击【Next】按钮。

第2步，选择类型。在 Motor Stype 页中选择 AC Synchronous，单击【Next】按钮。

第3步，选择连接方式。在 Motor Connections 页中，如图5-67所示，Motor 选择 New，方向 Direction 选择 CCW（逆时针方向），在位置 Location 中单击鼠标右键，选择【Pick Location】，然后在图形区 Gear1 的输入端轻轻移动鼠标，当出现 center 信息时按下鼠标左键,在旋转轴 Axis of Rotation 中选择 Global Z,在转子连接件 Rotor Attach Part 中单击鼠标右键,选择【Body】→【Pick】命令,然后在图形区拾取 gear1,在定子连接件 Stator Attach Part 中单击鼠标右键,选择【Body】→【Pick】命令,然后在图形区拾取 ground,连接方式都选 Fixed,单击【Next】按钮。

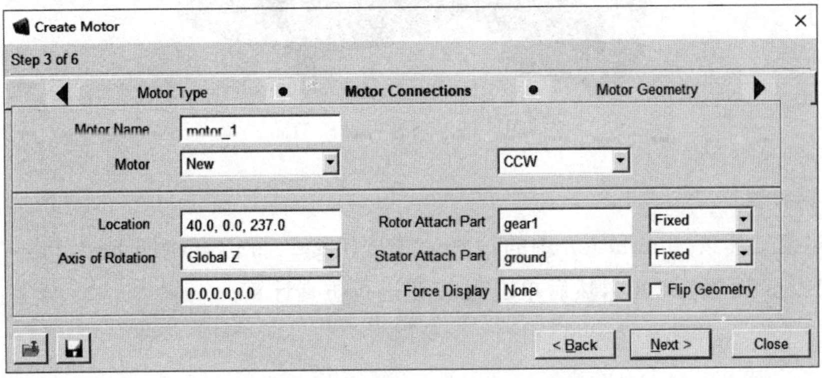

图 5-67　电机连接设置对话框

第 4 步,确定电机的几何参数。在 Motor Geometry 页中,需要输入电机转子的长度 Rotor Length、转子的半径 Rotor、定子的长度 Stator Length 和定子的宽度 Stator Width,还需要输入转子和定子的材料信息,这些使用默认值,单击【Next】按钮。

第 5 步,确定电机的输入。在 Inputs 页中,如图 5-68 所示,需要输入电机的额定电压 Rated Voltage、额定频率 Rated Frequency、额定电流 Rated Current、电感 Inductance、电阻 Resistance、极数 Poles、额定功率系数 Rated Power Factor、同步每分钟的转数 Synchronous Speed(RPM),软件根据以上信息自动输出转矩,单击【Next】按钮。

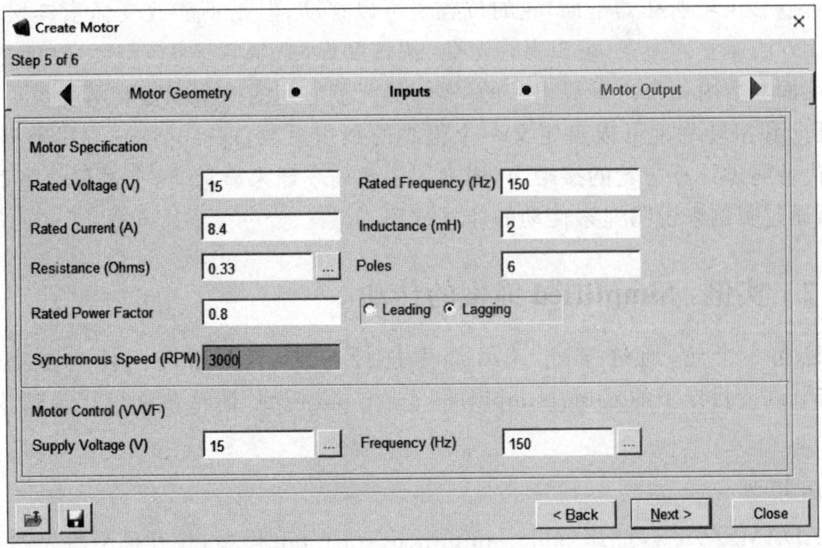

图 5-68　定义电机的输入

第 6 步,定义电机的输出。在 Motor Output 页中,比例系数 Scale Factor 为 1.0,表示电机输出力矩的乘积系数,单击【Finish】按钮完成电机定义,如图 5-69 所示。

图 5-69　新建电机模型

3. 仿真计算

单击建模工具条 Simulation 中的仿真计算按钮 ⚙，将仿真时间 End Time 设置为 2、仿真步数 Steps 设置为 2000，然后单击 ▶ 按钮进行仿真计算。

5.6　绳索(Cable)传动子系统

5.6.1　绳索传动的类型

根据绳索的建模方法，Machinery 模块的绳索可以分为 Simplified 和 Discretized 两种类型。Simplified 是一种简化方法，这种方法不考虑绳索的质量，或者绳索的质量很小，可以忽略不计。Discretized 是一种离散方法，用于质量不可忽略的情况，根据梁(beam)理论将绳索分解成许多小段，每段有质量和惯性信息，段与段之间用力和约束(inline)进行连接。Simplified 的计算速度快，仿真过程中允许绳索和轮分离，如果是开口的绳索，开口点在仿真过程中可以移出轮所在的平面，轮的位置也可以移动，但是不能改变绳索连接轮的顺序。Discretized 方法建立的绳索，可以考虑弯曲、扭转和纵向(绳索方向)刚度，刚度是根据材料和绳索的截面参数由梁理论计算出来的，实际情况下绳索的横向和扭转刚度很小，为解决这个问题，横向和扭转刚度可以自定义一个很小的乘积系数，Discretized 方法根据 IMPACT 函数用球代替绳索计算与轮的接触力，绳索用一系列小球来显示，仿真过程中绳索也可以离开轮，下面通过实例来说明绳索传动的建立过程。

5.6.2　实例：Simplified 绳索的传动

本例建立 3 个轮，通过 Simplified 绳索进行连接，本例所需文件为本书二维码中 chapter_05\cable 目录下的 cable_simplified_start. bin 模型，请将该文件复制到本机工作目标下。

1. 打开模型

启动 ADAMS/View，打开 cable_simplified_start. bin 模型，打开模型后先熟悉模型，模型有 4 个轴，我们将在 Shaft1、Shaft3 和 Shaft4 上建立 3 个轮和 1 个闭环绳索。

2. 建立轮和绳索

第 1 步，定义开环绳索的起始和终止点。单击建模工具条 Machinery 下的绳索按钮，在 Anchor Layout 页，Cable System Name 的名称不变，在 Number of Anchors 输入框中输入 0，并按 Enter 键，单击【Next】按钮，本例绳索是闭环绳索，不需要定义起始和终止点。

第 2 步，定义轮的横截面属性。在 Pulley Properties 页，如图 5-70 所示，在 Pulley Property Name 中输入 P，Dimensions 列用于定义轮界面的参数，Contact Parameters 用于定义绳索与轮的接触参数，接触用 IMPACT 函数计算，IMPACT 函数的使用请参考 8.2 节的内容，这里使用默认值，单击【Next】按钮。

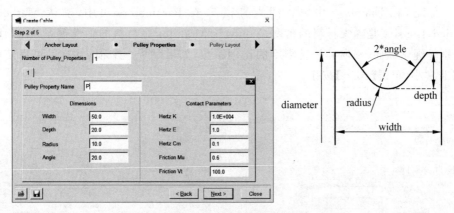

图 5-70　定义轮界面属性对话框及轮的参数意义

第 3 步，定义轮。在 Pulley Layout 页中，如图 5-71 所示，Number of Pulleys 中输入 3 并按 Enter 键，Axis of Rotation 选择 Global X。下面定义第 1 个轮的参数，在 1 页的 Layout 页中，Name 中输入 L1，在 Location 输入框中单击鼠标右键，选择【Pick Location】，然后选择 Shaft1 的质心坐标系，在 Diameter 中输入 250，Diameter 的值要大于 8 倍 Depth，在 Pulley Property 中输入属性名称 P，在 Material 页使用默认材料 Steel，在 Connection 页中，Connection Type 选择 Fixed，Connection Part 中单击鼠标右键，通过拾取或者浏览方法选择 Shaft1。下面定义第 2 个轮的参数，在 2 页的 Layout 页中，Name 中输入 L2，在 Location 输入框中单击鼠标右键，选择【Pick Location】，然后选择 Shaft3 的质心坐标系，在 Diameter 中输入 200，在 Pulley Property 中输入属性名称 P，在 Connection 页中，

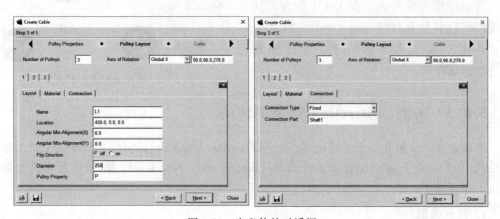

图 5-71　定义轮的对话框

Connection Type 选择 Fixed，Connection Part 中输入 Shaft3。下面定义第 3 个轮的参数，在 3 页的 Layout 页中，Name 中输入 L3，在 Location 输入框中单击鼠标右键，选择【Pick Location】，然后选择 Shaft4 的质心坐标系，在 Diameter 中输入 200，在 Pulley Property 中输入属性名称 P，在 Connection 页中，Connection Type 选择 Fixed，Connection Part 中输入 Shaft4，单击【Next】按钮。

第 4 步，定义绳索。在 Cable 页，如图 5-72 所示，本例只建立 1 种类型的绳索，在 Setup 页中，Cable Name 中输入名称 C，在 Wrapping Order 中按照绳索连接轮的顺序输入轮的名称 L1，L2，L3，在 Diameter 中输入绳索直径 5，在 Parameters 页中，确认 Method 选择 Simplified，Density 是绳索材料的密度，Young's Modulus 是材料的弹性模量，Rkx、Rkb 和 Rkt 分别是绳索纵向、横向和扭转刚度的比例系数，如果赋予一个很小的值，可以使绳索刚度变得非常小，单击【Next】按钮。

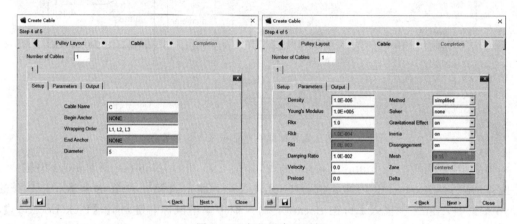

图 5-72　定义绳索对话框

第 5 步，完成定义。在 Completion 页单击【Finish】按钮，完成绳索和轮的定义，如图 5-73 所示，如果在第 3 步中，将 3 个轮的 Flip Direction 设置 on，绳索的走向会完全不同。

3. 仿真计算

单击建模工具条 Simulation 中的仿真计算 ⚙ 按钮，将仿真时间 End Time 设置为 5、仿真步数 Steps 设置为 1000，然后单击 ▶ 按钮进行仿真计算。

图 5-73　两种不同走向的绳索

5.6.3　实例：Discretized 绳索的传动

本例建立 2 个轮和 1 个开环绳索，通过 Discretized 绳索进行连接，本例所需文件为本书二维码中 chapter_05\cable 目录下的 cable_discretized_start.bin 模型，请将该文件复制到本机工作目录下。

1. 打开模型

启动 ADAMS/View，打开 cable_discretized_start.bin 模型，打开模型后先熟悉模型。

2. 建立轮和绳索

第1步,定义开环绳索的起始和终止点。单击建模工具条 Machinery 下的绳索按钮 ，在 Anchor Layout 页,如图 5-74 所示,Cable System Name 的名称不变,在 Number of Anchors 输入框中输入 2,并按 Enter 键,在 1 页中,Name 中输入 A1,在 Location 输入框中单击鼠标右键,选择【Pick Location】,在图形区选择 POINT_1 点,在 Connection Part 中输入 loads,在 2 页中,Name 中输入 A2,在 Location 输入框中单击鼠标右键,选择【Pick Location】,在图形区选择 POINT_4 点,在 Connection Part 中输入 slider,单击【Next】按钮。

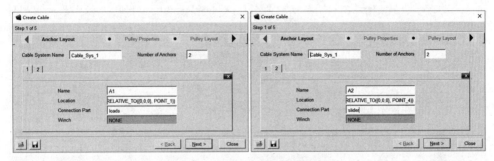

图 5-74 定义绳索的起始和终止点

第2步,建立轮的横截面属性。在 Pulley Properties 页,在 Pulley Property Name 中输入 P,使用默认值,单击【Next】按钮。

第3步,定义轮。在 Pulley Layout 页中,如图 5-75 所示,Number of Pulley 中输入 2 并按 Enter 键,Axis of Rotation 选择 Global X。在 1 页的 Layout 页中,Name 中输入 P1,在 Location 输入框中单击鼠标右键,选择【Pick Location】,在图形区选择 POINT_2,Flip Direction 选择 on,在 Diameter 中输入 200,在 Pulley Property 中输入属性名称 P,Material 页和 Connection 页使用默认值,在 2 页的 Layout 页中,Name 中输入 P2,在 Location 输入框中单击鼠标右键,选择【Pick Location】,在图形区选择 POINT_3,Flip Direction 选择 on,在 Diameter 中输入 200,在 Pulley Property 中输入属性名称 P,Material 页和 Connection 页使用默认值,单击【Next】按钮。

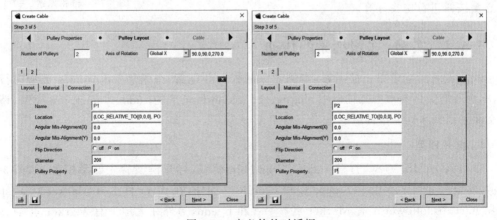

图 5-75 定义轮的对话框

第 4 步，定义绳索。在 Cable 页，如图 5-76 所示，在 Setup 页中，Cable Name 中输入名称 C，在 Begin Anchor 中输入 A1，在 End Anchor 中输入 A2，在 Wrapping Order 中按照绳索连接轮的顺序输入轮的名称 P1，P2，在 Diameter 中输入绳索直径 10，在 Parameters 页中，Method 选择 discretized，Density 是绳索材料的密度，Young's Modulus 是材料的弹性模量，Rkx、Rkb 和 Rkt 分别是绳索纵向、横向和扭转刚度的比例系数，Zone 选择 centered，Delta 中输入 2500，单击【Next】按钮。

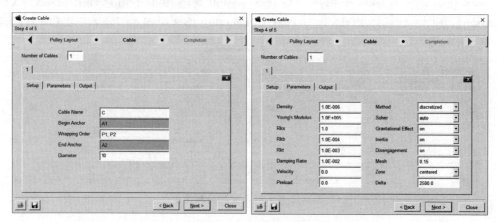

图 5-76　定义绳索对话框

第 5 步，完成定义。在 Completion 页单击【Finish】按钮，完成轮和绳索的定义，如图 5-77 所示。

3. 定义驱动和计算

单击建模工具条中 Motions 下的滑移驱动 按钮，然后单击滑移副 JOINT_3，双击刚刚创建的驱动 MOTION_1，将驱动函数更改为 -200 * sin(90d * time)，单击【OK】按钮。单击建模工具条 Simulation 中的仿真计算 按钮，将仿真时间 End Time 设置为 5、仿真步数 Steps 设置为 1000，然后单击 按钮进行仿真计算。

图 5-77　轮和绳索（一）

5.6.4　实例：多根绳索的传动

以上实例都是建立一根绳索，本例建立两根开环绳索，绳索用 Discretized 类型进行模拟，本例所需文件为本书二维码中 chapter_05\cable 目录下的 rudder_start.bin 模型，请将该文件复制到本机工作目录下。

1. 打开模型

启动 ADAMS/View，打开 rudder_start.bin 模型，打开模型后先熟悉模型，如图 5-78 所示，模型有 driver、follower、pedalL 和 pedalR 等构件，在 diver 件上有 Marker 点 a_start 和 b_start，在 follower 上有 Marker 点 a_end 和 b_end，另外在大地上有 Marker 点 a1、a2、a3、b1、b2、b3 和 b4，在 pedalL 上作用载荷 footL，在 pedalR 上作用载荷 footR。打开模型后，单击建模工具条 Simulation 中的仿真计算按钮 ，将仿真时间 End Time 设置为 4、仿

真步数 Steps 设置为 1000,然后单击 ▶ 按钮进行仿真计算。

2. 建立轮和绳索

第 1 步,定义开环绳索的起始和终止点。单击建模工具条 Machinery 下的绳索按钮 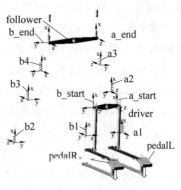 ,在 Anchor Layout 页,Cable System Name 的名称不变,在 Number of Anchors 输入框中输入 4,并按 Enter 键,在 1 页中,Name 中输入 CableA_Start,在 Location 输入框中单击鼠标右键,选择【Pick Location】,在图形区选择 Marker 点 a_start,在 Connection Part 中输入 driver。在 2 页中,Name 中输入

图 5-78 机舱模型

CableB_Start,在 Location 输入框中单击鼠标右键,选择【Pick Location】,在图形区选择 Marker 点 b_start,在 Connection Part 中输入 driver。在 3 页中,Name 中输入 CableA_End,在 Location 输入框中单击鼠标右键,选择【Pick Location】,在图形区选择 Marker 点 a_end,在 Connection Part 中输入 follower。在 4 页中,Name 中输入 CableB_End,在 Location 输入框中单击鼠标右键,选择【Pick Location】,在图形区选择 Marker 点 b_end,在 Connection Part 中输入 follower,单击【Next】按钮。

第 2 步,建立轮的横截面属性。在 Pulley Properties 页,如图 5-79 所示,在 Number of Pulley_Properites 中输入 2 并按 Enter 键,在 1 页中,Pulley Property Name 中输入 PA,Hertz E 中输入 3,其他使用默认值,在 2 页中,Pulley Property Name 中输入 PB,Width 中输入 20,Depth 中输入 5,Radius 中输入 5,Angle 中输入 40,Hertz E 中输入 3,其他使用默认值,单击【Next】按钮。

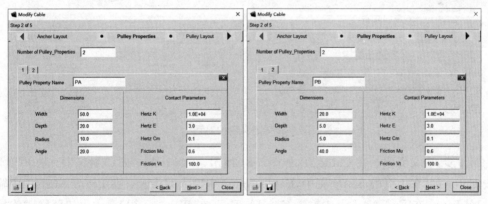

图 5-79 定义轮界面属性对话框

第 3 步,定义轮。在 Pulley Layout 页中,如图 5-80 所示,Number of Pulley 中输入 7 并按 Enter 键,Axis of Rotation 选择 Global Z。在 1 页的 Layout 页中,Name 中输入 A1,在 Location 输入框中单击鼠标右键,选择【Pick Location】,然后选择 Marker 点 a1,在 Diameter 中输入 200,Flip Direction 选择 off,在 Pulley Property 中输入属性名称 PA,在 Material 页和在 Connection 页中使用默认值,单击【Next】按钮。在 2 页的 Layout 页中,Name 中输入 A2,在 Location 输入框中单击鼠标右键,选择【Pick Location】,然后选择

Marker 点 a2,在 Diameter 中输入 200,Flip Direction 选择 on,在 Pulley Property 中输入属性名称 PA,在 Material 页和在 Connection 页中使用默认值。在 3 页的 Layout 页中,Name 中输入 A3,在 Location 输入框中单击鼠标右键,选择【Pick Location】,然后选择 Marker 点 a3,在 Diameter 中输入 200,Flip Direction 选择 off,在 Pulley Property 中输入属性名称 PA,在 Material 页和在 Connection 页中使用默认值。在 4 页的 Layout 页中,Name 中输入 B1,在 Location 输入框中单击鼠标右键,选择【Pick Location】,然后选择 Marker 点 b1,在 Diameter 中输入 200,Flip Direction 选择 on,在 Pulley Property 中输入属性名称 PB,在 Material 页和在 Connection 页中使用默认值。在 5 页的 Layout 页中,Name 中输入 B2,在 Location 输入框中单击鼠标右键,选择【Pick Location】,然后选择 Marker 点 b2,在 Diameter 中输入 200,Flip Direction 选择 on,在 Pulley Property 中输入属性名称 PB,在 Material 页和在 Connection 页中使用默认值。在 6 页的 Layout 页中,Name 中输入 B3,在 Location 输入框中单击鼠标右键,选择【Pick Location】,然后选择 Marker 点 b3,在 Diameter 中输入 200,Flip Direction 选择 off,在 Pulley Property 中输入属性名称 PB,在 Material 页和在 Connection 页中使用默认值。在 7 页的 Layout 页中,Name 中输入 B4,在 Location 输入框中单击鼠标右键,选择【Pick Location】,然后选择 Marker 点 b4,在 Diameter 中输入 200,Flip Direction 选择 on,在 Pulley Property 中输入属性名称 PB,在 Material 页和在 Connection 页中使用默认值。

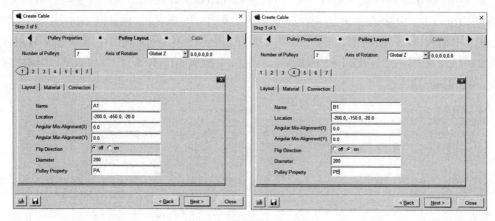

图 5-80　定义轮的对话框

第 4 步,定义绳索。在 Cable 页,如图 5-81 所示,在 Number of Cables 输入框中输入 2 并按 Enter 键,在 1 页的 Setup 页中,Cable Name 中输入 CableA,在 Begin Anchor 中输入 CabelA_Start,在 End Anchor 中输入 CabelA_End,在 Wrapping Order 中按照绳索连接轮的顺序输入轮的名称 A1,A2,A3,在 Diameter 中输入绳索直径 10,在 Parameters 页中,Method 选择 discretized,Solver 选择 Auto。在 2 页的 Setup 页中,Cable Name 中输入 CableB,在 Begin Anchor 中输入 CabelB_Start,在 End Anchor 中输入 CabelB_End,在 Wrapping Order 中按照绳索连接轮的顺序输入轮的名称 B1,B2,B3,B4,在 Diameter 中输入绳索直径 5,在 Parameters 页中,Method 选择 simplified,单击【Next】按钮。

第 5 步,完成定义。在 Completion 页单击【Finish】按钮,完成轮和绳索的定义,如图 5-82 所示。

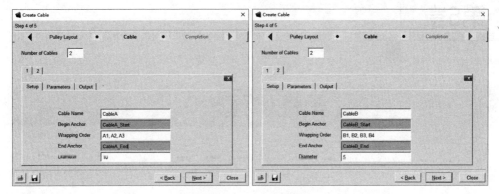

图 5-81 定义绳索对话框

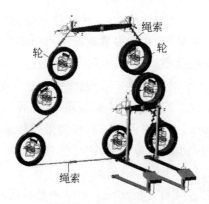

图 5-82 轮和绳索(二)

3. 仿真计算

单击建模工具条 Simulation 中的仿真计算 ⚙ 按钮,将仿真时间 End Time 设置为 5、仿真步数 Steps 设置为 1000,然后单击 ▶ 按钮进行仿真计算。

第6章

柔性体建模

在前面几章中介绍的构件只是刚性构件,这种构件在受到力的作用时不会产生变形,在现实中,把样机当作刚性系统来处理,在大多数情况下可以满足要求,但是在一些需要考虑构件变形的特殊情况下,完全把模型当作刚性系统来处理还不能达到精度要求时,必须把模型的部分构件做成可以产生变形的柔性体来处理。例如,对汽车的转向系统进行研究时,需要把转向系统的转向节臂等构件当作柔性体来处理,这样算出来的结果会更准确一些,此外,对于那些高精密的仪器来说,一般也需要将其作为柔性体来研究,还有些情况就是构件受力后,需要研究其内应力的大小和分布情况,这时也需要将其当作柔性体来处理。需要注意的是,使用柔性体时一般适合于小变形的情况。

在 ADAMS 中,有三种建立柔性体的方法:第一种是利用前面提到的 ADAMS 中的柔性梁连接,将一个构件离散成许多段刚性构件,这些离散后的刚性构件之间采用前面讲过的柔性梁连接,但这种方法只限于构件是简单构件时才可以使用,其离散连接的实质仍是刚性体和第 4 章中讲到的柔性连接,还不能称为真正的柔性体;第二种是利用 ADAMS/ViewFlex 模块,直接在 ADAMS/View 中建立柔性体的 MNF(modal neutral file)文件,然后再用柔性体替代原来的刚体体,或者利用已有的 MNF 文件,经过转换得到新的 MNF 文件;第三种是利用其他有限元分析(finite element analysis)软件将构件离散成细小的网格,再进行 CB 模态计算,然后将计算的模态保存为模态中性文件 MNF,直接读取到 ADAMS 中建立柔性体。本章将详细介绍这三种方法。

ADAMS/View 中与柔性体建模有关的按钮如图 6-1 所示。

柔性体建模按钮

图 6-1　柔性体建模的按钮

6.1 离散柔性连接件

6.1.1 离散柔性连接件的定义

离散柔性连接件是直接利用刚性体之间的柔性梁连接,将一个构件分成多个小块,在各个小块之间建立柔性连接。图 6-2 所示是横界面为矩形的离散柔性连接件,由三段离散件构成,每段离散件有自己的质心坐标系、名称、颜色和质量信息等属性,每段离散的件就是一个独立的刚性构件,因此可以像编辑其他刚性构件一样来编辑每段离散件,如给每段离散件赋予不同的材料、颜色等属性,也可以对每段离散件之间的柔性梁进行编辑,指定柔性梁的参数,有关柔性梁连接的内容已经在第 4 章中做过介绍。使用柔性连接件的好处是它可以直接帮助用户计算横截面的属性,比直接使用柔性梁连接将两个构件连接起来要方便。

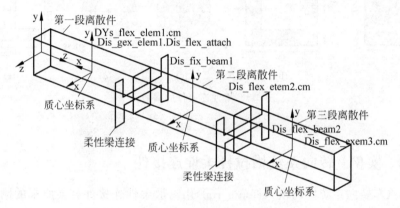

图 6-2 离散柔性连接件

要定义离散柔性连接件,只要单击建模工具条 Bodies 中的 按钮,然后弹出创建离散柔性连接件的对话框,如图 6-3 所示,其中各选项的功能如下。

(1) Name:给离散连接件定义一个名字前缀,如 Dis_ flex,系统就会自动按照 Dis_flex_elem1、Dis_flex_elem2、 Dis_flex_elem3……的顺序给每个离散连接件起一个名称,按照 Dis_flex_beam1、Dis_flex_beam2、Dis_flex_ beam3……的顺序给每个柔性梁连接起一个名字。

(2) Material:给每个离散连接件赋予一个材料,可以以后再修改每段离散连接件的材料属性。

(3) Segments:将离散连接件分成的段数。

(4) Damping Ratio:设置柔性梁连接的黏性阻尼和刚度之间的比值,可以参见第 4 章中的内容。

(5) Color:设置柔性连接件的颜色。

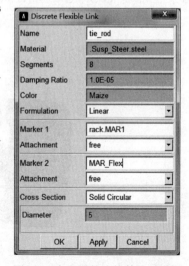

图 6-3 定义柔性连接件的对话框

(6) Marker 1 和 Marker 2:需要选择 Marker 点,以便确定离散柔性连接件的起始端和终止端。

（7）Attachment：确定离散柔性连接件在起始端和终止端与其他构件之间的连接关系，有 free（没有连接）、rigid（刚性连接）和 flexible（柔性连接）三种选择，选择 rigid 时，将创建固定副，选择 flexible 时，将创建柔性梁。

（8）Cross Section：确定离散柔性连接件的横截面的形状，有 6 种横截面形状可供选择 Solid Rectangular（实心矩形）、Hollow Rectangular（空心矩形）、Solid Circular（实心圆形）、Hollow Circular（空心圆形）、I Beam（工字梁形）和 Properties，其中前面 4 种可以直接输入横截面的几何形状参数，系统会自动计算出相应的横截面的属性，最后一种需要由用户自己计算并输入横截面的属性，如横截面的面积、连接质量和惯性矩等，这主要针对界面形状不规则的构件。前 5 种横截面的几何形状参数如图 6-4 所示。

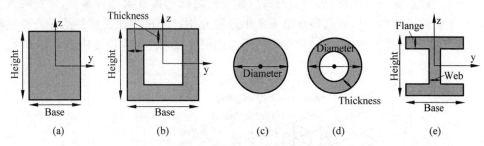

图 6-4　柔性连接件的横截面

（a）实心矩形；（b）空心矩形；（c）实心圆形；（d）空心圆形；（e）工字梁形

6.1.2　实例：转向系统横拉杆柔性连接件

本例将汽车转向系统中的横拉杆（tie_rod）用离散柔性连接件替换原来的刚性件，模型如图 6-5 所示，模型文件是 susp_steer_start.bin，位于本书二维码中 chapter_06\susp_steer 目录下，请将 susp_steer_start.bin 文件复制到 ADAMS/View 的工作目录下。

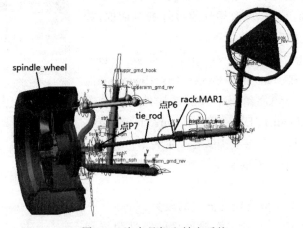

图 6-5　汽车悬架和转向系统

1. 打开模型

启动 ADAMS/View，在欢迎对话框中选择打开文件（Existing Model），单击【OK】按钮后，弹出打开文件对话框，在对话框中找到 susp_steer_start.bin，打开模型后，请先熟悉模型,读者可以先进行一次仿真,观察运动情况。

2. 删除 tierod 构件

在图形区 tierod 构件上单击鼠标右键,在弹出快捷菜单中选择【Part:tie_rod】→【Delete】命令,弹出警告对话框,如图 6-6 所示,单击【Delete All】按钮。

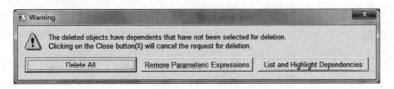

图 6-6　警告信息

3. 创建 Maker 点

单击建模工具条 Bodies 下的坐标系按钮 ,将选项选择 Add To Part 和 Global XY Plane,在图形区选择 Spindle_wheel 构件,再选择大地上的点 P7,创建一个 Marker 坐标系。在新创建的 Marker 坐标系上,单击鼠标右键,选择 Marker 下的【Rename】,改名为 MAR_Flex。

4. 创建柔性连接件

单击建模工具条 Bodies 下的柔性连接件按钮 ,弹出创建柔性连接件对话框,如图 6-7 所示,在 Name 中输入 tie_rod,Segments 中输入 8,Formulation 选择 Linear,在 Marker 1 输入框中单击鼠标右键,选择【Marker】→【Pick】命令,然后在图形区单击 rack.MAR1,用同样的方法为 Marker 2 拾取 MAR_Flex,将两个 Attachment 设置成 free,在 Cross Section 中选择 Solid Circular,然后在 Diameter 中输入 20,单击【OK】按钮,创建柔性连接。

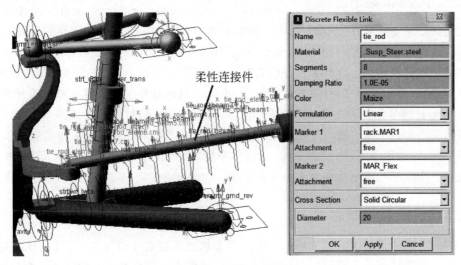

图 6-7　柔性连接件

5. 创建胡克副

单击建模工具条 Connectors 下的胡克副按钮 ,并将创建胡克副的选项设置为 2 Bodies-1 Location 和 Normal to Grid,然后在图形区先单击 tie_rod_elem1 构件,再单击

rack 构件,最后选择大地上点 P6,就可以创建胡克副。

6. 创建球铰副

单击建模工具条 Connectors 下的球铰副按钮 ![icon]，并将创建球铰副的选项设置为 2 Bodies-1 Location 和 Normal to Grid,然后在图形区先单击 spindle_wheel 构件,再单击 tie_rod_elem8 构件,之后选择大地上的点 P7。

7. 仿真计算

单击建模工具条 Simulation 中的仿真计算 ![icon] 按钮,将仿真时间 End Time 设置为 10、仿真步数 Steps 设置为 500,然后单击 ![icon] 按钮进行仿真计算。

6.2 关于柔性体

6.2.1 柔性体的概念

前几章我们讲的都是刚体,刚体在受到力的作用后,不会产生任何变形,刚体上的任意两点间的距离不会产生任何变化,而实际中不存在这样的刚体,任何物体在受到力的作用后,都会或多或少地产生变形,在大多数情况下,将构件当成刚体来处理,不会产生太大误差,与实际结果差异很小,可以容忍这样的误差,但是在有些精密仪器,或者对模型精度要求非常高的情况下,如果全部用刚性体来建模,将得不到精确值,需要把刚体变成可以变形的柔性体才行。柔性体能满足这方面的要求,柔性体在受到力的作用时,能产生变形。

柔性体与离散柔性连接件也有本质上的区别,离散柔性连接件是把一个刚性构件离散为几个小刚性构件,小刚性构件之间通过柔性梁连接,离散柔性连接件的变形是柔性梁连接的变形,并不是小刚性构件的变形,小刚性构件上的任意两点不能产生相对位移,因此离散柔性连接件本质上仍是在刚性构件的范畴内,而本节介绍的柔性体是利用有限元技术,通过计算构件的自然频率和对应的模态,按照模态理论,将构件产生的变形看作是由构件模态通过线性叠加计算得到的。在计算构件模态时,按照有限元的理论,首先需要将构件离散成一定数量的单元,单元数越多,计算精度就越高,单元之间通过共用一个节点来传递力的作用,在一个单元上的两个点之间可以产生相对位移,再通过单元的材料属性,进一步可以计算出构件的内应力和内应变。将一个构件划分单元时,根据需要可以划分出不同类型的单元,如三角形单元、四边形单元、四面体单元、五面体单元、六面体单元以及一维单元等,如图 6-8 所示是将一个压缩机从刚性体到柔性体的过程。

6.2.2 模态的概念

ADAMS 中的柔性体的载体是包含构件模态信息的模态中性文件,构件的模态是构件自身的一个物理属性,一个构件一旦制造出来,它的模态就是自身的一种属性。要得到构件的模型,需要将一个构件离散成有限元模型,有限元模型是由许多细小的单元和节点构成。也就是将一个有无限多个自由度(变形)简化成只有有限个自由度(变形),用有限的自由度来研究构件的变形,有限元模型的单元和节点数量越多,其表示的自由度就越多,就越接近真实情况。

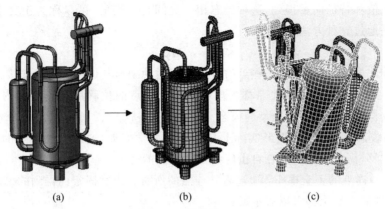

图 6-8 从刚体到柔性体

(a) 刚性体；(b) 有限元模型；(c) 构件的模态

在将一个刚体构件变换成柔性体时，需要对构件进行离散，将刚体离散成许多小的单元和节点，同时要对每个单元和节点进行标号，以便将节点的位移按照编号组成一个向量，也就是构件的变形，根据线性系统理论，任何一个向量可以由一组相互垂直的线性无关的同维向量通过线性组合得到，这组相互垂直的线性无关的同维向量就是构件的模态。模态对应的频率是共振频率（特征值），模态实际上是有限元模型中各节点的位移的一种比例关系，不同的模态之间相互垂直，它们构成了一个线性空间，这个线性空间的坐标轴就是由构件的模态构成的。构件的变形可以在物理空间中通过直接积分计算得到，也可以在模态空间中通过模态的线性叠加得到，这种线性叠加关系可以用下式来表示：

$$u = \sum_{i=1}^{m} \boldsymbol{\phi}_i q_i = \boldsymbol{\Phi} q$$

式中，$\boldsymbol{\phi}_i$ 是第 i 阶模态向量（阵型）；q_i 是位移 u 在第 i 阶模态的坐标值；$\boldsymbol{\Phi}$ 是由各个 $\boldsymbol{\phi}_i$ 构成的矩阵；q 是由 q_i 构成的向量。

在将几何模型离散成有限元模型后，有限元模型的各个节点有一定的自由度，这样所有节点自由度的和就构成了有限元模型的自由度，一个有限元模型有多少自由度，它就有多少阶模态。由于构件各个节点的实际位移是模态按照一定比例的线性叠加，这个比例就是一个系数，通常称为模态参与因子或模态坐标，参与因子越大，对应的模态对构件变形的贡献量就越多，因此对构件振动的分析，可以从构件的模态参与因子的大小来分析，如果构件在振动时，某阶模态的参与因子大，就可以通过改进设计，抑制该阶模态对振动贡献量，就可以明显低降低构件的振动。对构件或整机模态的分析是很重要的。例如，不同汽车生产厂家生产的汽车，其模态频率控制的范围不同，汽车的振动噪声就会不同，人坐在汽车里面的感受就不同。

6.2.3 CB 模态

柔性体就是由模态构成的，要得到柔性体，需要计算构件的模态。不过柔性体的模态与有限元软件中计算的模态有很大区别，柔性体的模态与有限元软件中正交模态计算方法不同。有限元中的模态是先计算刚度矩阵 $\boldsymbol{K}$ 和质量矩阵 $\boldsymbol{M}$，然后通过下式求解刚度矩阵和质量矩阵的特征值和特征向量得到，这种模态相互之间是正交的，可以称为正交模态，而柔性体的模态不是通过这种方法得到的。

$$K\boldsymbol{\phi}_i = q_i M\boldsymbol{\phi}_i$$

在柔性体建模中，需要通过一些点（自由度）用运动副与其他构件进行连接，或者进行位移约束，这些点称为外连点，其他点称为内部点。外连点的位移用 $\boldsymbol{u}_b$ 表示，内部点的位移用 $\boldsymbol{u}_i$ 表示，这样可以得到两种类型的模态。

（1）约束模态：这种模态变形实际上是一种静力学变形，通过在外连点的每个自由度上定义单位位移，而将其他外连点自由度固定而得到的变形。

（2）固定外连点的正交模态：通过将外连点的所有自由度固定而得到的模态。

这样，构件的变形位移可以表示成：

$$u = \begin{Bmatrix} \boldsymbol{u}_b \\ \boldsymbol{u}_i \end{Bmatrix} = \begin{bmatrix} \boldsymbol{I} & \boldsymbol{0} \\ \boldsymbol{\Phi}_{\text{ic}} & \boldsymbol{\Phi}_{\text{in}} \end{bmatrix} \begin{Bmatrix} \boldsymbol{q}_{\text{c}} \\ \boldsymbol{q}_{\text{n}} \end{Bmatrix}$$

式中，$\boldsymbol{\Phi}_{\text{ic}}$ 和 $\boldsymbol{\Phi}_{\text{in}}$ 分别表示内部节点约束模态的模态位移和正交模态的模态位移；$\boldsymbol{q}_{\text{c}}$ 和 $\boldsymbol{q}_{\text{n}}$ 分别表示约束模态和正交模态的模态坐标值。

这样就可以得到一个伪刚度矩阵和伪质量矩阵：

$$\hat{K} = \boldsymbol{\Phi}K\boldsymbol{\Phi} = \begin{bmatrix} \boldsymbol{I} & \boldsymbol{0} \\ \boldsymbol{\Phi}_{\text{ic}} & \boldsymbol{\Phi}_{\text{in}} \end{bmatrix}^{\text{T}} \begin{bmatrix} \boldsymbol{K}_{\text{bb}} & \boldsymbol{K}_{\text{bi}} \\ \boldsymbol{K}_{\text{ib}} & \boldsymbol{K}_{\text{ii}} \end{bmatrix} \begin{bmatrix} \boldsymbol{I} & \boldsymbol{0} \\ \boldsymbol{\Phi}_{\text{ic}} & \boldsymbol{\Phi}_{\text{in}} \end{bmatrix} = \begin{bmatrix} \hat{\boldsymbol{K}}_{\text{cc}} & \boldsymbol{0} \\ \boldsymbol{0} & \hat{\boldsymbol{K}}_{\text{nn}} \end{bmatrix}$$

$$\hat{M} = \boldsymbol{\Phi}M\boldsymbol{\Phi} = \begin{bmatrix} \boldsymbol{I} & \boldsymbol{0} \\ \boldsymbol{\Phi}_{\text{ic}} & \boldsymbol{\Phi}_{\text{in}} \end{bmatrix}^{\text{T}} \begin{bmatrix} \boldsymbol{M}_{\text{bb}} & \boldsymbol{M}_{\text{bi}} \\ \boldsymbol{M}_{\text{ib}} & \boldsymbol{M}_{\text{ii}} \end{bmatrix} \begin{bmatrix} \boldsymbol{I} & \boldsymbol{0} \\ \boldsymbol{\Phi}_{\text{ic}} & \boldsymbol{\Phi}_{\text{in}} \end{bmatrix} = \begin{bmatrix} \boldsymbol{M}_{\text{cc}} & \boldsymbol{M}_{\text{nc}} \\ \boldsymbol{M}_{\text{cn}} & \boldsymbol{M}_{\text{nn}} \end{bmatrix}$$

式中，$\hat{K}$ 称为 CB（craig-bampton）刚度矩阵；$\hat{M}$ 称为 CB 质量矩阵；下标 i 表示内部；下标 b 表示外连点；c 表示约束；n 表示正交。

通过求解下面的方程：

$$\hat{K}\boldsymbol{\phi}_i = q_i\hat{M}\boldsymbol{\phi}_i$$

可以得到特征值 q_i 和特征向量 $\boldsymbol{\phi}_i$，这样得到的 $\boldsymbol{\phi}_i$ 叫 CB（craig-bampton）模态。

由于 $\hat{M}$ 不是对角线矩阵，以上求得的 CB 模态的阵型不是正交的，因此有必要将其正交化。引入线性变换矩阵 N，将 $\boldsymbol{\phi}_i$ 变换成正交的 $\boldsymbol{\phi}_i^*$：

$$\boldsymbol{\phi}_i^* = N\boldsymbol{\phi}_i$$

$$u = \sum_{i=1}^{m} q_i\boldsymbol{\phi}_i = \sum_{i=1}^{m} q_i N^{-1}\boldsymbol{\phi}_i^* = \sum_{i=1}^{m} \boldsymbol{q}_i^*\boldsymbol{\phi}_i^*$$

与刚体不同的是，柔性体上的两个点可以产生相对位移。因此，研究柔性体的运动学时，只需要研究柔性体的外连点的运动学即可，这涉及外连点的位置、方位、速度和加速度。

6.3 用 ViewFlex 生成柔性体

ADAMS 中柔性体所使用的模态文件是模态中性文件 MNF（modal neutral file），MNF 文件可以在 ADAMS/View 中直接生成，也可以借助于其他有限元软件来完成，可以计算模态中性文件的有限元软件很多,如 ANSYS、NASTRAN、I-DEAS 和 ABAQUS 等。本节先介绍如何在 ADAMS/View 中直接生成 MNF 文件,下节介绍如何用有限元软件生成 MNF 文件。在 ADAMS/View 中生成柔性体文件,有简单方法和详细方法两种。

6.3.1 实例:用简单方法创建柔性体

用简单方法创建柔性体,不需要做太多选择,只需要选择构件、材料和设置模态阶数即可。下面通过一个实例来讲解用简单方法创建柔性体的步骤,并练习在柔性体之间创建运动副的方法。本例的模型文件是 simple_flex_start.bin,在本书二维码中 chapter_06\simple_flex 目录下,请将其复制到 ADAMS/View 的工作目录下。本例模型如图 6-9 所示,由 5 个构件、4 个旋转副、1 个万向节、1 个球铰副和 1 个旋转驱动构成。

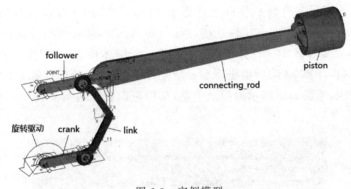

图 6-9 实例模型

1. 打开模型

启动 ADAMS/View,在欢迎对话框中选择打开文件(Existing Model),单击【OK】按钮后,弹出打开文件对话框,在对话框中找到 simple_flex_start.bin 文件/模型,打开模型后,请先熟悉模型。

2. 运行计算

单击建模工具条 Simulation 中的仿真计算按钮 ⚙,将仿真时间 End Time 设置为 5、仿真步数 Steps 设置为 1000,然后单击 ▶ 按钮进行仿真计算,观察机构的运行情况。

3. 创建 crank 构件的柔性体

单击建模工具条 Bodies 中的刚性体到柔性体按钮 🔧,然后单击【Create New】按钮,弹出如图 6-10 所示的对话框,在 Part to be meshed 输入框中单击鼠标右键,选择【Part】→【Pick】命令,然后在图形区单击 crank 构件,在 Material 的输入框中单击鼠标右键,选择【Material】→【Guesses】→【steel】命令,在 Number of Modes 输入框中输入 6,表示计算前 6 阶固定外连点的正交模态,不要勾选 Manual Replace,单击【OK】按钮后,可以创建 crank 构件的柔性体。对话框中 Stress Analysis 表示在进行模态计算的时候,也计算模态应力,否则只计算模态位移,Manual Replace 是手动替代,如果不选择这个选项,在柔性体计算完成后,ADAMS/View 会自动读取柔性体 MNF 文件,并替换原来的刚体文件,与刚体关联的运动副、载荷、坐标系等会自动转移到柔性体上,如果选择 Manual Replace,与刚体关联的运动副、载荷等不会自动转移到柔性体上，需要重新定义柔性体与其他构件的连接，Advanced Settings 表示用详细方法创建柔性体，下面几节会介绍详细方法。

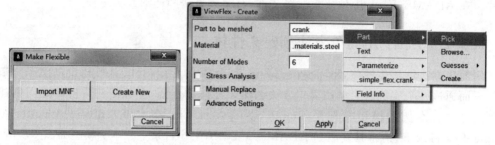

图 6-10　简单方法创建柔性

这里虽然输入了模态阶数 6，实际上计算了 24 阶模态，由于 link 构件通过 2 个阻尼器（Bush）与 crank 构件和 follower 构件连接，所以 link 的柔性体有两个外连点，每个外连点有 6 个自由度，这时需要计算 12 阶约束模态，再加上 6 个刚体模态，所以需要在 6 阶固定外连点的正交模态上，再计算 12 阶约束模态和 6 阶刚体模态，所以总计计算了 24 阶模态。在计算柔性体的过程中，系统如下所示的提示信息，从中可以看到进行到哪个步骤，生成的节点数量和网格数量。

```
Storing Solid Mesh Data...
Creating Mesh Preview for Solid in progress...
Nodes=357, Elements=1078
Autodetecting Attachment Nodes...
Storing Solid Mesh Data...
Creating Geometry Mesh Flex Body in progress...
Replacing rigid body with flexible body...
Replace process successfully completed.
```

在柔性体计算完成后，在工作目录下，会看到有 crank_0.mnf 文件生成，另外还有 crank.dat 和 crank.bdf 文件，这两个文件是有限元软件 Nastran 的网格文件，对于有限元软件 Nastran 的使用，读者可以参考本书作者所著的《Nastran 快速入门与实例》一书，ADAMS 自带的有限元求解器会读取 crank.dat 文件进行模态计算，计算完成后输出 crank_0.mnf 文件，然后 ADAMS 再读取 crank_0.mnf 文件并替换 crank 刚体构件。

4. 创建 follower 构件的柔性体

单击建模工具条 Bodies 中的刚性体到柔性体按钮 ，然后单击【Create New】按钮，在 Part to be meshed 输入框中单击鼠标右键，选择【Part】→【Pick】命令，然后在图形区单击 follower 构件，在 Material 的输入框中单击鼠标右键，选择【Material】→【Guesses】→【steel】命令，在 Number of Modes 输入框中输入 10，表示计算前 10 阶固定外连点的正交模态，单击【OK】按钮后，可以创建 follower 构件的柔性体。

5. 创建 link 构件的柔性体

单击建模工具条 Bodies 中的刚性体到柔性体按钮 ，然后单击【Create New】按钮，在 Part to be meshed 输入框中单击鼠标右键，选择【Part】→【Pick】命令，然后在图形区单击 link 构件，在 Material 的输入框中单击鼠标右键，选择【Material】→【Guesses】→【steel】命令,在 Number of Modes 输入框中输入 10,并选择 Manual Replace,如图 6-11 所示,单击【OK】按钮后,可以创建 link 构件的柔性体。但这时的 link 柔性体与其他构件并没有任何关系,只是把柔性体文件 link_0.mnf 文件读取进来,在模型树 Bodies 下,可以看到新创建了柔性体 link_flex 构件,原来的刚体构件 link 依然存在,读者如果现在进行一次仿真计算,会发现 link_flex 构件会在重力作用下"掉"下了。

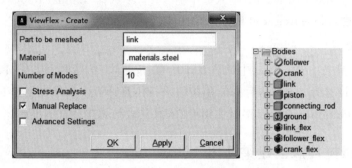

图 6-11　创建 link 构件的柔性体对话框

6. 创建 2 个旋转副

在模型树 Bodies 下找到 link 构件,在 link 构件上单击鼠标右键,选择【Delete】,弹出警告信息对话框,选择【Delete All】按钮,把与 link 构件相关的元素,包括 2 个旋转副一同删除。

单击建模工具条 Connectors 下的旋转副按钮 ,并将创建旋转副的选项设置为 2 Bodies-1 Location 和 Normal to Grid,然后在图形区先单击 link_flex 构件,再单击 crank_flex 构件,之后在 link_flex 与 crank_flex 构件的旋转圆孔处单击鼠标右键,弹出选择对话框,如图 6-12(a)所示,选择有 INT_NODE 标示的节点(外连点),单击【OK】按钮,在 2 个柔性体之间建立旋转副。

单击建模工具条 Connectors 下的旋转副按钮 ,并将创建旋转副的选项设置为 2 Bodies-1 Location 和 Normal to Grid,在图形区先单击 link_flex 构件,再单击 follower_flex 构件,之后在 link_flex 与 follower_flex 构件的旋转圆孔处单击鼠标右键,弹出选择对话框,如图 6-12(b)所示,选择有 INT_NODE 标示的节点(外连点),单击【OK】按钮,在 2 个柔性体之间建立旋转副。

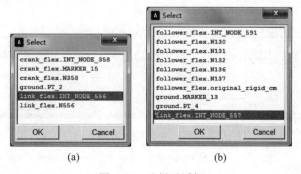

(a)　　　　　　　(b)

图 6-12　选择对话框

7. 创建 connecting_rod 构件的柔性体

单击建模工具条 Bodies 中的刚性体到柔性体按钮 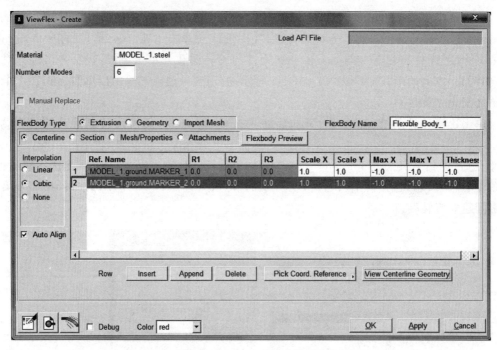，然后单击【Create New】按钮，在 Part to be meshed 输入框中单击鼠标右键，选择【Part】→【Pick】命令，然后在图形区单击 connecting_rod 构件，在 Material 的输入框中单击鼠标右键，选择【Material】→【Guesses】→【steel】命令，在 Number of Modes 输入框中输入 10，不选择 Manual Replace 项，单击【OK】按钮后，可以创建 connecting_rod 构件的柔性体。

8. 仿真计算

单击建模工具条 Simulation 中的仿真计算 按钮，将仿真时间 End Time 设置为 10、仿真步数 Steps 设置为 1000，然后单击 按钮进行仿真计算。如果在创建 link 构件的柔性体时，材料选择 aluminium，由于铝材比钢材软，模型运动规律会有所不同。

6.3.2 用拉伸法创建柔性体

利用拉伸法创建柔性体时，需要定义一个拉伸路径和一个用于拉伸的横截面，横截面沿着拉伸路径扫略就可以创建一个柔性体。在 ADAMS/View 模块中，单击建模工具条 Bodies 下的 按钮，弹出 ViewFlex 对话框，如图 6-13 所示。在 Material 中输入材料名称，在 Number of Modes 中输入要计算的固定外连点的正交模态的阶数，在 FlexBody Type 中选择 Extrusion，表示用拉伸法创建柔性体。用拉伸法创建柔性体需要经过如下几步。

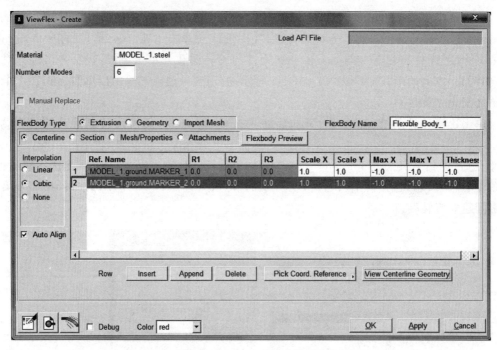

图 6-13　ViewFlex 对话框

1. 定义拉伸路径

定义拉伸路径先选择 Centerline 项，定义拉伸路径需要选择几个 Marker 点，Marker 点的原点是拉伸路径经过的点,Marker 点必须是大地上的点。为了使拉伸路径更光滑,在两个 Marker 点之间可以进行插值运算(Interpolation),插值运算可以选择为线性(Linear)插值、三次(Cubic)插值和没有插值(None)。选择 Marker 点时,需要先在对话框的表格中选择某行,然后单击【Pick Coord. Reference】按钮或【Browse Coord. Reference】按钮,如果需要用多个 Marker 点来定义拉伸路径,可以先单击【Insert】按钮来插入一行或【Append】按钮在末尾追加一行,再选择多个 Marker 点,定义拉伸路径至少需要选择两行,在图中选择的两个 Marker 点如图 6-14 所示。需要注意的是,所选择的 Marker 点的 Z 轴方向定义为拉伸方向,横截面与 XY 平面平行,要调整方向,可以在表格中输入欧拉角 R1、R2 和 R3,Scale X 和 Scale Y 是指定柔性体在 Marker 点出的横截面的比例,Max X 和 Max Y 是柔性体的横截面在 Marker 点处的最大尺寸,Thickness 是壳单元柔性体在 Marker 点处的厚度,单击【View Centerline Geometry】按钮可以预览拉伸路径。

图 6-14　定义拉伸路径的两个 Marker 点

2. 定义横截面

定义横截面先选择 Section 项,如图 6-15 所示,定义横截面时可以选择 Elliptical(椭圆)或 Generic 项,如果选择 Elliptical,将横截面定义成椭圆形,需要输入椭圆的两个半径的长度,如果选择 Generic 需要输入横截面的参数,可以在 XY 表格中输入横截面上顶点的坐标值,或者单击 ✐ 按钮,再单击 M_{k} 按钮,在右边的黑色框中绘制横截面的形状,绘制结束后,单击【Fill】按钮,所绘制的横截面的顶点按钮就会出现在 XY 表格中。在图 6-15 中,选择绘制的横截面的顶点为(25,20)、(25,−20)、(−25,−20)和(−25,20)。

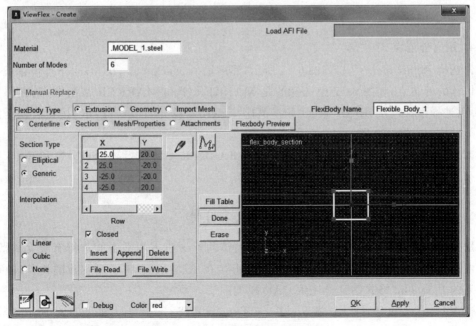

图 6-15　定义拉伸柔性体的横截面

3. 定义单元尺寸和材料属性

先选择 Mesh/Properties 项，如图 6-16 所示，然后在 Element Type 选择框中确定柔性体的单元类型，是二维壳单元（Shell Quad）还是三维实体单元（Solid Hexa）。如果是壳单元，需要输入单元的尺寸（Element Size）和单元的厚度（Normal Thickness）；如果是体单元，只需输入单元的尺寸；如果需要应力恢复，勾选 Stress Analysis，对于壳单元还需要选择计算应力的位置（Top/Middle/Bottom）。

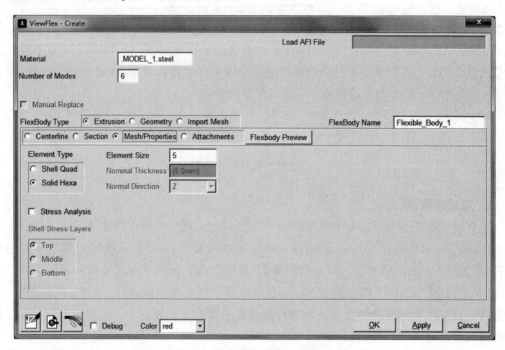

图 6-16　定义拉伸柔性体的单元类型和单元属性

4. 定义外连点

先选择 Attachments 项，如图 6-17 所示，然后输入 Marker 点，在 Marker 点位置就会产生柔性体的外连点，在图 6-17 中选择的是 MARKER_1 和 MARKER_2 两个点，在外连点处，可以选择刚性连接（RBE2 单元）和差值连接（RBE3 单元）。单击【OK】按钮后就会产生一个柔性体，如图 6-18 所示。

如果在图 6-13 所示的对话中，将第一行（MARKER_1 所在行）的 Scale X 和 Scale Y 改为 2 和 3，产生的柔性体如图 6-19 所示。

6.3.3　用构件的几何外形来生成柔性体

用构件的几何外形来生成柔性体是将几何体的外形所占用的空间进行有限元离散化，直接由几何外形来生成柔性体的构件可以是直接在 ADAMS/View 中创建的构件，也可以是导入的 Parasolid 格式的其他三维 CAD 模型。

在 ViewFlex 的对话框中，将 FlexBody Type 设置成 Geometry，如图 6-20 所示，表示用现有几何体产生柔性体，在 Part to be meshed 输入框中输入要离散化的构件名称，在

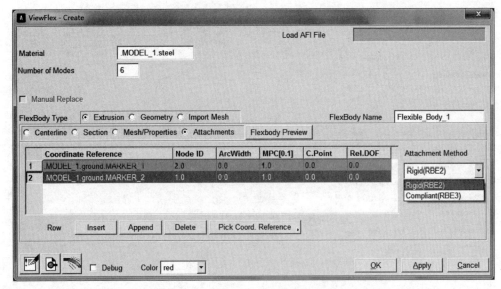

图 6-17 定义拉伸柔性体的外连点

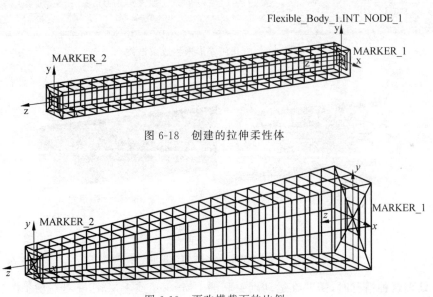

图 6-18 创建的拉伸柔性体

图 6-19 更改横截面的比例

Material 中输入材料名称,在 Number of Modes 中输入要计算的固定外连点的正交模态的阶数,Manual Replace 是手动替代,如果不选择这个选项,在柔性体计算完成后,ADAMS/View 会自动读取柔性体 MNF 文件,并替换原来的刚体文件,与刚体关联的运动副、载荷、坐标系等会自动转移到柔性体上,如果选择 Manual Replace,与刚体关联的运动副、载荷等不会自动转移到柔性体上,需要重新定义柔性体与其他构件的连接。在 Mesh/Properties 页中,在 Element Type 下选择生成单元的类型,可以选择壳单元(Shell Tria)和体单元(Solid Tetra),然后输入单元的尺寸,在 Attachments 页中输入柔性体的关联 Marker 点,也就是外连点,通常是指用来与其他构件发生作用的点,例如运动副的关联点,图 6-21 所示是同一段梁的不同显示方式,在梁上有一个孔,在孔的中心处通过旋转副与其他构件产生相互

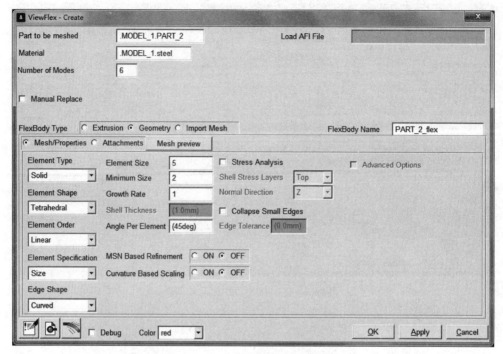

图 6-20　由几何外形来生成柔性体

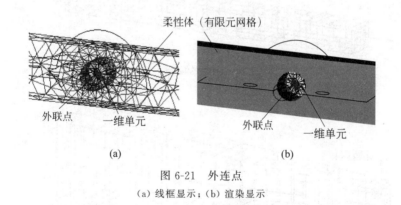

图 6-21　外连点

(a) 线框显示；(b) 渲染显示

作用，在处理这种情况时，需要在运动副关联的 I-Marker 或 J-Marker 处（孔的中心）处放置一个节点，将该点定义一个外连点，另外还需要通过该外连点与孔内壁上的节点（Slave Nodes）之间建立刚性单元或者柔性单元（一维单元），在 Attachments 页中，Rigid/Rev 就是确定外连点与其单元之间的一维单元是刚性的还是均布的，刚性的输入 0，均布的输入 1，Rel. DOF 确定外联 Marker 点释放的自由度，可以输入 0～6 之间的多个数字，0 表示没有释放，1～6 分别表示相应的 6 个自由度（3 个平动和 3 个旋转），例如输入 246 表示释放 Y 向平动自由度、X 和 Z 向旋转自由度，在释放自由度的方向上不能有任何约束，例如一个旋转副约束 3 个平动自由度和 2 个旋转自由度，如果自由的旋转方向是 Z 向（用数字 6 表示），则不能输入 12345，可以输入 6。

　　将刚性体离散化后，在工作目录下就会生成相应的 .mnf 文件，然后通过单击建模工具条 Bodies 中的刚性体到柔性体 🔲 按钮，然后单击【Import MNF】按钮，可以将新产生的柔性体.mnf 文件替换原来的刚性件,关于柔性体替换刚性体的操作参见 6.5.1 节的内容。用拉伸方法创建柔性体与直接利用几何外形创建柔性体相比,拉伸方创建的柔性体的单元是六面体单元(Hexa),而直接利用几何外形创建的柔性体的单元是四面体单元(Tetra)。一般来说,六面体网格要比四面体网格要好一些,因为四面体要比六面体偏硬一些,但是拉伸法只能创建一些外形比较简单的柔性体,而直接利用几何外形法没有这个限制。

6.3.4　导入有限元模型的网格文件创建柔性体

在 ADAMS/AutoFlex 的 FlexBodies 中选择 Import Mesh 项,然后在 Mesh File Name 后的输入框中输入网格文件的名称,只能输入 Nastran 的.bdf 网格文件和.dat 网格文件,然后在 Mesh/Properties 页中定义网格的材料属性、壳单元的厚度和计算的模态数,在 Attachments 页中输入关联的 Marker 点后,就可以创建柔性体,具体应用过程通过下面的实例来讲解。

6.3.5　实例:焊接机器人的柔性化

本节将如图 6-22(a)所示的刚性机器人模型转换成如图 6-22(b)所示的柔性机器人模型,使用直接利用几何外形法和导入有限元网格两种方法创建柔性体,将 arm、shoulder 和 trunk 三个刚体构件转换成柔性体构件。本例的模型文件为 welding_rotot_flex.bin,位于二维码中 chapter_06/welding_rotot_flex 目录下,请将 welding_rotot_start.bin 文件复制到 ADAMS/View 的工作目录下,以下是详细过程。在下面的步骤中可能需要缩放或旋转模型,为此按键盘上的 Z 键和鼠标左键就可以放大或缩小模型,按键盘的 R 键和鼠标左键可以旋转模型,按键盘的 T 键和鼠标左键可以平移模型。按 V 键可以隐藏或显示图标,按 G 键可以隐藏或显示工作栅格,单击状态工具栏上的 按钮可以渲染或线框显示模型。

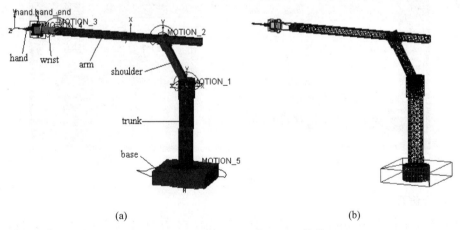

(a)　　　　　　　　　　　　　　　　(b)

图 6-22　焊接机器人的刚体和柔性体模型

(a)刚体模型;(b)柔性体模型

1. 打开模型

启动 ADAMS/View,在欢迎对话框中选择打开文件选项(Existing Model),单击【OK】按钮后,弹出打开文件对话框,选择 welding_robot_start.bin 文件,单击【OK】按钮打开模型。打开模型后，请先熟悉模型，查看在构件之间的旋转副，以及旋转副上添加的驱动。

2. 设置单位和重力加速度

选择【Settings】→【Units】命令，弹出单位设置对话框，单击【MKS】按钮，单击【OK】按钮退出对话框。选择【Settings】→【Gravity】命令，弹出设置重力加速度对话框，勾选Gravity，并单击【-Y】按钮，将重力加速度的方向设置为总体坐标系的-Y方向，确认重力加速度的数值为-9.80665，单击【OK】按钮退出对话框。

3. 编辑驱动

在图形区或模型树Motions下，双击MOTION_2的图标，打开MOTION_2的编辑对话框，在Funtion(time)输入框中删除原来的函数，再输入 15d * sin(180d * time-90d)＋15d，单击【OK】按钮，双击MOTION_3的图标，打开MOTION_3的编辑对话框，在Funtion(time)输入框中删除原来的函数，再输入-15d * sin(180d * time-90d)-15d，双击MOTION_5的图标，打开MOTION_5的编辑对话框，在Funtion(time)输入框中删除原来的函数，再输入180d * time。

4. 定义测试

单击建模工具条Design Exploration中的 f(o) 按钮，弹出函数构造器，如图6-23所示，在Measure Name输入框中输入 rigid_end_y，在函数表达式编辑框中输入函数表达式DY(hand_end)，其中hand_end是机器人末端执行器顶点的Marker点，单击【OK】按钮。

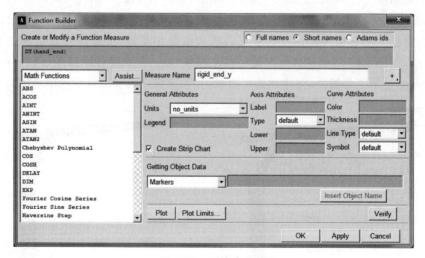

图6-23 函数构造器

5. 运行仿真

单击建模工具条Simulation中的仿真计算按钮 ⚙，弹出仿真控制对话框，将仿真时间End Time设置为5、仿真步数Steps设置为1000，单击 ▶ 按钮开始仿真，单击 ◀◀ 按钮返回，机器人末端执行器在竖直方向的轨迹如图6-24所示。计算结束后，单击仿真控制对话框中左下角的 按钮，弹出保存结果的对话框，输入 rigid_results，单击【OK】按钮。

6. 创建 arm 构件上的外连点和辅助点

为方便操作，只将 arm 构件和 arm 构件上的 Marker 点显示出来，方法是在模型树

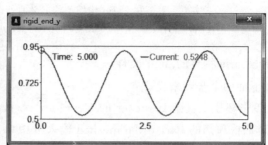

图 6-24　机器人末端执行器在竖直方向的轨迹

Bodies 下的构件名称上,先按住 Ctrl 键,选择除 arm 构件外的其他所有构件,继续选择
connectors 下的所有运动副和 Motions 下的所有驱动,如图 6-25 所示,然后单击鼠标右键,
选择【Appearance】,在弹出对话框中,选择 Visibility 下的 Off 项,单击【OK】按钮。

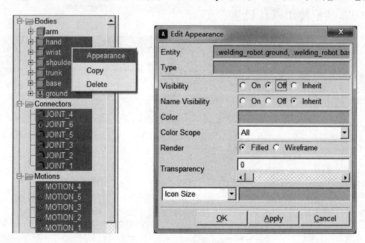

图 6-25　外观对话框

　　如图 6-26(a)所示,MARKER_29 和 MARKER_32 关联两个旋转副,单击建模工具条
Bodies 下的创建 Marker 点按钮，将选项设置为 Add to Ground 和 Global XY,然后选择
MARKER_29 点,在与 MARKER_29 重合的位置创建一个 Marker 点,并重新命名为
attachment_1,再单击 Marker 点按钮，将选项设置为 Add to Ground 和 Global XY,将鼠
标在 MARKER_29 孔的出口处移动,当出现 center 信息时,按下鼠标左键,就会在
MARKER_29 所在孔的 Z 方向的出口处创建一个 Marker 点,并重新命名为 tem_1,Marker
点起辅助作用。读者也可以先把辅助点创建在 MARKER_29 处,然后将其沿总体坐标系的
Z 轴移动 0.025m。用同样的方法在 MARKER_32 处和所在的孔的出口位置分别创建两个

Marker 点，分别重新命名为 attachment_2 和 tem_2，如图 6-26(b)所示。

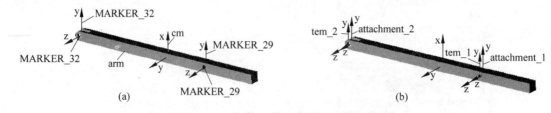

图 6-26　arm 构件及其定义的外连点和辅助点

(a) arm 构件及其 MARKER 点；(b) 外连点(attachment)和辅助点(tem)

7. 计算 arm 构件的.mnf 文件

通过下面两个步骤来完成：

(1) 单击建模工具条 Bodies 下的 ViewFlex 按钮，弹出 VicwFlex 对话框，如图 6-27 所示，在对话框顶部的 Part to be meshed 输入框中单击鼠标右键，用拾取的方法选择 arm 构件，在材料 Material 中单击鼠标右键，用 Guesses 方法选择钢 steel，Number of Modes 输入框中输入 10，不要选择 Manual Replace，选中 FlexBody Type 的 Geometry 项，在右侧的 FlexBody Name 输入框中输入 arm_flex。在 Mesh/Properties 页的左侧中，单元类型 Element Type 设置为 Solid Tetrahedral(四面体实体网格)，Element Order 选择 Quadratic，Element Specification 选择 Size，然后在 Element Size 输入框中输入 0.03，Minimum Size 输入框中输入 0.005，其他使用默认设置。

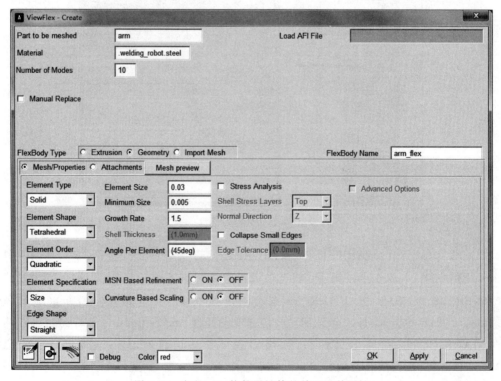

图 6-27　定义 arm 构件柔性体的单元及其属性

（2）单击 attachments 项，进入外连点的定义阶段，如图 6-28 所示。用鼠标单击第一行，单击【Browse Coord. Reference】按钮（该按钮是折叠按钮，在该按钮上单击右键显示另一个选项），弹出数据库导航对话框，双击 ground 并找到名为 attachment_1 的 Marker 点，将其插入到第一行中，在右侧的 Selection Type 下拉列表中选择 Cylindrical，在 Radius 输入框中输入 0.013（attachment_1 处的圆孔的半径为 0.0125m），在 End Location 输入框中单击鼠标右键，在弹出的鼠标右键菜单中选择【Reference_frame】→【Browse】命令，弹出数据库导航对话框，在 Ground 下找到名为 tem_1 的 Marker 点，并将其插入到 End Location 输入框中，勾选 Symmtric 项，并单击【Transfer IDs】按钮，在对话框的右下角处会出现有 60 nodes 的信息，单击【List IDs】按钮，可以查看相应的节点编号，这些节点实际上是在 attachment_1 处的圆孔内表面上的节点。用鼠标单击第一行，然后再单击【Append】按钮，追加一行，单击刚刚追击的一行，单击【Browse Coord. Reference】按钮，弹出数据库导航对话框，找到名为 attachment_2 的 Marker 点，将其插入到第二行中，在右侧的 Selection Type 下拉列表中选择 Cylindrical，在 Radius 输入框中输入 0.013（attachment_2 处的圆孔的半径为 0.0125m），在 End Location 输入框中单击鼠标右键，在弹出的鼠标右键菜单中选择【Reference_frame】→【Browse】命令，弹出数据库导航对话框，在 Ground 下找到名为 tem_2 的 Marker 点，并将其插入到 End Location 输入框中，勾选 Symmtric 项，并单击【Transfer IDs】按钮，在对话框的右下角处会出现有 59nodes 信息，这些节点实际上是在 attachment_2 处的圆孔内表面上的节点。单击【OK】按钮后，就开始计算 arm 构件的 .mnf 文件。

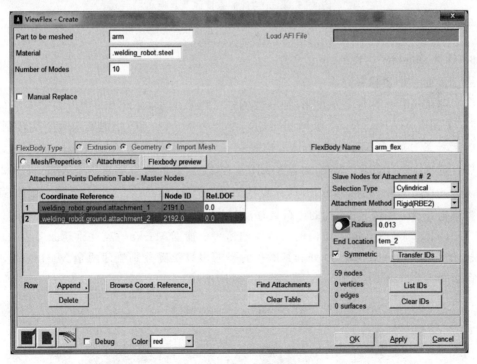

图 6-28　定义 arm 构件的外连点

计算结束后在 ADAMS 的工作目录下就会生成 arm_flex_0.mnf 文件，并会得到如下信息，说明柔性体已经计算产生，并且已经替换刚性体。

```
Storing Solid Mesh Data...
Creating Mesh Preview for Solid in progress...
Nodes=2190, Elements=1034
Storing Solid Mesh Data...
Creating Geometry Mesh Flex Body in progress...
Replacing rigid body with flexible body...
Replace process successfully completed.
```

在图形区用鼠标双击柔性体，弹出柔性体的编辑对话框，然后单击 按钮可以查看各阶模态，如图 6-29 所示，读者现在可以进行一次仿真。

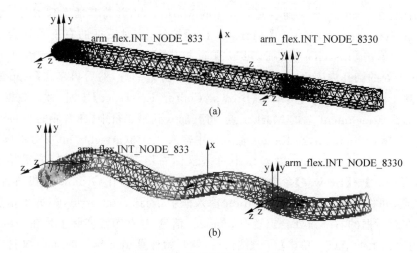

图 6-29　arm 构件的柔性体及其模态

（a）arm 构件的柔性体；（b）柔性体的第 14 阶模态

8. 计算 shoulder 构件的 .mnf 文件

通过下面三个步骤来完成：

（1）将 shoulder 构件显示出来，把其他构件都隐藏起来，shoulder 构件如图 6-30（a）所示，在它上面有 MARKER_27 和 MARKER_30 两个 Marker 点，分别关联两个旋转副。单击建模工具条 Bodies 下的创建 Marker 点按钮 ，将选项设置为 Add to Ground 和 Global XY，然后选择 MARKER_27 点，在与 MARKER_27 重合的位置创建一个 Marker 点，并重新命名为 attachment_3，再单击 Marker 点按钮 ，将选项设置为 Add to Ground 和 Global XY，将鼠标在 MARKER_27 孔的出口处移动，当出现 center 信息时，按钮下鼠标左键，就会在 MARKER_27 所在孔的 Z 方向的出口处创建一个辅助 Marker 点，并重新命名为 tem_3。用同样的方法在 MARKER_30 处和其所在的孔的出口位置分别创建两个 Marker 点，分别重新命名为 attachment_4 和 tem_4，如图 6-30（b）所示。

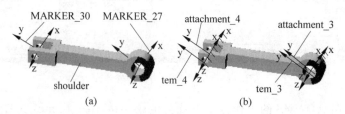

图 6-30　shoulder 构件及其定义的外连点和辅助点

（a）arm 构件及其 MARKER 点；（b）外连点（attachment）和辅助点（tem）

（2）单击建模工具条 Bodies 下的 ViewFlex 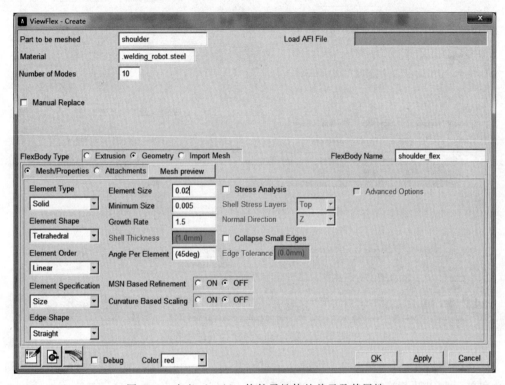按钮，弹出 ViewFlex 对话框，如图 6-31 所示，在对话框顶部的 Part to be meshed 输入框中单击鼠标右键，用拾取的方法选择 shoulder 构件，在材料 Material 中单击鼠标右键，用 Guesses 方法选择钢 steel，Number of Modes 输入框中输入 10，不要选择 Manual Replace，选中 FlexBody Type 的 Geometry 项，在右侧的 FlexBody Name 输入框中输入 shoulder_flex。在 Mesh/Properties 页的左侧中，单元类型 Element Type 设置为 Solid，Element Shape 设置为 Tetrahedral（四面体实体网格），Element Order 选择 Linear，Element Specification 选择 Size，然后在 Element Size 输入框中输入 0.02，Minimum Size 输入框中输入 0.005，其他使用默认设置。

图 6-31　定义 shoulder 构件柔性体的单元及其属性

（3）单击 attachments 项，进入外连点的定义阶段，如图 6-32 所示。用鼠标单击第一行，单击【Browse Coord. Reference】按钮（该按钮是折叠按钮），弹出数据库导航对话框，双击 ground 并找到名为 attachment_3 的 Marker 点，将其插入到第一行中，在右侧的 Selection Type 下拉列表中选择 Cylindrical，在 Radius 输入框中输入 0.0126（attachment_3 处的圆孔的半径为 0.025m），在 End Location 输入框中单击鼠标右键，在弹出的鼠标右键菜单中选择【Reference_frame】→【Browse】命令，弹出数据库导航对话框，在 Ground 下找到名为 tem_3 的 Marker 点，并将其插入到 End Location 输入框中，勾选 Symmtric 项，并单击【Transfer IDs】按钮，在对话框的右下角处会出现有 24 nodes 的信息，这些节点实际上是在 attachment_3 处的圆孔内表面上的节点。用鼠标单击第一行，然后再单击【Append】按钮，追加一行，单击刚刚追击的一行，单击【Browse Coord. Reference】按钮，弹出数据库导航对话框，找到名为 attachment_4 的 Marker 点，将其插入到第二行中，在右侧的 Selection Type

下拉列表中选择 Cylindrical，在 Radius 输入框中输入 0.0126（attachment_4 处的圆孔的半径为 0.0125m），在 End Location 输入框中单击鼠标右键，在弹出的鼠标右键菜单中选择【Reference_frame】→【Browse】命令，弹出数据库导航对话框，在 Ground 下找到名为 tem_4 的 Marker 点，并将其插入到 End Location 输入框中，勾选 Symmtric 项，并单击【Transfer IDs】按钮，在对话框的右下角处会出现有 16nodes 信息，这些节点实际上是在 attachment_4 处的圆孔内表面上的节点。单击【OK】按钮后，就开始计算 shoulder 构件的.mnf 文件。

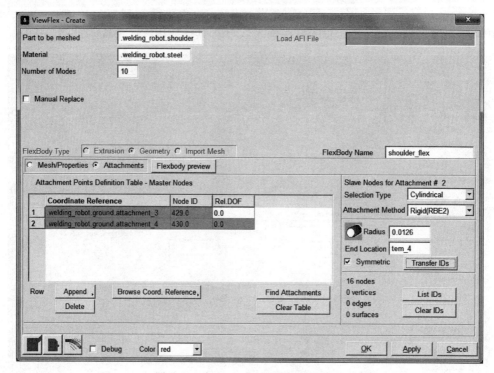

图 6-32　定义 shoulder 构件的外连点

计算结束后在 ADAMS 的工作目录下就会生成 should_flex_0.mnf 文件，并会得到节点数和单元数以及替换成功的信息，说明柔性体已经计算产生，并且已经替换刚性体。在图形区用鼠标双击 shoulder 柔性体，弹出柔性体的编辑对话框，然后单击 按钮可以查看各阶模态，如图 6-33 所示。

(a)　　　　　　　　　　　　　　(b)

图 6-33　shoulder 构件的柔性体及其模态

（a）shoulder 构件的柔性体；（b）shoulder 柔性体的第 11 阶模态

9. 计算 trunk 构件的柔性体

通过下面三个步骤来完成：

（1）按照前面的方法，将 trunk 构件显示出来，把其他构件都隐藏起来。trunk 构件如

图 6-34(a)所示,在它上面有 MARKER_28 和 MARKER_35 两个 Marker 点,分别关联两个旋转副。单击建模工具条 Bodies 下的创建 Marker 点按钮 ,将选项设置为 Add to Ground 和 Global XY,然后选择 MARKER_28 点,在与 MARKER_28 重合的位置创建一个 Marker 点,并重新命名为 attachment_5,再单击 Marker 点按钮 ,将选项设置为 Add to Ground 和 Global XY,将鼠标在 MARKER_28 孔的出口处移动,当出现 center 信息时,按下鼠标左键,就会在 MARKER_28 所在孔的 Z 方向的出口处创建一个辅助 Marker 点,并重新命名为 tem_5。用同样的方法在 MARKER_35 处创建一个 Marker 点,重新命名为 attachment_6,另外在 trunk 底部的中心位置创建一个 Marker 点,重新命名为 tem_6,如图 6-34(b)所示。

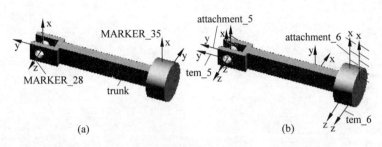

图 6-34 trunk 构件及其定义的外连点和辅助点

(a) trunk 构件及其 MARKER 点;(b) trunk 构件上的外连点

(2) 单击建模工具条 Bodies 下的 ViewFlex 按钮,弹出 ViewFlex 对话框,如图 6-35 所示,在对话框中部 FlexBody Type 中选择 Import Mesh 项,在材料 Material 中单击鼠标右键,用 Guesses 方法选择钢 steel,Number of Modes 输入框中输入 10,在右上部 Mesh File Name 输入框中单击鼠标右键,选择【Browse】,然后找到本书二维码中 chapter_06\welding _rotot_flex 目录下的 trunk_nastran.bdf 文件,在 FlexBody Name 中输入 trunk_flex。

(3) 单击 Attachments 项,进入外连点的定义阶段,如图 6-36 所示。用鼠标单击第一行,单击 Browse Coord. Reference 按钮,弹出数据库导航对话框,双击 ground 并找到名为 attachment_5 的 Marker 点,将其插入到第一行中,在右侧的 Selection Type 下拉列表中选择 Cylindrical,在 Radius 输入框中输入 0.1(attachment_5 处的圆孔的半径为 0.025m),在 End Location 输入框中单击鼠标右键,在弹出的鼠标右键菜单中选择【Reference_frame】→【Browse】命令,弹出数据库导航对话框,在 Ground 下找到名为 tem_5 的 Marker 点,并将其插入到 End Location 输入框中,勾选 Symmtric 项,并单击 Transfer IDs 按钮,在对话框的右下角处会出现有 128 nodes 的信息。用鼠标单击第一行,然后再单击【Append】按钮,追加一行,单击刚刚追击的一行,单击【Browse Coord. Reference】按钮,弹出数据库导航对话框,找到名为 attachment_6 的 Marker 点,将其插入到第二行中,在右侧的 Selection Type 下拉列表中选择 Cylindrical,在 Radius 输入框中输入 0.1,在 End Location 输入框中单击鼠标右键,在弹出的鼠标右键菜单中选择【Reference_frame】→【Browse】命令,弹出数据库导航对话框,在 Ground 下找到名为 tem_6 的 Marker 点,并将其插入到 End Location 输入框中,勾选 Symmtric 项,并单击【Transfer IDs】按钮,单击【OK】按钮后,开始计算 trunk 构件的.mnf 文件,计算时间需要 20 多分钟,计算结束后在 ADAMS 的工作目录下就会生成 trunk_flex_0.mnf 文件。

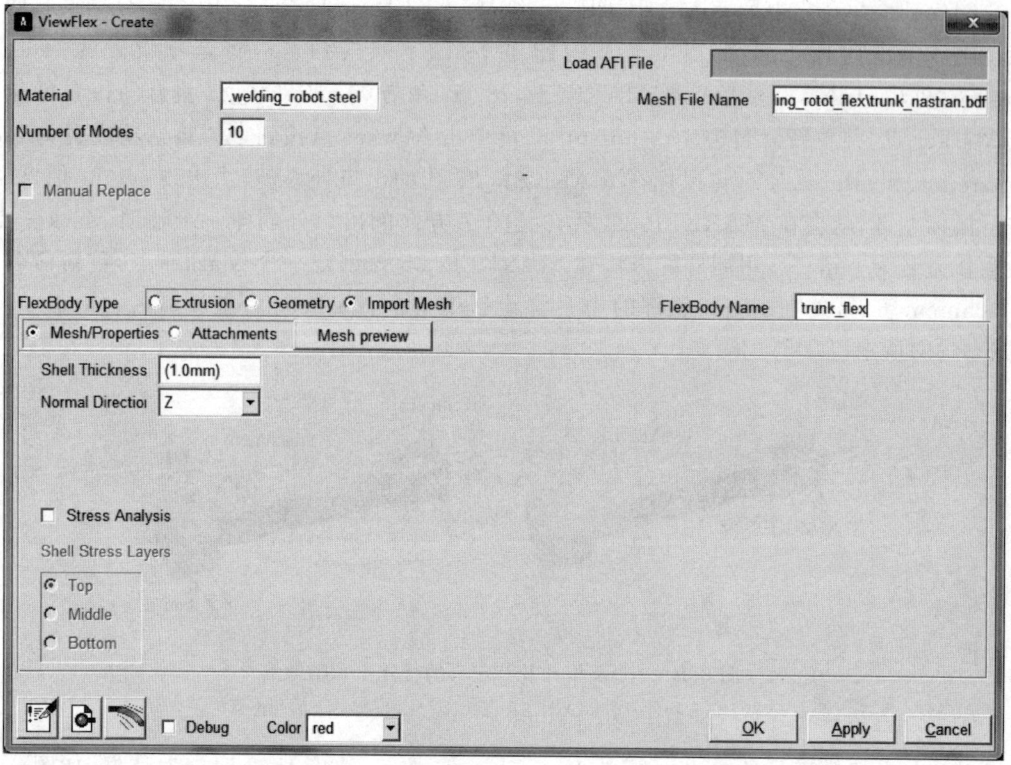

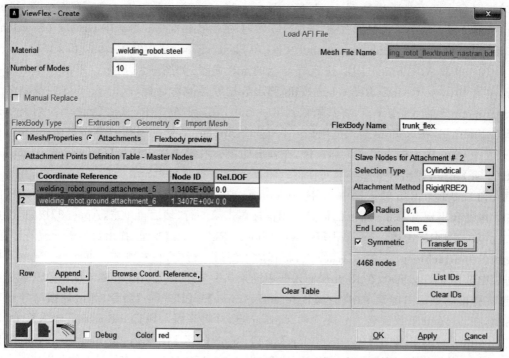

图 6-35　ViewFlex 对话框

图 6-36　定义 trunk 构件的外连点

10. 用柔性体构件替换刚性体构件

刚创建的 trunk 构件的柔性体已经导入到模型中,但是 trunk 构件上的运动副并没有移到柔性体上,需要手动移动。在模型树 Bodies 下找到 trunk_flex,在 trunk_flex 上单击鼠标右键,选择【Delete】把柔性体删除。单击建模工具条 Bodies 下的刚性体到柔性体 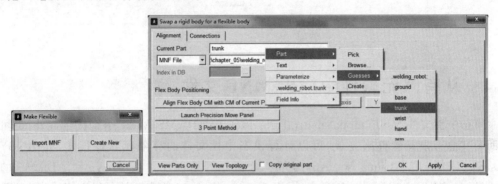 按钮,弹出对话框,单击【Import MNF】按钮,弹出柔性体替换刚性按钮,如图 6-37 所示,在 Current Part 输入对话框中单击鼠标右键,用 Guesses 方法找到 trunk 构件,在 MNF File 输入框中单击右键,用浏览的方式找到刚生成的柔性体文件 trunk_flex_0.mnf 文件,最后单击【OK】按钮,用柔性体替换刚性体。

图 6-37 柔性体替换刚性体对话框

替换后的柔性体如图 6-38(a)所示,在图形区用鼠标双击柔性体,弹出柔性体的编辑对话框,然后单击 按钮可以查看各阶模态,如图 6-38(b)所示。

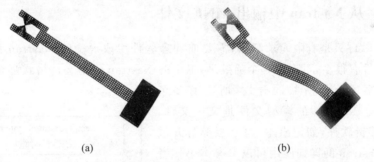

(a)　　　　　　　　　　　　　(b)

图 6-38 trunk 构件的柔性体及其模态

(a) trunk 件的柔性体;(b) trunk 柔性体的第 10 阶模态

11. 运行仿真

单击建模工具条 Simulation 中的仿真计算按钮 ,弹出仿真控制对话框,将仿真时间 End Time 设置为 5、仿真步数 Steps 设置为 1000,单击 ▶ 按钮开始仿真,单击 ◀◀ 按钮返回。

12. 后处理

单击 F8 按钮,进入后处理模块。将 Source 设置 Measures,在 Simlulation 中选择 rigid_results 和 Last_Run,在 Measure 中选择 hand_end_y,单击【Add Curves】按钮,绘制两条曲线。然后单击工具栏上的 按钮,将第 3s 时的数据曲线放大,如图 6-39 所示,再单击 按钮,鼠标在曲线上运动时,会显示曲线上的数据值,可以对比柔性体和刚性体的计算结果的差异。

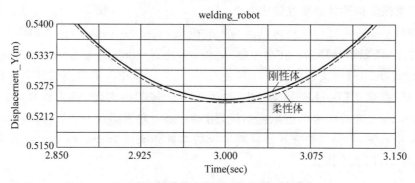

图 6-39　机器人末端执行器位置曲线

6.4　从有限元软件中输出 MNF 文件

模态中性文件 MNF(modal neutral file)除了在 ADAMS/View 中直接生成外,也可以借助于其他有限元软件来完成,可以计算模态中性文件的有限元软件很多,如 ANSYS、Nastran、I-Deas 和 Abaqus 等。Ansys 从 5.3 版本开始创建了从 Ansys 到 ADAMS 的接口,可以直接从 Ansys 输出 MNF 文件,而 Nastran 从 2004 版本开始可以直接输出 MNF 文件,而对于 2004 版以前的版本,则需要通过 ADAMS 自带的转换程序 mnfx.alt 和 msc2mnf.exe,将 Nastran 的包含模态信息的文件转换成 MNF 文件。

6.4.1　从 Nastran 中输出 MNF 文件

Nastran 软件只是有限元求解器,需要前处理软件生成提交给 Nastran 计算的模型文件,前处理软件有很多,不论用哪个前处理,输出的 Nastran 模型文件格式都相同。Nastran 软件原来由多家公司所共同开发,所以有多个 Nastran 版本。Nastran 的模型文件是文本文件,可以用文本编辑软件,如记事本、写字板等打开进行编辑,对 Nastran 的详细使用可以参考本书作者所著的《Nastran 快速入门与实例》一书。Nastran 的模型文件有标准的格式,通常由 3 部分组成,如图 6-40 所示。

（1）executive control statements：执行控制部分是必需的,在这一部分中设置分析求解的类型（SOL）,如模态计算的指令是 SOL 103。

（2）cend：cend 是分隔符,表示执行控制部分的结束。

图 6-40　Nastran 模型文件的格式

（3）case control commands：工况控制部分中设置载荷和约束工况、输出结果的类型和分析工况的名称等,载荷和约束需要在 begin bulk

行后的内容中定义。

（4）begin bulk：begin bulk 是必需的符号，表示开始建立有限元模型。

（5）bulk data entries：这一部分是有限元模型的构成部分，包括有限元的节点、单元、材料、单元属性、载荷和约束等，是模型文件的主要部分。

（6）enddata：enddata 是必需的符号，表示整个模型文件的结束。

下面以图 6-41 所示的由 6 个单元，12 个节点构成的简单模型为例，介绍 Nastran 生成柔性体 MNF 的过程，这里用节点 1、节点 3、节点 10 和节点 12 做外连点。

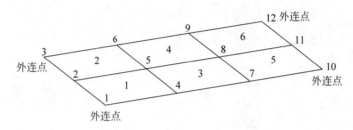

图 6-41　Nastran 的简单模型

用记事本打开本书二维码中 chapter_06\nastran 目录下的 simple_plate.dat 文件，文件内容如下，以 BEGIN BULK 开始，以 ENDDATA 结束，中间部分定义了节点（GRID）、壳单元（CQUAD4）、材料（MAT1）和属性（PSHELL），其中带"＄"符号的行表示注释，不起任何作用。

```
BEGIN BULK
$ 节点
GRID,   1,  ,   0.0,    0.0,    0.0
GRID,   2,  ,   0.0,    0.1,    0.0
GRID,   3,  ,   0.0,    0.2,    0.0
GRID,   4,  ,   0.1,    0.0,    0.0
GRID,   5,  ,   0.1,    0.1,    0.0
GRID,   6,  ,   0.1,    0.2,    0.0
GRID,   7,  ,   0.2,    0.0,    0.0
GRID,   8,  ,   0.2,    0.1,    0.0
GRID,   9,  ,   0.2,    0.2,    0.0
GRID,  10,  ,   0.3,    0.0,    0.0
GRID,  11,  ,   0.3,    0.1,    0.0
GRID,  12,  ,   0.3,    0.2,    0.0
$ 单元
CQUAD4,   1,  1,   5,   2,   1,   4
CQUAD4,   2,  1,   6,   3,   2,   5
CQUAD4,   3,  1,   8,   5,   4,   7
CQUAD4,   4,  1,   9,   6,   5,   8
CQUAD4,   5,  1,  11,   8,   7,  10
CQUAD4,   6,  1,  12,   9,   8,  11
$ 材料
MAT1,   1,  2.1E9,  ,  0.3,  7800.0
$ 属性
PSHELL,   1,  1,   0.002
ENDDATA
```

第 1 步，指定模态计算和提取模态的阶数。要做柔性体计算，必须指令 Nastran 进行模态计算，以及提取的模态阶数，进行模态计算的指令是"SOL 103"（Solution），提取模态阶数的指令是"EIGRL,1,,,N"，其中 N 是正整数，是指提取的模态阶数，例如如果需要提取 6 阶模态，在 BEGIN BULK 行前添加"SOL 103"和"CEND"两行，在 BEGIN BULK 后添加"EIGRL,1,,,6"，这个阶数不包括约束模态和刚体模态，如下所示。

```
SOL 103
CEND
BEGIN BULK
EIGRL, 1,,, 6
$ 节点
GRID,   1,  ,   0.0,    0.0,    0.0
GRID,   2,  ,   0.0,    0.1,    0.0
GRID,   3,  ,   0.0,    0.2,    0.0
GRID,   4,  ,   0.1,    0.0,    0.0
GRID,   5,  ,   0.1,    0.1,    0.0
GRID,   6,  ,   0.1,    0.2,    0.0
GRID,   7,  ,   0.2,    0.0,    0.0
GRID,   8,  ,   0.2,    0.1,    0.0
GRID,   9,  ,   0.2,    0.2,    0.0
GRID,  10,  ,   0.3,    0.0,    0.0
GRID,  11,  ,   0.3,    0.1,    0.0
GRID,  12,  ,   0.3,    0.2,    0.0
$ 单元
CQUAD4,   1,  1,   5,   2,   1,   4
CQUAD4,   2,  1,   6,   3,   2,   5
CQUAD4,   3,  1,   8,   5,   4,   7
CQUAD4,   4,  1,   9,   6,   5,   8
CQUAD4,   5,  1,  11,   8,   7,  10
CQUAD4,   6,  1,  12,   9,   8,  11
$ 材料
MAT1,   1,  2.1E9,  ,   0.3 ,  7800.0
$ 属性
PSHELL,  1,  1,   0.002
ENDDATA
```

第 2 步，指定计算工况，并指令 Nastran 计算柔性体。工况控制部分在 CEND 与 BEGIN BULK 之间，指定采用哪个 EIGRL 行的命令提取模态，一个模型中可以有多个 EIGRL 命令行，用 EIGRL 后的整数来表示是哪个 EIGRL 指令，如果要引用的 EIGRL 后的整数是 1，则需要在工况控制部分添加"METHOD＝1"行，如果 EIGRL 后的整数是 2，需要添加"METHOD＝2"，Nastran 计算柔性体的指令是"ADAMSMNF FLEXBODY＝YES"，因此在 BEGIN BULK 行前添加两个指令"METHOD＝1"行和"ADAMSMNF FLEXBODY＝YES"行，如下所示。

```
SOL 103
CEND
METHOD=1
ADAMSMNF FLEXBODY=YES
BEGIN BULK
EIGRL, 1,,, 6
$ 节点
GRID,   1,  ,   0.0,    0.0,    0.0
GRID,   2,  ,   0.0,    0.1,    0.0
GRID,   3,  ,   0.0,    0.2,    0.0
GRID,   4,  ,   0.1,    0.0,    0.0
GRID,   5,  ,   0.1,    0.1,    0.0
GRID,   6,  ,   0.1,    0.2,    0.0
GRID,   7,  ,   0.2,    0.0,    0.0
GRID,   8,  ,   0.2,    0.1,    0.0
GRID,   9,  ,   0.2,    0.2,    0.0
GRID,  10,  ,   0.3,    0.0,    0.0
GRID,  11,  ,   0.3,    0.1,    0.0
GRID,  12,  ,   0.3,    0.2,    0.0
$ 单元
CQUAD4,   1,  1,   5,   2,   1,   4
CQUAD4,   2,  1,   6,   3,   2,   5
CQUAD4,   3,  1,   8,   5,   4,   7
CQUAD4,   4,  1,   9,   6,   5,   8
CQUAD4,   5,  1,  11,   8,   7,  10
CQUAD4,   6,  1,  12,   9,   8,  11
$ 材料
MAT1,   1,  2.1E9,  ,   0.3 ,  7800.0
$ 属性
PSHELL,  1,  1,   0.002
ENDDATA
```

第 3 步，指定外连点及其自由度。外连点是用 ASET 来指定，其格式是"ASET，n，123456"，其中 n 是用作外连点的节点的编号，123456 是指节点的自由度，123 是指 3 个平动自由度，456 是指 3 个旋转自由度，这里用节点 1、节点 3、节点 10 和节点 12 做外连点，因此需要添加 4 行 ASET，如下所示。

```
SOL 103
CEND
METHOD=1
ADAMSMNF FLEXBODY=YES
BEGIN BULK
ASET,1,123456
ASET,3,123456
ASET,10,123456
ASET,12,123456
EIGRL,1,,,6
$ 节点
GRID,    1,   ,   0.0,     0.0,     0.0
GRID,    2,   ,   0.0,     0.1,     0.0
GRID,    3,   ,   0.0,     0.2,     0.0
GRID,    4,   ,   0.1,     0.0,     0.0
GRID,    5,   ,   0.1,     0.1,     0.0
GRID,    6,   ,   0.1,     0.2,     0.0
GRID,    7,   ,   0.2,     0.0,     0.0
GRID,    8,   ,   0.2,     0.1,     0.0
GRID,    9,   ,   0.2,     0.2,     0.0
GRID,   10,   ,   0.3,     0.0,     0.0
GRID,   11,   ,   0.3,     0.1,     0.0
GRID,   12,   ,   0.3,     0.2,     0.0
$ 单元
CQUAD4,  1,  1,  5,  2,  1,  4
CQUAD4,  2,  1,  6,  3,  2,  5
CQUAD4,  3,  1,  8,  5,  4,  7
CQUAD4,  4,  1,  9,  6,  5,  8
CQUAD4,  5,  1, 11,  8,  7, 10
CQUAD4,  6,  1, 12,  9,  8, 11
$ 材料
MAT1,   1,  2.1E9,   ,   0.3 ,  7800.0
$ 属性
PSHELL,  1,  1,  0.002
ENDDATA
```

第 4 步，指定单位。Nastran 的模型是没有单位的，Nastran 只进行数值上的求解，在建模的时候需要用户自己选择一套单位制，而 ADAMS 中是有单位的，ADAMS 在读取柔性体 MNF 文件时，是要进行单位转换的，因此需要在 Nastran 的模型中指定当前模型使用的单位。Nastran 指定单位的命令是 DTI，其格式是"DTI,UNITS,1,MASS,FORCE,LENTH,TIME"，其中 MASS,FORCE,LENTH,TIME 分别指质量、载荷、长度和时间，这里使用国际单位制，因此需要在 BEGIN BULK 后添加"DTI,UNITS,1,kg,n,m,s"一行内容，如下所示。

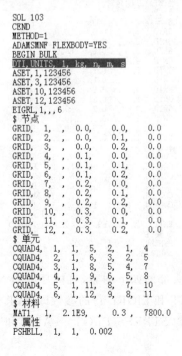

```
SOL 103
CEND
METHOD=1
ADAMSMNF FLEXBODY=YES
BEGIN BULK
DTI,UNITS, 1, kg, n, m, s
ASET,1,123456
ASET,3,123456
ASET,10,123456
ASET,12,123456
EIGRL,1,,,6
$ 节点
GRID,    1,   ,   0.0,     0.0,     0.0
GRID,    2,   ,   0.0,     0.1,     0.0
GRID,    3,   ,   0.0,     0.2,     0.0
GRID,    4,   ,   0.1,     0.0,     0.0
GRID,    5,   ,   0.1,     0.1,     0.0
GRID,    6,   ,   0.1,     0.2,     0.0
GRID,    7,   ,   0.2,     0.0,     0.0
GRID,    8,   ,   0.2,     0.1,     0.0
GRID,    9,   ,   0.2,     0.2,     0.0
GRID,   10,   ,   0.3,     0.0,     0.0
GRID,   11,   ,   0.3,     0.1,     0.0
GRID,   12,   ,   0.3,     0.2,     0.0
$ 单元
CQUAD4,  1,  1,  5,  2,  1,  4
CQUAD4,  2,  1,  6,  3,  2,  5
CQUAD4,  3,  1,  8,  5,  4,  7
CQUAD4,  4,  1,  9,  6,  5,  8
CQUAD4,  5,  1, 11,  8,  7, 10
CQUAD4,  6,  1, 12,  9,  8, 11
$ 材料
MAT1,   1,  2.1E9,   ,   0.3 ,  7800.0
$ 属性
PSHELL,  1,  1,  0.002
```

表 6-1 所示是 DTI，UNITS 中可以使用单位，建议使用国际单位制。

表 6-1　Nastran 计算柔性体的单位制

MASS	FORCE	LENTH	TIME
kg-kilogram	n-newton	km-kilometer	h-hour
lbm-pound-mass	lbf-pounds-force	m-meter	min-minute
slug-slug	kgf-kilograms-force	cm-centimeter	s-sec
gram-gram	ozf-ounce-force	mm-millimeter	ms-millisecond
ozm-ounce-mass	dyne-dyne	mi-mile	us-microsecond
klbm-kilo pound-mass	kn-kilonewton	ft-foot	nanosec-
(1000. lbm)	klbf-kilo pound-force	in-inch	nanosecondd-day
mgg-megagram	(1000. lbf)	um-micrometer	
slinch-12 slugs	mn-millinewton	nm-nanometer	
ug-microgram	un-	ang-angstrom	
ng-nanogramuston-US ton	micronewtonnn-nanonewton	yd-yard	
		mil-milli-inchuin-micro-inch	

第 5 步，添加参数。最后需要在 BEGIN BULK 后添加两行参数"PARAM，GRDPNT，0"和"PARAM，AUTOQSET，YES"，如下所示。

```
SOL 103
CEND
METHOD=1
ADAMSMNF FLEXBODY=YES
BEGIN BULK
PARAM, GRDPNT, 0
PARAM, AUTOQSET, YES
DTI, UNITS, 1, kg, n, m, s
ASET, 1, 123456
ASET, 3, 123456
ASET, 10, 123456
ASET, 12, 123456
EIGRL, 1, , , 6
$ 节点
GRID,   1,  ,   0.0,    0.0,    0.0
GRID,   2,  ,   0.0,    0.1,    0.0
GRID,   3,  ,   0.0,    0.2,    0.0
GRID,   4,  ,   0.1,    0.0,    0.0
GRID,   5,  ,   0.1,    0.1,    0.0
GRID,   6,  ,   0.1,    0.2,    0.0
GRID,   7,  ,   0.2,    0.0,    0.0
GRID,   8,  ,   0.2,    0.1,    0.0
GRID,   9,  ,   0.2,    0.2,    0.0
GRID,  10,  ,   0.3,    0.0,    0.0
GRID,  11,  ,   0.3,    0.1,    0.0
GRID,  12,  ,   0.3,    0.2,    0.0
$ 单元
CQUAD4,   1,  1,   5,   2,   1,   4
CQUAD4,   2,  1,   6,   3,   2,   5
CQUAD4,   3,  1,   8,   5,   4,   7
CQUAD4,   4,  1,   9,   6,   5,   8
CQUAD4,   5,  1,  11,   8,   7,  10
CQUAD4,   6,  1,  12,   9,   8,  11
$ 材料
MAT1,   1,   2.1E9,   ,   0.3,   7800.0
$ 属性
PSHELL,   1,  1,   0.002
ENDDATA
```

实际应用中，可以将文件头部的如下内容，直接复制到 Nastran 模型文件中，然后根据实际情况，修改一下 DTI、ASET 和 EIGRL 行的参数即可，其他不需要修改。如果需要计算应力，在 BEGIN BULK 前添加"STRESS(PLOT)＝ALL"和"GPSTRESS(PLOT)＝ALL"

两行内容即可。

```
SOL 103
CEND
METHOD=1
ADAMSMNF FLEXBODY=YES
BEGIN BULK
PARAM, GRDPNT, 0
PARAM, AUTOQSET, YES
DTI, UNITS, 1, kg, n, m, s
ASET, 1, 123456
ASET, 3, 123456
ASET, 10, 123456
ASET, 12, 123456
EIGRL, 1, , , 6
```

在 3.4 节中建立的挖掘机模型中,boom 构件和 arm 构件是主要的受力部件,可以将其做成柔性体,在本书二维码中 chapter_06\nastran 目录下,有 boom_nastran. dat 和 arm_nastran. dat 两个文件。先用记事本打开 boom_nastran. dat,可以看到以 BEGIN BULK 开头,把第一行 BEGIN BULK 删除,并把上面的信息复制到文件开头部分,由于 boom 构件的外连点的节点编号是 107、173、1033 和 1034 四个点,如图 6-42 所示,把 ASET 后的节点编号做一下相应的修改后,就可以提交给 Nastran 计算 boom 构件的柔性体 MNF 文件。模型中的单位是 m、kg 和 s,不用做修改。

```
BEGIN BULK                              SOL 103
$                                       CEND
$ NODES                                 METHOD=1
$                                       ADAMSMNF FLEXBODY=YES
GRID, 1, , -. 14707, . 122431, -2. 133   BEGIN BULK
GRID, 2, , -. 14716, 0. 11119, -2. 10561 PARAM, GRDPNT, 0
GRID, 3, , -. 14709, . 075009, -2. 13119 PARAM, AUTOQSET, YES
GRID, 4, , -. 14708, 0. 09448, -2. 14063 DTI, UNITS, 1, kg, n, m, s
GRID, 5, , -0. 1471, . 035831, -2. 11236 ASET, 107, 123456
GRID, 6, , -. 14711, . 111254, -2. 20808 ASET, 173, 123456
GRID, 7, , -. 14711, . 015613, -2. 10309 ASET, 1033, 123456
GRID, 8, , -0. 1471, . 055544, -2. 12178 ASET, 1034, 123456
GRID, 9, , -. 14711, . 070663, -2. 19088 EIGRL, 1, , , 6
GRID, 10, , -. 14711, . 079712, -2. 22346 $
GRID, 11, , -. 14711, . 002288, -2. 13568 $ NODES
GRID, 12, , -. 14711, . 010191, -2. 1799  $
GRID, 13, , -. 14711, . 011907, -2. 19942 GRID, 1, , -. 14707, . 122431, -2. 133
GRID, 14, , -. 14711, -. 00295, -2. 15315 GRID, 2, , -. 14716, 0. 11119, -2. 10561
```

用记事本打开 arm_nastran. dat,把第一行 BEGIN BULK 删除,并把上面的信息复制到文件开头部分,如下所示,由于 boom 构件的外连点的节点编号是 445、446、447、448 和 449 五个点,如图 6-43 所示,把 ASET 复制一行,并把 ASET 后的节点编号做一下相应的修改后,就可以提交给 Nastran 计算 arm 构件的柔性体 MNF 文件。

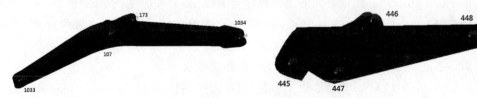

图 6-42 挖掘机模型中 boom 构件的有限元网格　　图 6-43 挖掘机模型中 arm 构件的有限元网格

6.4.2 从 Ansys 中输出 MNF 文件

Ansys 输出 MNF 文件的过程比较简单,在 Ansys 中离散好网格后,只需通过一个主要对话框就可以输出 MNF 文件。当有了有限元模型后,单击 Ansys 主工具栏上的【Main

Menu】→【Solution】→【ADAMS Connection】→【Export to ADAMS】后，弹出拾取节点对话框，在图形区选择几个节点作为外连点，在将计算出的 MNF 文件导入 ADAMS 中后，在这些外连点上将会生成 Marker 点，单击【OK】按钮后，又弹出输出 MNF 文件的对话框，如图6-44 所示，对话框中各选项的功能如下。

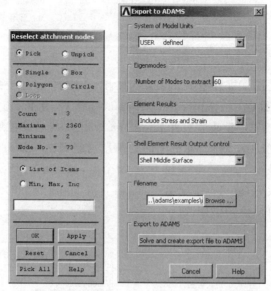

图 6-44 选择外连点的对话框和输出 MNF 文件的对话框

（1）System of Model Units：在下拉列表中选择相应的单位，这个单位是指 Ansys 的有限元模型的单位，不是 ADAMS 中的单位，Ansys 也是无单位制，只是进行数值计算，Ansys 建模时，也需要用户自己选择一套单位制。如果没有用户需要的单位，可以选择USER defined 项，然后在用户自定义单位对话框中输出不同单位间转化时的系数，也可以在 Ansys 的命令输入行中输入如下的命令"/UNITS,USER,L,M,T,,,,F"，其中 L、M、T和 F 分别为长度、质量、时间和力的单位转化系数。

（2）Eigenmodes：确定抽取的模态的阶数，这个阶数是指不包括约束模态，但包括刚体模态，抽取的模态数越多，柔性体的变形就越接近真实。

（3）Element Results：确定单元上是否包含应力（Stress）和应变（Strain）值。

（4）Shell Element Result Output Control：确定壳单元（Shell）输入结果的位置，可以选择为顶部（Top）、中部（Middle）和底部（Bottom）。

（5）Filename：设置将要生成的 MNF 文件的路径和文件名。

（6）Export to ADAMS：设置了以上参数后，单击按钮【Solve and create export file to ADAMS】后，就开始计算 MNF 文件。

需要特别注意的是，在将构件离散成有限元网格的时候，对于那些需要关联运动副的位置处，设置一个节点。例如，如果要在圆孔的中心位置处定义旋转副，需要在圆孔的中点位置处定义一个节点，将该点指定为外连点，这样将来可以通过该节点来创建运动副，或载荷的受力点。

下面以事先划分好的 boom 构件和 arm 构件的有限元模型为例，说明一下 Ansys 计算

MNF 文件的过程。首先将本书二维码中 chapter_06\ansys 目录下的 boom_ansys.cdb 和 arm_ansys.cdb 文件复制到 Ansys 的工作目录下。

1. 计算 boom 构件的 MNF 文件

启动 Ansys 后,选择【File】→【Change Directory】命令,然后找到 boom_ansys.cdb 文件所在的路径,单击主菜单中的【Main Menu】→【Preprocessor】→【Archive Model】→【Read】,弹出读取文档对话框,如图 6-45 所示,选择 DB All finite element information 项,单击 ... 按钮找到 boom_ansys.cdb 文件,单击【OK】按钮导入 Ansys 的有限元模型,然后选择【Plot】→【Multi-Plots】命令,把单元显示出来。

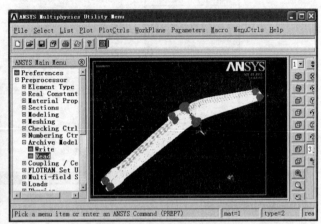

图 6-45 文档导入对话框和导入的 boom 模型

单击主菜单中的【Main Menu】→【Solution】→【ADAMS Connection】→【Export to ADAMS】,弹出选择外连点对话框,在中部的输入框中输入"107,173,1033,1034"后单击 Enter 键,如图 6-46 所示,再单击【OK】按钮,弹出导出到 ADAMS 对话框,System of Model Units 设置成 SI,在 Number of Modes to extract 中输入要提取的模态阶数,在 Filename 中输入 MNF 的文件名,单击【Solve and export file to ADAMS】按钮后,开始计算并生成 MNF 文件,计算结束后,在 Ansys 的工作目录下有.mnf 文件生成。

2. 计算 arm 构件的 MNF 文件

选择【File】→【Clear & New Start】命令,新建模型。单击主菜单中的【Main Menu】→【Preprocessor】→【Archive Model】→【Read】,弹出读取文档对话框,选择 DB All finite element information 项,单击 ... 按钮找到 arm_ansys.cdb 文件,单击【OK】按钮导入 Ansys 的有限元模型,然后选择【Plot】→【Multi-Plots】命令,把单元显示出来。

单击主菜单中的【Main Menu】→【Solution】→【ADAMS Connection】→【Export to ADAMS】,弹出选择外连点对话框,如图 6-47 所示,在中部的输入框中输入"445,446,447,448,449"后单击 Enter 键,再单击【OK】按钮,弹出导出到 ADAMS 对话框,将 System of Model Units 设置成 SI,在 Number of Modes to extract 中输入要提取的模态阶数 6,在 Filename 中输入 MNF 的文件名,单击【Solve and export file to ADAMS】按钮后,开始计算并生成 MNF 文件,计算结束后在 Ansys 工作目录下有.mnf 文件生成。

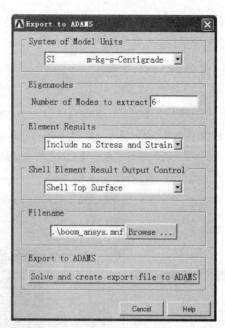

图 6-46　选择节点和计算 MNF 文件对话框

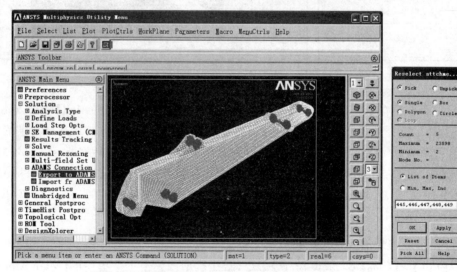

图 6-47　Ansys 中的 arm 构件的有限元模型和选择节点对话框

6.5　柔性体 MNF 文件的使用

6.4 节讲了如何生成柔性体 MNF 文件,这节介绍如何导入 MNF 文件、如何将柔性体替换刚性体、如何将柔性体替换柔性体,以及柔性体的转换。

6.5.1　柔性体 MNF 替换刚性体

在建立多体系统模型时,可以先建立刚性体系统,如果某些构件需要柔性体化,再用柔性体替换原来的刚性体,而且刚性体上的载荷、约束、Marker 点等都会转移到柔性体上,这样建模过程比较简单,柔性体还会继承原来的刚性件或柔性体的一些特征,如图标、尺寸、初始速度、模态位移等。

下面通过一个简单的实例,来说明一下柔性体替换刚性的过程。请读者将本书二维码中 chapter_06\mnf2rigid 目录下的 flex_replace. bin 和 link. mnf 文件复制到 ADAMS 的工作目录下。首先启动 ADAMS/View 并打开模型 flex_replace. bin,打开的模型如图 6-48 所示。如果进行一次 5s 500 步的仿真计算,会出现计算失败的情况,通过检查知道,旋转副_3 的旋转轴线的方向造成的,存在自锁现象。解决这种情况的办法就是用柔性体替换刚性体,由于柔性体可以产生变形,在自锁时柔性体产生一定的变形,就不会出现计算失败的情况。下面是用一个柔性体替换刚性构件 2 的过程。

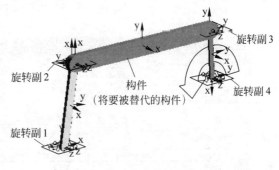

图 6-48　存在自锁的模型

单击建模工具条 Bodies 下的刚性体到柔性体  按钮,或者在构件 2 上单击鼠标右键,选择构件下的【Make Flexible】,弹出柔性化对话框,单击【Import MNF】按钮,弹出用柔性体替换刚性体的对话框,如图 6-49 所示,在 Current Part 中单击鼠标右键,选择 Part 下的【Pick】,然后在图形取单击构件 2,在 MNF File 输入框中单击鼠标右键,用【Browse】方式找到 link. mnf 文件,或选择 Flex Body 项,用已经存在的柔性体将替换刚性构件,本例使用前者,Flex Body Positioning 用于调节柔性体与刚性件的位置,单击【Align Flex Body CM with CM of Current Part】按钮,可以将柔性体的质心与刚性构件的质心重合,此时右边的 X axis、Y axis 和 Z axis 三个按钮将亮起来,用于翻转柔性体的方向。单击【Launch Precision Move Panel】按钮后弹出精确移动构件对话框,如图 6-50 所示,可以看到要使柔性体的质心与刚性体质心重合,需要在 X 和 Y 方向移动的距离(C1 和 C2 值),单击【OK】按钮关闭精确移动构件对话框。单击柔性体替换刚性体对话框中的 Connections 页,如图 6-51 所示,可以查看刚性构件的运动副与 Marker 点与柔性体之间的转换情况,单击 Distance 列中 cm 行的数字 13. 34,再单击【Preserve Location】按钮,保留此数值。单击【OK】按钮后就完成了柔性体替换刚性件的过程,此时再

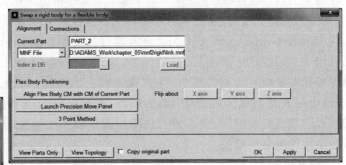

图 6-49　柔性体替换刚性体对话框

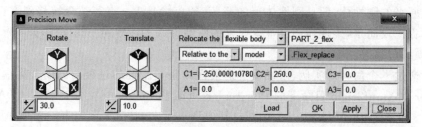

图 6-50　精确移动柔性体对话框

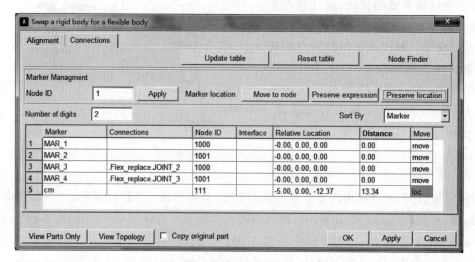

图 6-51　连接对话框

对模型进行计算仿真时,就不会出现计算失败的情况了。在柔性体替换刚性体对话框中,如果单击【3 Point Method】按钮来定位柔性体的位置,需要在柔性体和刚性体上各选择 3 个点,柔性体的第 1 个点会移动到刚性体的第 1 个点上,其他 2 对点用于确定方向,这 3 对点的选择顺序是,柔性体第 1 个点,刚性体第 1 个点,柔性体第 2 个点,刚性体第 2 个点,柔性体第 3 个点,刚性体第 3 个点。为方便选择位置,可以单击【View Parts Only】按钮,只显示相关的构件。

6.5.2　实例：挖掘机构件的柔性化

在 3.4 节建立的挖掘机模型中,由于 boom 构件和 arm 构件是主要受力部件,如图 6-52 所示,其变形可能比较大,因此可以考虑用柔性体替换刚性体来研究系统的性能。本例的模型文件为 traxcavator_start. bin,另外还有柔性体文件 boom. mnf 和 arm. mnf 文件,位于本书二维码中 chapter_06\mnf2rigid 目录下,请先复制到 ADAMS 的工作目录下。在下面的步骤中可能需要缩放或旋转模型,为此按键盘上的 Z 键和鼠标左键就可以放大或缩小模型,按键盘的 R 键和鼠标左键可以旋转模型,按键盘的 T 键和鼠标左键可以平移模型。按 V 键可以隐或显示图标,按 G 键可以隐藏或显示工作栅格,单击状态工具栏上的 🌐 按钮可以渲染或线框显示模型。

1. 打开模型

启动 ADAMS/View,在欢迎对话框中选择打开文件(Existing Model),单击【OK】按钮

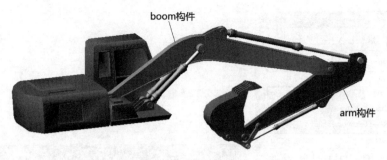

图 6-52 挖掘机模型

后,弹出打开文件对话框,在对话框中找到 traxcavator_start.bin,打开模型后,请先熟悉模型。

2. 定义测试

单击建模工具条 Design Exploration 中的 f(x) 按钮,弹出函数构造器,如图 6-53 所示,在 Measure Name 输入框中输入 arm_end,在函数表达式编辑框中输入函数表达式 DY(Marker_Measure),其中 Marker_Measure 是 arm 构件末端上的 Marker 点,单击【OK】按钮。

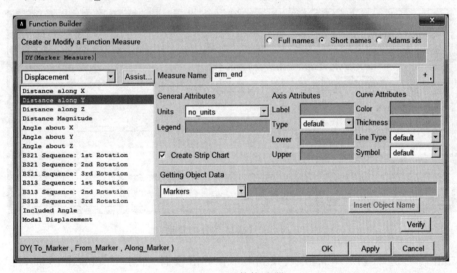

图 6-53 函数构造器

3. 运行仿真

单击建模工具条 Simulation 中的仿真计算 ⚙ 按钮,弹出仿真控制对话框,将仿真时间 End Time 设置为 50、仿真步数 Steps 设置为 2000,单击 ▶ 按钮开始仿真,单击 ⏮ 按钮返回,arm 构件末端在竖直方向的轨迹如图 6-54 所示。计算结束后,单击仿真控制对话框中左下角的 ⏺ 按钮,弹出保存结果的对话框,输入 rigid_result,单击【OK】按钮。

4. boom 构件柔性化

单击建模工具条 Bodies 下的刚性体到柔性体 ⏩ 按钮,弹出柔性化对话框,单击【Import MNF】按钮,弹出用柔性体替换刚性体的对话框,如图 6-55 所示,在 Current Part 中单击鼠标右键,选择 Part 下的【Pick】,然后在图形取单击 boom 构件,在 MNF File 输入

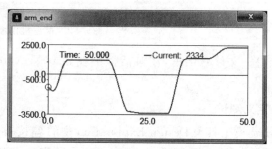

图 6-54　arm 构件竖直方向的轨迹

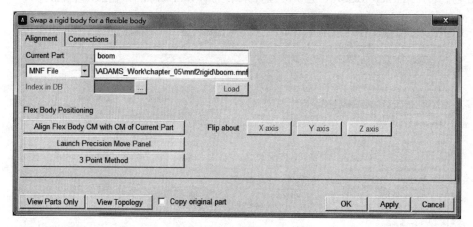

图 6-55　boom 构件的替换

框中单击鼠标右键,用【Browse】方式找到 boom. mnf 文件,单击 Connections 页,可以查看 Marker 的移动情况,单击【OK】按钮后,用柔性体 boom. mnf 替换 boom 刚性构件。

5. arm 构件柔性化

单击建模工具条 Bodies 下的刚性体到柔性体 按钮,弹出柔性化对话框,单击 【Import MNF】按钮,弹出用柔性体替换刚性体的对话框,在 Current Part 中单击鼠标右键, 选择 Part 下的【Pick】,然后在图形取单击 arm 构件,在 MNF File 输入框中单击鼠标右键, 用【Browse】方式找到 arm. mnf 文件,单击 Connections 页,可以查看 Marker 的移动情况, 单击【OK】按钮后,用柔性体 arm. mnf 替换 arm 刚性构件。

6. 运行仿真

单击建模工具条 Simulation 中的仿真计算按钮 ,弹出仿真控制对话框,将仿真时间 End Time 设置为 50、仿真步数 Steps 设置为 2000,先单击 按钮,表示从静平衡位置处仿真,再单击 ▶ 按钮开始仿真,单击 ◀◀ 按钮返回。

7. 后处理

单击 F8 按钮,进入后处理模块。在左上角选择 Plotting,将 Source 设置成 Measures,
在 Simlulation 中选择 rigid_result 和 Last_Run,在 Measure 中选择 arm_end,单击【Add
Curves】按钮,绘制两条曲线。然后单击工具栏上的 按钮,将 40s 附近的数据曲线放大,
如图 6-56 所示,然后再单击 按钮,鼠标在曲线上运动时,会显示曲线上的数据值,可以对
比柔性体和刚性体的计算结果的差异。从结果曲线上看,柔性体有比较大的晃动。

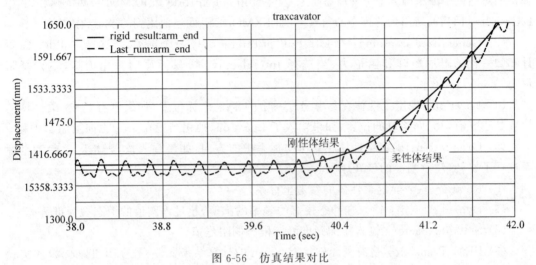

图 6-56　仿真结果对比

6.5.3　直接导入 MNF 文件创建柔性体

在计算出模态中性文件后,可以直接导入 MNF 文件创建柔性体构件。单击建模工具
条 Bodies 中的 按钮,弹出创建柔性体对话框,如图 6-57 所示,对话框中各选项的功能
如下。

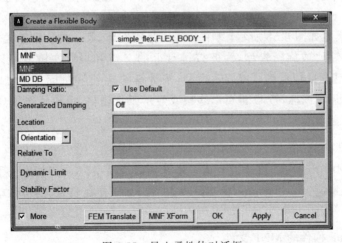

图 6-57　导入柔性体对话框

（1）MNF：输入模态中性文件的位置，可以在输入框中单击鼠标右键，在弹出的右键快捷菜单中选择 Browse，之后弹出打开文件对话框，找到想要的文件即可，另外还有一个 MDDB 选项，可以导入用 Nastran 计算 MNF 文件时的临时文件 MASTER 来创建柔性体。

（2）Damping Ratio：设置柔性体的模态阻尼比，当选项 use default 时，将频率低于 100Hz 的模态的阻尼比设置为 0.01，将频率为 100～1000Hz 之间的模态的阻尼比设置为 0.1，将频率超过 1000Hz 的模型的阻尼比设置为 1，用户可以去掉 use default，在后面的输入框中输入一个具体的值，则所有模态的阻尼就定义为该值，用户还可以单击 ⃞ 按钮，在弹出的对话框中编辑函数来定义模态阻尼，这主要用到 FXFREQ 和 FXMODE 两个函数，其中 FXFREQ 返回当前所用到的模态的角频率，而 FXMODE 返回当前用到的模态的阶次。

（3）Generalized Damping：有 Off、Full 和 Interal only 三个选项，当选择 Full 时，需要计算归一化的阻尼矩阵和阻尼力，当选择 Interal only 时，只计算归一化矩阵，不计算阻尼力。

（4）Location：确定柔性体在参考坐标系中的 xyz 坐标位置，如果没有输入，柔性体的位置是建立有限元网格时的位置，如果输入了 Location，则相当于在 xyz 方向上做了平移。

（5）Orientation：确定柔性体在参考坐标系中的方向，如果输入值，则相对于参考坐标系进行了旋转，注意当前的旋转序列。

（6）Relative To：确定柔性体的参考坐标系。

（7）Dynamic Limit：输入准静态模态的频率的阈值，超过该阈值的模态视为准静态。

（8）Stability Factor：输入添加到准静态模态的阻尼值。

（9）FEM Translate：将有限元软件 Nastran 的计算结果文件 OUTPUT2（op2）或实验测得模态转换成 .mnf 文件。

（10）MNF XForm：将已经存在的 MNF 文件进行平移、旋转或镜像等操作得到新的 MNF 文件。

6.5.4 实例：由 MNF 文件创建柔性体

本节通过一个实例来讲解如何导入 MNF 文件，以及如何在柔性体间定义运动副。请将本书二维码中 chapter_06\mnf2adams 目录下的所有文件复制到 ADAMS 的工作目录下，本节建立的模型如图 6-58 所示，其中 piston 是刚性体，其他构件都是柔性体。在下面的步骤中可能需要缩放或旋转模型，为此按键盘上的 Z 键和鼠标左键就可以放大或缩小模型，按键盘的 R 键和鼠标左键可以旋转模型，按键盘的 T 键和鼠标左键可以平移模型。按 V 键可以隐藏或显示图标，按 G 键可以隐藏或显示工作栅格，单击状态工具栏上的 ⃝ 按钮可以渲染或线框显示模型。

1. 新建模型

启动 ADAMS/View 后，在欢迎对话框中选择新建模型（New Model）后，弹出新建模型对话框，输入模型名字 mnf2adams，单击【OK】按钮，如工作栅格没有打开，单击 G 键打开工作栅格。

2. 导入 crank 构件的 MNF 文件

单击建模工具条 Bodies 中的 🔩 按钮，弹出创建柔性体对话框，如图 6-59 所示，在

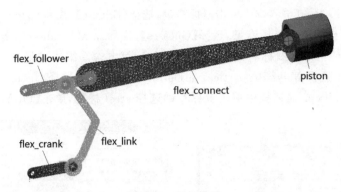

图 6-58 实例模型

Flexible Body Name 中输入 flex_crank,然后在 MNF 输入框中单击鼠标右键,选择【Browse】,找
到 crank_steel. mnf 文件,单击【OK】按钮导入柔性体。

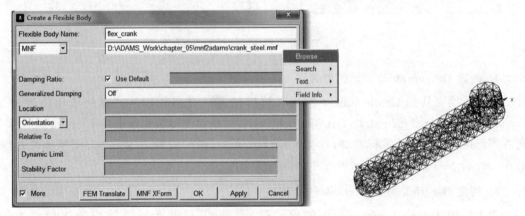

图 6-59 导入 MNF 文件对话框

3. 导入 link 构件的 MNF 文件

单击建模工具条 Bodies 中的 ![按钮] 按钮,弹出创建柔性体对话框,在 Flexible Body Name
中输入 flex_link,然后在 MNF 输入框中单击鼠标右键,选择【Browse】,找到 link_steel. mnf
文件,单击【OK】按钮导入柔性体。

4. 导入 follower 构件的 MNF 文件

单击建模工具条 Bodies 中的 ![按钮] 按钮,弹出创建柔性体对话框,在 Flexible Body Name
中输入 flex_follower,然后在 MNF 输入框中单击鼠标右键,选择【Browse】,找到 follower_
steel. mnf 文件,单击【OK】按钮导入柔性体。

5. 导入 connect 构件的 MNF 文件

单击建模工具条 Bodies 中的 ![按钮] 按钮,弹出创建柔性体对话框,在 Flexible Body Name
中输入 flex_connect,然后在 MNF 输入框中单击鼠标右键,选择【Browse】,找到 connect_
steel. mnf 文件,单击【OK】按钮导入柔性体。

6. 导入 piston 构件的刚性文件

选择【File】→【Import】命令,弹出导入对话框,如图 6-60(a)所示,在 File Type 中选择

Parasolid，在 File To Read 输入框中单击鼠标右键，选择【Browse】，找到 piston. xmt_txt 文件，在 Model Name 输入框中单击鼠标右键，选择【Guesses】，找到. mnf2adams，单击【OK】按钮。在图形区 piston 构件上单击鼠标右键，选择【Modify】，弹出构件编辑对话框，如图 6-60(b)所示，在 Category 中选择 Mass Properties，在 Define Mass By 中选择 Geometry and Material Type，在 Material Type 输入框中单击鼠标右键选择 steel 材料，单击【OK】按钮。

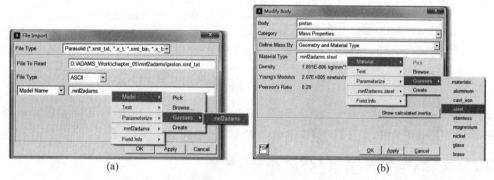

图 6-60　导入和构件编辑对话框

7. 创建 flex_crank 与大地的旋转副

单击建模工具条 Connectors 下的旋转副按钮 ，并将创建旋转副的选项设置为 2 Bodies-1 Location、Normal To Grid 和 Pick Body，然后在图形区先单击 flex_crank 柔性体，再在图形区空白处单击鼠标左键，选择大地(Ground)，最后选择 flex_crank 柔性体左边圆孔中心处的 Marker：INT_NODE_359，创建旋转副。

8. 创建 flex_link 与 flex_crank 的旋转副

单击建模工具条 Connectors 下的旋转副 按钮，并将创建旋转副的选项设置为 2 Bodies-1 Location 和 Normal To Grid，然后在图形区先单击 flex_link 柔性体，再单击 flex_crank 柔性体，最后选择 flex_crank 柔性体右边圆孔中心处的 Marker：INT_NODE_358，创建旋转副，如果 Marker：INT_NODE_358 比较难选，可以在 flex_crank 柔性体右边圆孔中心处单击鼠标右键，从弹出的选择对话框中，选择 flex_crank. INT_NODE_359，如图 6-61(a)所示。

图 6-61　选择对话框

9. 创建 flex_link 与 flex_follower 的旋转副

单击建模工具条 Connectors 下的旋转副 按钮，并将创建旋转副的选项设置为 2 Bodies-1 Location 和 Normal To Grid，然后在图形区先单击 flex_link 柔性体，再单击 flex_follower 柔性体，最后选择 flex_follower 柔性体中间圆孔中心处的 Marker：INT_NODE_

591,创建旋转副。同样,如果 Marker:INT_NODE_591 比较难选,可以在 flex_follower 柔性体中间圆孔中心处单击鼠标右键,从弹出的选择对话框中,选择 flex_follower. INT_NODE_591,如图 6-61(b)图所示。

10. 创建 flex_follower 与大地的旋转副

单击建模工具条 Connectors 下的旋转副 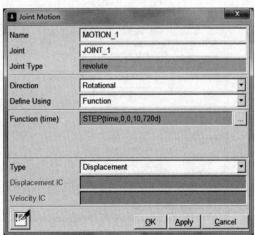 按钮,并将创建旋转副的选项设置为 2 Bodies-1 Location 和 Normal To Grid,然后在图形区先单击 flex_follower 柔性体,再在图形区空白处单击鼠标左键,选择大地,最后选择 flex_follower 柔性体左边圆孔中心处的 Marker:INT_NODE_592,创建旋转副。

11. 创建 flex_connect 与 flex_follower 的旋转副

单击建模工具条 Connectors 下的旋转副按钮 ,并将创建旋转副的选项设置为 2 Bodies-1 Location 和 Normal To Grid,然后在图形区先单击 flex_connect 柔性体,再单击 flex_follower 柔性体,最后选择 flex_follower 柔性体右边圆孔中心处的 Marker:INT_NODE_593,创建旋转副。同样,如果 Marker:INT_NODE_593 比较难选,可以在 flex_follower 柔性体中间圆孔中心处单击鼠标右键,从弹出的选择对话框中选择 flex_follower. INT_NODE_593。

12. 创建 piston 与 flex_connect 的旋转副

单击建模工具条 Connectors 下的旋转副 按钮,并将创建旋转副的选项设置为 2 Bodies-1 Location 和 Normal To Grid,然后在图形区先单击 piston 构件,再单击 flex_connect 柔性体,最后在 flex_connect 柔性体右边圆孔中心处单击鼠标右键,从弹出的选择对话框中,选择 flex_connect:INT_NODE_2099,创建旋转副。

13. 创建 piston 与大地的滑移副

单击建模工具条 Connectors 下的滑移副按钮 ,并将创建滑移副的选项设置为 2 Bodies-1 Location 和 Pick Geometry Feature,然后在图形区先单击 piston 构件,再单击图形区的空白处选择大地,在 piston 的开口处的边缘上移动鼠标,当出现 center 信息时,按下鼠标左键,最后在 piston 构件的圆柱体上移动鼠标,当出现沿着圆柱体轴线方向的箭头时按下鼠标左键,创建滑移副。

14. 添加驱动

单击建模工具条 Motions 下的旋转驱动 按钮,然后在图形区单击第一个旋转副,即 flex_crank 与大地之间的旋转副 JOINT_1,创建驱动 MOTION_1,在图形区 MOTION_1 图标上单击鼠标右键,选择【Modify】,弹出编辑对话框,如图 6-62 所示,在 Function(time)输入框中输入 STEP(time,0,0,10,720d),Type 设置成 Displacement,单击【OK】按钮。

图 6-62　旋转驱动编辑对话框

15. 验证模型

选择【Tools】→【Model Verify】命令，会得到如下信息，从中可以看出没有过约束的情况。因为是有柔性体存在，所以没有过约束，如果换成刚性体，则有多个过约束。

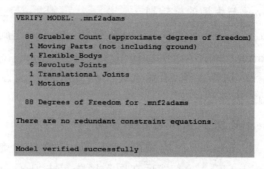

```
VERIFY MODEL: .mnf2adams

  88 Gruebler Count (approximate degrees of freedom)
   1 Moving Parts (not including ground)
   4 Flexible_Bodys
   6 Revolute Joints
   1 Translational Joints
   1 Motions

  88 Degrees of Freedom for .mnf2adams
There are no redundant constraint equations.


Model verified successfully
```

16. 仿真计算

单击建模工具条 Simulation 中的仿真计算 ⚙ 按钮，将仿真时间 End Time 设置为 10，仿真步数 Steps 设置为 1000，然后单击 ▶ 按钮进行仿真计算。计算完成后，保存模型，下节我们将继续使用。

6.5.5 柔性体替换柔性体

除了柔性体直接替换刚性体外，也可以用柔性体替换柔性体。下面通过上节中的模型来说明一下过程，或者打开本书二维码中 chapter_06\mnf2adams 目录下的 mnf2adams_finished.bin 模型，模型中柔性体的材料都是钢，现在把 flex_link 的柔性体的材料由钢材变成铝材，铝材要比钢材软很多，受力后变形更大，因此仿真结果就不一样。

单击建模工具条 Bodies 中的柔性体替换柔性体按钮 🔳，弹出柔性体替换柔性体对话框，如图 6-63 所示，在 Flexible Body 中单击鼠标右键，用【Pick】或者【Browse】方法找到 flex_link 柔性体，在 MNF File 的输入框中单击鼠标右键，用【Browse】方法找到本书二维码中 chapter_06\mnf2adams 目录下的 link_aluminum.mnf 模型，单击【OK】按钮后，就可以用新的柔性体 MNF 文件替换旧的柔性体文件。替换结束后，单击建模工具条 Simulation 中的

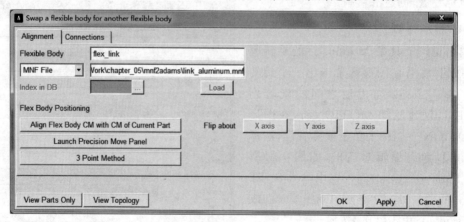

图 6-63　柔性体替换柔性体对话框

仿真计算按钮 ![gear icon]，将仿真时间 End Time 设置为 10、仿真步数 Steps 设置为 1000，然后单击 ▶ 按钮进行仿真计算，可以对比仿真到最后时的动画，用铝材的连杆明显出现颤振现象。对话框中的其他选项与柔性体替换刚性体对话框中选项的功能相同，在此不再赘述。

6.5.6 柔性体的转换

当一个模型中有多个构件需要柔性体，而且这些构件的几何外形相同，材料也相同，只是位置和方向不同，这时可以只计算其中一个构件的柔性体 MNF 文件，通过镜像、平移和旋转操作，利用这个构件的 MNF 文件得到其他构件的 MNF 文件，这样可以节省不少时间，对于尺寸比较大、构造比较复杂的构件来说，可以节省计算 MNF 文件时间。

单击建模工具条 Bodies 中的柔性体转换 ![icon] 按钮，弹出柔性体转换对话框，如图 6-64 所示，如果选择 Flexible Body Name，可以选择模型中已经存在的柔性体将其变换，或者选择 MNF File，选择一个已经存在的 MNF 文件转换；Output File 输入框输入一个 MNF 文件名，在工作目录下将生成该柔性体文件；如果选择 Create Flexible Body，则在生成新的 MNF 文件后，弹出创建柔性体构件的对话框，利用新的 MNF 文件直接创建一个柔性体构件；柔性体的转换可以选择 Mirror(镜像)、Translate(平移)和 Rotate

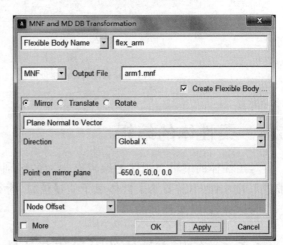

图 6-64　柔性体转换对话框

(旋转)三种方式，选择的方式不同，具体的选项和操作也会不同，这些都不难，单击【OK】按钮后，在工作目录下就会创建新的柔性体 MNF 文件，然后可以把新 MNF 文件读入 ADAMS 中创建柔性体构件。

6.5.7 虚构件

在将柔性体导入 ADAMS 中后，需要将柔性体与其他的刚性件或柔性体与柔性体之间建立运动副约束关系，还需要在柔性体上施加载荷等，如果直接在柔性体与刚性件之间建立连接关系，由于理论等条件的限制，有些限制性条件需要考虑，可以创建一种虚构件(Dummy Part)，通过虚构件建立柔性体与其他件之间的连接关系，即便是用户直接将柔性体与其他件之间建立连接关系，系统也会在柔性体与刚性件之间自动创建一个虚构件。

虚构件的创建方法很简单，只要在构件编辑对话框中，将构件的质量和转动惯量等质量信息设置为 0，如图 6-65(a)所示，这样可以保留虚构件的几何外观，或者将构件的几何元素删除，如图 6-65(b)所示，由于构件的质量信息是通过计算构件的体积得到的，将构件的几何元素删除后，构件的质量和惯性矩等质量信息也为 0，这样得到的构件就是虚构件。由于虚构件没有任何质量信息，所以不会对整个模型的计算结果带来影响。

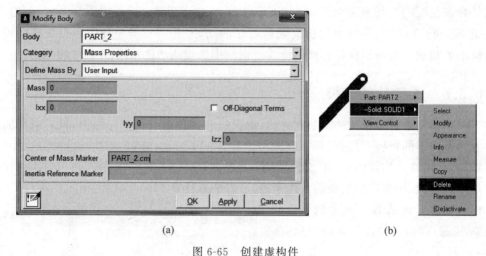

图 6-65　创建虚构件

（a）直接修改构件的质量信息；（b）删除构件的几何元素

6.6　柔性体的编辑

对柔性体的编辑与刚性的编辑有很大的区别，柔性体的质量和惯性矩是从 MNF 文件带进来的，因此不需要给柔性体赋予质量信息，对柔性体最大的编辑就是决定使用哪些阶模态参与运算，以及柔性体的阻尼等。

6.6.1　编辑柔性体的阻尼和有效性

在图形区双击柔性体或者在柔性体上单击鼠标右键，在右键快捷菜单上选择柔性体下的【Modify】，弹出柔性体编辑对话框，如图 6-66 所示，对话框中各选项的功能如下。

（1）Damping Ratio：设置柔性体的模态阻尼比，当选项 use default 时，将频率低于 100Hz 的模态的阻尼比设置为 0.01，将频率为 100～1000Hz 之间的模态的阻尼比设置为 0.1，将频率超过 1000Hz 的模态的阻尼比设置为 1，用户可以去掉 use default，在后面的输入框中输入一个具体的值，则所有模态的阻尼比就定义为该值，用户还可以单击 ▦ 按钮，在弹出的对话框中编辑函数来定义模态阻尼，这主要用到 FXFREQ 和 FXMODE 两个函数，其中 FXFREQ 返回当前所用到的模态的角频率，而 FXMODE 返回当前用到的模态的阶次。

（2）Datum Node：当柔性体产生变形时，会以不同的颜色显示相对位移量的大小，Datum Node 通过选择一个节点最为参考点，默认点为柔性体局部参考坐标系原点 LBRF（local body reference frame），可以去掉 LBRF 选项，输入节点编号，或者在输入框中单击鼠标右键，拾取柔性体上的节点。

（3）Generalized Damping：有 Off、Full 和 Interal only 三个选项，当选择 Full 时，需要计算归一化的阻尼矩阵和阻尼力，当选择 Interal only 时，只计算归一化矩阵，不计算归一化阻尼力。

（4）Location：编辑柔性的名称和位置。

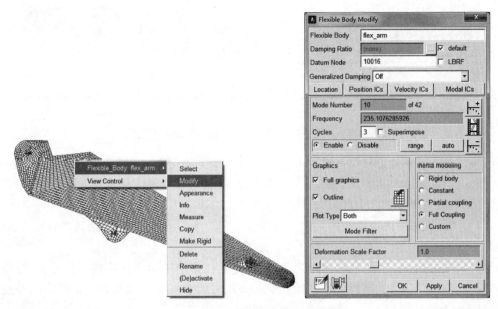

图 6-66　柔性体的编辑对话框

（5）Position ICs：编辑柔性体的初始状态。

（6）Velocity ICs：编辑柔性体的初始速度。

（7）Modal ICs：编辑柔性体的模态初始状况。

（8）Mode Number：显示柔性体当前在图形区显示的模态阶数，如果模态阶数的数字上没有括号"（）"，则表示该阶模态是激活的，如果有括号则表示该阶模态是失效的，可以单击 ![] 或者 ![] 按钮来显示下一阶或前一阶模态的振型，图 6-67 所示是导入的柔性体臂的第 7 阶到第 10 阶模态的阵型，通过查看模态的振型，就可以决定哪些模态对计算结果不能做出贡献，就可以将其失效。

图 6-67　柔性体臂的模态

（9）Cycles：当单击 ![] 按钮时，在图形区以动画的形式显示当前模态的振型，振型动画播放的次数由 Cycles 决定。

（10）Superimpose：选中该项，在图形区同时显示柔性体当前阶的模态振型和柔性体，否则只显示模态振型。

（11）Enable 和 Disable：使当前阶模态激活（Enable）或失效（Disable），失效的模态的阶数用一括号来表示。

（12）range：单击该按钮后，弹出如图 6-68（a）所示的对话框，可以将某个频率或某个阶数范围内的模态激活或失效。

（13）auto：由于不同的模态对柔性体变形的贡献量不同，也就是模态参与因子的大小

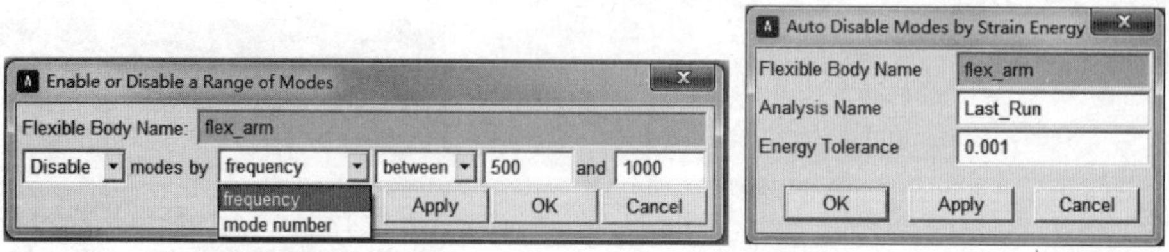

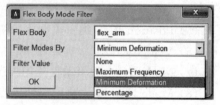

图 6-68　根据频率范围、应变能决定模态的有效性

不同，可以让系统来决定将那些对变形能比率贡献量少的模态自动失效，单击该按钮后，弹出如图 6-68(b)所示的对话框，在 Energy Tolerance 输入框中输入应变能比率，那些对应变能比率的贡献量少于该数值的模态，系统自动将其失效。

（14）Graphics：决定柔性体是完全显示（Full MNF Graphics）还是用轮廓（Outline）来显示。

（15）Plot Type：当柔性体产出变形时，决定柔性体上不同位置的相对位移、相对应力和相对应变的显示样式，可以有云纹图（Contour）、向量（Vector）、两种都显示（Both）或没有任何显示（None）。

（16）Mode Filter：由于柔性体的变形是通过模态叠加得到的，为加快柔性体的显示速度，在播放动画时，不考虑某些模态对变形的贡献量，【Mode Filter】就是用来在播放动画时过滤模态的，单击该按钮后，弹出如图 6-69 所示的对话框，有 3种方法可以过滤模态，Maximum Frequency 是对

图 6-69　过滤模态

超过某频率的模态都被过滤掉，Min Displacement 是柔性体上模态最大位移点的位移小于某值的模态都被过滤掉，Percentage 是对柔性体上任意点处的位移贡献量少于某百分比数的所有模态被过滤掉，None 是没有过滤，全部模态都参与动画的播放。

（17）Deformation Scale Factor：由于柔性体的变形是模态的叠加得到的，而模态则是各个节点的相对位移，因此可以把模态各个节点相对位移进行缩放，只要拖动变形比例系数滑动条或输入具体的缩放比例系数，就可以把柔性体的变形放大或缩小。

（18）Inertia modeling：如果选择 Custom，用户自己选择惯性的耦合项，如图 6-70 所示。

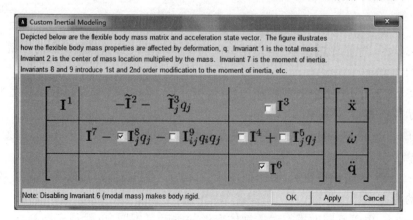

图 6-70　惯性建模

6.6.2 编辑柔性体的名称和位置

在柔性体编辑对话框中，单击【Location】按钮，弹出柔性体的名称和位置编辑对话框，如图 6-71 所示，在 New Name 输入框中输入柔性体构件的新名称，在 Location 中输入要移动的位移，在 Orientation 输入框中输入旋转的角度就可以将构件进行平动或旋转，在 Relative To 输入框中输入某坐标系，可以将柔性体相对于某个物体进行平动和旋转。另外在确定方向时，还可以选择 Along Axis 和 In Plane 项，当选择 Along Axis 时，需要输入 2 个点的坐标值或 1 个点坐标值，如果输入 1 个点时，系统会将 Location 的位置作为第 1 个点，当选择 In Plane 时，需要输入 3 个点或 2 个点，如果输入 2 个点，系统会把 Location 的位置作为第 1 点。还可以利用 ADAMS/View 还提供的精确修改构件的方位的手段，先在图形区选中柔性体后，再选择【Edit】→【Move】命令，弹出精确移动的对话框。

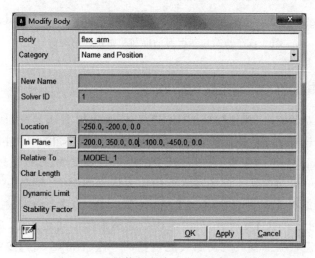

图 6-71　柔性体的名称和位置编辑对话框

6.6.3 编辑柔性体的初始状况

在柔性体编辑对话框中，单击【Position ICs】按钮，弹出初始化状态对话框，为方便装配和创建运动副（铰链），在创建运动副时，可以选择两个构件上的两个作用点，在仿真计算时，系统会根据运动副的约束关系移动构件，使运动副关联的两个构件满足运动副的约束关系，也就是进行装配计算。例如，如果在定义旋转副时，选择了 2 个不同的作用点，系统会将第 2 个作用点移动到第 1 个作用点上，使 2 个作用点重合，这样起到了装配的作用。如果将 Category 项设置为 Position Initial Conditions，并勾选了相应的项，则该柔性体构件就不会改变选中项目的起始位置，在仿真计算时，有可能出现计算失败的情况。当选中 Global X、Global Y 和 Global Z 时，系统就不会在相应方向上进行平移装配计算，而不选时，就会在该方向上进行装配计算。PSI Orientation、THETA Orientation 和 PHI Orientation 分别是指欧拉角的章动角、自转角和进动角，也就是 313 旋转序列，选中这些项不进行旋转装配计算，关于装配计算参见第 7 章中的内容。

6.6.4　编辑柔性体的初始速度

在柔性体编辑对话框中，单击【Velocity Ics】按钮，弹出初始速度对话框，如图 6-72 所示，可以给一个柔性体赋予初始速度和初始加速度，需要设置初始速度和角速度在参考坐标系（Marker）或者质心坐标系（Part CM）上的分量值。

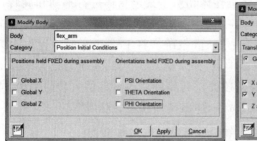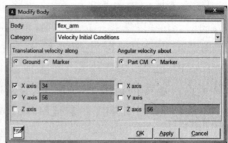

图 6-72　初始化状况对话框和初始化速度对话框

6.6.5　编辑柔性体的模态初始状况

在柔性体编辑对话框中，单击【Modal ICs】按钮，弹出模态初始化对话框，如图 6-73 所示，在对话框中单击某行选中某阶模态，然后再单击【Disable Highlighted Modes】或【Enable Highlighted Modes】按钮，可以使选中的模态失效或激活，以星号（＊）表示激活，在【Apply Displacement IC】按钮上面的输入框中输入位移初始值，单击【Apply Displacement IC】后，可以给选中的模态赋予初始值，在【Apply Velocity IC】上面的输入框中输入初始位移，单击【Apply Velocity IC】按钮后，可以给选中的模态赋予初始速度，单击【Set Exact】按钮可以使选中的模态根据需要具有初始装配位置，单击【Clear Exact】按钮使选中的模态不具有初始装配位置。

图 6-73　设置模态初始状况的对话框

第7章

仿真计算与结果后处理

对于一个机械系统,在建立了构件或者导入了几何模型、定义了材料属性、定义了运动副和载荷、将构件柔性化后等,前处理就已经基本结束了,就可以对系统进行仿真计算了。通过后处理,可以计算 Marker 点的位移、速度和加速度,可以计算运动副关联的两个构件之间的相对位移、速度和加速度,由于运动副约束了两个构件的相对运动,也就是一个构件强迫另一个构件在被约束的自由度方向上与该构件一起运动,所以在被约束的自由度上可以计算由约束产生的力或力矩等数据。计算的目的就是通过数值求解多体动力学方程,得到复杂系统内部的各种数据,然后根据这些数据判断系统是否合理可行,并找出系统的缺陷,进行修正,或者验证系统是否正确,或找出系统内部的规律,为以后的设计提供设计指导。

ADAMS/View 中建立仿真与结构后处理的按钮在建模工具条 Simulation、Results 和 Design Exploration 中,如图 7-1 所示。

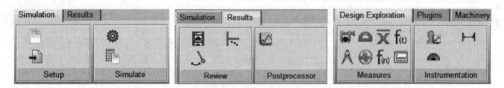

图 7-1　与仿真计算和后处理相关的按钮

7.1　仿真计算类型与仿真控制

7.1.1　仿真类型

1. 装配计算

如果在建立构件时,构件之间的位置并不是实际装配的位置,可以利用运动副的约束关系,将两个构件放置到正确的位置。读者可以打开本书二维码中 chapter_07\assembly 目录下的 assembly.bin 文件,如图 7-2(a)所示的模型,两个连杆的起始位置并不是正确的位置,可以通过选择两个构件两个位置的方式(2 Bod-2 Loc)创建一个旋转副,在进行装配计算后,系统会将旋转副的 J-Marker 和 I-Marker 的原点重合,如图 7-2(b)所示。

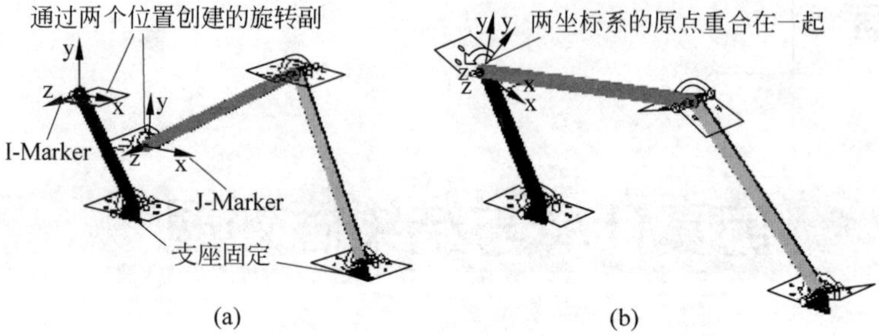

图 7-2　装配计算示意图

（a）装配计算前；（b）装配计算后

2. 运动学计算

由于运动副和驱动是约束系统的自由度，当添加的运动副和驱动后，相应的系统自由度就会减少，如果系统的自由度减少到零，则系统各个构件的位置和姿态也就在任意时刻都可以由约束关系来确定，在进行仿真计算时，系统就会进行运动学计算。在图 7-2 所示的模型中，由于系统做平面运动，系统的自由度为 $3 \times 3 - 2 \times 4 = 1$，如果在图 7-2 所示的模型中的任意一个运动副上添加旋转驱动，系统的自由度为 0，则系统就会进行运动学计算。在这种情况下，系统认为驱动可以提供任意大小的驱动载荷，只要能满足运动学关系就行。在运动学计算中，可以计算运动副的相对位移、速度、加速度、约束力和约束载荷，以及任意 Marker 点的位移、速度和加速度等数据。

3. 动力学计算

如果在图 7-2 所示的模型上不添加驱动，而是让其在重力的作用下运动，由于系统还有 1 个自由度未确定，则系统进行动力学计算。在动力学计算中，将会考虑构件的惯性力，求解动力学方程，可以计算运动副的相对位移、速度、加速度、约束力和约束载荷，以及任意 Marker 点的位移、速度和加速度等数据。如果系统的自由度不为 0，强行进行运动学计算，会报错；反过来，如果系统的自由度为 0，强行进行动力学计算，系统也会报错。在模型上添加外力，如单分量力和力矩，也同样做动力学计算。

4. 静平衡计算

静平衡计算是系统的构件在载荷的利用下，受力平衡。对于图 7-2 所示的系统，只在重力的作用下，系统有两个静平衡位置，如图 7-3 所示。一个系统可以有多个静平衡位置，可以运行一定时间的运动学计算或动力学计算后，让系统到达某一位置，再进行一次静平衡计算，这样就可以找到该位置附近的静平衡位置，一个系统可能会有多个静平衡位置。如果只受重力作用，在静平衡位置处开始动力学计算，则系统会始终不动。

5. 线性化计算

线性化计算可以将系统的非线性动力学方程线性化，这样可以得到系统的共振频率和振型（模态）。

7.1.2　查询模型的自由度

在仿真计算之前，可以对系统的构成、系统的自由度、未定义质量的构件和过约束等情

图 7-3　静平衡位置

(a) 第一个平衡位置；(b) 第二个静平衡位置

况进行查询，即便是在建立模型的过程中，也可以进行查询，以保证模型的准确性。选择
【Tools】→【Model Verify】命令弹出系统信息窗口，如图 7-4 所示，从中可以得到有关模型的
详细信息。可以得到系统的自由度是多少，如果系统的自由度大于 0，则可以选择动力学计
算；如果系统的自由度为 0 或者过约束，则可以选择运动学计算。

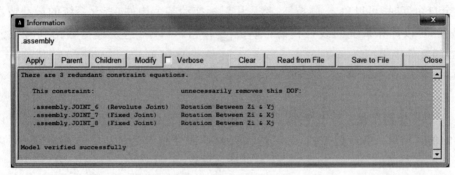

图 7-4　验证模型的信息

7.1.3　仿真控制

仿真控制是决定仿真计算的类型、仿真时间、方程步数和仿真步长等信息，可以使用三
种仿真控制，一是交互式，二是脚本式，三是用 Windows 批处
理方式。

1. 交互式仿真

单击建模工具条 Simulation 中的仿真计算 ⚙ 按钮，弹出
交互式仿真控制的对话框，如图 7-5 所示。

交互式仿真控制对话框中的选项如下。

（1）控制按钮：⏮ 返回到设置仿真的起始位置、⏹ 终止
仿真计算、▶ 运行仿真计算、🔄 播放最近一次仿真的动画、
✔ 验证模型。

（2）Sim. Type：仿真类型有 Default、Dynamic（动力学计
算）、Kinematic（运动学计算）和 Static（静平衡计算），如果用户
选择的是 Default，系统就会根据模型的自由度来决定是进行动
力学计算还是进行运动学计算。

图 7-5　交互式仿真控制对话框

（3）仿真时间：有 End Time(终止时间)、Duration Time(持续时间)和 Forever(永久)，如果选择 Duration Time,则仿真计算后，再次单击仿真计算 ▶ 按钮，则会从上次仿真计算结束的时间开始继续进行仿真计算，如果选择 Forever,则只需要输入时间步长。

（4）仿真计算的步长或步数：如果选择 Steps,可以设置仿真步数，系统将会根据仿真的时间和步数计算出仿真的时间间隔；如果选择 Step Size,则需要输入仿真计算的时间步长。

（5）Start at equilibrium：从静平衡位置处开始仿真计算，系统会在模型的当前位置处找到一个静平衡位置，然后从该位置开始进行仿真计算。

（6）eset before running：在仿真计算时，从模型的起始位置开始仿真计算。

（7）仿真计算过程中的调试：有 No Debug(没有调试)、Eprint(在信息窗口显示每帧计算信息)和 Table(在新的窗口中显示每帧的迭代等信息)。

（8）静平衡计算和装配计算：进行静平衡计算和装配计算，可以单击 ⬛ 和 🔧，当系统还有多余自由度时，可以单击 🖑 按钮，然后用鼠标拖动某个构件，查看系统的运动情况。单击 ⊢⊣ 按钮，可以计算系统的线性模态；单击 Nastran 按钮，可以将这个模型输出到有限元软件 Nastran 的文件中。

（9）选择仿真控制方法：选择 Interactive 进入交互式仿真；选择 Scripted 进入脚本仿真。

（10）保存仿真结果：单击 ⬛ 按钮可以用新名字保存仿真结果；单击 ⬛ 按钮可以保存某时刻的仿真结果；单击 ⬛ 按钮，可以进入动画播放控制对话框；单击 ⊢⊣ 按钮，可以进入模态显示控制对话框；单击 ⋀ 按钮，进入后处理模块。

（11）仿真设置：单击【Simulation Settings】按钮后，弹出仿真设置对话框，会根据不同的设置目标，对话框中的内容也不一样。

2. 脚本式仿真

1）创建仿真脚本

脚本式仿真控制相当于求解器执行仿真控制命令，并读取相关的仿真控制参数。在运行脚本仿真控制以前，必须先创建仿真脚本。单击建模工具条 Simulation 中的 ⬛ 按钮后，弹出创建仿真控制脚本的对话框，可以进行如下三种脚本式仿真控制：

（1）Simple Run：简单脚本控制，在这种情况下只能进行运动学、动力学和静平衡的计算控制。如图 7-6 所示，在 Script 中输入脚本的名称，在 Script Type 下拉列表中选择

Simple Run,在 Simulation Type 下拉列表中选择仿真类型，只能进行运动学、动力学和静平衡仿真计算的控制，然后再输入相应的仿真参数，就可以创建仿真脚本。

（2）Adams/Views Commands：ADAMS/View 命令方式，如图 7-7 所示，在 Script Type 下拉列表中选择 Adams/View Commands,然后在下面的输入框中输入命令。在这种情况下需要用户知道 ADAMS/View 的命令语法格式，如果对命令语

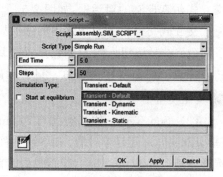

图 7-6 创建仿真控制脚本对话框

法不是很清楚,可以单击【Append Run Commands】按钮,之后出现新的对话框,如图 7-8 所示,在 Run command to be appended to script 下拉列表中选择仿真类型,并输入相应仿真参数,单击【OK】按钮后,会将仿真命令添加到命令的末尾。在这种情况下,如果用户用命令的方式改变了模型的参数,求解器不理会这些参数,而是按一开始时的参数进行仿真计算,用户如果确实想改变模型的参数,只能回到最初状态进行修改,而不能在仿真脚本中用命令来修改。

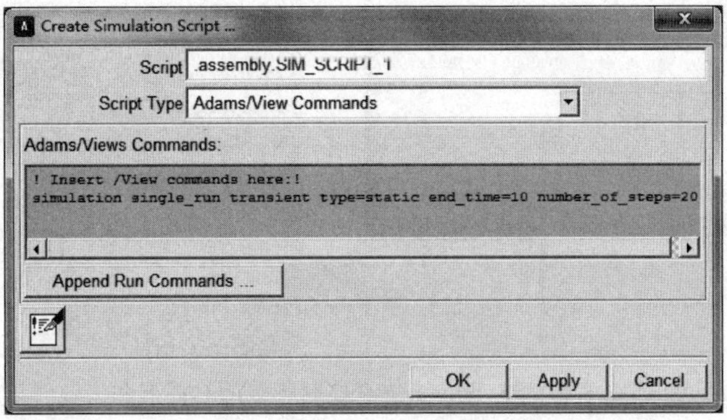

图 7-7 创建 Adams/View 仿真控制脚本的对话框

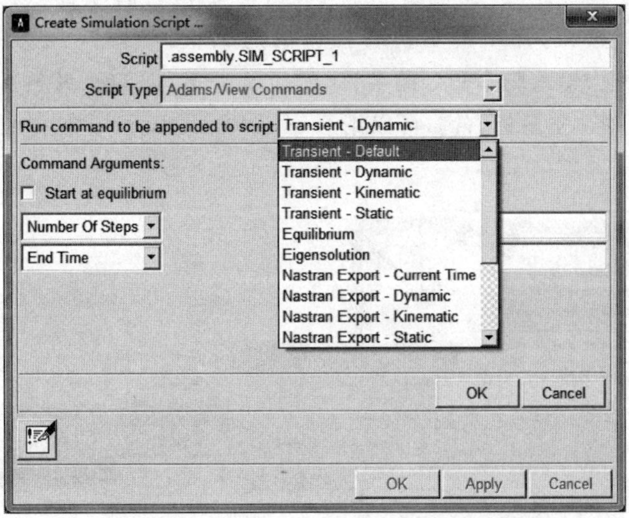

图 7-8 添加 ADAMS/View 仿真命令的对话框

(3) Adams/Solver Commands:求解器命令方式,如图 7-9 所示,在 Script Type 下拉列表中选择 Adams/Solver Commands,然后在下面的输入框中输入命令和参数,用户可以在 Append ACF Command 下拉列表中选择仿真控制命令,然后就会弹出相应的对话框,输入参数即可。在这种仿真脚本控制下,可以修改模型中元素的参数,如改变仿真步长、仿真精度、使元素失效或者有效等,这些都是可以接受的,因此在这种情况下可以完成常规仿真所不能完成的一些特殊的计算。例如在仿真到某个时刻,想要使某个构件、运动或驱动失效,可以在 Append ACF Command 下拉列表中旋转 Deactivate,弹出新的对话框,从中找到想要失效的对象即可。

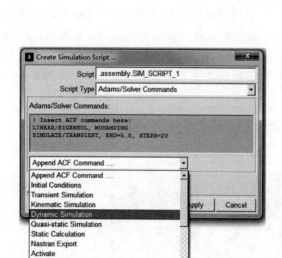
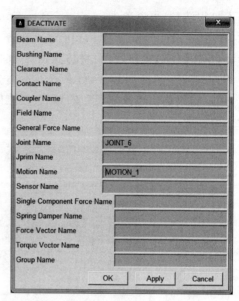

图 7-9　创建 ADAMS/Solver 仿真控制脚本的对话框和失效对话框

2）执行脚本仿真

以上是创建脚本的方法，在创建了脚本后，需要执行脚本命令。单击建模工具条 Simulation 中的 ▦ 按钮，弹出脚本仿真控制的对话框，如图 7-10 所示。在 Simulation Script Name 输入框中输入脚本命令的名称，然后单击 ▶ 按钮后，开始进行脚本仿真计算，可以在脚本输入框中单击鼠标右键，可以用 Browse 或 Guesses 等方式来找到已经创建好的仿真脚本。

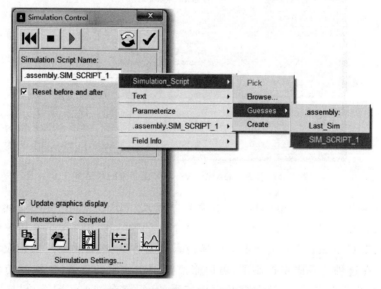

图 7-10　执行脚本仿真控制对话框

3. 批处理仿真

批处理仿真是指不需要启动 ADAMS/View 界面，而是直接用 Windows 命令的方式调用 ADAMS/Solver 求解器进行求解，求解结束后再把计算结果导入 ADAMS/View 中查看，这通常用于模型比较复杂、计算时间比较长的计算。批处理仿真需要在 ADAMS/View 中导出仿真模型文件.adm，并建立仿真命令文件.acf，我们会通过一个实例介绍批处理仿真过程。

7.1.4 动画重放控制

单击建模工具条 Results 中的 ▦ 按钮，弹出动画播放控制对话框，如图 7-11 所示，单击 Results 中的 ▦ 按钮，弹出线性模态播放控制对话框，单击 Results 中的 ◪ 按钮，或者按 F8 键，进入后处理模块。

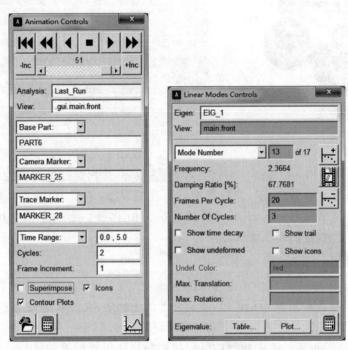

图 7-11 仿真动画播放控制对话框和线性模态播放对话框

7.1.5 实例：仿真类型

本例主要帮助读者熟悉仿真计算的基本类型，包括装配计算、静平衡计算、运动学计算和动力学计算。本例所需文件为 simulation_type.bin，位于本书二维码中 chapter_06/simulation_type 目录下，请将该文件复制到 ADAMS/View 的工作目录下，以下是详细步骤。

1. 打开模型

启动 ADAMS/View，在欢迎对话框中，将选项设置为打开模型（Exiting Model），单击【OK】按钮后，弹出打开文件对话框，找到 simulation_type.bin 文件并打开，打开的模型如图 7-12 所示。模型打开后请先熟悉模型，该模型由构件 PART1~PART7、运动副 JOINT_1~JOINT_7 以及三个基本运动副 JPRIM_1~JPRIM_3 构成，其中运动副 JOINT_3 关联的两个构件 PART2 和 PART3 的位置并不是装配的位置。

2. 查看系统的自由度

选择【Tools】→【Model Verify】命令弹出系统信息窗口，如图 7-13 所示，可以看出模型没有过约束，有一个自由度。

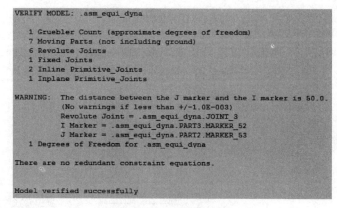

```
VERIFY MODEL: .asm_equi_dyna

   1 Gruebler Count (approximate degrees of freedom)
   7 Moving Parts (not including ground)
   6 Revolute Joints
   1 Fixed Joints
   2 Inline Primitive_Joints
   1 Inplane Primitive_Joints

WARNING:  The distance between the J marker and the I marker is 50.0.
          (No warnings if less than +/-1.0E-003)
          Revolute Joint = .asm_equi_dyna.JOINT_3
          I Marker = .asm_equi_dyna.PART3.MARKER_52
          J Marker = .asm_equi_dyna.PART2.MARKER_53
   1 Degrees of Freedom for .asm_equi_dyna

There are no redundant constraint equations.


Model verified successfully
```

图 7-12　模型构成 　　　　　　　　　　　　图 7-13　模型验证信息

3. 装配计算

单击建模工具条 Simulation 中的仿真计算 ⚙ 按钮，弹出交互式仿真控制的对话框，在对话框中单击装配计算 🔧 按钮，观看装配计算后的模型，由于 JOINT_3 的约束作用，将 PART2 和 PART3 装配在一起，装配计算后的模型如图 7-14 所示，单击交互式仿真控制对话框中的返回按钮 ⏮ 返回到原始状态。

4. 静平衡计算

在交互式仿真控制对话框中单击静平衡 ▣ 按钮，观看模型的静平衡位置，如图 7-15(a)所示，不过这个静平衡位置是不稳定的，受到外界的干扰后，系统就会失去平衡，单击返回按钮 ⏮ 返回到原始状态。将仿真时间 End Time 设置成 0.8、Step Size 设置成 0.01，单击计算按钮 ▶，然后再单击静平衡按钮 ▣，可以找到与当前位置最近的另外一个静平衡位置，如图 7-15(b)所示，单击 ⏮ 按钮返回到原始状态。

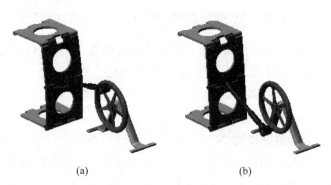

　　　　　　　　　　　　　　　　　(a)　　　　　　　　　　　　(b)

图 7-14　装配计算后的模型 　　　　　　　图 7-15　静平衡位置

　　　　　　　　　　　　　　　　(a) 第一个静平衡位置；(b) 第二个静平衡位置

5. 动力学计算

在交互式仿真控制对话框中将仿真时间 End Time 设置为 5、仿真步数 Steps 设置为 500,Sim. Type 设置为 Dyanmic,单击仿真计算按钮 ▶,观看仿真动画,模型将在重力的作用下,做往复旋转运动,单击 ◀◀ 按钮返回到原始状态。勾选 Start at Equilibrium 项,然后再单击仿真计算按钮 ▶ 进行动力学计算,可以看到模型在静平衡位置静止不动,单击 ◀◀ 按钮返回到原始状态,取消勾选 Start at Equilibrium 项,单击静平衡按钮 ☒,然后再单击仿真计算按钮 ▶ 进行动力学计算,可以看到系统仍静止不动。将工作栅格显示出来,单击建模工具条 Forces 中的单分量力矩 ↻ 按钮,将选项设置为 Space Fixed、Normal to Grid 和 Constant,勾选 Torque 项并输入 10,然后在图形区单击构件 PART2,再在其上单击任何一点,将仿真时间改为 20s,时间不长为 0.01,单击 ▶ 按钮进行动力学计算,可以看到模型做连续旋转运动,而且旋转速度越来越快,单击 ◀◀ 按钮返回到原始状态。单击静平衡 ☒ 按钮,观看系统在重力和旋转力矩功能作用下的静平衡位置,单击 ◀◀ 按钮返回到原始状态。在图形区中,在单分量力矩图标上单击鼠标右键,在弹出的右键快捷菜单中选择【Delete】项,将单分量力矩删除。

6. 运动学计算

由于系统只有 1 个自由度,因此只需要添加 1 个驱动,系统的自由度即可变为 0。单击建模工具条 Motions 中的旋转驱动 ✦ 按钮,将旋转速度设置为 100,然后在图形区单击旋转副 JOINT_2,添加 1 个旋转驱动。在交互式仿真控制对话框中将 Sim. Type 设置为 Kinematic,单击装配计算 ✆,再单击仿真计算 ▶ 按钮进行运动学计算,观看仿真动画,模型将在旋转驱动的作用下做连续匀速旋转运动,注意模型旋转的起始位置,单击 ◀◀ 按钮返回到原始状态。

7.1.6 实例:概念汽车线性模态计算

本例主要帮助读者熟悉线性模态的计算,如果一个系统的自由度不为 0,就可以进行模态计算,在自由的自由度上,通常用弹簧、阻尼器和柔性梁等柔性连接,才可以做模态计算,如果 1 个系统中都是用运动副连接的,系统的模态频率都是 0。在汽车开发过程中,汽车的模态是很重要的设计指标,它直接关系到汽车的性能。本节通过 1 个概念汽车模型熟悉模态的计算,由于汽车的悬架是柔性连接的,因此可以计算整车的线性模态。本例所需文件为 concept_vehicle. bin,位于本书二维码中 chapter_06/mode 目录下,请将该文件复制到 ADAMS 的工作目录下,以下是详细步骤。

1. 打开模型

启动 ADAMS/View,在欢迎对话框中,将选项设置为打开模型(Exiting Model),单击【OK】按钮后,弹出打开文件对话框,找到 concept_vehicle. bin 文件并打开,打开的模型如图 7-16 所示。

2. 计算模态

单击建模工具条 Simulation 中的交互式仿真控制 ⚙ 按钮,然后单击对话框中的 ⊡ 按

图 7-16　汽车概念模型

钮，进行模态计算。计算完成后，提示预览结果，单击【Show Table】按钮，可以查看模态频率，如图 7-17 所示。

MODE NUMBER	UNDAMPED NATURAL FREQUENCY	DAMPING RATIO	REAL		IMAGINARY
1	3.183099E+001	1.000000E+000	-3.183099E+001	+/-	0.000000E+000
2	3.183099E+001	1.000000E+000	-3.183099E+001	+/-	0.000000E+000
3	3.183099E+001	1.000000E+000	-3.183099E+001	+/-	0.000000E+000
4	3.183099E+001	1.000000E+000	-3.183099E+001	+/-	0.000000E+000
5	4.155025E+000	1.908625E-001	-7.930382E-001	+/-	4.078642E+000
6	5.626965E+000	1.412953E-001	-7.950638E-001	+/-	5.570512E+000
7	7.446208E+000	2.206837E-001	-1.643257E+000	+/-	7.262625E+000
8	2.413829E+001	4.450949E-001	-1.074383E+001	+/-	2.161544E+001
9	2.420732E+001	4.457364E-001	-1.079008E+001	+/-	2.166953E+001
10	2.620434E+001	3.770827E-001	-9.881204E+000	+/-	2.426993E+001
11	2.643907E+001	3.870012E-001	-1.023195E+001	+/-	2.437892E+001

图 7-17　模态频率

3. 查看阵型

单击建模工具条 Results 中的 按钮，弹出线性模态控制对话框，如图 7-18 所示，在 Mode Number 中输入 10，在 Frames Per Cycle 中输入 200，单击 按钮，播放阵型动画，再单击 按钮，查看第 11 阶模态阵型。单击【Plot】按钮，可以查看模态的特征值，由于系统中存在阻尼，所以特征值是复数。

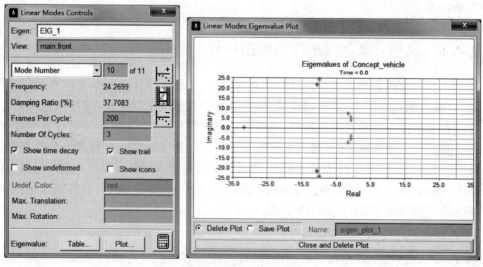

图 7-18　模态控制对话框和模态频率

7.1.7　实例：摩托车线性模态计算

本节通过一个四轮摩托车模型进一步熟悉模态的计算，该模型中有 12 个 bushing 柔性连接,因此可以计算线性模态。本例所需文件为 motorcycle. bin,位于本书二维码中 chapter_06/mode 目录下,请将该文件复制到 ADAMS 的工作目录下,以下是详细步骤。

1. 打开模型

启动 ADAMS/View,在欢迎对话框中,将选项设置为打开模型(Exiting Model),单击【OK】按钮后,弹出打开文件对话框,找到 motorcycle. bin 文件并打开,打开的模型如图 7-19 所示,打开模型后先熟悉模型。

图 7-19 四轮摩托车模型

2. 计算模态

单击建模工具条 Simulation 中的交互式仿真控制按钮 ⚙,然后单击对话框中的 按钮,进行模态计算。计算完成后,提示预览结果,单击【Show Table】按钮,可以查看模态频率,如图 7-20 所示,从模态频率的虚部(Imaginary)来看,前 17 阶都是刚体模型。

3. 查看阵型

单击建模工具条 Results 中的 按钮,弹出线性模态控制对话框,在 Mode Number 中输入 18,在 Frames Per Cycle 中输入 200,单击 按钮,播放阵型动画,再单击 按钮,查看第 19 阶模态阵型,如图 7-21 所示,第 18 阶阵型是后轮的上下振动,第 19 阶模态是前轮的上下振动。单击【Plot】按钮,可以查看模态的特征值。

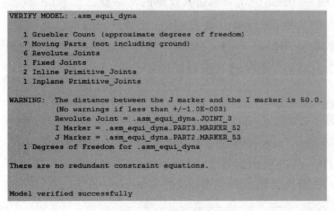

```
VERIFY MODEL: .asm_equi_dyna

  1 Gruebler Count (approximate degrees of freedom)
  7 Moving Parts (not including ground)
  6 Revolute Joints
  1 Fixed Joints
  2 Inline Primitive Joints
  1 Inplane Primitive Joints

WARNING:  The distance between the J marker and the I marker is 50.0.
          (No warnings if less than +/-1.0E-003)
          Revolute Joint = .asm_equi_dyna.JOINT_3
          I Marker = .asm_equi_dyna.PART3.MARKER_52
          J Marker = .asm_equi_dyna.PART2.MARKER_53
  1 Degrees of Freedom for .asm_equi_dyna

There are no redundant constraint equations.


Model verified successfully
```

图 7-20 模态频率

图 7-21 第 18 阶和第 19 阶模态阵型

7.1.8 实例:脚本仿真和批处理仿真

本节以一直升机模型介绍脚本仿真和批处理仿真的过程,模型是第 1 章中的 Helicopter. bin 模型,请将该文件复制到工作目录下。

1. 打开模型

启动 ADAMS/View 后,打开第 1 章中的直升机仿真模型 Helicopter. bin。

2. 定义仿真脚本

单击建模工具条 Simulation 中的 按钮后,弹出创建仿真控制脚本的对话框,在 Script

中输入仿真脚本的名称，Script Type 选择 Adams Solver Commands，如图 7-22 所示，单击下部的 Append ACF Command 下拉按钮，选择 DYNAMIC SIMULATION，之后在新弹出的对话框中输入仿真步数 Number Of Steps 为 2000、仿真时间 End Time 为 2，单击【OK】按钮。

图 7-22　创建脚本仿真命令和运行脚本仿真

3. 运行脚本

单击建模工具条 Simulation 中的 按钮，弹出脚本仿真控制的对话框。在 Simulation Script Name 输入框中输入脚本命令的名称，然后单击 ▶ 按钮后，开始进行脚本仿真计算，可以在脚本输入框中单击鼠标右键，可以用【Browse】或【Guesses】等方式来找到已经创建好的仿真脚本。计算结束后，可以单击对话框中的 按钮查看仿真动画。

4. 导出仿真模型和仿真命令

选择【File】→【Export】命令，如图 7-23 所示，在 File Type 中选择 Adams Solver Dataset，File Name 中输入要输出的文件名，Model Name 中单击右键选择模型，单击【OK】按钮，在工作目录下得到 Helicopter. adm 文件。再次单击【File】→【Export】，在 File Type 中选择 Adams Solver Script，在 File Name 中输入要输出的文件名，例如 helicopter_SimCMD，在

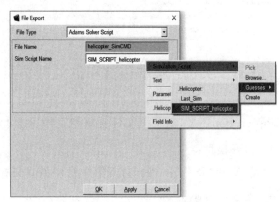

图 7-23　导出对话框

Sim Script Name 中输入已经建立好的仿真脚本,单击【OK】按钮,在工作目录下得到仿真命令文件 helicopter_SimCMD. acf。

5. 编辑仿真命令文件

用记事本打开 helicopter_SimCMD. acf 文件,如图 7-24 所示,在文件开始部分,添加一行并输入 Helicopter. adm,其中扩展名 adm 是可选项,删除 file/model＝Adams,并输入 Helicopter_SimCMDTest,这一行内容将作为结果文件的文件名,确认最后一行是 stop,保存并关闭文件。

图 7-24　用记事本编辑. acf 文件

6. 运行仿真命令文件

启动 Windows 的 cmd 窗口,用 cd /d 命令把当前路径切换到 adm 和 acf 文件所在的路径,如图 7-25 所示,根据安装的 ADAMS 版本,输入 adamsxxxx 并按 Enter 键,其中 xxxx 是版本号,如 adams2019。在 Enter your selection code or EXIT: 提示下输入 ru-standard 并按 Enter 键,之后在 Enter the name of the Adams command file or EXIT(＜CR＞＝none): 提示下输入仿真命令文件 helicopter_SimCMD. acf 并按 Enter 键,然后开始计算,计算结束后将会得到计算结果文件 Helicopter_SimCMDTest. res。

图 7-25　启动 cmd 命令

7. 结果导入 View 中

回到 ADAMS/View 环境下,选择【File】→【Import】命令,如图 7-26 所示,将 File Type 设置成 Adams Results File(* . res),在 File(s) To Read 中输入结果文件 Helicopter_ SimCMDTest. res,单击【OK】按钮,在模型树 Results 分支下得到 Helicopter_ SimCMDTest。单击建模工具条 Results 下的 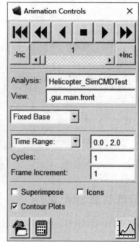 按钮,在 Analysis 中确保是 Helicopter_ SimCMDTest,单击 ▶ 开始播放动画。

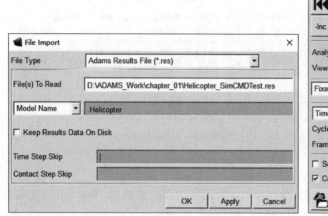

图 7-26　导入计算结果

7.2　传感器

7.2.1　传感器的定义

与仿真控制密切相关的一个元素就是传感器,传感器可以感知系统运行到某一状态的时间,这种状态可以是系统模型元素之间的函数,也可以是时间的函数,如两个 Marker 点之间的位置、速度、加速度等。当传感器感知到状态已经发生时,可以让系统采用一定的动作,从而改变系统的运行方向,使系统采用另外一种方式继续进行仿真计算。如果将脚本控制和传感器结合起来进行仿真控制,可以完成一些特殊的仿真控制,如可以在某一状态下使约束失效、取消重力加速度等。

定义传感器需要定义传感器感知状态的事件,以及事件发生后系统要执行的动作。单击建模工具条 Design Exploratoin 中的传感器 按钮,如图 7-27 所示。

1. 定义传感器感知的事件及事件发生的条件

定义传感器首先要定义传感器感知的事件以及判断事件发生的条件,求解器在每一步的计算过程中,都会将事件的值与判断事件发生的值进行比较,当事件的值满足发生的条件时,就认为事件发生了,此时传感器就会让系统执行一定的动作。

在传感器定义对话框中,Event Definition 项定义传感器感知的事件,通常用函数表达式来表示。事件可以选择用 Run-Time Expression(运行过程函数)和 User-written subroutine(用户自己定义的子程序)来表示，有关运行过程函数请参见第 8 章中的内容。如果是用运行过程函数来定义，在 Expression 后的输入框中输入具体的函数表达式来定义，可以单击 ... 按钮弹出函数构造器来创建复杂函数表达式。Event Evaluation 项定义传感器的值，表示传感器的返回值。如果事件是角度值，还需要选择 Angular values 项。判断事件发生的条件可以是等于(equal)某个目标值(Value)、大于等于(greater than or equal)某个目标值或小于等于(less than or equal)某个目标值。由于求解是在一定的步长范围内进行的，所以事件的值不可能与判断事件发生的值完全匹配，只要事件的值与判断事件发生的值在一定的误差(Error Tolerance)范围内，就可以认为事件的值满足事件发生的值。当判断条件是等于时，事件发生的条件是事件的值落于 [Value-Error Tolerance, Value + Error Tolerance]范围内；当判断条件是大于等于时，事件发生的条件是事件的值落于[Value-Error Tolerance, +∞]范围内；当判断条件

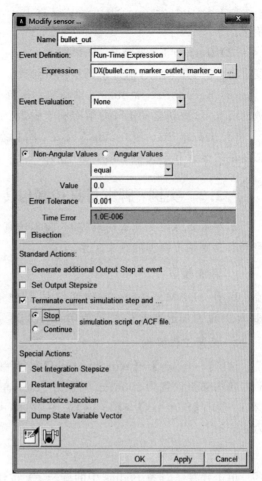

图 7-27　创建传感器的对话框

是小于等于时,事件发生的条件是事件的值落于(−∞, Value+Error Tolerance)范围内。对于判断条件时等于的时候，如果仿真步长过大，事件的值就有可能跨越事件发生的范围，传感器就感知不到事件发生了，在这种情况下需要减少仿真的步长。

2. 定义传感器产生的动作

当传感器的事件发生时，需要由传感器产生一定的动作，从而改变求解器求解方向，传感器产生的动作分为标准动作和特殊动作。

标准动作分为以下几种。

(1) Generate additional Output Step at event：在传感器事件发生时，再多计算一步。

(2) Set Output Stepsize：重新设置计算步长，需要输入新的仿真步长。

(3) Terminate current simulation step and：当使用交互式仿真控制时，如果选择 Stop 则终止当前的仿真命令，如果选择 Continue 则继续进行仿真命令；当使用脚本仿真控制时，如果选择 Stop 则终止当前的仿真命令，如果选择 Continue 则终止当前的仿真命令，并执行下一个仿真命令。

特殊动作分为以下几种。

（1）Set Integration Stepsize：设置下一步的积分步长，这样可以提高下一步的计算精度。

（2）Restart Integrator：如果在 Set integration step size 设置了计算精度，则使用该精度进行计算，如果没有则重新调整积分阶次。

（3）Refactorize Jacobian：重新启动矩阵分解，这样可以提高计算精度，另外在不能收敛的情况下，重新启动矩阵分解有利于收敛。

（4）Dump State Variable Vector：将状态变量的值写到工作目录下的文件中，有关状态变量的概念和定义参见第 8 章中的内容。

7.2.2 实例：脚本仿真控制与传感器

本例主要练习交互式仿真控制、脚本仿真控制和传感器的使用，以及如何利用脚本仿真控制来改变系统模型的约束关系。

1. 新建模型

启动 ADAMS/View，在欢迎对话框中选择新建模型，并输入模型名称为 sensor_control，重力加速度设置为-Y 方向，单位设置为 MMKS。

2. 设置工作栅格

选择【Settings】→【Working Grid】命令，弹出工作栅格设置对话框，将工作栅格的 X 和 Y 方向的栅格设置为 200mm，间距为 5mm，单击【OK】按钮。单击键盘上的 F4 键打开坐标窗口。选择【Settings】→【Icons】命令，在弹出的图标设置对话框中，将图标的尺寸设置为 10mm。

3. 创建旋转体

单击建模工具条 Bodies 中的旋转 🔺 按钮，将选项设置为 New Part，Create by picking 设置为 Points，勾选 Closed，然后在图形区单击（0,0,0）和（150,0,0）两点作为旋转轴，然后依次单击（0,−5,0）、（150,−5,0）、（150,−10,0）和（0,−10,0）四个点，在选择完最后一个点时，单击鼠标右键，就可以创建一个旋转体。在刚创建的旋转体上单击鼠标右键，在弹出的右键快捷菜单中选择【--Revolution：REVOLUTION_1】→【Modify】命令，在弹出的编辑对话框中将 Angle Extent 修改为 180。在旋转体上单击鼠标右键，在弹出的右键快捷菜单中选择【--Revolution：REVOLUTION_1】→【Rename】命令，构件重新命名为 chamfer，另外在（0,0,0）点处有一个 Marker 点，将这个 Marker 点重新命名为 marker_bottom。

4. 创建拉伸体

单击建模工具条 Bodies 中的拉伸体 🔧 按钮，将选项设置为 New Part，Profile 设为 Points，勾选 Closed，Path 设在 About Center，Lenth 设置为 20，然后在图形区依次单击（−5,15,0）、（5,15,0）、（5,−15,0）和（−5,−15,0）四个点，在选择完最后一个点后，单击鼠标右键就会创建一个拉伸体，如图 7-28 所示。单击建模工具条 Bodies 中的布尔和按钮 🔘，在图形区先单击旋转体，再单击拉伸体，将两个构件合并成一个构件。

5. 创建 bullet 构件

单击建模工具条 Bodies 上的圆柱体按钮 🔩，将选项设置成 New Part，Length 设置成

10，Radius 设置成 5，然后在图形区单击(50，0，0)和(60，0，0)两点，创建一个圆柱体构件，将新构件重新命名为 push。如果在选取点时受到其他元素的影响，可以按照键盘上的 Ctrl 键来选取点。

单击建模工具条 Bodies 上的球体按钮，将选项设置成 New Part，勾选 Radius 并输入 5，在图形区(65，0，0)点单击鼠标，创建一个球体构件，并将新构件重新命名为 bullet，最后的几何模型如图 7-29 所示。

图 7-28　chamfer 构件

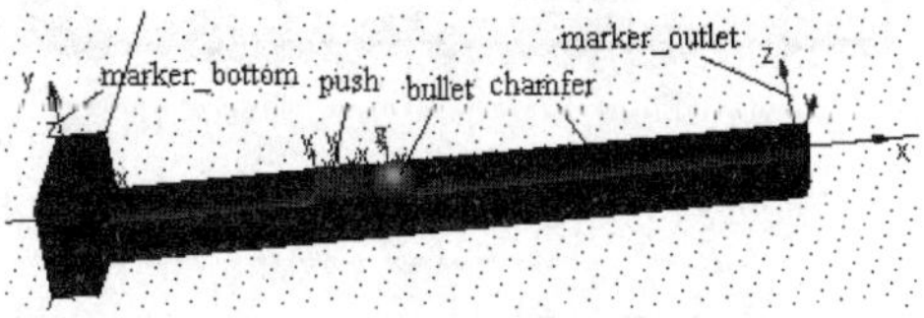

图 7-29　仿真几何模型

在 bullet 上单击鼠标右键，选择 bullet 下的【Modify】选项，将 Category 设成 Mass Properties，将 Define Mass By 设成 User Input，在 Mass 中输入 0.1，如图 7-30 所示，单击【OK】按钮。

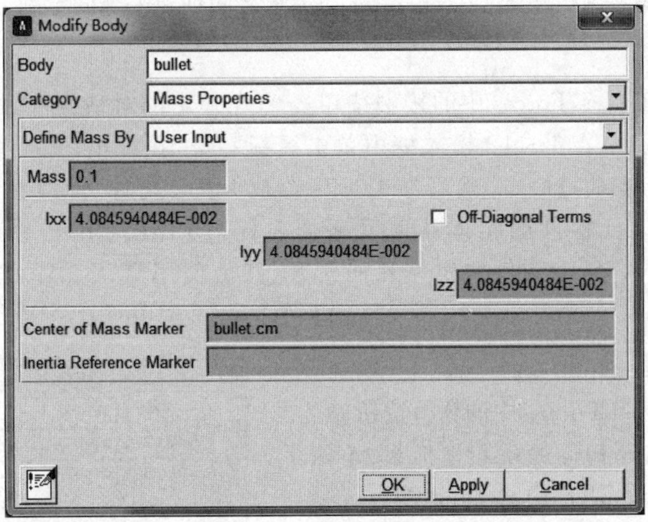

图 7-30　编辑构件对话框

6．创建标记点

单击建模工具条 Bodies 上的 Marker 点按钮，将选项设置为 Add To Part 和 Global XY，然后在图形区单击 chamfer 构件，再单击(150，0，0)点，创建一个 Marker 点，并将该 Marker 点重新命名为 marker_outlet。

7．旋转构件

选择【Edit】→【Move】命令，弹出数据库导航对话框，选择 chamfer 构件，单击【OK】按钮，弹出移动对话框，如图 7-31 所示，在 chamfer 输入对话框中，单击鼠标右键，选择【Part】→【Guesses】→【push】和【bullet】命令，将 push 和 bullet 也加入进来。在 Rotate 下的输入框中输入 45，单击 按钮，将 chamfer 构件沿总体坐标系的 Z 轴旋转 45°。用同样的方法将 push 和 bullet 两个构件也沿总体坐标系的 Z 轴旋转 45°。

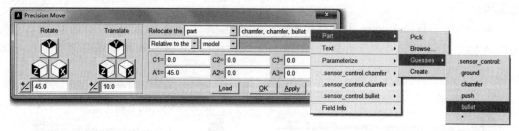

图 7-31　移动对话框

8. 定义运动副

单击建模工具条 Connectors 中的滑移副 按钮，将选项设置为 2 Bodies-1 Location 和 Pick Geometry Feature，选择 push 和 chamfer 构件，然后在 chamfer 构件的圆柱上移动鼠标，当出现沿着轴线方向的箭头提示时，按下鼠标左键，创建 push 和 chamfer 之间的滑移副。用同样的方法在 bullet 和 chamfer 构件之间也创建滑移副，方向沿着 chamfer 的圆柱体的轴线。单击固定副按钮 ，在 chamfer 与大地之间创建一个固定副。

9. 定义接触

单击主建模工具条 Forces 中的接触按钮 ，在弹出的对话框中，选择 Contact Type 设置为 Solid to Solid，在 I Solid 输入框中单击鼠标右键，在弹出的右键快捷菜单中选择【Contact_Solid】→【pick】命令，然后在图形区拾取 bullet 构件，此时在 I Solid 输入框中输入的是构成 bullet 构件的实体几何元素的名称（ELLIPSOID）。用同样的方法在 J Solid 输入框中输入 push 构件的实体几何元素，其他使用默认设置，单击【OK】按钮退出对话框。

10. 创建弹簧

单击建模工具条 Forces 中的弹簧按钮 ，在图形区先选择 push 构件的质心坐标系 Marker：cm，然后选择 chamfer 构件底部的 marker_bottom 坐标系，如果坐标系不容易选择，可以在附近单击鼠标右键，就会弹出一个列表对话框，其中显示了当前鼠标位置附近的所有元素，从中选择相应的坐标系即可。创建弹簧以后，在图形区双击弹簧图标，弹出编辑弹簧的对话框，如图 7-32 所示，在 Stiffness Coefficient 输入框中输入 4000，在 Damping Coefficient 输入框中输入 0.001，Preload 后的输入框中输入 0，在 Length at Preload 输入框中输入 50，单击【OK】按钮退出对话框。

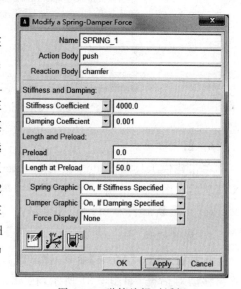

图 7-32　弹簧编辑对话框

11. 运行仿真

单击建模工具条 Simulation 中的仿真按钮 ⚙️，将仿真时间 End Time 设置为 2、仿真步数 Steps 设置为 1000，单击 ▶ 按钮开始仿真计算，由于滑移副的约束作用，仿真结果是 bullet 构件沿着 chamfer 构件弹出后又落回到 chamfer 构件中，并往复运动。

12. 创建传感器

单击建模工具条 Design Exploration 中的创建传感器 📐 按钮，弹出创建传感器的对话框，如图 7-33 所示，在 Name 输入框中输入 bullet_out，传感器的事件 Event Definition 项选择为 Run-Time Expression，在 Expression 输入框中输入 DX(bullet.cm，marker_outlet，marker_outlet)，该表达式表示 bullet.cm 与 marker_outlet 之间沿 marker_outlet 的 X 轴之间的距离，当子弹还在枪膛中时，该表达式表示 bullet.cm 与 marker_outlet 原点之间的距离。将传感器的事件发生的条件设置为 equal，在 Value 输入框中输入 0，也就是事件发生的条件定义为 bullet.cm 与 marker_outlet 的距离为零，在 Error Tolerance 输入框中输入 0.01（如果在后面的仿真中，传感器不能产生任何动作，可以将该误差放大）。在标准动作 Standard Actions 中选中 Terminate current simulation step and 项以及 Stop 项，当传感器的事件发生时，停止运行。

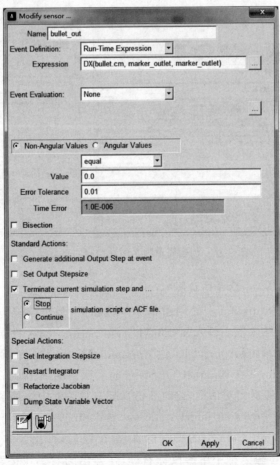

图 7-33　创建传感器对话框

13. 运行仿真

单击建模工具条 Simulation 中的仿真 ⚙ 按钮，将仿真时间 End Time 设置为 2、仿真步数 Steps 设置为 1000，单击 ▶ 开始仿真计算，注意观察仿真动画。当 bullet 构件运行到 marker_outlet 位置时，由于感知器感知到事件表达式 DX（bullet. cm，marker_outlet，marker_outlet）＝0 成立，所以就会停止仿真，并有警告信息"WARNING：Sensor. sensor_control. bullet_out halting simulation at time 6. 0225110746E-002"出现，再单击 ▶ 按钮可继续计算。

14. 创建简单仿真脚本

单击建模工具条 Simulation 中的创建脚本 📝 按钮后，弹出创建仿真脚本的对话框，如图 7-34 所示，在 Script 输入框中输入 script_simple，在 Script Type 下拉列表中选择 Simple Run，在 End Time 输入框中输入 2，在 Steps 输入框中输入 1000，在 Simulation Type 下拉列表中选择 Transient-Default。运行简单仿真脚本，单击建模工具条 Simulation 中的脚本仿真 📽 按钮后，弹出脚本仿真控制对话框，在 Simulation Script Name 输入框中单击鼠标右键，在弹出的右键快捷菜单中选择浏览输入 script_simple，单击 ▶ 按钮开始进行仿真。仿真结果与交互式仿真结果相同，传感器也会终止仿真。

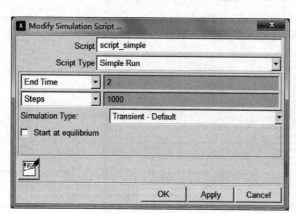

图 7-34　创建简单脚本仿真控制的对话框

15. 创建 ADAMS/View 命令仿真脚本

单击建模工具条 Simulation 中的创建脚本 📝 按钮后，弹出创建仿真脚本的对话框，如图 7-35 所示，在 Script 输入框中输入 script_view，在 Script Type 下拉列表中选择 Adams/View Commands，然后单击【Append Run Commands】按钮，弹出一个新的对话框，在其中选择 Transient-Dynamic，并在 Number Of Steps 输入框中输入 1000，在 End Time 输入框中输入 2，单击【OK】按钮退出对话框，此时在仿真脚本对话框中添加了一条命令"simulation single_run transient type＝dynamic initial_static＝no end_time＝2 number_of_steps＝1000"。

单击建模工具条 Simulation 中的脚本仿真 📽 按钮后，弹出脚本仿真控制对话框，在 Simulation Script Name 输入框中单击鼠标右键，在弹出的右键快捷菜单中选择浏览输入

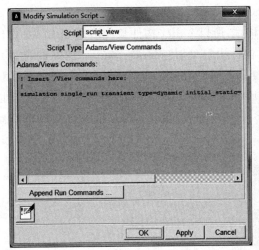

图 7-35　创建 ADAMS/View 脚本仿真控制的对话框

script_view,单击 ▶ 按钮开始进行仿真。仿真结果与交互式仿真结果相同,传感器也会终止仿真。

16. 编辑传感器

双击模型树 All Other 下 Sensors 里面的 bullet_out 传感器,弹出编辑传感器的对话框。在编辑传感器对话框中,将标准动作 Terminate current step and 设置为 Continue,单击【OK】按钮退出对话框。

17. 创建 ADAMS/Solver 命令仿真脚本

单击建模工具条 Simulation 中的创建脚本 按钮后,弹出创建仿真脚本的对话框,如图 7-36(a)所示,在 Script 输入框中输入 script_solver,在 Script Type 下拉列表中选择 Adams/Solver Commands,在 Append ACF Command 下拉列表中首先选择 Dynamic Simulation,弹出动力学仿真设置对话框,在 End Time 输入框中输入 2,在 Steps 输入框中输入 1000,单击【OK】按钮退出对话框,此时会在创建仿真脚本对话框中插入一条命令 SIMULATE/DYNAMIC,END=2,STEPS=1000,然后再在 Append ACF Command 下拉列表中首先选择 Deactivate 项,弹出失效设置对话框,在 Joint Name 输入框中用鼠标浏览输入 bullet 构件与 chamfer 构件之间的滑移副 JOINT_2,在 Sensor Name 输入框中用鼠标浏览输入 bullet_out,单击【OK】按钮后,在创建仿真脚本对话框中插入两条命令 DEACTIVATE/JOINT,ID=4 和 DEACTIVATE/SENSOR,ID=1,最后还需要在 Append ACF Command 下拉列表中选择 Dynamic Simulation,在弹出的动力学仿真设置对话框中,将 End Time 设为 2,Number Of Steps 设为 1000,单击【OK】按钮退出对话框,在创建仿真脚本对话框中又插入一条命令 SIMULATE/DYNAMIC,END=2,STEPS=1000。最后运行 script_solver 脚本,单击建模工具条 Simulation 中的脚本仿真 按钮后,弹出脚本仿真控制对话框,在 Simulation Script Name 输入框中单击鼠标右键,在弹出的右键快捷菜单中选择浏览输入 script_solver,单击 ▶ 按钮开始进行仿真。可以看到 bullet 构件在离开 chamfer 构件后,做抛物线运动,如图 7-36(b)所示。对此的解释是,当运行第一条仿真命令 SIMULATE/DYNAMIC,END＝2,STEPS＝1000 时,bullet 构件在 chamfer 构件内运动,由于 bullet 构件与 chamfer 构件之间有滑移副,所以 bullet 构件只能沿着 chamfer 构件做直线运动,而当 bullet 构件运动到 chamfer 构件出口处时(marker_outlet 所在的位置),由于传感器的作用使 bullet 构件与 chamfer 构件之间有滑移副失效,终止当前正在运行仿真命令,继而运行 DEACTIVATE/JOINT,ID＝4 和 DEACTIVATE/SENSOR,ID＝1,以及 SIMULATE/DYNAMIC,END＝2,STEPS＝1000 命令,bullet 构件将不再受到滑移副的限制而在重力的作用下做自由落体运动。

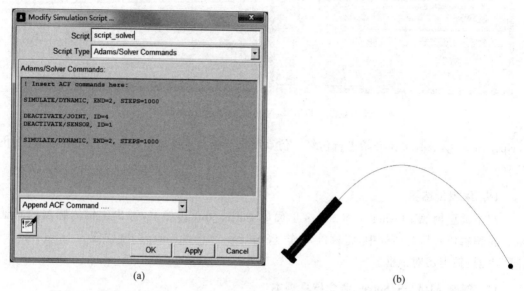

(a)   (b)

图 7-36 创建 ADAMS/Solver 脚本仿真控制的对话框和 bullet 构件在空间中的轨迹
(a) 创建 ADAMS/Solver 脚本仿真控制的对话框；(b) bullet 构件在空间中的轨迹

7.3 结果后处理

在运行过仿真计算后,就可以计算处运动副上的位移、速度、加速度、作用力和作用力矩等数据,以及与构件固连的 Marker 点的位移速度和加速度等数据,可以在数据后处理模块对这些数据进行处理和比较。

7.3.1 元素的默认输出结果

如果不做特殊的要求,求解器对每个元素都是输出一定类型的值,这些值可以直接在后处理模块中绘制曲线,如果用户想得到另外一些数据,例如两个 Marker 之间相对的位移、速度和加速度,则需要用户自己来定义。Adams/View 中,各个元素默认的输出值如表 7-1 所示。

表 7-1 Adams/View 中各元素的默认输出值

元 素	求解器默认输出值	说 明
Marker（坐标系）	• Total_Force_On_Point • Total_Force_At_Location • Total_Torque_On_Point • Total_Torque_At_Location • Translational_Displacement • Translational_Velocity • Translational_Acceleration • Angular_Velocity • Angular_Acceleration	• Total_Force_On_Point 是指如果两个力作用于同一个点，并且同时引用同一个 Marker，则 Total_Force_On_Point 是两个力的和，如果另外一个力也作用这一点，但引起另外一个 Marker，则 Total_Force_On_Point 并不包含这个力。 • Total_Force_At_Location 是指作用于同一个点的所有力的总和，而不管这些力是否引用了同一个 Marker
rigid body（刚性体）	• CM_Position • CM_Velocity • CM_Acceleration • CM_Angular_Velocity • CM_Angular_Acceleration • Kinetic_Energy • Translational_Kinetic_ Energy • Angular_Kinetic_Energy • Translational_Momentum • Angular_Momentum_ About_CM • Potential_Energy_Delta	• CM 是指质心处的 Marker 坐标系。 • CM_Angular_Velocity 和 CM_Angular_Acceleration 对于柔性体而言是非常重要的，而对于刚体来说是不重要的，刚体上所有点的角速度和角加速度都相同，而柔性体上不同点的角速度和角加速度是不一样的。 • Kinetic_Energy 是指平动动能和旋转动能的总和。 • Translational_Kinetic_Energy 是指平动动能，对于柔性体而言，平动动能是近似值，因为柔性体的平动速度和旋转速度不能完全区分开。 • Angular_Kinetic_Energy 是指旋转动能，对柔性体而言是计算值。 • Potential_Energy_Delta 是指相对于 time＝0 时刻的势能变化量
point mass body（单质量体）	• CM_Position • CM_Velocity • CM_Acceleration • Kinetic_Energy • Translational_Kinetic_ Energy • Translational_Momentum • Potential_Energy_Delta	
flexible body（柔性体）	• CM_Position • CM_Velocity • CM_Acceleration • CM_Angular_Velocity • CM_Angular_Acceleration • Kinetic_Energy • Translational_Kinetic_ Energy • Angular_Kinetic_Energy • Translational_Momentum • Angular_Momentum_ About_CM • Potential_Energy_Delta • Strain_Energy	• Strain_Energy 是指柔性体的应变能

元　　素	求解器默认输出值	说　　明
spring-damper force(弹簧) single-component force(单分力) field force(力场) bushing force (阻尼器,衬套力)	<ul><li>element_force</li><li>element_torque</li><li>translational_displacement</li><li>ax_ay_az_projection_ angles</li><li>translational_velocity</li><li>translational_acceleration</li><li>Angular_Velocity</li><li>Angular_Acceleration</li></ul>	<ul><li>element_force 是指力的分量(FX,FY,FZ)。</li><li>element_torque 是指力矩的分量(TX,TY,TZ)</li></ul>
joint constraint （低副） joint primitive- constraint （基本副）	<ul><li>element_force</li><li>element_torque</li><li>translational_displacement</li><li>translational_velocity</li><li>translational_acceleration</li><li>Angular_Velocity</li><li>Angular_Acceleration</li><li>ax_ay_az_projection_ angles</li></ul>	<ul><li>ax_ay_az_projection_ angles 是指 I-Marker 相对于 J-Maker 的 X、Y 和 Z 轴的角度,范围为 $-180°\sim180°$,与旋转序列无关</li></ul>
curve-curve constraint （线-线约束） point-curve constraint （点-线约束）	<ul><li>pressure_angle</li><li>element_force</li><li>contact_point_location</li></ul>	<ul><li>pressure_angle 是指运动方向与接触点处法向方向的夹角。</li><li>contact_point_location 是指接触点位置,接触点是时刻在变化的</li></ul>
joint motion （运动副上的驱动） general point- motion （两点间的驱动）	<ul><li>power_consumption</li><li>element_force</li><li>element_torque</li><li>translational_displacement</li><li>translational_velocity</li><li>translational_acceleration</li><li>Angular_Velocity</li><li>Angular_Acceleration</li><li>ax_ay_az_projection_ angles</li></ul>	<ul><li>power_consumption 是指由于运动所消耗的总能量</li></ul>
three-component force(三分量力) three-component torque （三分量力矩） general force/ torque(广义力)	<ul><li>element_force</li><li>element_torque</li></ul>	
contact force （接触）	<ul><li>element_force</li><li>element_torque</li></ul>	

7.3.2 在后处理模块中进行数据处理

打开本书二维码中 chapter_06\postprocess 目录下的 postprocess. bin 文件,单击建模工具条 Simulation 中的仿真计算 ⚙ 按钮,进行 10s,1000 步的计算,按下键盘上的 F8 键或者单击建模工具条 Results 中的 📈 按钮后,将从 View 模块直接进入 PostProcess 模块,图 7-37 所示是后处理模块的界面。利用 ADMAS 的 PostProcess 模块,可以进行 5 种处理:绘制曲线(Plotting)、仿真动画(Animation)、报表(Report)、三维曲线(3D plotting)和 4D 绘图(4D Plotting),其中三维曲线只能用于振动模块(Vibration)的分析。要退出后处理模块,可以单击右上角的计算 ⚙ 按钮,或者通过菜单【File】→【Close Plot Windows】或直接按下键盘上的 F8 键。在进入后处理模块后,需要先设置有关的选项,方法是选择【Edit】→【Peferancce】命令弹出参数设置对话框,如图 7-38 所示,可以设置动画、颜色、曲线、字体和单位等,根据需要设置相应的选项。

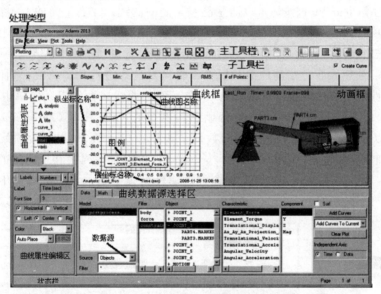

图 7-37 处理数据曲线的界面

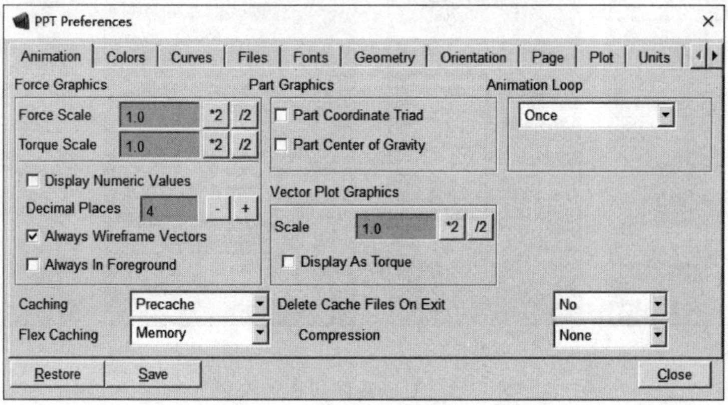

图 7-38 后处理的参数设置对话框

在后处理模块主要完成绘制曲线、播放动画、制作报告。

1. 绘制数据曲线

在图 7-37 所示的后处理界面上，在左上角的处理类型下拉菜单选择框中选择 Plotting 项，即进入处理数据曲线的界面。

要使用 ADMAS 进行虚拟样机设计，就要找到潜在的问题，而要找到问题，其中很重要的途径就是分析数据曲线，通过数据曲线来分析虚拟样机的性能，因此对用户而言，后处理模块用得最多的往往就是处理曲线的功能。

要绘制曲线，首先需要找到数据源，例如要绘制旋转副 Joint_3 上受到的力曲线，需要在曲线数据源选择区一步步找到数据源的载体。如图 7-37 所示，首先要将 Source 设置为 Object，将 Filter（过滤）设置为 Constraint，然后在 Object（目标）选项 Joint_3，在 Characteristic（特性）选择 Element_Force，由于力是矢量，所以需要在 Component 选择矢量的分量方向，选择 X、Y、Z 或 Mag 后，单击【Add Curves】按钮后就可以绘制出 Joint_3 上受到的力了，单击【Clear Plot】按钮可以清楚已经绘制的曲线。在右下角的 Independent Axis 下选择 Data 项，可以设置数据曲线图的横坐标的数据不是时间，而是其他类型的数据。

一个数据曲线图由标题、数据曲线、横坐标轴、纵坐标轴、图例、网格线和一些辅助标识构成，可以在后处理界面的左侧的曲线属性编辑区对这些进行编辑修改。如图 7-39（a）所示，在左侧的曲线图属性列表中单击 plot_1，在下面的曲线属性编辑区中单击 General 页，可以编辑修改曲线的标题、子标题、是否显示图例（Legend）、零线（Zero Line），如果勾选 Table 项，则以表格的形式显示曲线上的数据；单击 Border 页，可以修改曲线图边框的颜色、线性、粗细程度和位置；单击 Grid 或 2nd Grid 可以设置主网格和子网格的间距、线型、颜色和粗细程度。如图 7-39（b）所示，在曲线图属性列表中单击 curve_1，在下面的曲线属性编辑区中可以修改曲线 curve_1 在图例中名称、曲线的颜色、线型、粗细程度、曲线的符号

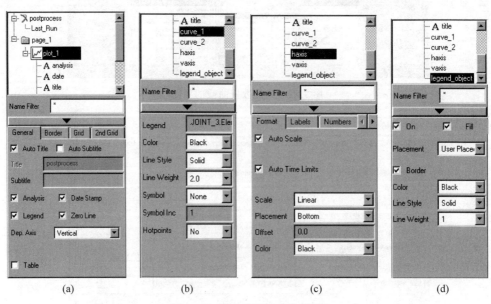

(a)　　　　　(b)　　　　　(c)　　　　　(d)

图 7-39　对曲线图属性的编辑

（a）对边界和网格编辑；（b）对曲线编辑；（c）对横坐标编辑；（d）对图例编辑

以及是否显示数据热点。如图 7-39(c)所示,在曲线图属性列表中单击 haxis,在下面的曲线属性编辑区中单击 Format 页,可以修改横坐标轴的刻度、颜色、位置偏移量、刻度是线性还是对数等形式;单击 Labels 页,可以修改横坐标轴的名称、字体大小、颜色、位置等信息;单击 Numbers 页,可以修改横坐标轴上数字显示的精度、颜色和字体大小等信息。如图 7-39(d)所示,在曲线图属性列表中单击 legend_object,在下面的曲线属性编辑区中可以修改图例的可见性(On)、图例是否透明(Fill)、图例的位置(Placement)、是否显示图例的边框(Border)以及边框的颜色、线型和边框的粗细等信息。

图 7-40　快速傅里叶变换对话框

另外选择【Plot】→【FFT】命令,可以将时域信号转换成频域信号,如图 7-40 所示,需要选择加窗的类型和数据块点数的个数,决定频率数据的分辨率,时域数据的采用频率决定变换后的最高频率。

后处理模块上主工具栏中的各个按钮的功能如表 7-2 所示。

表 7-2　主工具栏上的按钮及其功能描述

按　钮	功　能　描　述
	导入数据,单击该按钮后,弹出导入对话框,功能同 File 菜单中的 Import
	重新载入数据
	打印图形
	撤销上一步的操作
	播放动画时,返回到起始位置
	播放动画,对于曲线图而言,出现一个移动的竖直线,显示仿真到的位置
	终止当前的操作
A	在曲线图或者动画图上添加文字说明
	在曲线上添加一个直线,需要输入 X 轴和 Y 轴上的数据点
	单击该按钮后,在曲线图上出现一垂直线,当鼠标在曲线图上移动时,在子工具栏上统计鼠标位置处,曲线的一些特征,如当前点处的 XY 坐标值、斜率、曲线的最大值、最小值、平均值、均方根值、曲线上数据点的个数等
Σ	单击该按钮,出现对曲线进行编辑的子工具栏,曲线编辑子工具栏上的各按钮的功能见表 7-3
	单击该按钮,然后在曲线图上拖动鼠标,可以把曲线图的局部放大
	单击该按钮,可以把放大后的曲线图再次全部显示出来
	如果已经创建了多页曲线图,单击该按钮可以显示前一页的内容
	显示第一页的内容
	显示后一页的内容

续表

按　　钮	功　能　描　述
	显示最后一页的内容
	新创建一页
	删除当前页
	显示左侧的树形列表
	显示底部的数据选择区
	多曲线显示,在该按钮下还有几个按钮,可以把一页分为几个区域,每个区域可以显示曲线、动画、报表等内容,只有一个区域是活动区域,以红色边框来表示,单击某区域后,该区域就变成活动区域
	当用多区域显示内容时,单击该按钮,可以使当前活动的区域扩大,并只显示该区域
	当用多区域显示内容时,单击该按钮,然后再选择某个区域,可以把选中的区域放置到默认区域的位置
	单击该按钮,退出后处理模块

单击主工具栏上的数据处理 Σ 按钮,将增加数据处理字工具栏,对曲线进行处理的子工具栏中各个按钮的功能见表 7-3。

表 7-3　编辑曲线子工具栏上的按钮及其功能描述

图　　标	功　能　描　述
	将两条曲线加在一起,当选中编辑曲线子工具栏上坐标的复选项 Create Curve 时,产生一条新的曲线,新曲线上的数值为所选两条曲线上数值的和,当不选择 Create Curve 时,将第一条曲线变为两条曲线的和(下同)
	从第一条曲线中减去第二条曲线
	将第一条曲线乘以第二条曲线
	将某条曲线取绝对值
	将某条曲线取相反数
	插值曲线,将不光滑的折线插值成光滑的曲线
	将曲线乘以一个系数后,放大或缩小曲线,需要输入一个比例系数
	平移一条曲线,需要输入一个平移量,曲线整体向上移动或项下移动
	将第一条曲线平行移动,使第一条曲线的起始点与第二条曲线的起始点重合
	将一条曲线平行移动,使该曲线的原点移到零点位置
	对某条曲线进行积分
	对某条曲线进行微分
	从某条曲线上生成样条曲线数据
	显示选中曲线上的热点,以便能够手动编辑曲线上的数值
	对曲线上的数据进行过滤

2. 仿真动画

在后处理模块,单击左上角的处理类型的下拉式列表中选择 Animation 后,就可以转换到仿真动画界面,如图 7-41 所示,在动画区,单击鼠标右键,在弹出的右键快捷菜单中选择 Load Animation 项就可以把动画载入进来,或者通过菜单【View】→【Load Animation】也可载入动画。在仿真动画中可以播放两种类型的动画:一种是在时间域内进行运动学和动力学仿真计算的动画;另一种是在频率域内,播放通过线性化或者在振动模块中计算的模型的振型(模态)动画。仿真动画的主菜单多了几个旋转或者平动的按钮,这些按钮的功能对应着【View】菜单中的菜单。在图形区也支持 View 模块中的快捷方式,如按住键盘上 R 键和鼠标左键可以旋转模型,按住 T 键和左键可以平动模型等。

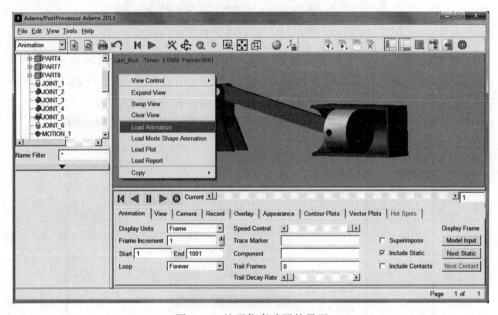

图 7-41　处理仿真动画的界面

对动画仿真的设置主要是通过底部的动画设置区来完成的。单击 Animation 页,可以设置播放动画时是按帧(Frame)还是时间(Time)来计算,如按帧来计算,可以设置起始帧和终止帧以及步长,若按时间来设置,可以设置动画的起始时间和终止时间及时间间隔,动画播放次数 Loop 可以设置为 Once(一次)、Forever(连续)、Oscillate Once(往复一次)和 Oscillate Forever(连续往复),还可以通过 Speed Control 滑动条来控制播放速度,通过 Trace Marker 可以绘制坐标系原点的轨迹,如果在 Trail Frames 后输入一个整数,再拖动 Trail Decay Rate 滑动条,可以在播放动画时,构件显示出一条逐渐消失的"尾巴",如同飞机在空中拖放出来的彩带。动画设置区的 View 页主要是设置模型图标的可见性、透视图、标题、总体坐标系的可见性和灯光等项。Record 页主要是设置保存动画时文件名称、文件格式、动画的长宽、动画文件的播放速度和动画的质量等,其中动画文件格式可选择为 AVI、mpg、tiff、ipg、xpm、bmp 和 png。单击播放 ▶ 按钮后开始播放按钮,如果在播放动画的同时按下记录 ⑧ 按钮,在播放动画的同时也将动画保存到动画文件中,动画文件位于ADAMS 的工作目录下。

3. 生成报告

选择【File】→【Export】→【HTML Report】命令，可以将这个模型信息保存到网页形式的文件中，如图 7-42 所示，在 Outut Directory 中输入导出的路径，在 File Name 中输入文件名字，单击【OK】按钮。

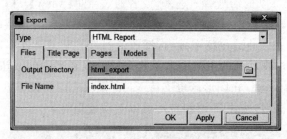

图 7-42　导出报告对话框

在后处理模块中，将处理类型设置成 Report，然后在空白期单击鼠标右键，选择 Load Plot，如图 7-43 所示，或者选择【File】→【Import】→【Report】命令，然后找到 html_export\postprocess 目录下的 Constraints. htm 文件，可以查看模型中的约束信息。

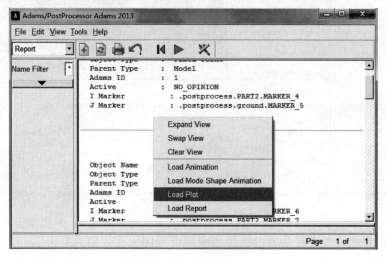

图 7-43　汇报界面

7.3.3　实例：4D 方式显示结果

4D 方式显示可以把多次计算的结果叠加到一个图形上，用三维图形的方式，可以直观看出多次计算结果的差异。本例在后处理中显示多次计算结果叠加而成的 4D 云图，要能显示 4D 方式显示云图，需要多次计算的时间起始点、终止点和步长是一样的，本例所需文件为本书二维码中 chaper_06\valve 目录下的 valve_start. bin 文件，请将该文件复制到本机工作目录下。

1. 打开模型

启动 ADAMS/View，打开 valve_start. bin 文件，打开的模型如图 7-44 所示，请先熟悉模型。

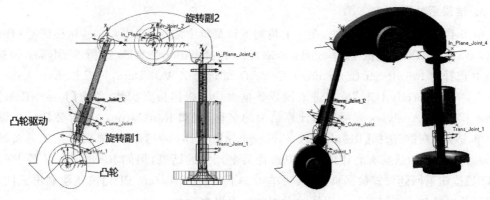

图 7-44 凸轮机构

2. 仿真计算

单击建模工具条 Simulation 中的仿真计算 ⚙ 按钮,将仿真时间 End Time 设置为 4、仿真步数 Steps 设置为 400,然后单击 ▶ 按钮进行仿真计算,计算结束后,单击 ◀◀ 按钮返回。在左侧的模型树上找到 Results 下的 Last_Run,在 Last_Run 上单击鼠标右键,选择【Rename】,如图 7-45 所示,在弹出的重命名对话框中,在 New Name 中输入 Run1,单击【OK】按钮。

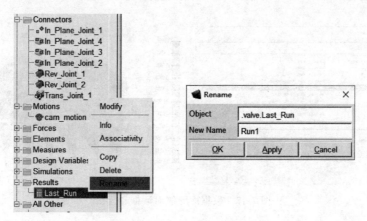

图 7-45 修改计算结果的名称

从模型树上找到 Motions 下的驱动 cam_motion,双击 cam_motion,在弹出的对话框中,将 Function(time)由 500d * time 修改成 550d * time,单击【OK】按钮。

在仿真控制对话框中,保持仿真时间 End Time 和仿真步数 Steps 不变,单击 ▶ 按钮进行仿真计算,计算结束后,单击 ◀◀ 按钮返回。在左侧的模型树上找到 Results 下的 Last_Run,在 Last_Run 上单击鼠标右键,选择【Rename】,在弹出的重命名对话框中,在 New Name 中输入 Run2,单击【OK】按钮。

双击 cam_motion,在弹出的对话框中,将 Function(time)由 550d * time 修改成 600d * time,单击【OK】按钮。保持仿真时间和步数不变,再进行计算,计算结束后把仿真计算结果 Last_Run 改成 Run3。按照相同的方式修改驱动值,进行多次计算,把计算结果依次改成 Run4、Run5,得到一系列计算结果。

3. 结果后处理

单击 F8 键进入后处理模块，在左上角的下拉菜单中选择 4D Plotting，切换到 4D 环境，如图 7-46 所示，Plot Type 选择 Surface，X Axis 选择 Time，Y Axis 选择 Analyses，勾选 Z Axis 并选择为 Result Set Component，Color Data 选择 Z Axis Data，可以在 Axis Label 输入标志，单击【Specify Data】按钮进入设置数据页面。根据仿真次数，单击【Insert Row】按钮插入几行，在 Analyses 列中选择计算结果的名称，例如 Run1、Run2…，在 Z Result 输入框中单击鼠标右键，选择【Result_Set_Component】→【Browse】命令，弹出数据库导航对话框，如图 7-47 所示从某次的计算结果中选择某个元素的结果，例如 Rev_Joint_2 的 FY，单击【OK】按钮返回到设置数据页面，最后单击右下角的【Generate Plot】按钮绘制出云图，单击工具条中的 ▶ 或 🎞 按钮，可以播放动画并可以保存动画。

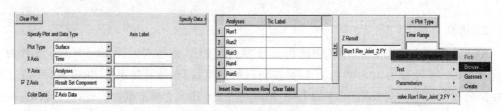

图 7-46　数据设置界面

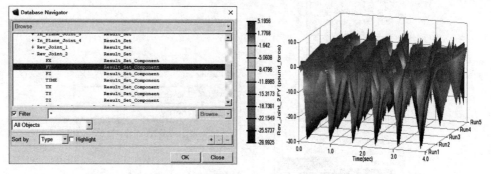

图 7-47　数据库导航对话框和云图

7.4　客户化输出结果

前面讲的内容都是在查看求解器默认输出的结果，如果用户想要得到非默认的结果，就需要用户自己制定输出的内容，如创建输出函数等。

7.4.1　测试（Measure）

1. 模型元素上数据的直接测试

可以不进入后处理（Postprocess）模块，直接在 ADAMS/View 中查看仿真结果曲线。请打开本书二维码中 chapter_06\Postprocess 目录下的 Postprocess.bin 文件中的曲柄-滑块机构，请先进行一次仿真计算，将仿真时间设置为 10s、步数为 1000，驱动在旋转副 Joint_2 上。在旋转副 Joint_3 上单击鼠标右键，在弹出的右键快捷菜单中选择【Measure】项，之后弹出运动副测试对话框,如图 7-48 所示,或者单击建模工具条 Design Exploration 中的按钮 后,弹出数据库导航对话框中找到 Joint_3。在测试对话框的 Measure Name 中输入测试名称,在 Characteristic 后的下拉选择框中选择相应的结果类型,如果结果是矢量,还需要在 Component 选择矢量的分量方向或幅值(Mag),From/At 是指结果是在运动副的 I-Marker 上还是 J-Marker 上,在这两个坐标系上计算的结果往往是一对相反数,Represent coordinates in 是指矢量的投影坐标系,系统默认为全局坐标系,单击【Apply】按钮后,如果已经计算过结果,则会直接绘制出相应的结果曲线,如果还没有运行过计算结果,则在仿真计算时,也同时绘制结果曲线,图 7-49 所示是 JOINT_3 的 I-Marker 和 J-Marker 上的作用力在全局坐标系 X 方向的作用力分量曲线。

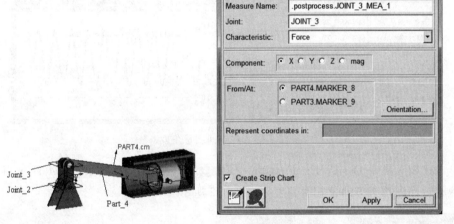

图 7-48　运动副的测试

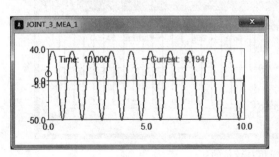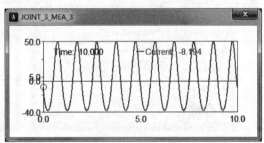

图 7-49　在运动副不同作用点上计算的结果实例

以上是直接对模型的元素直接进行的测试,另外可以在模型元素之间或用函数表达式进行测试。

2. 位置和方向的测试

单击建模工具条 Design Exploration 中的 按钮后,可以测量两个两点之间的位移、速度、加速度、角速度和角加速度,如图 7-50 所示。

单击建模工具条 Design Exploration 中的 按钮后,可以测量三个 Marker 点之间形成的角度,如图 7-51 所示。

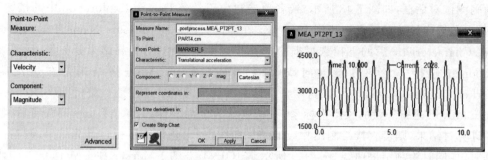

图 7-50　两点之间的测试

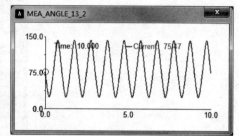

图 7-51　三点间测量角度

单击建模工具条 Design Exploration 中的 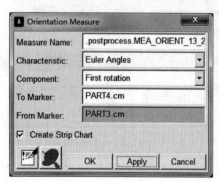 按钮后，可以测量两个 Marker 点之间按照某种旋转序列在某方向上相对角度，如图 7-52 所示。

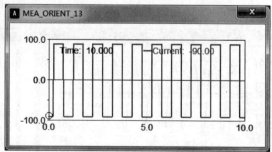

图 7-52　两点之间相对转角的测试

3. 特殊测试

单击建模工具条 Design Exploration 中的 $\overline{x}$ 按钮后，可以对已经存在的测量进行某种统计，如图 7-53 所示，假如某个测试曲线上有 n 个数据点 P_i，若 Type 设置为 Maximum 项时，统计测试曲线的第 m 个点的数据为 $\mathrm{Max}(P_1,P_2,\cdots,P_m)(1 \leqslant m \leqslant n)$，若 Type 设置为 Minimum 项时，统计测试曲线的第 m 个点的数据为 $\mathrm{Min}(P_i,P_i,\cdots,P_m)$，若 Type 设置为 Variation 项时，统计测试曲线的第 m 个点的数据为 $\mathrm{Max}(P_i,P_i,\cdots,P_m)-\mathrm{Min}(P_i,P_i,\cdots,P_m)$，若 Type 设置为 Average 项时，统计测试曲线的第 m 个点的数据为 $\dfrac{1}{m}\sum\limits_{i=1}^{m}P_i$。

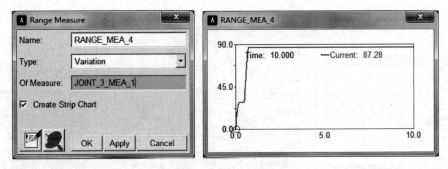

图 7-53　Range 测试

单击建模工具条 Design Exploration 中的 f_(n) 或 f_(t) 按钮后,可以用函数构造器创建复杂的函数来定义测试,如图 7-54 所示,关于函数构造器的使用,请参考第 8 章的内容。用 f_(n) 按钮创建的测量是在仿真前或仿真后得到数据的,而用 f_(t) 按钮得到的测量是在仿真过程中得到数据的,如果用 f_(n) 按钮创建的测量中引起了其他测量,则要注意其他测量的定义顺序,否则会出现错误信息。

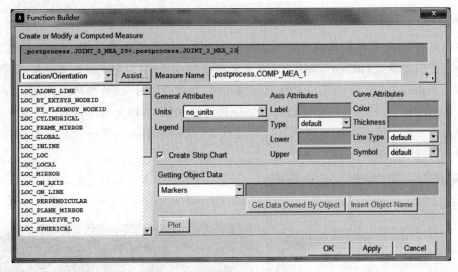

图 7-54　用函数构造器创建测试

单击建模工具条 Design Exploration 中的 按钮后,弹出数据导航对话框,从中选择一个测试,以便显示测试曲线。测试结果也可以在后处理模块中显示,在后处理模块的数据源中选择 Measure 即可。

7.4.2 输出请求(Request)

输出请求的结果保存到请求文件中(＊.req),而不是数据库文件中。输出请求可以输出最常用的位移、速度、加速度和力,也可以输出其他数据,如压力、能量和动量等,还可以通过函数、变量和用户自定义程序来输出其他数据。单击建模工具条 Design Exploration 中的 按钮后,弹出创建输出请求对话框,如图 7-55 所示。测试结果也可以在后处理模块中显示,在后处理模块的数据源中选择 Request 即可。

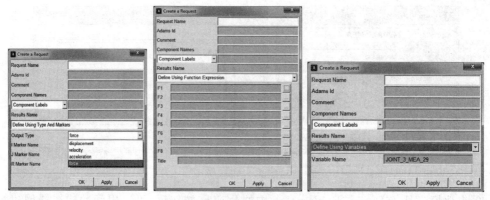

图 7-55　输出请求对话框

要在计算时同时把输出请求也输出到 req 文件中，需要选择【Setting】→【Solver】→【Output】命令，将 Save Files 项选择为 Yes，可以输入文件名前缀，这样就可以在工作目录下输出 req 文件，req 是文本文件，可以用记事本打开查看数据。

7.4.3　间隙（Clearance）

在仿真过程中，可以输出两个构件某些元素之间的最小间隙，例如两个体之间的最小距离。单击建模工具条 Design Exploration 中的 ⊢⊣ 按钮后，弹出定义间隙对话框，如图 7-56 所示，在 Clearance Type 中，可以选择几何与几何、几何与柔性体、柔性体与几何、柔性体与柔性体之间的最小间隙，然后根据选项再选择其他的元素，可以同时选择多个元素，如一个几何中选择两个实体（Solid）。在仿真计算过程中，最小间隙用一条白色直线表示，并且最小间隙的直线时刻是变化的。

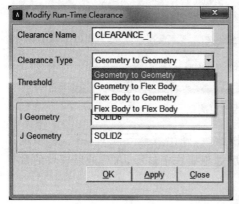
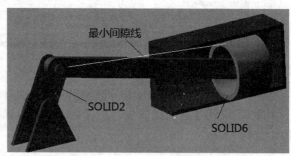

图 7-56　创建间隙对话框

7.4.4　轨迹线（Trace）

当运行过仿真计算后，系统中各个构件之间的位置关系也已计算出，因此一个构件上的一点相对于另一个构件的轨迹也就能计算出来。ADMAS/View 提供了一个简便的方法，

用于计算一个构件上一点相对另一个构件的轨迹,仍以图 7-48 所示的模型为例,单击建模
工具条 Results 中的 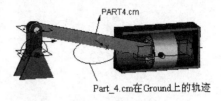 按钮后,首先需要指定一个
构件上的一点,这里单击构件 Part_4 的质心坐标系
PART.cm,然后指定相对运动的构件,这里单击空
白区即大地后,就能计算出 Part_4 的质心坐标系的
原点在大地上轨迹,如图 7-57 所示。

图 7-57　点的轨迹

7.4.5　实例:用轨迹线创建凸轮

本例用轨迹曲线来设计凸轮机构的凸轮轮廓,本例的模型是 cam_start.bin,位于本书
二维码中 chapter_06\trace 目录下,请将其复制到 ADAMS/View 的工作目录下。本例的
模型如图 7-58 所示,由 PART2 和 PART3 构成,PART2 在匀速旋转,旋转一圈的时间是
10s,PART3 做往复正弦运动,做一次往复运动的时间是 5s,振动幅值是 25mm,根据以上信
息设计一个凸轮,满足以上运动规律。

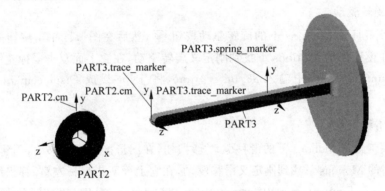

图 7-58　创建凸轮机构

1. 打开模型

启动 ADAMS/View,在欢迎对话框中,将选项设置为打开模型(Exiting Model),单击
【OK】按钮后,弹出打开文件对话框,找到 cam_start.bin 文件并打开,模型打开后请先熟悉
模型。

2. 创建旋转副

单击建模工具条 Connectors 下的旋转副按钮 ,并将创建旋转副的选项设置为
2 Bodies-1 Location、Normal to Grid 和 Pick Body,然后在图形区先单击 PART2 构件,再在
空白处单击鼠标左键,选择大地,之后选择 PART2 上坐标系 PART2.cm,创建一旋转副
(如果工作栅格没打开,请先按 G 键打开工作栅格)。

3. 创建滑移副

单击建模工具条 Connectors 下的滑移副 按钮,并将创建滑移副的选项设置为 2 Bodies-
1 Location、Pick Geometry Feature 和 Pick Body,然后在图形区先单击 PART3 构件,再单击空
白处,选择大地,然后单击 PART3 上的 PART3.spring_marker,在 spring_marker 附近移动鼠
标,当出现向右的箭头提示时,按下鼠标左键,创建一个滑移副,如图 7-59 所示。

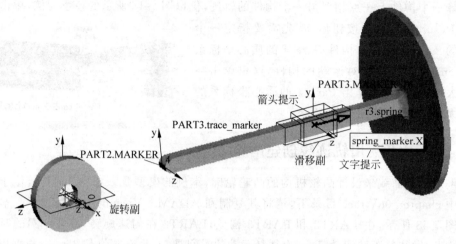

图 7-59　旋转副和滑移副

4. 添加旋转驱动

单击建模工具条 Motions 下的旋转驱动按钮 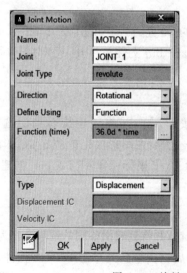，然后在图形区单击旋转副，创建一个旋转驱动。在模型树的 Motions 下找到刚定义旋转驱动，在它上面双击鼠标左键，弹出编辑对话框，在 Funtion（time）中输入 36.0d * time，将 Type 设成 Displacement，单击【OK】按钮。

5. 添加滑移驱动

单击建模工具条 Motions 下的滑移驱动 按钮，在图形区单击滑移副，创建一个滑移驱动。在模型树的 Motions 下找到刚定义滑移驱动，在它上面双击鼠标左键，弹出编辑对话框，如图 7-60 所示，在 Funtion（time）中输入 25 * sin（72d * time），将 Type 设成 Displacement，单击【OK】按钮。

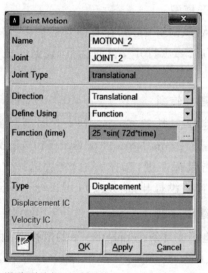

图 7-60　旋转副和滑移副编辑对话框

6. 仿真计算

单击建模工具条 Simulation 中的仿真计算 ⚙ 按钮,将仿真时间 End Time 设置为 10、仿真步数 Steps 设置为 1000,然后单击 ▶ 按钮进行仿真计算,计算完成后单击 ◀◀ 按钮返回。

7. 创建轨迹线

单击建模工具条 Results 中的轨迹线 ◢ 按钮,先单击 PART3. trace_marker,再单击 PART2 后,创建一轨迹线,如图 7-61 所示。

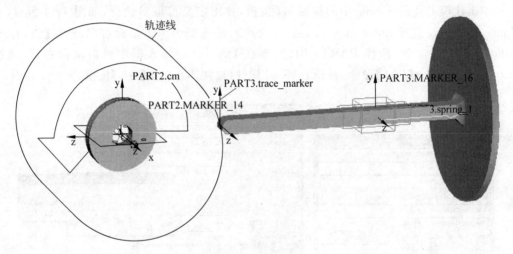

图 7-61　轨迹线

8. 创建凸轮

单击建模工具条 Bodies 中的拉伸体 🔧 按钮,将选项设置成 Add to Part,Profile 设置成 Curve,Path 设置成 About Center,Lenth 设置成 50,然后先选择 PART2 构件,再选择轨迹线,创建一拉伸体,如图 7-62 所示。

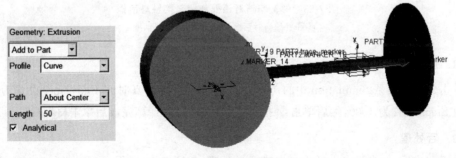

图 7-62　创建拉伸体

9. 创建弹簧

在模型树 Motions 下找到滑移驱动,在它上面单击鼠标右键,从弹出的快捷菜单中选择【Delete】,把滑移驱动删除。单击建模工具条 Bodies 中的创建几何点 ● 按钮,将选项设置成 Add to Ground，然后在工作栅格上任意选择一点，在刚创建的点上双击鼠标左键，将点的坐标修改成（200，0，0），单击【Apply】和【OK】按钮。

单击建模工具条 Forces 中的弹簧 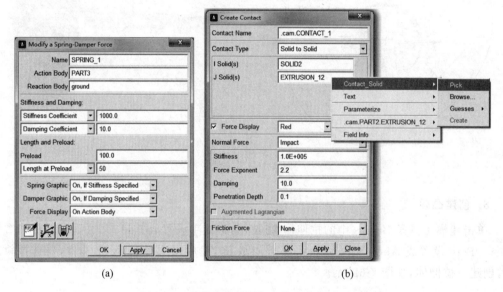 按钮，在图形区先单击 PART3. spring_marker，再单击刚创建的点，可以创建一个弹簧，如果 spring_marker 不容易选择，可以在它上面单击鼠标右键，从弹出的对话框中选择 spring_marker。创建完弹簧后，在图形区或模型树上弹簧图标上单击鼠标右键，选择弹簧下面的【Modify】，弹出弹簧编辑对话框，如图 7-63 所示，输入刚度 1000、阻尼 10、预载荷 100、预载荷长度 50，单击【OK】按钮。

10. 定义接触

单击建模工具条 Forces 中的接触 按钮，弹出定义接触对话框，如图 7-63 所示，将 Contact Type 设置成 Solid to Solid，在 I Solid(s)输入框中单击鼠标右键，选择【Contact_Solid】→【Pick】命令，选择 PART3 构件，再在 J Solid(s)输入框中单击鼠标右键，选择【Contact_Solid】→【Pick】命令，选择 PART2 构件（拉伸体），单击【OK】按钮。

图 7-63　弹簧编辑对话框和定义接触对话框

(a) 弹簧编辑对话框；(b) 定义接触对话框

11. 仿真计算

单击建模工具条 Simulation 中的仿真计算 按钮，将仿真时间 End Time 设置为 10、仿真步数 Steps 设置为 1000，然后单击 按钮进行仿真计算，计算完成后单击 按钮返回。

12. 后处理

计算完成后，单击键盘上的 F8 键，进入后处理，如图 7-64 所示，将数据源（Source）设置成 Object，Filter 选择 Body，双击 Object 下的 PART3，找到 trace_marker，Characteristic 选择 Translational_Displacement，Component 选择 X，单击【Add Curves】按钮，得到位移曲线。

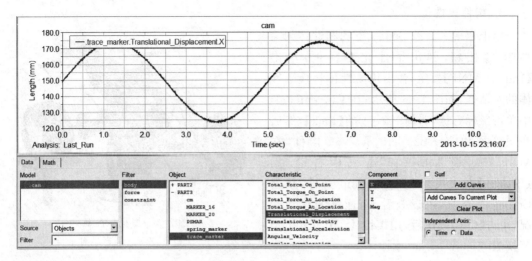

图 7-64 后处理

7.5 柔性体计算结果后处理和疲劳耐久分析

在将刚性体变成柔性体后,可以得到柔性体的变形、柔性体的应力分布、任意位置处的应力曲线,还可以把计算的模态参与因子输出到疲劳耐久软件中,在疲劳软件中进行应力恢复,再进行疲劳寿命预测。

7.5.1 实例:柔性体后处理

柔性体可以产生变形,从而产生应力、应变,本节通过一个实例来讲解柔性体的应力恢复和输出模态参与因子的过程,本节所需的文件 motorcycle_start. bin、left_lca. mnf、left_lca. bdf 和 left_lca. xdb,在本书二维码中 chapter_07\flex_post_fatigue 目录下,请将相关文件复制到 ADAMS/View 的工作目录下。

1. 柔性体. mnf 文件

本例使用的柔性体文件是 left_lca. mnf 已经计算完成,文件中除了模态信息外,还有模态应力,读者的计算机上如果安装了 MSC. Nastran,可以启动 Nastran,读取 left_lca. bdf 文件,即可得到柔性体文件 left_lca_0. mnf 和 Patran 可以使用的结果文件 left_lca. xdb。用记事本打开 left_lca. bdf 文件,可以看到计算 mnf 文件的指令如下,输出应力的指令是 OUTGSTRS=YES,参数 PARAM POST 0 可以输出 left_lca. xdb 文件。

ADAMSMNF FLEXBODY=YES,FLEXONLY=YES,MINVAR=PARTIAL,PSETID=2,
OUTGSTRS=YES,OUTGSTRN=NO

2. 打开模型

启动 ADAMS/View,打开 motorcycle_start. bin,如图 7-65 所示,模型中需要柔性化的构件是 RB2_left_lca_59。

3. 构件柔性化

单击建模工具条 Bodies 下的刚性体到柔性体  按钮，弹出柔性化对话框，单击【Import MNF】按钮，弹出用柔性体替换刚性体的对话框，如图 7-66 所示，在 Current Part 中单击鼠标右键，选择 Part 下的【Pick】，然后在图形取单击 RB2_left_lca_59 构件，在 MNF File 输入框中单击鼠标右键，用【Browse】方式找到 left_lca. mnf 文件，单击 Connections 页，可以查看 Marker 的移动情况，单击【OK】按钮后，用柔性体 left_lca. mnf 替换 RB2_left_lca_59 刚性体。

需要柔性化的构件
RB2_left_lca_59

图 7-65　摩托车模型

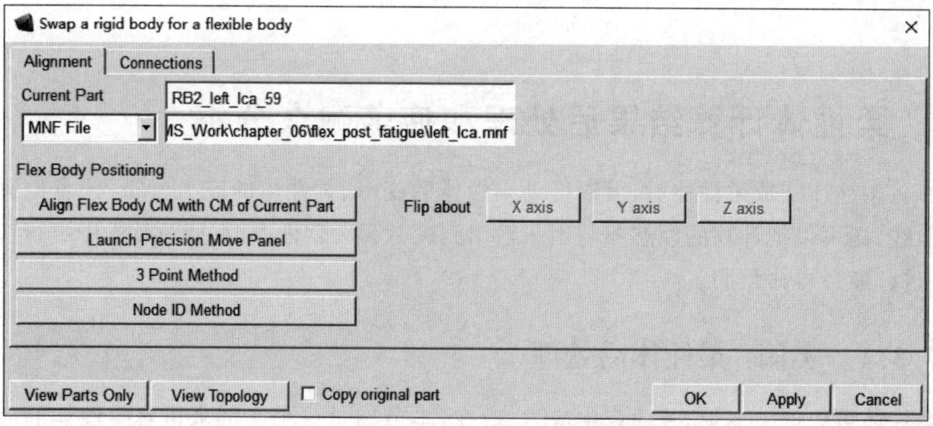

图 7-66　柔性体替换刚性体对话框

4. 编辑阻尼

在图形区双击柔性体，弹出柔性体编辑对话框，如图 7-67 所示，单击 按钮可以查看柔性体的模态振型，单击 按钮可以查看动画。去除 Damping Ratio 中的 default，在 Damping Ration 中输入 STEP(FXFREQ, 1000, 0.005, 10000, 0.8)，表示低于 1000Hz 的模态阻尼比是 0.5%，高于 10000Hz 的阻尼比是 80%，中间模态的阻尼比采用过渡形式，单击【OK】按钮。

5. 仿真计算

为提高积分精度，需要设置积分表达式类型，选择【Settings】→【Solver】→【Dynamics】命令，弹出求解器设置对话框，如图 7-68 所示，将 Formulation 设置成 SI2，Error 输入 0.01，单击【Close】按钮。单击建模工具条 Simulation 中的仿真计算 按钮，将仿真时间 End Time 设置为 10、仿真步数 Steps 设置为 2000，勾选 Start at equilibrium，然后单击 按钮进行仿真计算，单击 按钮返回。

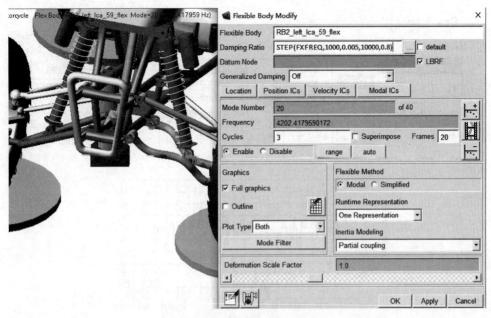

图 7-67 模态编辑对话框

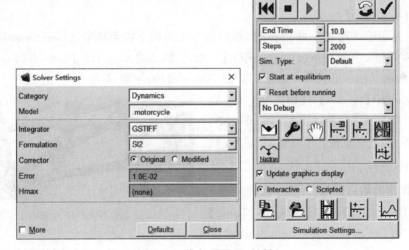

图 7-68 求解器设置对话框

6. 绘制力曲线

单击键盘上的 F8 键，进入后处理模块。将 Source 设置成 Objects，Filter 设置成 force，Object 选择 BUSHING_9（与 LCA 构件连接的阻尼器），Characteristic 设置成 Element_Force，Component 选择 Mag，如图 7-69 所示，单击【Add Curves】按钮，可以得到 BUSHING_9 的内力曲线。

7. 查看应力

查看应力，需要根据模态应力和模态参与因子得到应力响应，需要加载疲劳模态，选择

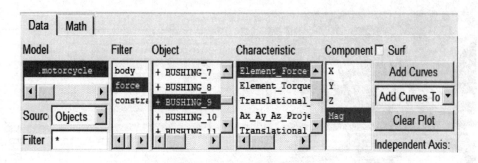

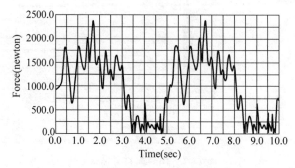

图 7-69   绘制力曲线

【Tools】→【Plugin Manager】命令，然后勾选 ADAMS Durability 的 Load 项，单击【OK】后，在菜单栏出现 Durability 菜单。

单击工具条中的增加一页 按钮，然后在左上角的下拉菜单中选择 Animation，在图形区单击鼠标右键，选择【Load Animation】。单击下部的 Contour Plots 页，Contour Plot Type 选择 Von Mises Stress，Camera 页的 Follow Object 输入框中单击鼠标右键，选择

【Flexible_Body】→【Gueses】→【RB2_left_lca_59
_flex】命令，勾选 Lock Rotations 项，单击
按钮开始播放应力动画，可以查看应力，如
图 7-70 所示。

图 7-70   应力云图

8. 计算应力热点区域

选择【Durability】→【Hot Spots Table】
命令，如图 7-71 所示，在 Flex Body 中通过鼠
标右键输入柔性体，Analysis 中通过鼠标右键输入 Last_Run，Type 中选择 Von Mises，
Radius 中输入 10，Count 选择 3，单击【Report】按钮，可以看出 3 个热点区域应力最大的节
点是 2990、3297 和 1922，单击【Close】按钮。

在 Animation 页的 Component 中输入柔性体 RB2_left_lca_59_flex，在 Hot Spots 页中
勾选 Display Hotspots，Filter 选择 Count，Value 输入 3，Radius 中输入 10，勾选 Rank、
Frame、Value 和 Node ID，这是可以显示应力最大点的位置。

9. 绘制应力曲线

单击工具条中的增加一页 按钮，然后在左上角的下拉菜单中选择 Plotting，选择
【Durability】→【Nodal Plots】命令，弹出计算节点曲线设置对话框，如图 7-72 所示，在

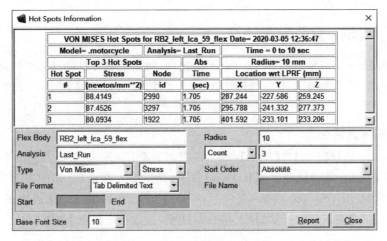

图 7-71 热点区域设置对话框

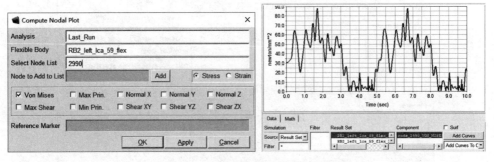

图 7-72 计算节点曲线设置对话框

Analysis 中单击鼠标右键,输入 Last_Run,Flexible Body 中单击鼠标右键输入柔性体名称 RB2_left_lca_59_flex,Select Node List 输入应力最大点 2990,勾选 Von Mises,单击【OK】按钮。在 Source 中选择 Result Set,Result Set 中找到柔性体 RB2_left_lca_59_flex,Component 中选择 node_2990_VON_MISES,单击【Add Curve】按钮可以应力曲线。

10. 导出模态参与因子

为了进行疲劳耐久计算,需要把多体计算的数据输出给疲劳计算软件,如果把应力输出,数据量势必非常多,可以把柔性体的模态参与因子(模态坐标)输出,在疲劳计算软件中,利用柔性体的模态应力和模态参与因子重新得到应力。

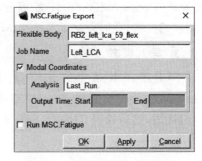

图 7-73 导出模态坐标对话框

本节以 MSC.Fatigue 为例,说明疲劳计算过程。选择【Durability】→【MSC.Fatigue】→【Export】命令,弹出导出对话框,如图 7-73 所示,在 Flexible Body 中输入柔性体部件的名称 RB2_left_lca_59_flex,在 Job Name 中输入文件名前缀,如 Left_LCA,勾选 Modal Coordinates,Analysis 中输入 Last_Run,不要勾选 Run MSC.Fatigue,单击【OK】按钮,此时在工作目录下得到 40 个 dac 文件,每个文件对应柔性体的 1 个模态,记录模态参与因子(模态坐标)。

7.5.2 实例：疲劳耐久计算

本例利用 Patran 中集成的 MSC. Fatigue 软件，使用上例计算的 dac 文件进行基于应力的疲劳损伤计算，也可使用本书二维码中的 dac 文件，疲劳计算是在 Patran 的经典界面中完成的。

1. 导入有限元网格

启动 Patran，选择【File】→【New】命令，在弹出的新建对话框中输入文件名，如 fatigue. db，单击【OK】按钮。选择【File】→【Import】命令，弹出导入对话框，如图 7-74 所示，将右侧 Object 设置成 Model，Source 选择 MSC. Nastran Input，找到本书二维码中的 left_lca. bdf 文件，单击【Apply】按钮，随后弹出导入信息对话框，直接单击【OK】按钮。

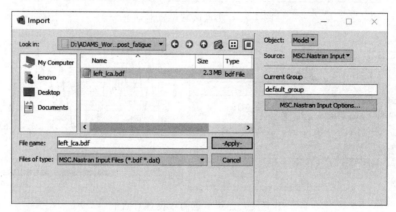

图 7-74　Patran 的导入对话框

2. 分组

导入的有限元中，还有体单元和膜单元，本例利用膜单元进行疲劳耐久计算，需要将两种单元类型定义不同的组。选择【Group】→【Create】命令，在右侧的 Group 页面中，Action 设置成 Create，Method 设置成 Property Type，Create 设置成 Multiple Groups，单击【Apply】按钮，此时创建了 2 个组 Membrance 和 Solid，如图 7-75 所示。

3. 导入模态

单击主工具条中的分析 按钮，在 Analysis 面板中，将 Action 设置成 Access Results，Object 设置成 Attach XDB，Method 设置成 Result Entities，单击【Select Results File】按钮，然后找到 left_lca. xdb 文件，单击【Apply】按钮，导入 40 阶模态。

4. 定义疲劳参数

选择【Tools】→【MSC. Fatigue】→【Main Interface】命令，弹出疲劳分析主面板，如图 7-76 所示，将 Analysis 设置成 S-N，Results Loc. 设置成 Node，Nodal Ave. 设置成 Global，Solver 设置成 Classic，在 Jobname 中输入一个名称，如 left_lca，单击【Solution Params】按钮，弹出求解参数对话框，将 Stress Combination 设置成 Von Mises，存活率设置成 99. 9，勾选 Run Factor of Safety Analysis，将 Options 设置成 Life Based，在 Enter a Design Life 中输入 60000，单击【OK】按钮。

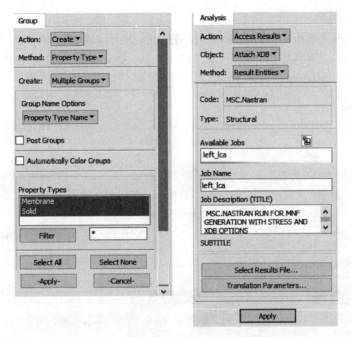

图 7-75　创建 Group 面板和分析面板

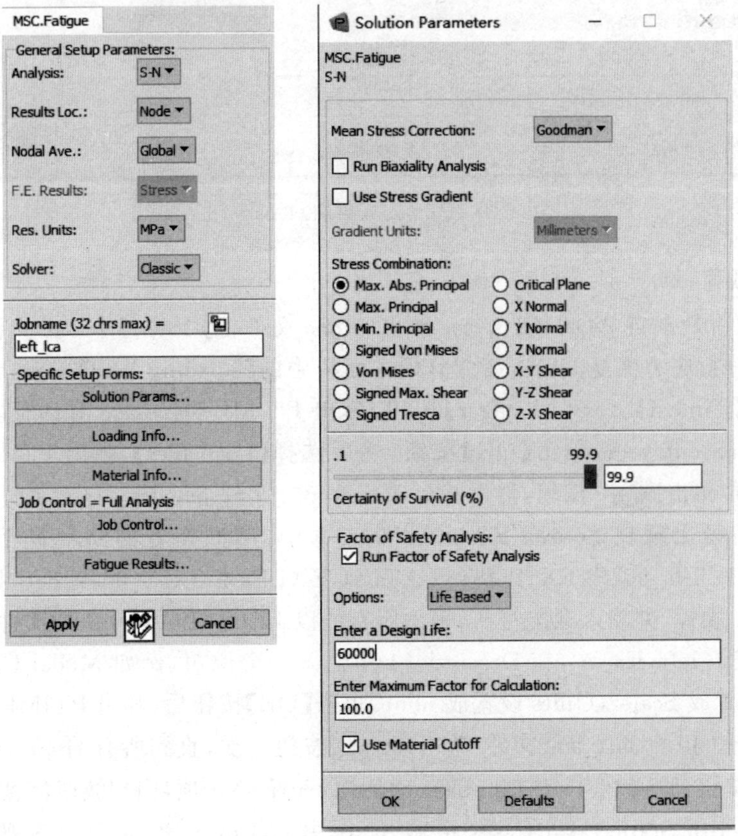

图 7-76　Fatigue 主面板和求解参数对话框

5．设置材料信息

单击疲劳分析主面板中的【Material Info】按钮，弹出设置材料对话框，如图 7-77 所示，单击 Select Material 下的表格，然后选择 MANTEN_SN，单击 Region 下的表格，然后选择 Membrane，其他值默认，单击【OK】按钮。

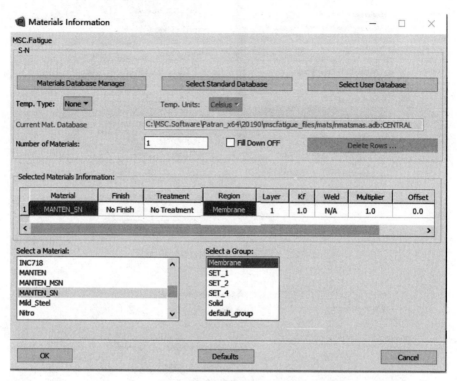

图 7-77　定义材料对话框

6．定义载荷

这里的载荷是来自 ADAMS/View 导出的 dac 文件，需要将每个 dac 文件与模态对应起来，以便能进行应力恢复。单击疲劳分析主面板中的【Loading Info】按钮，弹出载荷信息对话框，单击【Time History Manager】按钮，弹出 PTIME-Database 对话框，如图 7-78 所示，选择 Add an entry 项，单击【OK】按钮，然后选择【Load files】，弹出 PTIME-Load Time History 对话框，单击 ▣ 按钮，然后找到第 1 个 dac 文件 left_lca_0001.dac，此时 left_lca_0001.dac 的路径出现在 Source Filename 输入框中，例如作者的路径是 D:\ADAMS_WORK\CHAPTER_06\FLEX_POST_FATIGUE\LEFT_LCA_0001.dac，把路径最后部分的 0001.dac 去掉，并输入通配符 *，表示所有的以 LEFT_LCA_开头的文件，此时 Target Filename 变成了 left_lca_ *，在 Desciption1 中输入一个说明，例如 Modal Coordinates，将 Load Type 设置成 Scaler，Units 设置成 none，单击【OK】按钮后，弹出 PTIME 对话框，如果没有显示所有的 40 个 left_lca_文件，单击 More 按钮 2 次，直到所有的 40 个文件都读取，单击 End 按钮，回到 PTIME-Database 对话框，选择 eXit 项，回到载荷信息对话框。

在 Number of Static Load Cases 中输入 40，并按 Enter 键，如图 7-79 所示，勾选 Fill Down on，用鼠标单击 Load Case ID 列的第 1 个表格，从最下部的表格中选择第 1 阶模态，

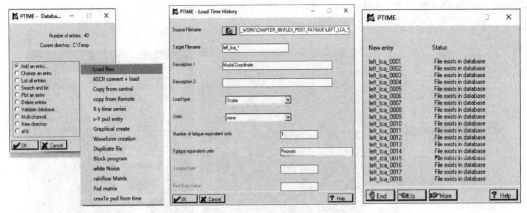

图 7-78　读取 dac 文件对话框

然后单击【Get/Filter Results】按钮，在弹出的对话框中勾选 Select All Results Cases，单击【Apply】按钮，单击 Time History 列的第 1 个表格，然后选择第 1 个 dac，其他使用默认，单击【OK】按钮。

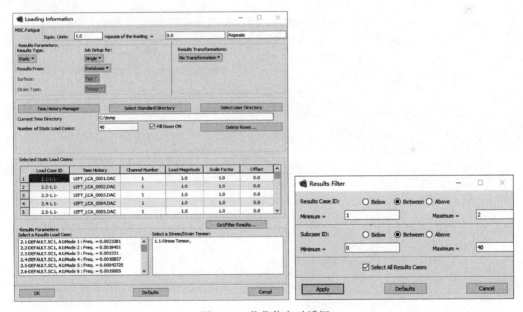

图 7-79　载荷信息对话框

7. 疲劳耐久计算

单击疲劳分析主面板中的【Job Control】按钮，将 Action 设置成 Full Analysis，然后单击【Apply】按钮开始计算，直到计算结束。计算结束后单击【Cancel】按钮回到疲劳分析主面板中，单击读取结果按钮【Fatigue Results】按钮，将 Action 设置成 Read Results，单击【Apply】按钮读取结果。

8. 查看计算结果

单击 Patran 主工具条中的结果 按钮，如图 7-80 所示，从结果查看面板中将 Select

Result Cases 选择 Total Life，left_lcafef，从 Select Fringe Result 中选择 Damage，单击【Apply】按钮，可以看到疲劳损伤云图，如果选择 Life（Repeats），可以查看寿命。

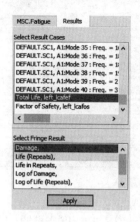 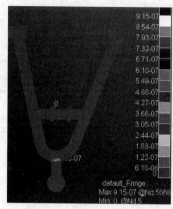 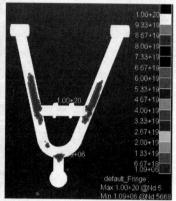

图 7-80　结果查看面板及疲劳损伤寿命

第8章

ADAMS/View中的函数

函数在 ADAMS 中有很重要的作用,用好 ADAMS 中的函数,能帮助用户快速搭建模型、定义各种激励和载荷,以及进行优化计算等,用户对函数的了解程度代表了用户对 ADAMS 软件的熟练程度。ADAMS 中提供了大量的函数,要掌握这些函数的使用技巧,需要在实践中慢慢积累。ADAMS 不同模块提供的函数也不尽相同,ADAMS/View 中的函数主要分为设计过程函数和运行过程函数。设计过程函数主要是在建立模型时使用,它在仿真计算的 0 时刻进行初始化,在仿真计算过程中函数值不变;运行过程函数是在仿真计算的不同时刻,其值也不同,是随时间变化的变量。有些函数既是设计过程函数,也是运行过程函数。

8.1 ADAMS/View 常用函数功能介绍

下面先介绍常用的一些函数,对于其他的函数,可以参考本书 8.3 节的内容。

1. TIME 函数

TIME 函数是运行过程函数,它含有多个时间值,记录了仿真过程中每帧的时间,并返回当前的仿真时间。

2. RTOD 函数和 DTOR 函数

RTOD 函数是一个常数,它是将一个弧度值转换成度数值时的乘积系数,它等于 $180/\pi$,例如 $\pi * \text{RTOD}$ 表示 180,与 RTOD 类似的函数是 DTOR,表示将一个度数值转换成弧度值时的乘积系数,等于 $\pi/180°$,例如 $180 * \text{DTOR}$ 表示 π。

3. IF 函数

IF 函数是一个判断函数,其格式为 IF(表达式 1:表达式 2,表达式 3,表达式 4),如果表达式 $1<0$,返回表达式 2 的值;如果表达式 $1=0$,返回表达式 3 的值;如果表达式 $1>0$,返回表达式 4 的值。

4. Distance Along X(DX)函数

DX 可以作为设计过程函数也可作为运行过程函数。作为设计过程函数时,其格式为 DX(Object 1,Object 2,Frame),返回坐标系 Object1 相对于 Object 2 在参考坐标系 Frame

的 X 轴方向的位移；作为运行过程函数时，其格式为 DX(To Marker，From Marker，Along Marker)，它是指从坐标系 From Marker 的原点到坐标系 To Marker 的原点矢量在 Along Marker 的 X 轴上的投影或分量，其中 Along Marker 是可选项，若未指定，则使用全局坐标系，DX 函数的计算式为 $DX=(\mathbf{R}_T-\mathbf{R}_F)\cdot\mathbf{x}_A$。例如对于图 8-1 所示的坐标系，可以得到 DX(Marker_T，Marker_F，Marker_A)=12。与 DX 函数类似的函数是 DY、DZ 和 DM，DM 是求幅值不是求分量。

5. Angle About X(AX) 函数

AX 可以作为设计过程函数也可作为运行过程函数。作为设计过程函数时，其格式为 AX(Object，Frame)，返回坐标系 Object 相对于参考坐标系 Frame 的 X 轴旋转的角度；作为运行过程函数时，其格式为 AX(To Marker，From Marker)，它表示坐标系 To Marker 相对于坐标系 From Marker 的 X 轴旋转的角度（弧度），其中 From Marker 是可选项，若未指定，则使用全局坐标系，AX 的计算式为 $AX=ATAN2(\mathbf{y}_T\cdot\mathbf{z}_F,\mathbf{y}_T\cdot\mathbf{y}_F)$，例如对于图 8-2 所示的坐标系，可以得到 AX(marker_1，marker_2)=$\pi/6$，与 AX 类似的函数是 AY 和 AZ。

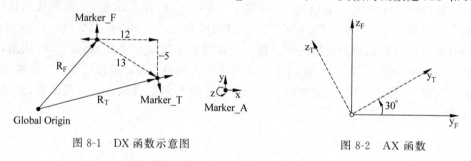

图 8-1　DX 函数示意图　　　　　　　　图 8-2　AX 函数

6. B313 Sequence 1st Rotation(PSI) 函数

PSI 的格式为 PSI(To Marker，From Marker)，它表示坐标系 To Marker 相对于坐标系 From Marker 按照 Body-Fixed313 旋转序列的第一个旋转角（弧度），其中 From Marker 是可选项，若未指定，则使用全局坐标系。与 PSI 类似的函数是 THETA 和 PHI，例如图 8-3 所示的坐标系，PSI(marker_T，marker_F)=1.5708(=+90°)，THETA(Marker_T，Marker_F)=-1.5708(=-90°)，PHI(marker_T，marker_F)=1.5708(+90°)，另外还有三个函数 YAW、PITCH 和 ROLL 分别返回按照 Body-Fixed321 旋转序列的三个转角。

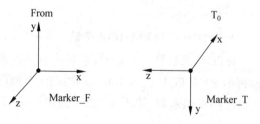

图 8-3　PSI 函数

7. Velocity Along X(VX) 函数

VX 的格式为 VX(To Marker，From Marker，Along Marker，Reference Frame)，它表示坐标系 To Marker 原点相对于坐标系 From Marker 原点的速度矢量在坐标系 Along Marker 的 X 轴上的投影，其中计算速度矢量时是在参考坐标系 Reference Frame 中进行微分计算的，其中 From Marker，Along Marker 和 Reference Frame 都是可选项，若未指定，则使用全局坐标系，VX 的计算式为 $VX=\left(^{(R)}\dfrac{\mathrm{d}}{\mathrm{d}t}R_T-{}^{(R)}\dfrac{\mathrm{d}}{\mathrm{d}t}R_F\right)\cdot\mathbf{x}_R$（式中左上角(R)代表参

考坐标系)。与 VX 类似的函数是 VY、VZ 和 VM,VM 是求幅值不是求分量。

8. Angular Velocity About X(WX)函数

WX 的格式为 WX(To Marker,From Marker,About Marker),它表示坐标系 To Marker 相对于坐标系 About Marker 的 X 轴角速度减去坐标系 From Marker 相对于坐标系 About Marker 的 X 轴角速度,其中 From Marker 和 About Marker 是可选项,若未指定,则使用全局坐标系,WX 的计算式为 $WX = ({}^{(G)}\boldsymbol{\omega}_T - {}^{(G)}\boldsymbol{\omega}_F) \cdot \boldsymbol{x}_A$(式中左上角(G)代表全局坐标系)。与 WX 类似的函数是 WY、WZ 和 WM,WM 是求幅值不是求分量。

9. Acceleration Along X(ACCX)函数

ACCX 的格式为 ACCX(To Marker,From Marker,Along Marker,Reference Frame),它表示坐标系 To Marker 原点相对于坐标系 From Marker 原点的加速度矢量在坐标系 Along Marker 的 X 轴上的投影,其中计算加速度矢量时是在参考坐标系 Reference Frame 中进行微分计算的,其中 From Marker,Along Marker 和 Reference Frame 都是可选项,若未指定,则使用全局坐标系,ACCX 的计算式为 $ACCX = \left({}^{(R)}\dfrac{d^2}{d^2 t}\boldsymbol{R}_T - {}^{(R)}\dfrac{d^2}{d^2 t}\boldsymbol{R}_F \right) \cdot \boldsymbol{x}_R$。与 ACCX 类似的函数是 ACCY、ACCZ 和 ACCM,ACCM 是求幅值不是求分量。

10. Angular Acceleration About X(WDTX)函数

WDTX 的格式为 ACCX(To Marker,From Marker,Along Marker,Reference Frame),它表示坐标系 To Marker 原点相对于坐标系 From Marker 原点的加速度矢量在坐标系 Along Marker 的 X 轴上的投影,其中计算加速度矢量时是在参考坐标系 Reference Frame 中进行微分计算的,其中 From Marker,Along Marker 和 Reference Frame 都是可选项,若未指定,则使用全局坐标系,WDTX 的计算式为 $WDTX = ({}^{(G)}\boldsymbol{\omega}_T - {}^{(G)}\boldsymbol{\omega}_F) \cdot \boldsymbol{x}_A$。与 WDTX 类似的函数是 WDTY、WDTZ 和 WDTM,WDTM 是求幅值不是求分量。

11. Sum of Forces Along X(FX)函数

FX 的格式为 FX(To Marker,From Marker,Along Marker),它返回来自坐标系 From Marker,作用于坐标系 To Marker 的合力在 Along Marker 的 X 轴方向的分量,其中 From Marker 是可选的,如果未指定,表示作用于坐标系 To Marker 的所有力的合力;Along Marker 也是可选的,如果未指定,表示总体坐标系,FX 的表示式为 $FX = \left(\sum \boldsymbol{F}_{T,F} \right) \cdot \boldsymbol{x}_A$。与 FX 类似的函数有 FY、FZ、FM、TX、TY、TZ 和 TM。

12. SERIES 函数

SERIES 的格式为 SERIES(Start,Interval,N) 从起始值 Start,按照指定的间隔 Interval,输出 N 个等差数列数值,如 SERIES(1,2,3)=1,3,5。与 SERIES 类似的函数是 SERIES2,给定起始值 Start 和终止值 End,SERIES2 输出 N 个等差数列数值。

13. Chebyshev Polynomial(CHEBY)函数

CHEBY 的格式为 CHEBY(x,Shift,Coefficients),它构造一个多项式,其中 x 是独立变量,Shift 是独立变量的平移量,Coefficients 是多项式的系数,例如 CHEBY(TIME,1,1,$0,-1) = 1 + 0 * (TIME - 1) - 1 * [2(TIME - 1)^2 - 1] = -2 * TIME^2 + 4 * TIME$。与 CHEBY 类似的函数是 POLY,例如 $POLY(TIME,10,0,25,0,0.75) = 25 * (TIME - 10) +$

$0.75 * (\text{TIME}-10)^3$。

14. Fourier Cosine Series（FORCOS）函数

FORCOS 的格式为 FORCOS(x, shift, Frequency, Coefficients)，它构造一个傅里叶余弦级数，其中 x 是独立变量，Shift 是独立变量的平移量，Frequency 是角频率，Coefficients 是级数的系数，例如 FORCOS(TIME, 0, 360D, 1, 2, 3, 4) = $1+2 * \text{COS}(360D * \text{TIME}) + 3 * \text{COS}(2 * 360D * \text{TIME}) + 4 * \text{COS}(3 * 360D * \text{TIME})$。与 FORCOS 类似的函数是 FORSIN，FORSIN 构造一个傅里叶正弦级数，例如 FORSIN(TIME, -0.25, PI, 0, 1, 2, 3) = $0 + \text{SIN}(\pi * (\text{TIME}+0.25)) + 2 * \text{SIN}(2\pi * (\text{TIME}+0.25)) + 3 * \text{SIN}(3\pi * (\text{TIME}+0.25))$。

15. STEP 函数

STEP 函数即可以用作设计过程函数也可用作运行过程函数，当用作设计过程函数时，其格式为 STEP(A, $x0$, $h0$, $x1$, $h1$)，它表示从 $x0$ 时的 $h0$ 值，跳跃到 $x1$ 时的 $h1$ 值，也就是通常所说的阶跃函数，中间用 Array 进行插值，例如 STEP(SERIES(0, 0.1, 100), 2.0, 0.0, 8.0, 1.0) 的曲线如图 8-4 所示；当用作运行过程函数时，其格式为 STEP(x, Begin, Initial Value, End, Final Value)，它用一个三次多项式构造一个阶跃函数，其中 x 是独立变量，(Begin, Initial Value)决定起始点，(End, Final Value)决定终止点，用一个三次多项式构造一个阶跃函数，其中 x 是独立变量，(Begin, Initial Value)决定起始点，(End, Final Value)决定终止点，其值在 0 到 Begin 时刻为 Initial Value，它的值在 End 时刻增加（或减小）到 Final Value，然后保持不变，还有一个运行函数 STEP5 是用一个五次多项式构造一个阶跃函数。

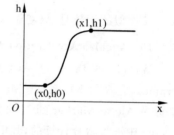

图 8-4　STEP 函数

16. Algebraic Variable Value（VARVAL）函数

VARVAL 的格式为 VARVAL(Variable)，它表示获取状态变量的值，通常用与状态变量有关的操作中，如用于控制系统中获取输入输出的变量值。

17. Akima Fitting Method（AKISPL）

AKISPL 的格式为 AKISPL(First Independent Variable, Second Independent Variable, Spline Name, Derivative Order)，它对样条线型数据按照 Akima 插值方法进行微分计算，并返回一个样条线型数据，其中 First Independent Variable 是第一个独立变量，Second Independent Variable 是第二个独立变量，两者共同组成一个曲面，其中第二个独立变量是可选的，Spline Name 是样条线型数据，Derivative Order 表示微分的阶次，可以取 0、1 和 2，分别表示不微分、一次微分和二次微分。与 AKISPL 类似的函数有 CURVE 和 CUBSPL，CURVE 对曲线型数据按照 B 样条线（B-spline）插值方法进行微分计算，CUBSPL 对样条线型数据按照三次样条线（Cubic spline）插值方法进行微分计算。

18. Impact 函数

在 4.3 节中介绍了在构件元素之间直接定义接触，还可以用 Impact 函数实现间接定义接触。Impact 函数的格式为 IMPACT(q, $\dot{q}$, $q1$, k, e, c_{max}, d)，其中 q 通常是距离变量，常用距离函数来定义两个点之间的距离，如两个坐标系 Marker 之间的距离；$\dot{q}$ 是 q 对时间导数,通常是速度,可以用速度函数来定义两点之间的速度,q1 是 Impact 函数的阈值,当 $q >$ q1 时,imact$=0$,当 $q \leqslant q1$ 时,Impact 不为 0,k 是刚度系数,e 是力的指数,c_{max} 是最大阻尼系数,d 是阻尼达到最大值时的切入量。

Impact 函数的返回值如下:

$$\text{Impact} = \begin{cases} 0 & (q > q1) \\ k(q1-q)^e - c_{max}\dot{q} * step(q,q1-d,1,q1,0) & (q \leqslant q1) \end{cases}$$

其中 step 是 ADAMS 中的阶跃函数。上式中 $k(q1-q)^e$ 是弹性力,$c_{max}\dot{q} * step(q,q1-d,1,q1,0)$ 是阻尼力。从上式可以看出,Impact 可以当作只产生压缩力,而不产生拉伸力的非线性弹簧。当 $e=1$,$c_{max}=0$ 时,Impact 函数就是只产生压缩力的线性弹簧。

Impact 函数的弹性力和阻尼力与 q 的关系如图 8-5 所示。

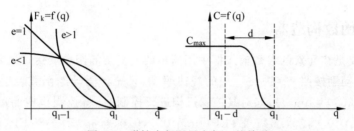

图 8-5 弹性力与阻尼力与 q 的关系

在使用 Impact 函数时,可以先创建一个单向力,然后在单向力的编辑对话框中,在 Function 输入框中输入 Impact 函数即可,如图 8-6 所示。

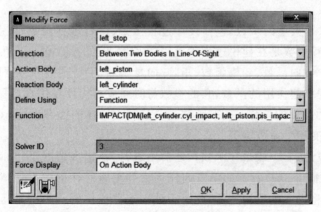

图 8-6 单向力编辑对话框

Impact 可以称为单边冲击函数,另外还可以用 Bistop 函数实现双边冲击函数。单边冲击和双边冲击的使用情况如图 8-7 所示。

Bistop 函数的格式为 $BISTOP(q,\dot{q},q1,q2,k,e,c_{max},d)$,其中 q1 和 q2 是两个阈值,Bistop 的返回值如下:

$$\text{Bistop} = \begin{cases} -k(q1-q)^e - c_{max}\dot{q} * step(q,q2,0,q2+d,1) & (q \geqslant q2) \\ 0 & (q1 < q < q2) \\ k(q1-q)^e - c_{max}\dot{q} * step(q,q1-d,1,q1,0) & (q \leqslant q1) \end{cases}$$

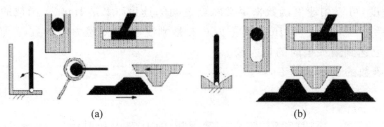

图 8-7　单边冲击和双边冲击

（a）Impact 函数使用的情况；（b）Bistop 函数使用的情况

8.2　函数的使用

8.2.1　函数构造器

函数化主要是在元素的参数输入框中用简单的或复杂的函数表达式来实现用户的特殊要求，例如对运动副按照 $20(1-e^{-20t})$ 的规律驱动，只需将驱动的函数表达式改为 $20.0*(1.0-EXP(-20.0*time))$，如对某控制机构进行控制时，将控制机构的运动规律设置为 $(STEP(time,0.0,0.0,.5,.6)-STEP(time,0.9,0.0,1.4,.5)+STEP(time,1.4,0.0,1.6,.10))$，其中 STEP 是阶跃函数，再如对构件作用力的定义可以是依赖于其他构件在运行过程中的位置，如 $800*DX(.excavator.bucket\_cylrod.Marker\_1,.excavator.arm.cm,.excavator.boom\_cyl.Marker\_3)$，或者更为复杂的函数，其中 DX 是求两 Marker 点之间在 X 方向距离的函数。

ADAMS 提供了大量的函数，包括设计过程函数、运行过程函数、模态函数和耐久性函数等，其中设计过程函数是在建模过程中使用的函数，例如参数化一个几何点的坐标值，包括数学函数、位置/方向函数、建模函数、矩阵/向量函数、字符函数和数据库函数；运行过程函数是在仿真过程中起作用的函数，它的参数与时间或与构件在仿真过程中的状态有关，例如参数化一个驱动构件的位移；模态函数主要计算柔性体的模态坐标；耐久性函数主要计算构件的应力、应变和生命数据等。

要创建函数表达式，一般是在函数构造器中进行，在很多情况下，如果输入框的后面有一个 ▥ 按钮，通过图 8-8(a)所示的单方向作用力的编辑对话框中 Function 输入框后的 ▥ 按钮，单击该按钮将进入函数构造器，此时函数构造器提供的函数都是运行过程函数，另外在没有 ▥ 按钮的输入中单击鼠标右键，在右键快捷菜单中选择【Parameterize】→【Expression Builder】命令，通过图 8-8(b)所示的创建设计变量的对话框中标准值输入框的右键快捷菜单，也可以进入函数构造器，此时函数构造器提供的函数都是设计过程函数，函数构造对话框会因出现的位置而有所不同，函数构造器如图 8-9 所示。

在函数构造器中，在函数类型下拉列表中选择相应的函数类型，然后在函数列表框中用鼠标单击某个函数，在左下角出现对该函数的格式说明，再单击【Assist】按钮，就会弹出一个新的对话框，在其中输入相应的元素即可，如果双击某个函数，对应的函数就会出现在函数表达式编辑框中，有些函数需要选择模型中的元素，如 Marker 等，可以用 Getting Obejct Data 选择相应的元素，在后边的输入框中单击鼠标右键，可以用【Pick】、【Browse】或

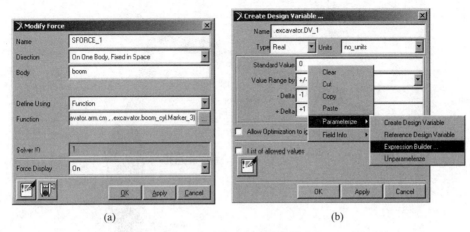

图 8-8　函数的两种使用方式

(a) 用按钮实现函数化；(b) 用右键快捷菜单实现函数化

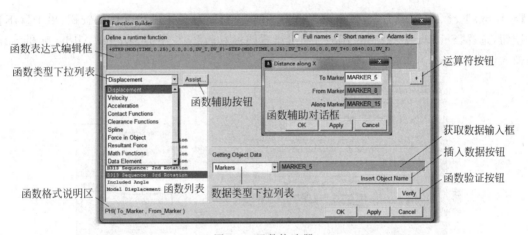

图 8-9　函数构造器

【Guesses】等方法找到对应的元素，单击【Insert Object Name】按钮后，可以把选择的元素插入到函数表达式中，如果需要在函数表达式框中加入运算符号，可以通过键盘加入，也可以通过运算符号按钮加入，最后可以单击【Verify】按钮来检查函数表达式语法是否正确。

8.2.2　实例：Step5 函数的应用

本节通过一个焊接机器人，用 Step5 函数实现机器人末端执行器特殊的运动规律。本节所使用的模型如图 8-10 所示，由六个构件构成，分别是 base、flex_shoulder、flex_armlever、flex_forearm、flex_wist 和 flex_hand，除 base 外，其他构件都是柔性体，其中 base 固定于大地上。本节所使用的柔性体 MNF 文件和 stp 文件，位于本书二维码中\chapter_08\robot 目录下，请将这些文件复制到 ADAMS 的工作目录下。

1. 新建模型

启动 ADAMS/View 后，在欢迎对话框中选择新建模型(New Model)，然后在新建模型对话框中输入模型名字 robot，其他使用默认选项，如图 8-11 所示，单击【OK】按钮。选择

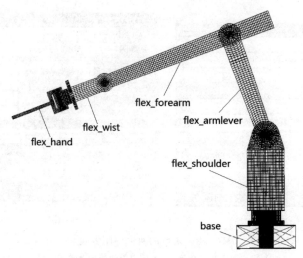

图 8-10　焊机机器人柔性体模型

【Settings】→【Gravity】命令，弹出设置重力加速度对话框，单击其中的【-Z】按钮，单击【OK】
按钮，选择【Settings】→【Icons】命令，弹出设置图标对话框，在中部 Size for All Icons 的 Size
输入框中输入 200，单击【OK】按钮。

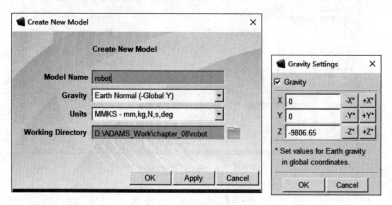

图 8-11　新建模型对话框

2. 建立 base 构件

在模型树 Bodies 下找到 Ground，在 Ground 上单击鼠标右键，在弹出的快捷菜单中，选
择【Rename】，在修改对话框中输入 base，单击【OK】按钮，将大地的名称改名为 base。选择
【File】→【Import】命令，弹出导入对话框，如图 8-12 所示，将 File Type 设置成 STEP，然后
在 File To Read 输入框中单击鼠标右键，用【Browse】方法找到 base. stp 文件，在 Part
Name 输入框中单击鼠标右键，找到 base 构件，在 Scale 输入框中输入 0.001，单击【OK】按
钮，单击状态工具栏中的 按钮，以渲染方式显示。

3. 建立柔性体 shoulder 构件

单击建模工具条 Bodies 中的导入 MNF 文件创建柔性体按钮 ，弹出创建柔性体对话
框，如图 8-13 所示，在 Flexible Body Name 中输入 flex_shoulder，在 MNF 输入框中单击鼠
标右键，用【Browse】方式找到 shoulder. mnf 文件，单击【OK】按钮导入柔性体 shoulder 构

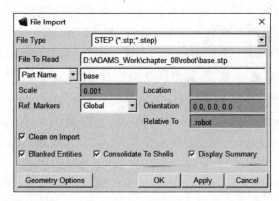

图 8-12　导入对话框

件。在 flex_shoulder 构件的两个外连点处,分别有两个 Marker 点 INT_NODE:15223 和 INT_NODE:12560。

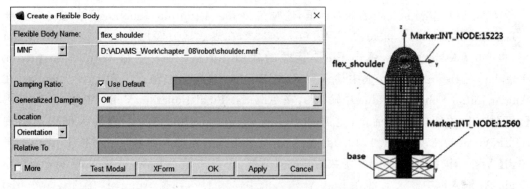

图 8-13　导入柔性体 shoulder 构件

4. 建立柔性体 shoulder 与 base 之间的旋转副

单击建模工具条 Connector 中旋转副 🔘 按钮,将选项设置成 2Bodies-1 Location、Normal To Grid 和 Pick Body,然后在图形区用鼠标先单击 flex_shoulder 构件,再单击 base 构件,最后在外连点 Marker:INT_NODE:12560 附近单击鼠标右键,从弹出的选择对话框中,选择 flex_shoulder.INT_NODE_12560,如图 8-14 所示,单击【OK】按钮。

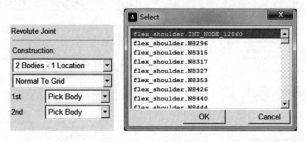

图 8-14　创建旋转副

5. 创建旋转驱动

单击建模工具条 Motions 中的旋转驱动 🔘 按钮,然后在图形单击刚创建的旋转副,在刚创建的旋转驱动图标上单击鼠标右键，从弹出的右键菜单中，选择旋转驱动下的【Rename】，将新建的旋转驱动改名为 MV_BASE，单击【OK】按钮。在图形区旋转驱动 MV_BASE 图标上单击鼠标右键，选择 Motion 下的【Modify】，在旋转驱动编辑对话框中，单击 Function(time)输入框后的 ... 按钮，弹出函数构造器对话框，如图 8-15 所示，先清空 Define a runtime function 下的输入框中的内容，然后找到 Math Functions 下的 Step5 函数，单击【Assist】按钮，弹出 Step5 函数的辅助对话框，在 X 中输入 time，选择 Non-Angular，在 Begin At 输入框中输入 0，在 End At 输入框中输入 0.3，选择 Angular，在 Anglar Initial Function Value 中输入 0，在 Angular Final Function Value 中输入 40，单击【OK】按钮，关闭辅助对话框，这时在 Define a runtime function 下的输入框中出现 STEP5(time,0.0,0.0d,0.3,40.0d)表达式，在表达式后面加入加号"＋"并按 Enter 键，重新建立一行（函数表达式较长，可以用多行输入）。再单击【Assist】按钮，弹出 Step5 函数的辅助对话框，在 X 中输入 time，选择 Non-Angular，在 Begin At 输入框中输入 0.4，在 End At 输入框中输入 0.7，选择 Angular，在 Anglar Initial Function Value 中输入 0，在 Angular Final Function Value 中输入 40，单击【OK】按钮，关闭辅助对话框，这时在 Define a runtime function 下的输入框中新出现 STEP5(time,0.4,0.0d,0.7,40.0d)表达式，在表达式后面加入加号"＋"并按 Enter 键，再单击【Assist】按钮，弹出 Step5 函数的辅助对话框，在 X 中输入 time，选择 Non-Angular，在 Begin At 输入框中输入 0.8，在 End At 输入框中输入 1.1，选择 Angular，在 Anglar Initial Function Value 中输入 0，在 Angular Final Function Value 中输入 40，单击【OK】按钮，关闭辅助对话框，这时在 Define a runtime function 下的输入框中新出现 STEP5(time,0.8,0.0d,1.1,40.0d)表达式，在表达式后面加入加号"＋"并按 Enter 键，再单击【Assist】按钮，弹出 Step5 函数的辅助对话框，在 X 中输入 time，选择 Non-Angular，在 Begin At 输入框中输入 1.2，在 End At 输入框中输入 1.7，选择 Angular，在 Anglar Initial Function Value 中输入 0，在 Angular Final Function Value 中输入－120，单击【OK】按钮，关闭辅助对话框，这时在 Define a runtime function 下的输入框中新出现 STEP5(time,1.2,0.0d,1.7,－120.0d)表达式，最后单击【OK】按钮关闭所有对话框，这里创建的驱动函数是 STEP5(time,0.0,0.0d,0.3,40.0d)＋STEP5(time,0.4,0.0d,0.7,40.0d)＋STEP5(time,0.8,0.0d,1.1,40.0d)＋STEP5(time,1.2,0.0d,1.7,－120.0d)，其中 d 表示角度值，可用度而不是弧度来衡量。

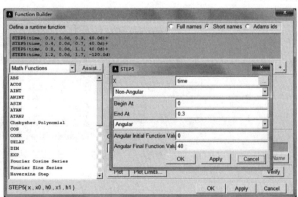

图 8-15　函数构造器及辅助对话框

6. 建立柔性体 armlever 构件

单击建模工具条 Bodies 中的导入 MNF 文件创建柔性体 🖐 按钮,弹出创建柔性体对话框,在 Flexible Body Name 中输入 flex_armlever,在 MNF 输入框中单击鼠标右键,用【Browse】方式找到 armlever. mnf 文件,单击【OK】按钮导入柔性体 armlever 构件。在 flex_armlever 构件的两个外连点处,分别有两个 Marker 点 INT_NODE:22077 和 INT_NODE:22078。

7. 建立柔性体 armlever 与柔性体 shoulder 之间的旋转副

选择【Settings】→【Working Grid】命令,在弹出的设置工作栅格对话框中,将 Set Orientation 设置成 Global YZ,单击【OK】按钮关闭对话框。单击建模工具条 Connector 中旋转副按钮 🖐,将选项设置成 2Bodies-1 Location、Normal To Grid 和 Pick Body,然后在图形区用鼠标先单击 flex_armlever 构件,再单击 flex_shoulder 构件,最后在外连点 Marker:INT_NODE:22077 附近单击鼠标右键,从弹出的选择对话框中选择 flex_armlever. INT_NODE_22077 或 flex_shoulder. INT_NODE_15223,单击【OK】按钮。

8. 创建旋转驱动

单击建模工具条 Motions 中的旋转驱动 🖐 按钮,然后在图形单击刚创建的旋转副,在刚创建的旋转驱动图标上单击鼠标右键,从弹出的右键菜单中,选择旋转驱动下的【Rename】,将新建的旋转驱动改名为 MV_SHOULDER,单击【OK】按钮。在图形区旋转驱动 MV_SHOULDER 图标上单击鼠标右键,选择 Motion 下的【Modify】,在旋转驱动编辑对话框中,单击 Function(time)输入框后的 🔲 按钮,弹出函数构造器对话框,先清空 Define a runtime function 下的输入框中的内容,可以按照前面的步骤用 Step5 函数的辅助对话框完成表达式 STEP5(time,0.0,0.0d,0.3,−20.0d)+STEP5(time,0.4,0.0d,0.7,50.0d)+STEP5(time,0.8,0.0d,1.1,−50.0d)+ STEP5(time,1.2,0.0d,1.7,20.0d),也可以直接键入上面这个表达式。

9. 建立柔性体 forearm 构件

单击建模工具条 Bodies 中的导入 MNF 文件创建柔性体 🖐 按钮,弹出创建柔性体对话框,在 Flexible Body Name 中输入 flex_forearm,在 MNF 输入框中单击鼠标右键,用【Browse】方式找到 forearm. mnf 文件,单击【OK】按钮导入柔性体 forearm 构件。在 flex_forearm 构件的两个外连点处,分别有两个 Marker 点 INT_NODE:28893 和 INT_NODE:28894。

10. 建立柔性体 forearm 与柔性体 armlever 之间的旋转副

单击建模工具条 Connector 中旋转副 🖐 按钮,将选项设置成 2Bodies-1 Location、Normal To Grid 和 Pick Body,然后在图形区用鼠标先单击 flex_forearm 构件,再单击 flex_armlever 构件,最后在外连点 Marker:INT_NODE:228894 附近单击鼠标右键,从弹出的选择对话框中,选择 flex_forearm. INT_NODE_28894 或 flex_armlever. INT_NODE_22078,单击【OK】按钮。

11. 创建旋转驱动

单击建模工具条 Motions 中的旋转驱动 🖐 按钮,然后在图形单击刚创建的旋转副,在刚创建的旋转驱动图标上单击鼠标右键，从弹出的右键菜单中，选择旋转驱动下的【Rename】，将新建的旋转驱动改名为 MV_ARM，单击【OK】按钮。在图形区旋转驱动 MV_ARM 图标上单击鼠标右键，选择 Motion 下的【Modify】，在旋转驱动编辑对话框中，单击 Function(time) 输入框后的 ... 按钮，弹出函数构造器对话框，先清空 Define a runtime function 下的输入框中的内容，可以按照前面的步骤用 Step5 函数的辅助对话框完成表达式 STEP5(time,0.0,0.0d,0.3,20d)＋STEP5(time,0.4,0.0d,0.7,－50d)＋STEP5(time,0.8,0.0d,1.1,50d)＋STEP5(time,1.2,0.0d,1.7,－20d)，也可以直接输入上面这个表达式。

12. 建立柔性体 wist 构件

单击建模工具条 Bodies 中的导入 MNF 文件创建柔性体 按钮，弹出创建柔性体对话框，在 Flexible Body Name 中输入 flex_wist，在 MNF 输入框中单击鼠标右键，用【Browse】方式找到 wist.mnf 文件，单击【OK】按钮导入柔性体 wist 构件。在 flex_wist 构件的两个外连点处，分别有两个 Marker 点 INT_NODE:32074 和 INT_NODE:32075。

13. 建立柔性体 wist 与柔性体 forearm 之间的旋转副

单击建模工具条 Connector 中旋转副 按钮，将选项设置成 2Bodies-1 Location、Normal To Grid 和 Pick Body，然后在图形区用鼠标先单击 flex_wist 构件，再单击 flex_forearm 构件，最后在外连点 Marker:INT_NODE:32075 附近单击鼠标右键，从弹出选择对话框中，选择 flex_wist.INT_NODE_32075 或 flex_forearm.INT_NODE_28893，单击【OK】按钮。

14. 创建旋转驱动

单击建模工具条 Motions 中的旋转驱动 按钮，然后在图形单击刚创建的旋转副，在刚创建的旋转驱动图标上单击鼠标右键，从弹出的右键菜单中，选择旋转驱动下的【Rename】，将新建的旋转驱动改名为 MV_WIST，单击【OK】按钮。在图形区旋转驱动 MV_WIST 图标上单击鼠标右键，选择 Motion 下的【Modify】，在旋转驱动编辑对话框中，单击 Function(time) 输入框后的 ... 按钮，弹出函数构造器对话框，先清空 Define a runtime function 下的输入框中的内容，可以按照前面的步骤用 Step5 函数的辅助对话框完成表达式 STEP5(time,0.4,0.0d,0.7,45d)＋STEP5(time,0.8,0.0d,1.1,－45d)，也可以直接输入上面这个表达式。

15. 建立柔性体 hand 构件

单击建模工具条 Bodies 中的导入 MNF 文件创建柔性体 按钮，弹出创建柔性体对话框，在 Flexible Body Name 中输入 flex_hand，在 MNF 输入框中单击鼠标右键，用【Browse】方式找到 hand.mnf 文件，单击【OK】按钮导入柔性体 hand 构件。在 flex_hand 构件的两个外连点处，分别有两个 Marker 点 INT_NODE:33104 和 INT_NODE:33986。

16. 建立柔性体 hand 与柔性体 wist 之间的旋转副

由于柔性体 hand 与柔性体 wist 的旋转轴的方向是倾斜的，在创建旋转副的时候，不容易旋转准确的点，因此我们先旋转工作栅格。选择【Settings】→【Working Grid】命令，在弹出的设置工作栅格对话框中，将 Set Orientation 设置成 Pick，然后选择如图 8-16 所示的

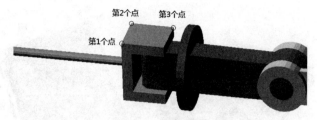

图 8-16　选择 3 个点的位置

hand 构件上的 3 个点，单击【OK】按钮关闭对话框。单击建模工具条 Connector 中旋转副 按钮，将选项设置成 2Bodies-1 Location、Normal To Grid 和 Pick Body，然后在图形区用鼠标先单击 flex_hand 构件，再单击 flex_wist 构件，最后在外连点 Marker：INT_NODE：33104 附近单击鼠标右键，从弹出选择对话框中，选择 flex_hand. INT_NODE_33104 或 flex_wist. INT_NODE_32074，单击【OK】按钮。

17. 创建旋转驱动

单击建模工具条 Motions 中的旋转驱动 按钮，然后在图形单击刚创建的旋转副，在刚创建的旋转驱动图标上单击鼠标右键，从弹出的右键菜单中，选择旋转驱动下的【Rename】，将新建的旋转驱动改名为 MV_HAND，单击【OK】按钮。在图形区旋转驱动 MV_HAND 图标上单击鼠标右键，选择 Motion 下的【Modify】，在旋转驱动编辑对话框中，单击 Function(time)输入框后的 按钮，弹出函数构造器对话框，先清空 Define a runtime function 下的输入框中的内容，可以按照前面的步骤用 Step5 函数的辅助对话框完成表达式 STEP5(time,0.8,0.0d,1.1,−90d)＋STEP5(time,1.2,0.0d,1.7,90d)，也可以直接输入上面这个表达式。

18. 运行仿真

单击建模工具条 Simulation 中的仿真计算 按钮，将仿真时间 End Time 设置为 2、仿真步数 Steps 设置为 500，然后单击 按钮进行仿真计算，观察机构运行情况。

19. 显示动画

单击建模工具条 Results 中的动画播放 按钮，在弹出的对话框中单击 按钮播放动画，可以看到用 Step5 函数约束的驱动。

8.2.3　实例：Impact 函数的应用

本节通过汽车后备厢的开启机构，用 Impact 函数实现接触定义。本节所使用的模型如图 8-17 所示，是左右对称结构，主要由 lid、cylinder、piston、longarm、ground 和 shortarm 构件构成，其中 cylinder 和 piston 是动力元件。本例的模型文件 hatchback_start. bin 在本书二维码中 chapter_08\hatchback 目录下，请复制到本机 ADAMS/View 工作目录下。

1. 打开模型

启动 ADAMS/View，在欢迎对话框中选择打开文件(Existing Model)，单击【OK】按钮后，弹出打开文件对话框，在对话框中找到 hatchback_start. bin，打开模型后，请先熟悉模型。该模型中，已经创建好运动副，包括滑移副、球铰副、胡克副、旋转副，我们需要添加单向力和弹簧。

图 8-17　汽车后备厢的开启机构

2. 运行计算

单击建模工具条 Simulation 中的仿真计算 ⚙ 按钮，将仿真时间 End Time 设置为 5、仿真步数 Steps 设置为 500，然后单击 ▶ 按钮进行仿真计算，观察机构运行情况。

3. 创建左边弹簧

单击建模工具条 Forces 中的弹簧 🌀 按钮，不用旋转 K 和 C，然后选择构件 left_pistorn 构件上 MAR_4 坐标系，如果 MARK_4 比较难选，可以在 MARK_4 上单击鼠标右键，从弹出的选择对话框中选择 left_piston. MAR_4，如图 8-18 所示，然后选择 left_cylinder. MAR_4，如果也比较难选择，也可以在其附近单击鼠标右键，在弹出的选择对话框中选择 left_cylinder. MAR_4，就可以创建一个弹簧。然后在图形区弹簧图标上单击鼠标右键，选择 SPRING_1 下的【Modify】，弹出弹簧编辑对话框，如图 8-19 所示，将 Stiffness Coefficient 输入 0.21578，在 Damping Coefficient 中输入 1，在 Preload 中输入 460，单击【OK】按钮。创建完弹簧后，在弹簧图标上单击鼠标右键，选择弹簧下的【Appearance】，选择 Visibility 的 off 项，把弹簧隐藏起来。

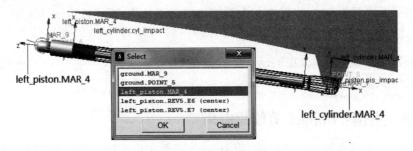

图 8-18　创建左边的弹簧

4. 创建左边单向力

单击建模工具条 Forces 中的单向力 ━━● 按钮，把选项设置成 Two-Bodies 和 Custom，然后在图形区先选择 left_piston 构件和 left_cylinder 构件，再选择 left_piston. pis_impact 坐标系和 left_cylinder. cyl_impact 坐标系创建一个单向力，然后在图形区单向力图标上单击鼠标右键，选择单向力下的【Modify】，弹出单向力编辑对话框，如图 8-20 所示，在 Function 输入框中输入表达式 IMPACT(DM(left_cylinder. cyl_impact，left_piston. pis_impact)，VR(left_cylinder. cyl_impact，left_piston. pis_impact)，25. 0，1. 0E+005，1. 01，

100.0,1.0E-003),其中 DM 和 VR 函数是求两个坐标系 MARKER 之间距离和速度的函数,关于这两个函数的说明参考 8.1 节的内容。输入完成后,单击【OK】按钮关闭对话框。

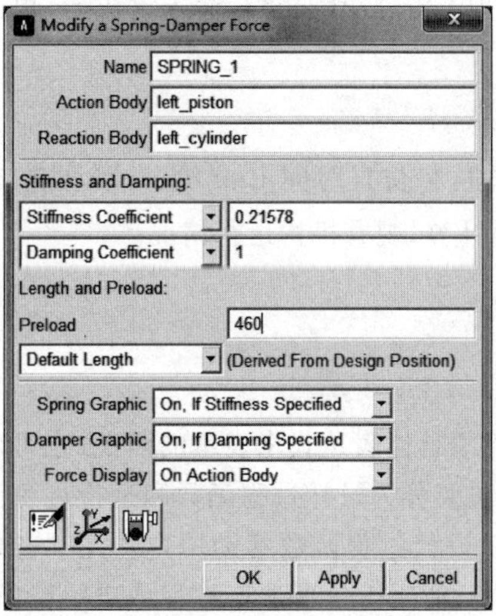

图 8-19　弹簧编辑对话框 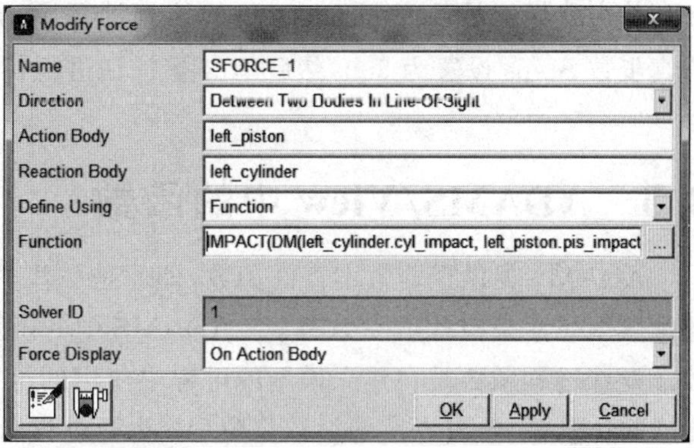　　　　　图 8-20　单向力编辑对话框

5．创建右边弹簧

单击建模工具条 Forces 中的弹簧 按钮,不用选择 K 和 C,然后选择构件 right_pistorn 构件上 MAR_4 坐标系,如果 MARK_4 比较难选,可以在 MARK_4 上单击鼠标右键,从弹出的选择对话框中选择 right_piston. MAR_4,其位置如图 8-21 所示,然后选择 right_cylinder. MAR_4,如果也比较难选择,也可以在其附近单击鼠标右键,在弹出的选择对话框中选择 right_cylinder. MAR_4,创建一个弹簧。然后在图形区弹簧图标上单击鼠标右键,选择 SPRING_2 下的【Modify】,弹出弹簧编辑对话框,将 Stiffness Coefficient 输入 0.21578,在 Damping Coefficient 中输入 1,在 Preload 中输入 460,单击【OK】按钮。创建完弹簧后,在弹簧图标上单击鼠标右键,选择弹簧下的【Appearance】,选择 Visibility 的 off 项,把弹簧隐藏起来。

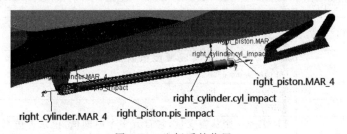

图 8-21　坐标系的位置

6．创建右边单向力

单击建模工具条 Forces 中的单向力 按钮,把选项设置成 Two-Bodies 和 Custom,然后在图形区先选择 right_piston 构件和 right_cylinder 构件,再选择 right_piston. pis_impact 坐标系和 right_cylinder. cyl_impact 坐标系,创建一单向力,然后在图形区单向力图

标上单击鼠标右键,选择单向力下的【Modify】,弹出单向力编辑对话框,在 Function 输入框中输入表达式 IMPACT(DM(right_cylinder.cyl_impact,right_piston.pis_impact),VR(right_cylinder.cyl_impact),25.0,1.0E+005,1.01,100.0,1.0E-003),输入完成后,单击【OK】按钮关闭对话框。

7. 运行计算

单击建模工具条 Simulation 中的仿真计算 ⚙ 按钮,将仿真时间 End Time 设置为 5、仿真步数 Steps 设置为 500,然后单击 ▶ 按钮进行仿真计算,观察机构运行情况。

8.3 ADAMS/View 中的函数

ADAMS 提供了非常丰富的函数,即便是一些不能用具体表达式来表示的函数,也可以通过数据元素来拟合出一个函数。ADAMS 中的函数主要分为设计过程函数和运行过程函数。设计过程函数是在建立模型的过程中使用的函数,设计过程函数帮助用户从无到有地建立起仿真模型,可以实现参数化模型;运行过程函数只能用于仿真计算过程中,运行过程函数依赖于模型仿真过程的时间或模型在仿真过程中的状态,运行过程函数在仿真的不同时刻值是不一样的。

8.3.1 设计过程函数

设计过程函数在建模过程中使用,在仿真计算开始时,进行数值初始化,在仿真过程中函数值不变,设计过程函数可以分为常值函数、建模函数、数学函数、位置和方向函数、矩阵和向量函数、字符串函数、数据库函数以及多功能函数,分别如表 8-1～表 8-8 所示。

表 8-1 常值函数(Constants)

函　　数	函　数　功　能
PI	指圆周率 π
TWO_PI	表示 2π
HALF_PI	表示 π/2
THREE_HALVES_PI	表示 3π/2
RTOD	将一个弧度值转换成度数值时的乘积系数,它等于 180/π,例如 π * RTOD 表示 180
DTOR	将一个度数值转换成弧度值时的乘积系数,它等于 π/180,例如 180 * DTOR 表示 π
SIN45	表示 sin(45°),即 $\sqrt{2}/2$
SQRT2	表示 $\sqrt{2}$
TIME	TIME 是一个状态变量,它含有多个时间值,记录了仿真过程中每帧的时间,并返回当前的仿真时间
IF	IF 函数是一个判断函数,其格式为 IF(表达式 1;表达式 2,表达式 3,表达式 4),如果表达式 1<0,返回表达式 2 的值;如果表达式 1=0,返回表达式 3 的值;如果表达式 1>0,返回表达式 4 的值
MODE	MODE 是一个变量,返回当前的仿真类型,1 表示 Kinematics,2 表示 Reserved,3 表示 Initialconditions,4 表示 Dynamics,5 表示 Statics,6 表示 Quasi-statics,7 表示 Linearanalysis,MODE 常用于脚本仿真控制中

表 8-2 建模函数（Modeling Functions）

函数及格式	函 数 功 能
DX(Object 1,Object 2,Frame)	返回坐标系 Object1 相对于 Object 2 在参考坐标系 Frame 的 X 轴方向的位移
DY(Object 1,Object 2,Frame)	返回坐标系 Object1 相对于 Object 2 在参考坐标系 Frame 的 Y 轴方向的位移
DZ(Object 1,Object 2,Frame)	返回坐标系 Object1 相对于 Object 2 在参考坐标系 Frame 的 Z 轴方向的位移
DM(Object 1,Object 2)	返回坐标系 Object1 相对于 Object 2 的位移
AX(Object,Frame)	返回坐标系 Object 相对于参考坐标系 Frame 的 X 轴旋转的角度
AY(Object,Frame)	返回坐标系 Object 相对于参考坐标系 Frame 的 Y 轴旋转的角度
AZ(Object,Frame)	返回坐标系 Object 相对于参考坐标系 Frame 的 Z 轴旋转的角度
PSI(Object,Frame)	返回坐标系 Object 相对于参考坐标系 Frame 按照 313 旋转序列的第一个转角，即欧拉角中的章动角
THETA(Object,Frame)	返回坐标系 Object 相对于参考坐标系 Frame 按照 313 旋转序列的第二个转角，即欧拉角中的进动角
PHI(Object,Frame)	返回坐标系 Object 相对于参考坐标系 Frame 按照 313 旋转序列的第三个转角，即欧拉角中的自转角
YAW(Object,Frame)	返回坐标系 Object 相对于参考坐标系 Frame 按照 321 旋转序列的第一个转角
PICH(Object,Frame)	返回坐标系 Object 相对于参考坐标系 Frame 按照 321 旋转序列的第二个转角
ROLL(Object,Frame)	返回坐标系 Object 相对于参考坐标系 Frame 按照 321 旋转序列的第三个转角

表 8-3 数学函数（Math Functions）

函数及格式	函 数 功 能
ABS(x)	返回参数 x 的绝对值
ACOS(x)	返回参数 x 的反余弦值
AINT(x)	返回参数 x 向零取整的整数，例如 AINT(-6.5)＝-6,AINT(4.6)＝4
ANINT(x)	返回参数 x 背离零取整的整数，例如 ANINT(-4.6)＝-5,ANINT(4.6)＝5
ASIN(x)	返回参数 x 的反正弦值
ATAN(x)	返回参数 x 的反正切值
ATAN2(x1,x2)	返回参数 x1/x2 的反正切值，且满足 ATAN2(x1,x2)＞0 如果 x1＞0；ATAN2(x1,x2)＝0 如果 x1＝0,x2＞0；ATAN2(x1,x2)＝π 如果 x1＝0,x2＜0；ATAN2(x1,x2)＜0 如果 x1＜0；ABS(ATAN2(x1,x2))＝π/2 如果 x2＝0；ATAN2(x1,x2)不确定，如果 x1＝0 且 x2＝0,例如 ATAN2(DX(marker_2,marker_1,marker_2),DY(marker_2,marker_1,marker_2))
CEIL(x)	返回大于参数 x 的最小整数
COS(x)	返回参数 x 的余弦值
COSH(x)	返回参数 x 的双曲余弦值
DIM(x1,x2)	返回参数 x1 和 x2 的正差值，也就是 DIM(x1,x2)＝0 if x1＜x2 DIM(x1,x2)＝x1$-$x2 if x1＞x2

续表

函数及格式	函 数 功 能
EXP(x)	返回参数 x 的指数函数 e^x
FLOOR(x)	返回小于参数 x 的最大整数
INT(x)	返回距参数 x 最近,且绝对值不大于 x 的绝对值的整数
LOG(x)	返回以 e 为底的对数
LOG10(x)	返回以 10 为底的对数
MAG(x,y,z)	返回矢量(x,y,z)的幅值
MOD(x1,x2)	返回参数 x1 整除 x2 后的余数,即 $x1 - INT(x1/x2) * x2$
NINT(x)	返回与参数 x 最近的整数
RAND()	产生[0.0,1.0]间的随机数
RTOI(x)	产生表示参数 x 的整数
SIGN(x1,x2)	符号函数,SIGN(x1,x2)=ABS(x1),如果 x2≥0; SIGN(x1,x2)=−ABS(x1),如果 x2<0
SIN(x)	返回参数 x 的正弦值
SINH(x)	返回参数 x 的双曲正弦函数
SQRT(x)	返回非负参数 x 的平方根
TAN(x)	返回参数 x 的正切值
TANH(x)	返回参数 x 的双曲正切值

表 8-4 位置和方向函数(**Location/Orientation Functions**)

函数及参数	函 数 功 能
LOC_ALONG_LINE(Start Point,End Point,Distance)	由两个点确定一条直线,在该直线上确定距起始点 StartPoint 距离为 Distance 的一点,例如 LOC_ALONG_LINE(marker_3,marker_1,15)
LOC_CYLINDRICAL(R, Theta,Z)	将一个柱坐标(R,Theta,Z)转换成直角坐标系(x,y,z)
LOC_FRAME_MIRROR (Location,Frame,Plane)	将一个点相对于一个平面进行镜像,得到另外一个对称点,Location 指点的坐标值,Frame 指坐标系,Plane 是指坐标系的 xy、yx、xz、zx、yz 和 zy 面,例如 LOC_FRAME_MIRROR({5,6,30},marker_2,"zy")
LOC_GLOBAL(Location, Frame)	将一个在局部坐标系 Frame 表示的一个坐标值 Location,转换到全局坐标系中坐标值,例如 LOC_GLOBAL({−5,−8,0},marker_1)
LOC_INLINE(Location,In Frame,To Frame)	将一个在某坐标系中表示的坐标值转换到另一个坐标系表示的坐标值,并将新的坐标值用本身的模进行归一化,例如 LOC_INLINE({−18,−2,30},marker_1,marker_2)
LOC_LOC(Location,In Frame,To Frame)	将一个在某坐标系中表示的坐标值转换到另一个坐标系表示的坐标值
LOC_LOCAL(Location, Frame)	将一个在全局坐标系中表示的坐标值转换到另一个局部坐标系中表示的坐标值
LOC_MIRROR(Location, Frame,Plane)	将一个点相对于一个平面进行镜像,得到另外一个对称点,Location 指点的坐标值,Frame 指坐标系,Plane 是指坐标系的 xy,yx,xz,zx,yz 和 zy 面
LOC_ON_AXIS(Frame, Distance,Axis)	返回沿某坐标系的某个坐标轴距原点为 Distance 的点坐标值,如 LOC_ON_AXIS(marker_2,5,"x")

续表

函数及参数	函　数　功　能
LOC_ON_LINE(Location1, Location2,Distance)	点 Location1 和点 Location2 决定一条直线,沿该直线距点 Location1 距离为 Distance 得到的点的坐标,例如 LOC_ON_LINE({{7,5,0},{15,11,0}},7)
LOC_PERPENDICULAR (Location1,Location2, Location3)	由 Location1,Location2,Location3 得到一个平面,在过 Location1 与该平面垂直的直线上确定一点,且该点与 Location1 的距离为 1,例如 LOC_PERPENDICULAR({{10,12,0},{14,12,0},{12,10,0}})将得到 10,12,1
LOC_PLANE_MIRROR (Location,Location1, Location2,Location3)	由 Location1,Location2,Location3 确定一个平面,将 Location 沿该平面进行镜像而得到一个点,例如 LOC_PLANE_MIRROR({2,4,0},{{10,12,0},{14,12,0},{12,10,0}})
LOC_RELATIVE_TO (Location,Frame)	将坐标系 Frame 中表示的点 Location 转换到全局坐标系中,例如 LOC_RELATIVE_TO({16,8,0},marker_2)
LOC_SPHERICAL (Rho,Theta,Phi)	将球坐标系表示的点(Rho,Theta,Phi)转换成直角坐标系中表示的点(x,y,z)
LOC_X_AXIS(Frame)	返回坐标系 Frame 的 X 轴在总体坐标系中的分量
LOC_Y_AXIS(Frame)	返回坐标系 Frame 的 Y 轴在总体坐标系中的分量
LOC_Z_AXIS(Frame)	返回坐标系 Frame 的 Z 轴在总体坐标系中的分量
ORI_ALIGN_AXIS(Frame, Axis Spec)	将一个坐标系 Frame 的某个轴与另一个坐标系 Frame 的某个轴重合时,需要转过的角度,Axis Spec 可以是 xx,xy,xz,yx,yy,yz,zx,zy,zz,x+x,x+y,x+z,y+x,y+y,y+z,z+x,z+y,z+z,x-x,x-y,x-z,y-x,y-y,y-z,z-x,z-y 和 z-z,+表示正方向,-表示反方向,如 ORI_ALIGN_AXIS(marker_1,"z-z"),返回值与当前的旋转序列有关
ORI_ALL_AXES(Location1, Location2,Location3,Axes)	Location1~Location3 确定一个坐标系,Axes 确定坐标系的轴,Axes 的取值为 xy,yx,xz,zx,yz 和 zy,Axes 确定的第一个轴与 Location1 和 Location2 确定的直线平行,Axes 确定的第二个轴在 Location1,Location2,Location3 平面内,ORI_ALL_AXES 返回坐标系的按照 313 旋转序列的欧拉角,例如 ORI_ALL_AXES({{14,18,0},{10,14,0},{16,14,0}},"xz")
ORI_ALONG_AXIS(From Frame,To Frame,Axis)	将一个坐标系的某个轴转到与一条直线平行时,需要旋转的角度,其中 From Frame 确定直线的起始点,To Frame 确定直线的终止点,Axis 的取值为 x,y 或 z,例如 ORI_ALONG_AXIS(marker_1,marker_2,"y")
ORI_ALIGN_AXIS_EUL (Orientation,Axis Spec)	将一个坐标系的一个轴与另一个坐标系的一个轴旋转到平行时所转过的角度,Orientation 确定将一个坐标系旋转的角度,Axis Spec 取值为 xx,xy,xz,yx,yy,yz,zx,zy,zz,x+x,x+y,x+z,y+x,y+y,y+z,z+x,z+y,z+z,x-x,x-y,x-z,y-x,y-y,y-z,z-x,z-y 和 z-z,例如 ORI_ALIGN_AXIS_EUL({8,10,0},"z-z")
ORI_FRAME_MIRROR (Body Fixed 313 Angles, Frame,Plane,Axes)	将一个坐标系按 313 旋转一定角度 Angles 后,将其坐标轴 Axes 关于某个坐标系 Frame 的某个面 Plane 镜像后,得到新的坐标系的方向,Plane 取值为 xy,yx,xz,zx,yz 或 zy,Axes 取值为 xy,yx,xz,zx,yz 或 zy
ORI_GLOBAL (Orientation,Frame)	将一个坐标系 Frame 在总体坐标系中旋转按照 313 旋转序列旋转一定角度 Orientation 后的角度值,例如 ORI_GLOBAL({marker_2.orientation},marker_1)

续表

函数及参数	函 数 功 能
ORI_IN_PLANE（Frame1，Frame 2，Frame3，Directed Axe & Coordinate）	由 Directed Axe 指定一个坐标系的一个轴通过 Frame1，Frame 2 的原点，由 Coordinate 指定坐标系的一个平面与由坐标系 Frame1，Frame 2，Frame3 的原点确定的平面平行，从而确定一个坐标系的方向，其中 Directed Axe & Coordinate 的取值为 x_xy，x_xz，y_yx，y_yz，z_zx 或 z_zy，例如 ORI_IN_PLANE（marker_1，marker_2，marker_3，"z_zy"）
ORI_LOCAL（Orientation，Frame）	将一个坐标系 Frame 按照 313 旋转序列旋转一定角度后，得到新坐标系的方向，例如 ORI_LOCAL（{marker_1. orientation}，marker_2）
ORI_MIRROR（BodyFixed 313 Angles，Frame，Plane，Axes）	将一个用欧拉角 Angles 确定的坐标系的坐标轴 Axes 相对于一个坐标系 Frame 的某个平面 Plane 进行镜像，从而得到一个新坐标系的方向，其中 Plane 和 Axes 取值为 xy，yx，xz，zx，yz 或 zy，如 ORI_MIRROR（{{10,8,0}}，marker_1，"xy"，"xy"）
ORI_ONE_AXIS（Locations，Axe）	将坐标系的一个坐标轴 Axe 转到与两个点 Locations 确定直线平行时，需要转动的角度，如 ORI_ONE_AXIS（{{10,16,0}，{8,16,0}}，"x"）
ORI_ORI（Orientation，From Frame，To Frame）	将一个方向 Orientation 在 From Frame 坐标系表示得到的新的方向的值，再在 To Frame 中表示出来，例如 ORI_ORI（{marker_1. orientation}，marker_1，marker_2）
ORI_PLANE_MIRROR（Angles，Locations，Axes）	将角度 Angles 确定的一个坐标系的某个面 Axes 相对于由 Locations 确定的平面进行镜像，而得到新坐标系的方向，例如 ORI_PLANE_MIRROR（{marker_1. orientation}，{{18,6,0}，{18,12,0}，{21,6,0}}，"xy"）
ORI_RELATIVE_TO（Rotations，Frame）	返回欧拉角 Rotations 确定的方向在坐标系 Frame 中表示的方向角，如 ORI_RELATIVE_TO（{marker_1. orientation}，marker_2）

表 8-5 矩阵和向量函数（Matrix/Array Functions）

函数及格式	函 数 功 能
AKIMA_SPLINE（X Data，Y Data，Number）	从输入的数据中进行插值计算，得到一个插值样条数据，Number 是输出数据点的个数，例如 AKIMA_SPLINE（{1,2,3,4}，{0,2,1,3}，10）
ALIGN（real array，real number）	将一个数据向量的所有数据点进行平动，例如 ALIGN（. plot_1. curve_1,0）
ALLM（M）	返回一个矩阵的逻辑积，如果矩阵的所有元素非零，则结果非零，如 ALLM（{[1,1]，[1,0]}）=0，ALLM（{1,2,3}）=0
ANGLES（D，OriType）	从一个方向余弦矩阵中按 OriType 的格式计算相应的方向角，例如 ANGLES（DCOS，"body313"）或 ANGLES（DCOS，"space123"）
ANYM（M）	返回一个矩阵的逻辑和，如果矩阵中的元素不全为零，则结果就是非零，例如 ANYM（{[4,0]，[0,0]}）=1，ANYM（{0,0,0}）=0
APPEND（M1，M2）	将两个具有相同行数的矩阵合并成一个矩阵

续表

函数及格式	函 数 功 能
BALANCE(A)	将方阵 A 中计算相似变化矩阵 $B=B=T/A*T,T$ 是整数对角置换矩阵,例如 BALANCE({{1,2}, {3,4}})
BARTLETT(array)	将输入数据进行 BARTLETT 窗变换,如 bartlett ({1,2,3,4,2})
BLACKMAN(array)	将输入数据进行 BLACKMAN 窗变换,例如 blackman({1,2,3,4,2})
BODEABCD(OUTTYPE,OUTINDEX,A,B,C,D, FREQSTART,FREQEND,FREQARG)	通过 A、B、C、D 线性状态矩阵,计算频响的增益和相位
BODELSE (OUTTYPE, OUTINDEX, O _ LSE, FREQSTART,FREQEND,FREQARG)	通过线性状态方程元素计算频响函数的增益和相位
BODELSM (resultType, outIndex, LSM, freqStart, freqEnd,freqStep)	根据线性系统矩阵,计算 Bode 响应
BODESEQ(OUTTYPE,SEQ1,SEQ2,NUMOUT)	从一个线性系统的输入输出中计算增益和相位
BODETFCOEF (OUTTYPE, NUMER, DENOM, FREQSTART,FREQEND,FREQARG)	通过传递函数的分子和分母系数,计算频响函数的增益和相位
BODETFS (OUTTYPE, TFSISO, FREQSTART, FREQEND,FREQSTEP)	通过传递函数元素,计算频响函数的增益和相位
BUTTER_DENOMINATOR(n,wn,fType,isDigital)	计算 Butterworth 滤波器的分母系数
BUTTER _ FILTER (x, y, fType, order, cutoff, isAnalog,isTwoPass)	用 Butterworth 滤波器进行数据过滤
BUTTER_NUMERATOR(n,wn,fType,isDigital)	计算 Butterworth 滤波器的分子系数
CENTER(A)	返回一个矩阵的最大元素和最小元素的平均值
CLIP(A,Start,Numvals)	从一个 M×N 矩阵中抽取出 M×Numvals 矩阵
COLS(M)	返回一个矩阵的列数,例如 COLS({[1,2,3]})= 3,COLS(marker_1. location)=1
COMPRESS(array)	将一个数据向量或字符向量中删除零元素或者空元素
COND(M)	计算一个方阵的状态数,表示矩阵求逆或者求解线性方程时的精确度
CONVERT_ANGLES(E,OriType)	将一个指定的 313 旋转序列 E 转换成其他的形式的旋转序列 OriType,例如 CONVERT_ANGLES ({23,90,60},"body213")
CROSS(M1,M2)	计算两个矩阵的叉乘积
CSPLINE(X Data,Y Data,Number)	从输入的数据中进行三次插值产生一个样条数据
CUBIC_SPLINE(X Data,Y Data,Number)	用三次拉格朗日多样线对输入数据进行插值,例如 CUBIC_SPLINE({1,2,3,4},{0,2,1,3},10)
DET(M)	返回一个方阵 M 的行列式值
DIFF(INDEP,DEPEND)	将输入数据进行三次样条插值,然后计算出相应点上的微分值
DIFFERENTIATE(Curve)	计算曲线 Curve 上的数据点处的微分

函数及格式	函数功能
DMAT(Array)	将向量 Array 转换成一个对角方阵，例如 DMAT ($\{1,2,3\}$)＝$\{\{1,0,0\},\{0,2,0\},\{0,0,3\}\}$
DOE_MATRIX(Array)	返回试验设计的矩阵，Array 是包含 3 或 4 个整数的向量
DOT(M1,M2)	计算两个矩阵 $M1$ 和 $M2$ 的点积
EIG_DI(A,B)	返回两个矩阵 A 和 B 的特征向量的虚部
EIG_DR(A,B)	返回两个矩阵 A 和 B 的特征向量的实部
EIG_VI(A,B)	返回两个矩阵 A 和 B 的特征向量的虚部
EIG_VR(A,B)	返回两个矩阵 A 和 B 的特征向量的实部
EIGENVALUES_I(A,B)	返回两个矩阵 A 和 B 的特征值的虚部
EIGENVALUES_R(A,B)	返回两个矩阵 A 和 B 的特征值的实部
ELEMENT(array,x)	确定一个数 x 是否是向量 array 中的一个元素，返回值为 true 或 flase
EXCLUDE(array,x)	从一个向量 array 中删除一个元素 x
FFTMAG(array,N)	将一列数据 array 进行傅里叶变化，返回 N 个幅值
FFTPHASE(array,N)	将一列数据 array 进行傅里叶变化，返回 N 个相位
FILTER (xvalue, y value, Numerator Coefficients, Denominator Coefficients, Filtering Method)	将输入的数据按照指定的传递函数进行过滤，其中 x value 和 y value 决定数据，Numerator Coefficients 和 Denominator 决定传递函数的分子和分母系数，过滤方法 Filtering Method 有 Continuous 和 Discrete，非零值表示 Continuous，零值表示 Discrete
FILTFILT (Numerator Coefficients，Denominator Coefficients,array)	将输入数据 array 按照指定的传递函数进行过滤，Numerator Coefficients 和 Denominator 决定传递函数的分子和分母系数
FIRST(array)	返回一个向量 array 中的第一个数据元素
FIRST_N(array,N)	返回一个向量 array 中的第 N 个数据元素
FREQUENCY(array,N)	将一个向量 array 进行傅里叶变化，返回 N 个频率值
HAMMING(array)	HAMMING 窗函数
HANNING(array)	HANNING 窗函数
HERMITE_SPLINE(x datat,y data,N)	将输入数据用 Hermite 三次样条插值方法进行插值，并输出 N 个数据点，其中 x datat 是数据的横坐标值，y data 是数据的纵坐标值
INCLUDE(array,x)	将一个数值 x 插入到向量 array 中，如 INCLUDE (.MOD1.A,11)
INTEGR(x Points,y Points)	对给定数值进行积分，x Points 是横坐标系值，y Points 是纵坐标系值，例如 INTEGR(SERIES(0,1,5),$\{0,1,4,9,16\}$)
INTEGRATE(Curve)	将数据曲线 Curve 进行积分运算而得到另外一条数据曲线

续表

函数及格式	函数功能
INVERSE(Matrix)	计算矩阵 Matrix 的逆矩阵,例如 INVERSE({[1, 2.0],[2,1,−1],[3,1,1]})
LAST(array)	返回向量 array 的最后一个元素,例如 Function LAST({1,2,3})=3
LAST_N(array,N)	返回 array 的最后 N 个元素,例如 LAST_N({1,2, 3},2)={2,3}
LINEAR_SPLINE(x Data,y Data,N)	从输入的曲线数据中插值出一个线性样条数据曲线,并输出 N 个数据点,x Data 是曲线数据的横坐标系,y Data 是曲线数据的纵坐标,例如 LINEAR_SPLINE({1,2,3,4},{0,2,1,3},10)
MAX(Matrix)	返回矩阵 Matrix 中的最大元素,如 MAX({{2,4, 5},{1,8,2}})=8
MAXI(Matrix)	返回矩阵 Matrix 中最大元素的位置,如 MAXI ({0.1,0.2,0.3,3.3})=4
MEAN(Matrix)	返回矩阵 Matrix 中元素的平均值,例如 MEAN ({0.1,0.2,0.3,3.4})=1.0
MIN(Matrix)	返回矩阵 Matrix 中的最小元素
MINI(Matrix)	返回矩阵 Matrix 中最小元素的位置
NORM2(Matrix)	返回矩阵 Matrix 中各元素的平方和的根值
NORMALIZE(Matrix)	将矩阵 Matrix 中的元素进行归一化
NOTAKNOT_SPLINE(x data,y data,N)	采用 Not-a-knot 方法将输入数据进行插值,并输出 N 个数据点,其中 x data 是横坐标值,y data 是纵坐标值
PARZEN(array)	PARZEN 窗
POLYFIT(x array,y array,order)	将输入数据进行多项式插值,多项式的阶数是 order,并返回多项式的系数
PROD(Matrix)	返回一个矩阵 Matrix 各个元素的乘积,例如 PROD({1,3,4})=12
PSD(Values,N)	从傅里叶系数中计算功率谱密度,并返回 N 个数值,如 PSD({0,1,4,9,16},7)
PWELCH+(a,nFft,Fs,win,nOverLap)	利用 Welch 方法,从输入信号中估算功率谱密度
RECTANGULAR(array)	RECTANGULAR 窗
RESAMPLE(Curve,Sample Interval,Spline Type,N)	从输入数据中按照指定的插值方法 Spline Type 输出 N 个样本,其中 Spline Type 是指 AKIMA, CSPLINE, CUBIC, LINEAR, NOTAKNOT, HERMITE,如 RESAMPLE({[1,2,3,4],[2,3,2, 1]},"CUBIC",200)
RESHAPE(Matrix,S_array)	将矩阵 Matrix,按照 S_array 指定的矩阵尺寸,重新生成一个新的矩阵,例如 RESHAPE({1,0,0, 0},{3,3})={[1,0,0],[0,1,0],[0,0,1]}
RMS(Values)	返回输出数据 Values 的均方根值
ROWS(Matrix)	返回一个矩阵 Matrix 的行数

续表

函数及格式	函数功能
SERIES(Start,Interval,N)	从起始值 Start,按照指定的间隔 Interval,输出 N 个等差数列数值,如 SERIES(1,2,3)=1,3,5
SERIES2(Start,End,N)	给定起始值 Start 和终止值 End,输出 N 个等差数列数值
SHAPE(Matrix)	返回一个矩阵 Matrix 的尺寸,例如 SHAPE({1,2,3})={3,1}
SIM_TIME()	返回仿真计算最后一步的时间
SORT(Matrix,Direction)	将一个矩阵按照升序或降序方式调整元素的位置,其中 Direction 是指 a(Ascending)或 d(Descending),例如 SORT({3,2,1},"a")={1,2,3}
SORT_BY(Matrix1,Matrix2,Direction)	将矩阵 Matrix2 的元素按照 Matrix1 矩阵的大小排列样式,按照 Direction 指定的方式重新调整顺序,例如 SORT_BY({15,19,12},{[4,6,9]},"d")=6.0,4.0,9.0
SORT_INDEX(Matrix,Direction)	将矩阵 Matrix 的元素按照指定的顺序 Direction 进行调整后,返回调整的顺序,例如 SORT_INDEX({3,5,4,2},"a")={4,1,3,2}
SPLINESPLINE(Points,Spline Type,N)	将输入的数据 Points,按照指定的插值方法 Spline Type,输出 N 个数据,其中 Spline Type 是指 AKIMA,CSPLINE,CUBIC,LINEAR,NOTAKNOT,HERMITE
SSQ(Matrix)	返回一个矩阵 Matrix 中各个元素的平方和
STACK(Matrix1,Matrix2)	将两个矩阵 Matrix1 和 Matrix2 串联起来,例如 STACK({[1,2],[3,4]},{[1,1],[2,2]})={[1,2,1,1],[3,4,2,2]}
STEP(Array,x_0,h_0,x_1,h_1)	从 x_0 时的 h_0 值,跳跃到 x_1 时的 h_1 值,也就是通常所说的阶跃函数,中间用 Array 进行插值,例如 STEP(SERIES(0,0.1,100),2.0,0.0,8.0,1.0)
SUM(Matrix)	将矩阵 Matrix 中的元素求和
TILDE(Array)	将向量 Array 按照 TILDE({x,y,z})={[0,−z,y],[z,0,−x],[-y,x,0]}的样式生成一个新的矩阵
TMAT(E,OriType)	将旋转角 E,按照指定的旋转序列 OriType,返回方向余弦矩阵,例如 TMAT(mar1.orientation,"space123")
TMAT3(E,OriType,OriSequence)	将旋转角 E,按照指定的旋转序列 OriType 和 OriSequence,返回方向余弦矩阵,这里 OriType 是指 s(space)或 b(body),例如 TMAT3(mar1.orientation,"s"123)
TRANSPOSE(Matrix)	返回一个矩阵的转置矩阵,例如 TRANSPOSE({[1,2],[3,4]})={[1,3],[2,4]}
TRIANGULAR(array)	TRIANGULAR 窗

续表

函数及格式	函 数 功 能
UNIQUE(Array)	将向量 array 中的相同的元素删除,如 UNIQUE ({9,1,1})=1.0,9.0
VAL(array,x)	从矩阵 array 中返回与指定的数值 x 最近的元素, 如 VAL({2,0,3},2.2)=2
VALAT(X_array,Y_array,X_value)	从 X_array 中找到与 X_value 值相近的元素的位置,然后从 Y_array 中返回与该位置相同的元素
VALI(array,x)	从向量 array 中找到与 x 最近的元素,然后返回该元素的位置,例如 VALI({2,0,3},2.2)=1
WELCH(array)	WELCH 窗

表 8-6 字符串函数(**String Functions**)

函数及格式	函 数 功 能
STATUS_PRINT(String)	在状态栏中显示信息 String
STR_CASE(String,Case)	根据 Case 来调整字符串 String 中字符的大小写,其中 Case 的取值为 1(大写)、2(小写)、3(大小写混合)、4(书写形式)
STR_CHR(Integer)	将整数 ASCII 码 Integer 转换成对应的字符
STR_COMPARE(String 1,String 2)	比较字符串 String 1 和 String 2,如果两个字符串完全匹配则返回 0;如果 String 1 大于 String 2 返回一个正值;如果 String 1 小于 String2 返回一个负值
STR_DATE(Format String)	根据格式字符串,返回当前的日期、时间信息,例如 STR_DATE ("%Y %m %d,%H:%M:%S")
STR_DELETE(Input String,Starting Position,Number to Delete)	从 Input String 中从指定的位置 Staring Position 起删除指定位置 Number to Delete 处的一个字符,例如 STR_DELETE("This is your life",9,1)=This is our life
STR_FIND(Base String,Search String)	从 Base String 中找到与 Search String 匹配的字符串,并返回匹配字符串的起始位置,如果没有找到匹配的字符串,返回 0,例如 STR_FIND("Hello","l")=3
STR_FIND_COUNT(Base String, Search String)	从 Base String 中找到与 Search String 匹配的字符串的个数,例如 STR_FIND_COUNT("Hello","l")=2
STR_FIND_N(Base String,Search String,Nth Occurrence)	从 Base String 中找到与 Search String 匹配的第 N 个匹配字符的位置,例如 STR_FIND_N("meant human","an",2)=10
STR_INSERT(Destination String, Source String,Position)	在 Destination String 字符串中的第 Position 位置处插入字符窗 Source String,例如 STR_INSERT("That'sfolks","all ",7)
STR_IS_SPACE(Input String)	判断 Input String 字符串是否是空格字符串
STR_LENGTH(Input String)	返回字符串 Input String 的长度
STR_MATCH(Pattern String,Input String)	使用通配字符 *、?、[char] 和 {string1,string2} 来判断 Input String 是否与 Pattern String 匹配,如 STR_MATCH("f? d", "fad")=1
STR_PRINT(String)	将字符串 String 写到日志文件 aview. log 中
STR_REMOVE_WHITESPACE (String)	删除一个字符串起始端和终止端处的空格和 Tab 空格

续表

函数及格式	函 数 功 能
STR_SPLIT（Input Text String, Separator Character）	根据分割符 Separator Character，将 Input Text String 字符串中分割为一个字符串向量，例如 STR_SPLIT（" apple；orange；grape "，"；"）＝apple，orange，grape
STR_SPRINTF（Format String，{Array of Values}）	按照 C 语言中格式化输入输出的样式 Format String，将字符串向量{Array of Values}进行格式化，例如 STR_SPRINTF（"The %s of %s is%03d%%."，{"value"，"angle"，2}）＝The value of the angle is 002%
STR_SUBSTR（Input String，Starting Position，Length）	从 Input String 字符串的 Starting Position 位置起，输出 Length 个字符，例如 STR_SUBSTR（"This is one string"，9，8）＝one stri
STR_TIMESTAMP()	按照默认的格式返回当前的日期和时间
STR_XLATE（Input String，From String，To String）	将字符串 To String 代替字符串 Input String 中的 From String 字符串，例如 STR_XLATE（"Why/-are/-you/-here/-?"，"/-"，"＞_"）＝Why＞_are＞_you＞_here＞_?
ON_OFF（state）	根据 State 返回 on 或 off，如 ON_OFF（1）＝on

表 8-7　数据库函数（Database Functions）

函数及格式	函 数 功 能
DB_ANCESTOR（Child，Type）	返回一个元素 Child 的指定类型 Type 的上级元素，例如 DB_ANCESTOR（. model_1. part_1. marker_1，"model"）＝. model_1
DB_CHANGED()	如果一个元素发生变化，返回 1；如果没有变化，返回 0
DB_CHILDREN（Object Name，Object Type）	返回一个元素 Object 的指定类型 Type 的子元素，例如 DB_CHILDREN（. system. defaults，"model"）
DB_COUNT（Object Name，Field Name）	返回一个元素 Object 中指定类型 Field Name 的所有元素的个数，例如 DB_COUNT（xx. self，"real_value"）
DB_DEFAULT（Defaults Object Name，Object Type）	返回系统中指定元素类型 Object Type 中的默认元素，例如 DB_DEFAULT（system_defaults，"part"）
DB_DEFAULT_NAME（Object）	根据当前状态，返回一个元素 Object 的默认名称，长型或短型
DB_DEFAULT_NAME_FOR_TYPE（Object，Type）	根据当前状态返回一个元素 Object 指定类型 Type 的名称，例如 DB_DEFAULT_NAME_FOR_TYPE（. model_1. joint1，"constraint"）＝joint1 或. model_1. joint1
DB_DELETE_DEPENDENTS（Object）	返回依赖于某个元素 Object 的所有元素，例如 DB_DELETE_DEPENDENTS（. model_1. par_1）
DB_DEL_PARAM_DEPENDENTS（Object）	返回依赖于某个元素 Object 的所有参数表达式，例如 DB_DEL_PARAM_DEPENDENTS（par3）
DB_DEL_UNPARAM_DEPENDENTS（Object）	删除依赖于某个元素 Object 的所有参数表达式，并置为零，例如 DB_DEL_UNPARAM_DEPENDENTS（par3）
DB_DEPENDENTS（Object，Type）	返回依赖于某元素 Object 的指定类型 Type 的所有元素，例如 DB_DEPENDENTS（. model_1. DV_1. self，"marker"）
DB_EXISTS（Name String）	判断指定名称 Name String 的元素是否存在，返回 1 或 0，例如 DB_EXISTS（". mod1. par1"）
DB_FIELD_TYPE（Object Type，Name）	返回给定类型 Type 的元素某属性 Name 的数据类型，例如 DB_FIELD_TYPE（"Graphic_Interface_Dialog_Box"，"width"）＝real

续表

函数及格式	函 数 功 能
DB_FILTER_NAME(Objects to Filter,Filter String)	从某范围内,返回按名称过滤 Filter String 所有元素,例如 DB_FILTER_NAME(. model_1,"[ac] * ")
DB_FILTER_TYPE(Objects to Filter,Filter Type String)	从某范围内,返回指定类型 Type 的所有元素,例如 DB_FILTER_TYPE(select_list. objects,"marker")
DB _ FULL _ NAME _ FROM _ SHORT(short_name,Type)	返回指定类型 Type 的名称为 short name 的长名称格式,例如 DB_FULL_NAME_FROM_SHORT("joint1","constraint") =. model_1. Jolnt1
DB_IMMEDIATE_CHILDREN (Object Name,Object Type)	从某范围内,返回指定类型元素的所有直接子元素,例如 DB_IMMEDIATE_CHILDREN(. model_1,"adams")
DB_OBJECT_COUNT(Objects)	返回名称为 Objects 的所有元素的个数
DB _ OBJ _ EXISTS (Parent, Name)	判断某元素 Name 是否为一个元素 Parent 的直接子元素,例如 DB_OBJ_EXISTS(. model_1. par1,"mar1")
DB_OBJ_EXISTS_EXHAUSTIVE (Context Object,Name)	在某范围内,查找名称为 Name 的元素是否存在,例如 DB_OBJ_EXISTS_EXHAUSTIVE(. model_1,"marker_1")
DB_OF_CLASS(Object Name, Object Class)	判断某名称为 Name 的某元素的类型是否为 Class,例如 DB_OF_CLASS(myobject,"marker")
DB_OF_TYPE_EXISTS(Name String,Object Type)	判断指定名称 Name 和指定类型 Type 的元素是否存在,例如 DB_OF_TYPE_EXISTS(". mod1. par1. node1","marker")
DB _ OLDEST _ ANCESTOR (Child,Type)	指定某元素 Child,返回指定类型 Type 的该元素的最高级父元素,如 DB_OLDEST_ANCESTOR(. model_1. part_1. marker_1,"model") =. model_1
DB _ REFERENTS (Object Name,Object Type)	指定元素的类型和名称,返回该元素的参考元素,例如 DB_REFERENTS(rev1,"all")
DB_SHORT_NAME(object)	返回某元素的短格式名称
DB_TWO_WAY(Object Name, Object Type)	返回与指定元素有两种关联作用的元素
DB_TYPE(Object Name)	返回一个元素的类型
DB _ TYPE _ FIELDS (Objects Type String)	返回名称为 String 的所有元素,例如 DB_TYPE_FIELDS("marker")

表 8-8　多功能函数(**Miscellaneous Functions**)

函数及格式	函 数 功 能
ALERT(Type, Message Text, Button 1 Label, Button 2 Label, Button 3 Label, Default Choice)	出现一个信息对话框,有一定的信息和按钮,用于提示和警告,Default Choice 有 1,2,3 选项,确定哪个按钮是默认的按钮,该函数类似于 VB 中 Message 函数,例如 ALERT ("Information","Create a test?","Yes","No","Cancel",2)
ALERT2(var,type)	显示变量 var 的值, type 有 Error, Warning, Information, Working,Question 选项,例如 ALERT2(msg. self,"ERROR")
ALERT3 (var, type, Button 1 Label, Button 2 Label,Button 3 Label,Choice)	显示变量 var 的值,也同时出现信息对话框,该函数是 ALERT 和 ALERT2 的组合
CHDIR(String)	改变目录 String,如 CHDIR("/tmp"),成功返回 1,失败返回 0

续表

函数及格式	函数功能
EXECUTE_VIEW_COMMAND (Command)	执行命令 Command,成功返回 1,失败返回 0
EXPR_EXISTS(Object)	判断一个元素是否有表达式,有返回 1,否则返回 0
EXPR_STRING(Object)	返回一个元素的字符串型表示式
FILE_ALERT(File Name)	出现一个对话框,用于确定指定的文件是否存在
FILE_EXISTS(File Name)	判断指定的文件是否存在,存在返回 1,否则返回 0
FILE_TEMP_NAME()	返回一个没有扩展名的临行文件名
GETCWD()	返回单位的过目目录
GETENV(Environment Variable)	返回环境变量的值
PARAM_STRING(Object)	返回元素 Object 的参数化表达式,该表达式是字符串
PUTENV(Environment Variable,Value)	给一个环境变量赋值,成功返回 0,否则返回非零值
REMOVE_FILE(File Name)	删除一个文件,成功返回 0,否则返回非零值
RENAME_FILE（File Name,New File Name)	给一个文件该名,成功返回 0,否则返回非零值
SECURITY_CHECK(ProductName)	确定一个模块是否被授权
SELECT_DIRECTORY(Dir)	指定打开文件对话框的初始目录
SELECT_FIELD(Object)	选择一个元素的 Marker 点
SELECT_MULTI_TEXT(Strings)	显示多个字符串,并从中选择一个,例如 SELECT_MULTI_TEXT({"one","2","three","we"})
STOI(String)	将一个字符型数转换成整数,如 STOI("1")=1
STOO(String)	将一个字符串转换成数据库中的一个元素
STOR(String)	将一个字符型数转换成实数,如 STOR("12")=12.0
SYS_INFO(info_type)	返回系统的特定信息,info_type 可以取 GID,GROUPNAME HOSTNAME,UID,USERNAME,REALNAME
TIMER_CPU(Flag)	Flag 取 0 时开始计算时间,Flag 取 1 时终止计算时间,并返回 CPU 在这段时间内使用的时间
TIMER_ELAPSED	Flag 取 0 时开始计算时间,Flag 取 1 时终止计算时间,并返回这段时间的长度
UNITS_CONVERSION_FACTOR (UnitsValue)	返回指定单位与当前使用的单位之间的转换系数,例如 UNITS_CONVERSION_FACTOR("inch")
UNITS_STRING(Object)	返回某元素使用的单位

8.3.2 运行过程函数

运行过程函数是在仿真计算过程中起到作用,在不同的仿真时刻或仿真状态,其函数值不同,是仿真时间或者依赖于其他变量的函数。运行过程函数可以分为位移函数、速度函数、加速度函数、样条函数、约束力函数、合成力函数、获取数据元素值的函数、数学函数,分别如表 8-9~表 8-16 所示。

表 8-9 位移函数（**Displacement Functions**）

函数及格式	函 数 功 能
DX（To Marker，From Marker，Along Marker）	从坐标系 From Marker 的原点到坐标系 To Marker 的原点矢量在 Along Marker 的 X 轴上投影，其中 Along Marker 是可选项，若未指定，则使用全局坐标系
DY（To Marker，From Marker，Along Marker）	从坐标系 From Marker 的原点到坐标系 To Marker 的原点矢量在 Along Marker 的 Y 轴上投影，其中 Along Marker 是可选项，若未指定，则使用全局坐标系
DZ（To Marker，From Marker，Along Marker）	从坐标系 From Marker 的原点到坐标系 To Marker 的原点矢量在 Along Marker 的 Z 轴上投影，其中 Along Marker 是可选项，若未指定，则使用全局坐标系
DM(To Marker，From Marker)	从 From Marker 的原点到 To Marker 的原点矢量的幅值
AX(To Marker，From Marker)	坐标系 To Marker 相对于坐标系 From Marker 的 X 轴旋转的角度（弧度），其中 From Marker 是可选项，若未指定，则使用全局坐标系，例如 AX(marker_1，marker_2)
AY(To Marker，From Marker)	坐标系 To Marker 相对于坐标系 From Marker 的 Y 轴旋转的角度（弧度），其中 From Marker 是可选项，若未指定，则使用全局坐标系
AZ(To Marker，From Marker)	坐标系 To Marker 相对于坐标系 From Marker 的 Z 轴旋转的角度（弧度），其中 From Marker 是可选项，若未指定，则使用全局坐标系
YAW(To Marker，From Marker)	坐标系 To Marker 相对于坐标系 From Marker 按照 Body-Fixed321 旋转序列的第一个旋转角（弧度），其中 From Marker 是可选项，若未指定，则使用全局坐标系
PITCH(To Marker，From Marker)	坐标系 To Marker 相对于坐标系 From Marker 按照 Body-Fixed321 旋转序列的第二个旋转角（弧度），其中 From Marker 是可选项，若未指定，则使用全局坐标系
ROLL(To Marker，From Marker)	坐标系 To Marker 相对于坐标系 From Marker 按照 Body-Fixed321 旋转序列的第三个旋转角（弧度），其中 From Marker 是可选项，若未指定，则使用全局坐标系
PSI(To Marker，From Marker)	坐标系 To Marker 相对于坐标系 From Marker 按照 Body-Fixed313 旋转序列的第一个旋转角（弧度），其中 From Marker 是可选项，若未指定，则使用全局坐标系
THETA(To Marker，From Marker)	坐标系 To Marker 相对于坐标系 From Marker 按照 Body-Fixed313 旋转序列的第二个旋转角（弧度），其中 From Marker 是可选项，若未指定，则使用全局坐标系
PHI(To Marker，From Marker)	坐标系 To Marker 相对于坐标系 From Marker 按照 Body-Fixed313 旋转序列的第三个旋转角（弧度），其中 From Marker 是可选项，若未指定，则使用全局坐标系

表 8-10　速度函数（Velocity Functions）

函数及格式	函 数 功 能
VX（To Marker, From Marker, Along Marker, Reference Frame）	坐标系 To Marker 的原点相对于坐标系 From Marker 原点的速度矢量在坐标系 Along Marker 的 X 轴上的投影，计算速度矢量时是在参考坐标系 Reference Frame 中进行微分计算的，其中 From Marker，Along Marker 和 Reference Frame 都是可选项，若未指定，则使用全局坐标系
VY（To Marker, From Marker, Along Marker, Reference Frame）	坐标系 To Marker 的原点相对于坐标系 From Marker 原点的速度矢量在坐标系 Along Marker 的 Y 轴上的投影，计算速度矢量时是在参考坐标系 Reference Frame 中进行微分计算的，其中 From Marker，Along Marker 和 Reference Frame 都是可选项，若未指定，则使用全局坐标系
VZ（To Marker, From Marker, Along Marker, Reference Frame）	坐标系 To Marker 的原点相对于坐标系 From Marker 原点的速度矢量在坐标系 Along Marker 的 Z 轴上的投影，计算速度矢量时是在参考坐标系 Reference Frame 中进行微分计算的，其中 From Marker，Along Marker 和 Reference Frame 都是可选项，若未指定，则使用全局坐标系
VM（To Marker, From Marker, Reference Frame）	坐标系 To Marker 的原点相对于坐标系 From Marker 原点的速度矢量的幅值，其中计算速度矢量时是在参考坐标系 Reference Frame 中进行微分计算的，其中 From Marker 和 Reference Frame 是可选项，若未指定，则使用全局坐标系
WX（To Marker, From Marker, About Marker）	坐标系 To Marker 相对于坐标系 About Marker 的 X 轴角速度减去坐标系 From Marker 相对于坐标系 About Marker 的 X 轴角速度，其中 From Marker 和 About Marker 是可选项，若未指定，则使用全局坐标系
WY（To Marker, From Marker, About Marker）	坐标系 To Marker 相对于坐标系 About Marker 的 Y 轴角速度减去坐标系 From Marker 相对于坐标系 About Marker 的 Y 轴角速度，其中 From Marker 和 About Marker 是可选项，若未指定，则使用全局坐标系
WZ（To Marker, From Marker, About Marker）	坐标系 To Marker 相对于坐标系 About Marker 的 Z 轴角速度减去坐标系 From Marker 相对于坐标系 About Marker 的 Z 轴角速度，其中 From Marker 和 About Marker 是可选项，若未指定，则使用全局坐标系
WM（To Marker, From Marker）	坐标系 To Marker 相对于坐标系 From Marker 的角速度矢量的幅值，其中 From Marker 是可选的，若未指定，则使用全局坐标系
VR（To Marker, From Marker, Reference Frame）	坐标系 To Marker 相对于参考系 From Marker 的速度幅值，或者说是两个坐标系原点连线之间的相对速度，计算速度的时间微分是在参考坐标系 Reference Frame 进行的，其中 From Marker 和 Reference Frame 是可选项，若未指定，则使用全局坐标系

表 8-11　加速度函数（Acceleration Functions）

函数及格式	函 数 功 能
ACCX（To Marker, From Marker, Along Marker, Reference Frame）	坐标系 To Marker 的原点相对于坐标系 From Marker 原点的加速度矢量在坐标系 Along Marker 的 X 轴上的投影，计算加速度矢量时是在参考坐标系 Reference Frame 中进行微分计算的，其中 From Marker，Along Marker 和 Reference Frame 都是可选项，若未指定，则使用全局坐标系
ACCY（To Marker, From Marker, Along Marker, Reference Frame）	坐标系 To Marker 的原点相对于坐标系 From Marker 原点的加速度矢量在坐标系 Along Marker 的 Y 轴上的投影，计算加速度矢量时是在参考坐标系 Reference Frame 中进行微分计算的，其中 From Marker，Along Marker 和 Reference Frame 都是可选项，若未指定，则使用全局坐标系

续表

函数及格式	函 数 功 能
ACCZ（To Marker，From Marker，Along Marker，Reference Frame）	坐标系 To Marker 的原点相对于坐标系 From Marker 原点的加速度矢量在坐标系 Along Marker 的 Z 轴上的投影，计算加速度矢量时是在参考坐标系 Reference Frame 中进行微分计算的，其中 From Marker，Along Marker 和 Reference Frame 都是可选项，若未指定，则使用全局坐标系
ACCM（To Marker，From Marker，Reference Frame）	坐标系 To Marker 的原点相对于坐标系 From Marker 原点的加速度矢量的幅值，计算加速度矢量时是在参考坐标系 Reference Frame 中进行微分计算的，From Marker 和 Reference Frame 是可选项，若未指定，则使用全局坐标系
WDTX（To Marker，From Marker，About Marker，Reference Frame）	坐标系 To Marker 的原点相对于坐标系 From Marker 原点的角加速度矢量在坐标系 About Marker 的 X 轴上的投影，计算角加速度矢量时是在参考坐标系 Reference Frame 中进行微分计算的，其中 From Marker，About Marker 和 Reference Frame 都是可选项，若未指定，则使用全局坐标系
WDTY（To Marker，From Marker，About Marker，Reference Frame）	坐标系 To Marker 的原点相对于坐标系 From Marker 原点的角加速度矢量在坐标系 About Marker 的 Y 轴上的投影，计算角加速度矢量时是在参考坐标系 Reference Frame 中进行微分计算的，其中 From Marker，About Marker 和 Reference Frame 都是可选项，若未指定，则使用全局坐标系
WDTZ（To Marker，From Marker，About Marker，Reference Frame）	坐标系 To Marker 的原点相对于坐标系 From Marker 原点的角加速度矢量在坐标系 About Marker 的 Z 轴上的投影，计算角加速度矢量时是在参考坐标系 Reference Frame 中进行微分计算的，其中 From Marker，About Marker 和 Reference Frame 都是可选项，若未指定，则使用全局坐标系
WDTM（To Marker，From Marker，Reference Frame）	坐标系 To Marker 的原点相对于坐标系 From Marker 原点的角加速度矢量的幅值，其中 From Marker 和 Reference Frame 是可选项，若未指定，则使用全局坐标系

表 8-12 样条函数（Spline Functions）

函数及格式	函 数 功 能
CUBSPL（First Independent Variable，Second Independent Variable，Spline Name，Derivative Order）	对样条线型数据按照三次样条线（Cubic spline）插值方法进行微分计算，并返回一个样条线型数据，其中 First Independent Variable 是第一个独立变量，Second Independent Variable 是第二个独立变量，两者共同组成了一个曲面，第二个独立变量是可选的，Spline Name 是样条线型数据，Derivative Order 表示微分的阶次，可以取 0，1 和 2，分别表示不微分，一次微分和二次微分
CURVE（Independent Variable，Derivative Order，Direction，Curve Name）	对曲线型数据按照 B 样条线（B-spline）插值方法进行微分计算，并返回一个曲线型数据，其中 Independent Variable 是第一个独立变量，Derivative Order 表示微分的阶次，可以取 0，1 和 2，分别表示不微分、一次微分和二次微分，Direction 可以取 1，2 和 3，分别表示 x，y 和 z 坐标，Curve Name 是曲线型数据元素的名称
AKISPL（First Independent Variable，Second Independent Variable，Spline Name，Derivative Order）	对样条线型数据按照 Akima 插值方法进行微分计算，并返回一个样条线型数据，其中 First Independent Variable 是第一个独立变量，Second Independent Variable 是第二个独立变量，两者共同组成了一个曲面，第二个独立变量是可选的，Spline Name 是样条线型数据，Derivative Order 表示微分的阶次，可以取 0，1 和 2，分别表示不微分、一次微分和二次微分

表 8-13　约束力函数（Force in Object Functions）

函数及格式	函 数 功 能
JOINT（Joint Name，On This Body，Force Component，Along/About Axes）	返回运动副在某方向上的约束力或力矩,其中 Joint Name 是运动副的名称,On This Body 取 0 或 1,分别指 I-Marker 和 J-Marker 处的约束力,Force Component 是指力分量的方向,可以取 1～8,1 和 5 指约束力和约束力矩的幅值,其他依次分别指 6 个自由度上的约束力或约束力矩,Along/About Axes 是指参考坐标系确定坐标轴的方向,输入 0 表示总体坐标系
MOTION（Motion Name，On This Body，Force Component，Along/About Axes）	返回驱动在某方向上的约束力或力矩,其中 Motion Name 是驱动的名称,On This Body 取 0 或 1,分别指 I-Marker 和 J-Marker 处的约束力,Force Component 是指力分量的方向,可以取 1～8,1 和 5 指约束力和约束力矩的幅值,其他依次分别指 6 个自由度上的约束力或约束力矩,Along/About Axes 是指参考坐标系确定坐标轴的方向,输入 0 表示总体坐标系
PTCV（Point-to-Curve Name，On This Body，Force Component，Along/About Axes）	返回点-线副在某方向上的约束力或力矩,其中 Point-to-Curve Name 是点-线副的名称,On This Body 取 0 或 1,分别指 I-Marker 和 J-Marker 处的约束力,Force Component 是指力分量的方向,可以取 1～8,1 和 5 指约束力和约束力矩的幅值,其他依次分别指 6 个自由度上的约束力或约束力矩,Along/About Axes 是指参考坐标系确定坐标轴的方向,输入 0 表示总体坐标系

表 8-14　合成力函数（Resultant Force Functions）

函数及格式	函 数 功 能
FX（To Marker，From Marker，Along Marker）	返回来自坐标系 From Marker,作用于坐标系 To Marker 的合力在 Along Marker 的 X 轴方向的分量,其中 From Marker 是可选的,如果未指定,表示作用于坐标系 To Marker 的所有力的合力,Along Marker 也是可选的,如果未指定,表示总体坐标系
FY（To Marker，From Marker，Along Marker）	返回来自坐标系 From Marker,作用于坐标系 To Marker 的合力在 Along Marker 的 Y 轴方向的分量,其中 From Marker 是可选的,如果未指定,表示作用于坐标系 To Marker 的所有力的合力,Along Marker 也是可选的,如果未指定,表示总体坐标系
FZ（To Marker，From Marker，Along Marker）	返回来自坐标系 From Marker,作用于坐标系 To Marker 的合力在 Along Marker 的 Z 轴方向的分量,其中 From Marker 是可选的,如果未指定,表示作用于坐标系 To Marker 的所有力的合力,Along Marker 也是可选的,如果未指定,表示总体坐标系
FM（Applied To Marker，Applied From Marker）	返回来自坐标系 From Marker,作用于坐标系 To Marker 的合力的幅值,其中 From Marker 是可选的,如果未指定,表示作用于坐标系 To Marker 的所有力的合力
TX（To Marker，From Marker，Along Marker）	返回来自坐标系 From Marker,作用于坐标系 To Marker 的合力矩在 Along Marker 的 X 轴方向的分量,其中 From Marker 是可选的,如果未指定,表示作用于坐标系 To Marker 的所有力矩的合力矩,Along Marker 也是可选的,如果未指定,表示总体坐标系

续表

函数及格式	函 数 功 能
TY（To Marker，From Marker，Along Marker）	返回来自坐标系 From Marker，作用于坐标系 To Marker 的合力矩在 Along Marker 的 Y 轴方向的分量，其中 From Marker 是可选的，如果未指定，表示作用于坐标系 To Marker 的所有力矩的合力矩，Along Marker 也是可选的，如果未指定，表示总体坐标系
TZ（To Marker，From Marker，Along Marker）	返回来自坐标系 From Marker，作用于坐标系 To Marker 的合力矩在 Along Marker 的 Z 轴方向的分量，其中 From Marker 是可选的，如果未指定，表示作用于坐标系 To Marker 的所有力矩的合力矩，Along Marker 也是可选的，如果未指定，表示总体坐标系
TM（Applied To Marker，Applied From Marker）	返回来自坐标系 From Marker，作用于坐标系 To Marker 的合力矩的幅值，其中 From Marker 是可选的，如果未指定，表示作用于坐标系 To Marker 的所有力的合力矩

表 8-15　获取数据元素值的函数（Data Element Access）

函数及格式	函 数 功 能
VARVAL（Variable）	返回状态变量 Variable 当前的值，例如 VARVAL(Variable_1)
ARYVAL（Array，N）	返回向量 Array 的第 N 个元素的值，例如 ARYVAL(array_45,3)
DIF（Differential Variable Name）	返回微分方程变量的积分值
DIF1（Variable）	返回微分方程变量的值
SENVAL（Sensor Name）	返回传感器的值
PINVAL（Plant Input Name，N）	返回控制输入的第 N 个输入变量的值
POUVAL（Plant Output Name，N）	返回控制输出的第 N 个输入变量的值

表 8-16　数学函数（Math Functions）

（运行过程的数学函数与设计过程的数学函数大多数相同，在此仅介绍几个不同的函数）

函数及格式	函 数 功 能
CHEBY（x，Shift，Coefficients）	构造一个多项式函数，其中 x 是独立变量，Shift 是独立变量的平移量，Coefficients 是多项式的系数，例如 $\text{CHEBY(TIME},1,1,0,-1)=1+0*(\text{TIME}-1)-1*[2(\text{TIME}-1)^2-1]=-2*\text{TIME}^2+4*\text{TIME}$
FORCOS（x，Shift，Frequency，Coefficients）	构造一个傅里叶余弦级数，其中 x 是独立变量，Shift 是独立变量的平移量，Frequency 是角频率，Coefficients 是级数的系数，例如 $\text{FORCOS(TIME},0,360\text{D},1,2,3,4)=1+2*\text{COS}(360\text{D}*\text{TIME})+3*\text{COS}(2*360\text{D}*\text{TIME})+4*\text{COS}(3*360\text{D}*\text{TIME})$
FORSIN（x，Shift，Frequency，Coefficients）	构造一个傅里叶正弦级数，其中 x 是独立变量，Shift 是独立变量的平移量，Frequency 是角频率，Coefficients 是级数的系数，例如 $\text{FORSIN(TIME},-0.25,\text{PI},0,1,2,3)=0+\text{SIN}(\pi*(\text{TIME}+0.25))+2*\text{SIN}(2\pi*(\text{TIME}+0.25))+3*\text{SIN}(3\pi*(\text{TIME}+0.25))$
HAVSIN（x，Begin At，End At，Initial Value，Final Value）	在两点之间创建一个过渡函数，其中 x 是独立变量，(Begin At，Initial Value)确定起始点，(End At，Final Value)确定终止点

函数及格式	函数功能
INVPSD（x，Spline Name，Min Frequency，Max Frequency，Num Frequencies，Use Logarithmic，Random Number Seed）	将功率谱信号转换成时域内的信号，其中 x 是独立变量，Min Frequency 和 Max Frequency 是最小和最大频率，Num Frequencies 是求和次数，Use Logarithmic 取 0 或 1，决定功率谱密度数值是线性插值还是对数插值，Random Number Seed 产生一个随机数，决定初始相位，例如 INVPSD(TIME,spline_1,1,10,20,0,0)
POLY(x,Shift,Coefficients)	构造一个多项式函数，其中 x 是独立变量，Shift 是独立变量的平移量，Coefficients 是多项式的系数，例如 POLY(TIME,10,0,25,0,0.75)=25 * (TIME−10)+0.75 * (TIME−10)^3
SHF(x,x0,Amplitude,Frequency,Phase,b)	简谐函数，其中 x 是独立变量，x0 是独立变量的平移量，Amplitude 是幅值，Frequency 是角频率，Phase 是初始相位，b 是平均值，SHF = Amplitude * SIN(Frequency * (x−x0)−Phase)+b
STEP（x，Begin，Initial Value，End，Final Value）	用一个三次多项式构造一个阶跃函数，其中 x 是独立变量，(Begin，Initial Value)决定起始点，(End，Final Value)决定终止点，其值在 0 到 Begin 时刻为 Initial Value，它的值在 End 时刻增加（或减小）到 Final Value，然后保持不变
STEP5（x，Begin，Initial Value，End，Final Value）	用一个五次多项式构造一个阶跃函数，其中 x 是独立变量，(Begin，Initial Value)决定起始点，(End，Final Value)决定终止点
SWEEP(x,Amplitude,Start Value,Start Frequency,End Value,End Frequency,Delta X)	构造一个常幅值，且频率线性递增的正弦函数

第9章

数据元素与系统元素

与前面介绍的建立系统模型方法不同的是,系统元素是直接建立起系统的元素之间的关系方程,包含运动学方程和动力学方程,而不需要建立模型的实际外观。数据元素在系统中起存储数据的作用,它并不参与方程计算,只是在创建系统中的其他元素时,起到提供和储存数据的作用,在建立系统元素时,通常需要先创建数据元素,然后把数据元素提供给系统元素。本章主要介绍数据元素和系统元素方面的内容,数据元素与系统元素的按钮如图 9-1 所示。

图 9-1 数据元素与系统元素的按钮

9.1 数据元素

数据元素起到存储和提供数据的作用,在创建构件、构造方程、子程序和系统元素时,可以由数据元素来提供必要的数据,熟练使用数据元素,可以给建模带来很大方便。数据元素的类型有向量(Array)型数据、矩阵(Matrix)型数据、曲线(Curve)型数据、样条线(Spline)型数据和字符串(Strings)型数据。

9.1.1 数据元素的定义

1. 向量型数据

向量型数据由按照一定顺序排成的一行数据构成,它可用于线性系统方程、传递函数和运行过程函数的定义中。

单击建模工具条 Elements 中的向量型数据 **[1,2,3]** 按钮后,弹出定义向量型数据的对话框,如图 9-2 所示。在 Name 输入框中,为向量型数据输入一个名称,Type 是确定向量型数据使用的目的,可以选择下面的类型。

（1）General：可以用于用户自定义的子程序，需要在 Number 中输入数据。

（2）Initial Conditions(IC)：可以用来定义变量或位置的初始值和初始状态，或者用户自定义的子程序，需要在 Numbers 中输入数据。

（3）U(Inputs)：可以用来定义线性系统或传递函数的输入，如果是用于传递函数的输入，在 Variable 中只能输入一个变量。

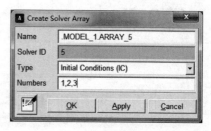

图 9-2　定义向量型数据的对话框

（4）X(States)：可以用来定义系统元素的状态变量，需要在 Size 中输入向量元素的个数。

（5）Y(Outputs)：可以用来定义系统元素的输出，需要在 Size 中输入向量元素的个数。

（6）Numbers：根据 Type 的不同，该项也有所不同，当 Type 为 General 和 Initial Conditions(IC)时，需要输入一行常数，当 Type 为 U(Inputs)时，需要输入状态变量来记录该状态变量的值，以便作为传递函数的输入，当 Type 为 X(States)和 Y(Outputs)时，需要输入状态变量和输出的维数（整数）。

2. 矩阵型数据

向量数据只有一行数据，而矩阵型数据有多行数据。矩阵型数据可以用于线性状态方程，也可以用于定义曲线。

单击建模工具条 Elements 中的矩阵型数据 ![123/456] 按钮后，弹出定义矩阵型数据的对话框，如图 9-3 所示。在 Matrix Name 输入框中输入矩阵型数据的名称，在 Units 下拉列表中指定矩阵型数据的单位，在切换单位时，系统会自动将矩阵的数据进行转换，矩阵元素的输入方法可以是全矩阵方法（Full Matrix），如果矩阵中的元素大多数是零，使用稀疏矩阵（Spare Matrix）方法比较方便，如果是全矩阵方法，可以指定输入时是按照行方式输入，还是用列方式输入，另外还需要指定行元素（Row Count）和列（Column Count）元素的数量，或者选择计算结果的数据，如果是用稀疏矩阵方式来输入数据，只需要输入非零元素，并指定非零元素在矩阵中的行号和列号。

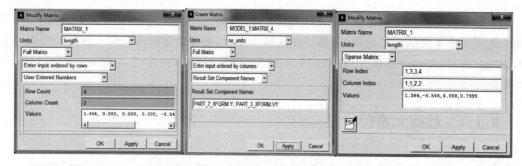

图 9-3　定义矩阵型数据的对话框

例如要输入下面矩阵的数据，如果使用全矩阵的方法，则 Row Count 是 4，Column Count 是 2，选择按行输入时，Values 是 1.364,0.000,0.000,0.000,－3.546,4.008,0.000,0.7999，如果使用稀疏矩阵方法，则 Row Index 是"1,3,3,4"，Column Index 是"1,1,2,2"，

Values 是 $1.364, -3.546, 4.008, 0.7999$。

$$\begin{bmatrix} 1.364 & 0.000 \\ 0.000 & 0.000 \\ -3.546 & 4.008 \\ 0.000 & 0.7999 \end{bmatrix}$$

3. 曲线型数据

曲线型数据可以用来创建定义高副时使用的曲线，或者用来创建构件，还可以用于函数表达式中。

单击建模工具条 Elements 中的曲线型数据 xyz 按钮后，弹出定义曲线型数据的对话框，如图 9-4 所示。在 Curve Name 输入框中输入曲线型数据的名称，Closed 是确定当曲线型数据用于创建几何曲线时，几何曲线是否封闭，Define Using Matrix 是确定用矩阵还是用子程序来定义曲线型数据，Matrix Name 是输入定义曲线型数据的矩阵名称，矩阵中存储数据，Interpolation 是确定当用曲线型数据创建几何曲线时，b 样条曲线用于差值曲线的阶次，对于一条有 K 阶插值的曲线有 K-2 阶连续导数。在点-线副编辑对话框中，可以在 Curve Name 输入框中，单击鼠标右键，用【Guesses】方法找到想要的曲线型数据。

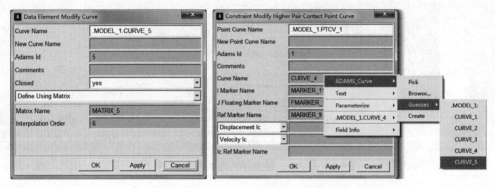

图 9-4 定义曲线型数据的对话框及点-线副编辑对话框

4. 样条线型数据

样条线型数据采用一系列数据点确定了一个非线性的函数，这些数据点可以来自试验，这个非线性函数可以用作运动副驱动的函数，还可以用于其他的目的，对于一些不能由 ADAMS 提供的函数确定的特殊函数，例如由试验数据确定的隐函数，只要知道了一些数据点，就可以用样条型数据来拟合一个函数，这对实际的应用特别方便。将样条型数据应用于函数表达式中时，通常用到处理数据型数据的函数。样条线型数据分为二维型数据和三维型数据，分别确定了平面中的一条曲线和空间中的一个曲面。

单击建模工具条 Elements 中的样条线型数据 按钮后，弹出定义样条线型数据的对话框，如图 9-5 所示和图 9-6 所示。在 Name 输入框中输入样条线型数据的名称，在 Type 下拉列表中选择是三维型数据 $y = f(x, z)$ (3D)，还是二维型数据 $y = f(x)$ (2D)，在左侧的表格中，输入相应数据点的值，对样条线型数据的查看可以用表格或曲线的形式，如果给点的坐标赋予一个单位，在不同的单位间转换时，系统会自动对数据点的值进行转换，Linear extrapolation 确定在数据点范围以外的地方，使用线性外插值的办法获得，另外单击

【Append row to X and Y data】按钮可以在表格末尾处追加一行，单击【Prepend row to X and Y data】按钮可以在表格的起始处追加一行，单击【Insert Row After】按钮和【Remove Row】按钮可以在指定的位置处追加一行或删除一行。

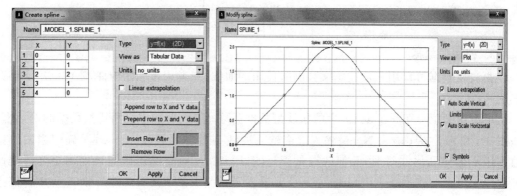

图 9-5　定义二维样条线型数据的对话框

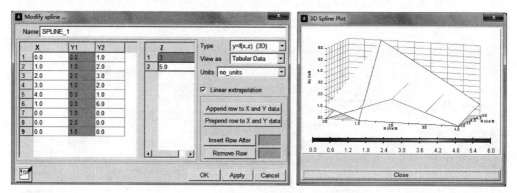

图 9-6　定义三维样条线型数据的对话框

5．广义样条线型数据

单击建模工具条 Elements 中的广义样条线型数据 按钮后，弹出用文件或计算结果定义广义样条线型数据的对话框，如图 9-7 所示。如果是用计算结果定义样条线型数据，设置结果类型维 Results Set Components，然后为 X、Y 和 Z 分量的数据拾取相应的计算结果数据；如果是用文件定义样条线型数据，设置结果类型为 File，并输入相应的文件名；如果是直接用数据点来定义样条型数据，设置结果类型为 Numerical，然后输入 X、Y 和 Z 的数据点值。

对于由其他软件生成的数据，例如由耐久性分析程序 nCode 和 Fatigue 生成的数据，就可以通过广义样条线型数据来交换。

6．字符串型数据

字符串型数据用于传递字符形式的数据，单击建模工具条 Elements 中的字符串型数据 按钮后，弹出定义字符串型数据的对话框，如图 9-8 所示，只需在 String 输入框中输入字符即可。

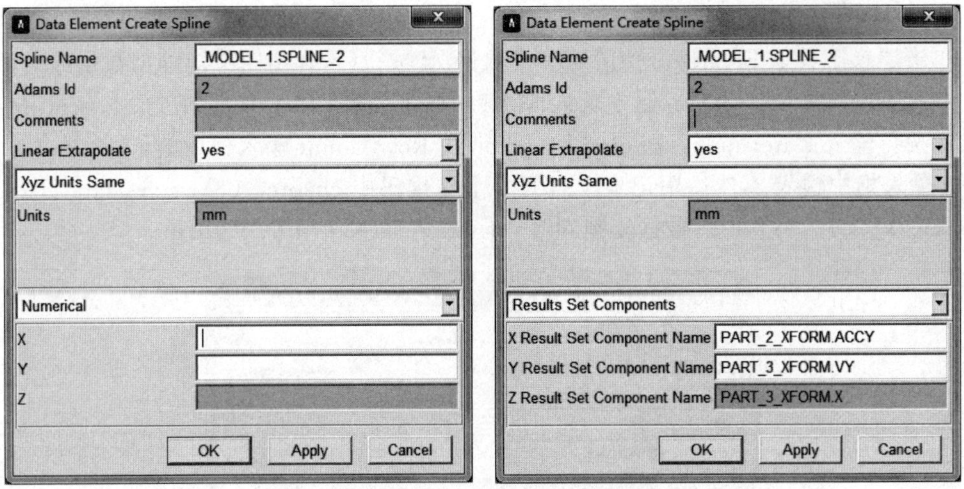

图 9-7　定义广义样条线型数据的对话框

图 9-8　定义字符串型数据的对话框

9.1.2　实例：曲线型数据

本例通过一个凸轮机构，用曲线型数据创建凸轮轮廓，并定义线-线接触。本例的模型如图 9-9 所示，由 piston、coupler、follower 和 cam 构件构成，本例的模型文件是 cam_start.bin，位于本书二维码中 chapter_09\curve_data 目录下，请将 cam_start.bin 复制到 ADAMS 的工作目录下。在下面的步骤中可能需要缩放或旋转模型，为此按键盘上的 Z 键和鼠标左键就可以放大或缩小模型，按键盘的 R 键和鼠标左键可以旋转模型，按键盘的 T 键和鼠标左键可以平移模型。按 V 键可以隐藏

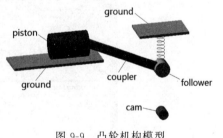

图 9-9　凸轮机构模型

或显示图标，按 G 键可以隐藏或显示工作栅格，单击状态工具栏上的 按钮可以渲染或线框显示模型。

1. 打开模型

启动 ADAMS/View，在欢迎对话框中选择打开文件（Existing Model），单击【OK】按钮后，弹出打开文件对话框，在对话框中找到 cam_start.bin，打开模型后，请先熟悉模型，并研究运动副。

2. 创建矩阵

单击建模工具条 Elements 中的矩阵型数据 123 456 按钮后，弹出定义矩阵型数据的对话框，如图 9-10 所示，在 Matrix Name 中输入 MAT1，Units 选择 length，选择全矩阵 Full Matrix 方式和按行输入 Enter input ordered by rows，在 Row Count 输入框中输入 13，在 Column Count 输入框中输入 3，然后用记事本打开本书二维码中 chapter_08\curve_data 目录下的 matrix1. txt 文件，将其中的数据复制到 Values 输入框中，单击【OK】按钮。

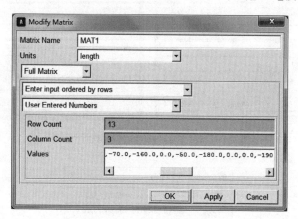

图 9-10　创建矩阵元素

3. 创建曲线型数据

单击建模工具条 Elements 中的曲线型数据 xyz 按钮后，弹出定义曲线型数据的对话框，如图 9-11 所示。在 Curve Name 输入框中输入曲线型数据的名称 cam. cam1，把 Closed 选择 yes，在 Matrix Name 中单击鼠标右键，用【Guesses】方式找到矩阵 MAT1，在 Interpolation Order 输入框中输入 4，单击【OK】按钮。

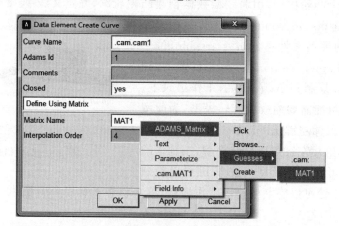

图 9-11　创建曲线型数据

4. 创建样条曲线

单击建模工具条 Bodies 中的样条曲线 xyz 按钮，将选项设置成 Add To Part、Closed 和 Create by Picking Points，在图形区先单击 cam 构件，然后在图形区空白处随便选择 8 个点,创建一个临时的样条曲线。

在刚创建的样条曲线的起始点处有个坐标系 Marker,在这个 Marker 上单击鼠标有右键,从弹出的快捷菜单中选择 Marker 下的【Modify】项,弹出 Marker 的编辑对话框,在 Location 输入框中输入 0.0,130.0,−20.0,单击【OK】按钮后样条曲线会产生平移。

在刚创建的样条曲线上单击鼠标右键,在弹出的快捷菜单中,选择样条曲线的【Modify】项,弹出样条曲线编辑对话框,如图 9-12 所示,在 Reference Curve 输入框中单击右键,用【Guesses】方式找到曲线型数据 cam1,单击【OK】按钮后样条曲线的形状发生变化。

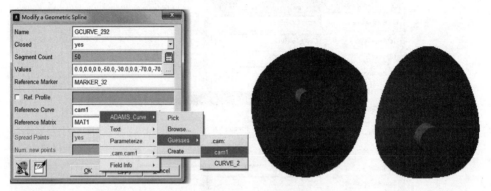

图 9-12　编辑样条曲线

5. 创建矩阵

单击建模工具条 Elements 中的矩阵型数据 123 456 按钮后,弹出定义矩阵型数据的对话框,在 Matrix Name 输入框中输入 MAT2,Units 选择 length,选择全矩阵 Full Maxtrix 方式和按行输入 Enter input ordered by rows,在 Row Count 输入框中输入 8,在 Column Count 输入框中输入 3,然后用记事本打开本书二维码中 chapter_08\curve_data 目录下的 matrix2.txt 文件,将其中的数据复制到 Values 输入框中,单击【OK】按钮。

6. 创建曲线型数据

单击建模工具条 Elements 中的曲线型数据 xyz 按钮后,弹出定义曲线型数据的对话框,在 Curve Name 输入框中输入曲线型数据的名称 cam2,Closed 选择 yes,在 Matrix Name 中单击鼠标右键,用【Guesses】方式找到矩阵 MAT2,在 Interpolation Order 中输入 4,单击【OK】按钮。

7. 创建样条曲线

单击建模工具条 Bodies 中的样条曲线 xyz 按钮,将选项设置成 Add To Part、Closed 和 Create by Picking Points,在图形区先单击 follower 构件,然后在图形区空白处随便选择 8 个点,创建一个临时的样条曲线。

在刚创建的样条曲线的起始点处有个坐标系 Marker,在这个 Marker 上单击鼠标有右键,从弹出的快捷菜单中,选择 Marker 下的【Modify】项,弹出 Marker 的编辑对话框,在 Location 输入框中输入 0.0,130.0,−20.0,单击【OK】按钮后,样条曲线会产生平移。

在刚创建的样条曲线上单击鼠标右键,在弹出的快捷菜单中选择样条曲线下的【Modify】项,弹出样条曲线编辑对话框,在 Reference Curve 输入框中单击右键,用

【Guesses】方式找到曲线型数据 cam2，单击【OK】按钮后样条曲线的形状发生变化。

8. 定义接触

单击建模工具条 Forces 中的接触 按钮，弹出定义接触对话框，如图 9-13 所示，将 Contact Type 设置成 Curve to Curve，在 I Curve(s)输入框中单击鼠标右键，用【Pick】方式在图形区拾取 cam 构件上的样条曲线，在 J Curve(s)输入框中单击鼠标右键，用【Pick】方式在图形区拾取 follower 构件上的样条曲线，单击【OK】按钮关闭对话框。

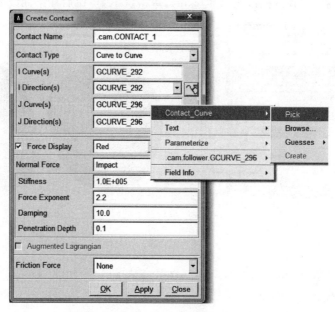

图 9-13　线-线接触对话框

9. 仿真计算

单击建模工具条 Simulation 中的仿真计算 按钮，将仿真时间 End Time 设置为 1、仿真步数 Steps 设置为 1000，然后单击 按钮进行仿真计算。

9.1.3　实例：样条线型数据

本例利用试验数据来建立样条线型数据，通过样条线型数据来驱动运动副的运动。本例所需文件为 spline_data_start. bin、rotation_drive. txt 和 translation_drive. txt，rotation_drive. txt 和 translation_drive. txt 文件中记录了试验数据，这些文件位于本书二维码中 chapter_09\spline_data 目录下。本例的模型如图 9-14 所示，在旋转副 rotationdrive 和滑移副 translationdrive 上分别定义两个驱动，驱动的数据来自试验数据，利用样条数线型数据建立起一个非线性函数，驱动函数曲线如图 9-15 所示，从函数曲线可以看出，在旋转驱动结束后，滑移驱动才开始驱动，以下是详细的步骤。

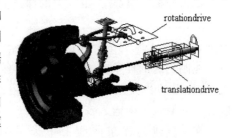

图 9-14　样条线型数据驱动的模型

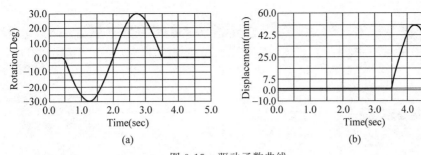

图 9-15 驱动函数曲线

（a）旋转驱动函数曲线；（b）滑移驱动函数曲线

1. 打开模型

启动 ADAMS/View，在欢迎对话框中选择打开文件（Existing Model），单击【OK】按钮后，弹出打开文件对话框，在对话框中找到 spline_data_start.bin。打开模型后，先研究模型的构成。

2. 导入试验数据，生成样条线型数据元素

选择【File】→【Import】命令，弹出导入对话框，如图 9-16 所示，在 File Tye 下拉列表中选择 Test Data，然后选择 Create Splines 项，在 File To Read 后的输入框中单击鼠标右键，在弹出的右键快捷菜单中选择【Browse】，然后弹出打开文件对话框，找到试验数据文件 rotation_drive.txt，文件中包含两列数据，第一列数据是测试时间，第二列数据是测试数据，其中测试时间为 5s，读者可以打开该文件查看数据信息。在 Independent Column Index 输入框中输入 1，也就是将试验数据文件中的第一列数据（时间）作为独立数据，Model Name 输入框中输入模型的名称，可以用右键菜单来选择，单击【OK】按钮创建第一个样条型数据元素 SPLINE_1。用同样的方法导入文件 translation_drive.txt 中的试验数据，并创建第二个样条型数据元素 SPLINE_2。

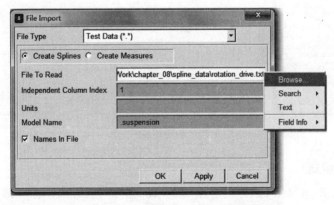

图 9-16 导入试验数据创建样条线型数据

选择【Eidt】→【Modify】命令，弹出数据库导航对话框，如图 9-17 所示，找到 SPLINE_1，单击【OK】按钮，弹出样条线型数据编辑对话框，在 View as 中选择 Plot，可以查看曲线。

3. 添加旋转驱动

单击建模工具条 Motions 中的旋转驱动 按钮，在图形区单击旋转副 rotationdrive，在

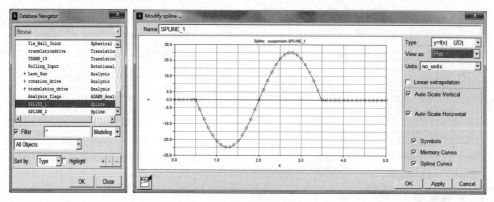

图 9-17　数据导航对话框

这个旋转副上创建一个旋转驱动。双击旋转驱动的图标，打开旋转驱动编辑对话框，单击 Function(time)输入框后的按钮 ... ，弹出函数构造器，如图 9-18 所示，在函数类型下拉列表中找到有关处理样条数据的函数 Spline，然后单击列表框中的 Akima Fitting Method 函数，再单击【Assist】按钮，弹出函数辅助对话框，如图 9-19 所示，在 First Independent Variable 输入框中输入 time，在 Spline Name 输入框中，通过鼠标右键快捷菜单找到样条型数据元素 SPLINE_1，在 Derivative Order 后的下拉列表中选择 Curve Coordinates(0)，单击【OK】按钮后，就创建了一个函数表达式 AKISPL(time,0,SPLINE_1,0)，最后还要在表达式后面添加 * 1d 以表示度。AKISPL 函数返回样条型数据元素的微分值，可以返回 0~2 阶微分值。

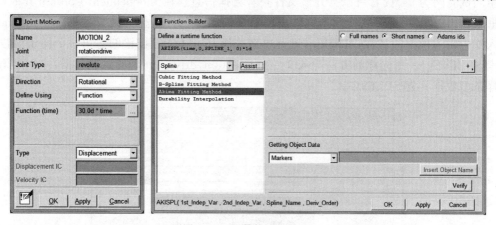

图 9-18　函数构造器（一）

4．添加滑移驱动

单击建模工具条 Motions 中的滑移驱动 🔄 按钮，然后在图形区单击滑移副 translationdrive，在这个旋转副上创建一个滑移驱动，然后再按照上一步的方法利用样条曲线型数据 SPLINE_2 创建一个驱动函数 AKISPL(time,0,SPLINE_2,0)。

5．仿真计算

单击建模工具条 Simulation 中的仿真计算 ⚙ 按钮，将仿真时间 End Time 设置为 5。仿真步数 Steps 设置为 500，然后单击 ▶ 按钮进行仿真计算，注意观察轮胎的运动情况。

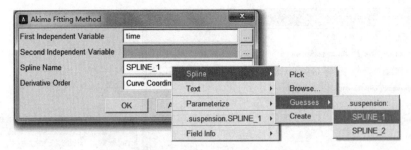

图 9-19　AKISPL 函数的辅助对话框

9.1.4　实例：振动台的振动

一个四轮摩托车放到振动台上进行平顺性测试，如图 9-20 所示，需要在四个轮子上输入振动位移。本节利用已经存在的振动台的振动位移，通过样条线性数据，来模拟振动台的振动激励。本节所使用的模型是 motorcycle_start. bin，位于本书二维码中 chapter_09\spline_data 目录下，请将该文件复制到 ADAMS 的工作目录下，以下是详细步骤。

图 9-20　四轮摩托车及振动台

1. 打开模型

启动 ADAMS/View，在欢迎对话框中选择打开文件（Existing Model），单击【OK】按钮后，弹出打开文件对话框，在对话框中找到 motorcycle_start. bin，打开模型后，请先熟悉模型。在模型树 Motions 下，可以看到有四个驱动 LF_motion、RF_motion、RR_motion 和 LR_motion，分别是四个轮子上的滑移驱动。双击任意一个驱动，打开驱动编辑对话框，可以发现 Function(time) 输入框中是 0，读者可以进行一次从静平衡位置处的计算，会发现摩托车静止不动。

2. 导入左前轮的振动数据

选择【File】→【Import】命令，弹出导入对话框，如图 9-21 所示，在 File Tye 下拉列表中选择 Test Data，然后选择 Create Splines 项，在 File To Read 后的输入框中单击鼠标右键，在弹出的右键快捷菜单中选择【Browse】，然后弹出打开文件对话框，找到本书二维码中 chapter_08\spline_data 目录下振动数据文件 LF_DZ. txt，文件中包含两列数据，第一列数据是时间，第二列数据是振动位移数据，在 Independent Column Index 输入框中输入 1，也就是将试验数据文件中的第一列数据（时间）作为独立数据，Model Name 输入框中输入模型的名称，可以用右键菜单来选择，单击【OK】按钮创建第一个样条型数据元素 SPLINE_1。

在模型树 Elements 分支 Data_Elements 下找到 SPLINE_1，然后在 SPLINE_1 上单击鼠标右键，从弹出的快捷菜单中选择【Rename】，在弹出的修改名称对话框中，输入 LF_DZ，单击【OK】按钮。

在模型树 Elements 分支 Data_Elements 下找到 LF_DZ，然后在 LF_DZ 上单击鼠标右

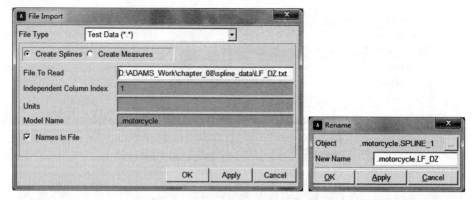

图 9-21　导入试验数据创建样条线型数据

键，从弹出的快捷菜单中选择【Modify】，弹出样条线型数据编辑对话框，如图 9-22 所示，在 View as 中选择 Plot，可以查看数据曲线。

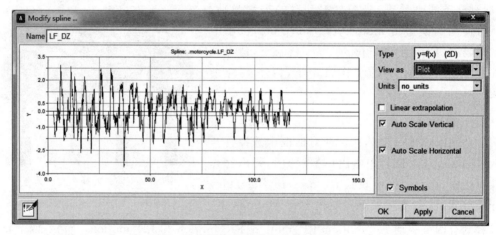

图 9-22　样条线型数据编辑对话框

3. 导入右前轮的振动数据

选择【File】→【Import】命令，弹出导入对话框，在 File Tye 下拉列表中选择 Test Data，然后选择 Create Splines 项，在 File To Read 后的输入框中单击鼠标右键，在弹出的右键快捷菜单中选择【Browse】，然后弹出打开文件对话框，找到本书二维码中 chapter_08\spline_data 目录下振动数据文件 RF_DZ. txt，在 Independent Column Index 输入框中输入 1，Model Name 输入框中输入模型的名称，单击【OK】按钮创建样条型数据元素 SPLINE_1。在模型树 Elements 分支 Data_Elements 下找到 SPLINE_1，然后在 SPLINE_1 上单击鼠标右键，从弹出的快捷菜单中选择【Rename】，在弹出的修改名称对话框中，输入 RF_DZ，单击【OK】按钮。

4. 导入左后轮的振动数据

选择【File】→【Import】命令，弹出导入对话框，在 File Tye 下拉列表中选择 Test Data，然后选择 Create Splines 项，在 File To Read 后的输入框中单击鼠标右键，在弹出的右键快捷菜单中选择【Browse】，然后弹出打开文件对话框，找到本书二维码中 chapter_08\spline_ data 目录下振动数据文件 LR_DZ. txt，在 Independent Column Index 输入框中输入 1，Model Name 输入框中输入模型的名称，单击【OK】按钮创建样条型数据元素 SPLINE_1。在模型树 Elements 分支 Data_Elements 下找到 SPLINE_1，然后在 SPLINE_1 上单击鼠标右键，从弹出的快捷菜单中选择【Rename】，在弹出的修改名称对话框中，输入 LR_DZ，单击【OK】按钮。

5. 导入右后轮的振动数据

选择【File】→【Import】命令，弹出导入对话框，在 File Tye 下拉列表中选择 Test Data，然后选择 Create Splines 项，在 File To Read 后的输入框中单击鼠标右键，在弹出的右键快捷菜单中选择【Browse】，然后弹出打开文件对话框，找到本书二维码中 chapter_08\spline_data 目录下振动数据文件 RR_DZ. txt，在 Independent Column Index 输入框中输入 1，Model Name 输入框中输入模型的名称，单击【OK】按钮创建样条型数据元素 SPLINE_1。在模型树 Elements 分支 Data_Elements 下找到 SPLINE_1，然后在 SPLINE_1 上单击鼠标右键，从弹出的快捷菜单中选择【Rename】，在弹出的修改名称对话框中，输入 RR_DZ，单击【OK】按钮。

6. 修改驱动

在模型树 Motions 下找到 LF_motion，在 LF_motion 上单击鼠标右键，选择【Modify】，弹出滑移驱动编辑对话框，如图 9-23 所示，先清除 Function(time)中的内容，再输入 step(time,0,0,0.05,1)∗25.4∗CUBSPL(time+2.5,0,LF_DZ,0)，单击【OK】按钮。

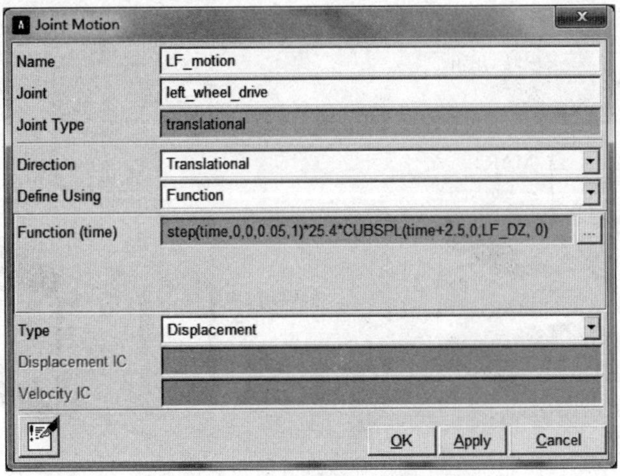

图 9-23　滑移驱动编辑对话框

在模型树 Motions 下找到 RF_motion，在 RF_motion 上单击鼠标右键，选择【Modify】，弹出滑移驱动编辑对话框，先清除 Function(time)中的内容，再输入 step(time,0,0,0.05,1)∗25.4∗CUBSPL(time+2.5,0,RF_DZ,0)，单击【OK】按钮。

在模型树 Motions 下找到 LR_motion，在 LR_motion 上单击鼠标右键，选择【Modify】，弹出滑移驱动编辑对话框，先清除 Function(time)中的内容，再输入 step(time,0,0,0.05,1)∗25.4∗CUBSPL(time+2.5,0,LR_DZ,0)，单击【OK】按钮。

在模型树 Motions 下找到 RR_motion，在 RR_motion 上单击鼠标右键，选择【Modify】，

弹出滑移驱动编辑对话框,先清除 Function(time)的内容,再输入 step(time,0,0,0.05,1) * 25.4 * CUBSPL(time+2.5,0,RR_DZ,0),单击【OK】按钮。

7. 仿真计算

单击建模工具条 Simulation 中的仿真计算 ⚙ 按钮,将仿真时间 End Time 设置为 50、仿真步数 Steps 设置为 2000,然后单击 ▶ 按钮进行仿真计算。

9.1.5 实例:非线性弹簧

当弹簧的伸缩力与变形不是线性关系时,就需要考虑非线性弹簧。非线性弹簧的定义方式有两种,一种是利用 spring 的 Spline:F=f(defo),另一种是利用单分量力 SFORCE 来实现,无论用哪种,都需要知道力与弹簧变形量之间的非线性关系。本例通过一个简单的实例,采用这两种方法分别实现非线性弹簧的定义。

1. 打开模型

启动 ADAMS/View,打开本书二维码中 chapter_09\nolinear_spring 目录下的 nonlinear_spring_start.bin 文件,打开文件后先熟悉模型。模型由 base、barrier 和 ball 三个构架组成,如图 9-24 所示,base 固定在大地上,barrier 与 base 之间通过 POINT_1～POINT_8 建立四个非线性弹簧,ball 在重力作用下下落到 barrier 上,由于弹簧的支撑,ball 和 barrier 做上下跳动。本节建立的非线性弹簧只承受压力,且弹簧力与弹簧变形量之间是非线性的,弹簧的拉伸力为 0。

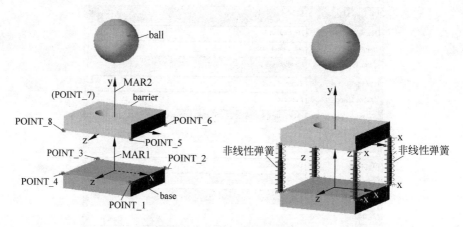

图 9-24　非线性弹簧仿真模型

2. 导入非线性弹簧数据

选择【File】→【Import】命令,如图 9-25 所示,File Type 设置成 Test Data,选择 Create Splines,在 File To Read 中单击鼠标右键,选择 Browse,然后找到 chapter_08\nonlinear_spring 目录下的 force_deformation.txt 文件,在 Independent Column Index 中输入 1,单击【OK】按钮。

在模型树上找到 Elements 下的 SPLINE_1,双击 SPLINE_1,弹出编辑对话框,如图 9-26 所示,将 X Units 设置成 length,将 Y Units 设置成 force,勾选 Linear extraplotation,将 View as 设置成 Plot,可以看出弹簧力与弹簧变形的非线性关系,在变形大于 0 时,弹簧力

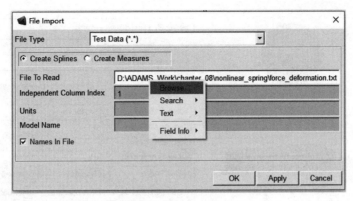

图 9-25　导入对话框

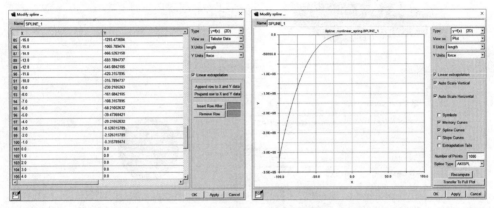

图 9-26　编辑 SPLINE 对话框

为 0,单击【OK】按钮。

3. 定义非线性弹簧

单击建模工具条 Forces 下的弹簧 按钮,然后在图形区先选择 SPOINT_1 点,再选择 SPOINT_5 点,在 SPOINT_1 和 SPOINT_5 点之间创建一个弹簧,双击弹簧图标,弹出弹簧编辑对话框,如图 9-27 所示,将弹簧刚度定义方式设置成 Spline:F＝f(defo),然后输入 SPLINE_1,弹簧阻尼设置成 0.1,单击【OK】按钮。用同样的方法定义其他三个弹簧。

4. 定义滑移副

单击建模工具条 Connectors 下的滑移副 按钮,并将创建滑移副的选项设置为 2 Bodies-1 Location 和 Pick Geometry Feature,然后在图形区先单击 barrier 构件,再单击 base(Ground)构件,之后选择 MAR1,最后在 MAR1 上移动鼠标,当出现沿着竖直向上的箭头,并出现文字提示 MAR1.Y 时,单击鼠标左键,创建一个滑移副。

5. 定义接触

单击建模工具条 Forces 中的接触 按钮,弹出创建接触的对话框,如图 9-28 所示,将 Contact Type 设置为 Solid to Solid,在 I Solid 输入框中单击鼠标右键,在弹出的快捷菜单中选择【Contact_Solid】→【Pick】命令,然后在图形区单击 ball,用同样的方法为 J Solid 输入

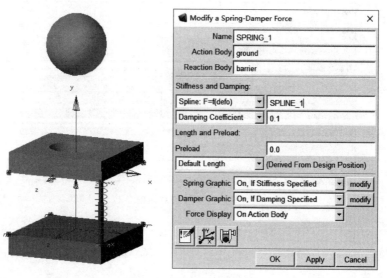

图 9-27　弹簧编辑对话框

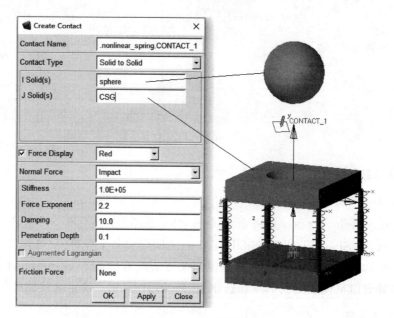

图 9-28　定义接触

框拾取 barrier，然后单击【OK】按钮。

6. 定义测量

在 SPRING_1 上单击鼠标右键，选择【Measure】，然后将 Characteristic 设置成 force，如图 9-29 所示，单击【OK】按钮，再次在 SPRING_1 上单击鼠标右键，选择【Measure】，然后将 Characteristic 设置成 deformation，单击【OK】按钮。

7. 仿真计算

单击建模工具条 Simulation 中的仿真计算 ⚙ 按钮，将仿真时间 End Time 设置为 2、

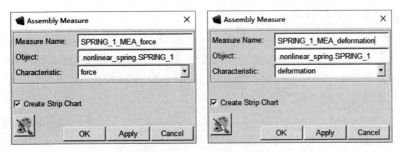

图 9-29　定义测量对话框

仿真步数 Steps 设置为 400，然后单击 ▶ 按钮进行仿真计算，同时可以看到弹簧的力曲线和变形曲线，如图 9-30 所示。

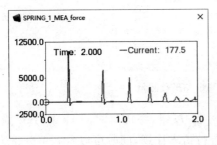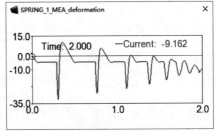

图 9-30　弹簧力曲线和变形曲线

8. 去除弹簧力

双击图形区的 SPRING_1，在弹出的对话框中，将弹簧力定义方式设置成 No Stiffness，单击【OK】按钮，阻尼不变。用同样的方法修改其他三个弹簧。

9. 定义单分量力

单击建模工具条 Forces 下的单分量力 � 按钮，将 Run Time Direction 设置成 Two Bodies，然后先选择 base 件（Ground），再选择 barrier 件，依次选择 MAR1 和 MAR2。双击单分量力的图标，弹出编辑对话框，如图 9-31 所示，在 Function 中输入表达式 AKISPL(DY (MAR2,MAR1)−300,0,SPLINE_1,0)∗(−4)，单击【OK】按钮。

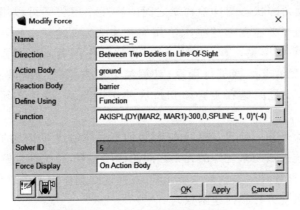

图 9-31　单分量力编辑对话框

10. 定义测量和仿真计算

在单分量力上单击鼠标右键，选择【Measure】，然后将 Characteristic 设置成 Force，Component 设置成 Y 向，如图 9-32 所示，单击【OK】按钮。单击建模工具条 Design Exploration 下的 $f_{(x)}$，输入表达式 DY(MAR2,MAR1)－300，单击【OK】按钮。

 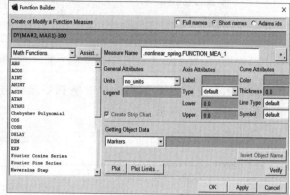

图 9-32　定义力测量和函数测量

单击建模工具条 Simulation 中的仿真计算 ⚙ 按钮，将仿真时间 End Time 设置为 2、仿真步数 Steps 设置为 400，然后单击 ▶ 按钮进行仿真计算，同时可以看到单分量力的力曲线和变形曲线，其变形和之前弹簧的变形是一样的。

9.2　系统元素

9.2.1　系统元素的意义

前几章介绍的模型，不管是刚性模型还是柔性模型，都是可以看得到的实物，并且可以用几何元素来构建的，建立了这些模型后，系统就会根据这些模型的物理属性建立起运动学或动力学方程，然后提交给求解器进行计算，解释结束后，再把计算结果归还给模型。但是在有些时候模型中的元素与一些不能用具体的实物来表示的物质发生相互作用，例如电磁场，而且模型中元素的状态与这些物质之间的相互作用关系可以用具体的表达式来表示出来，此时我们就不必建立起这些无法用实物来表示的物质，只要建立起系统中的元素与这些物质之间的作用关系就可以了，然后将这种作用关系连同原来系统的运动学和动力学关系一同提交给求解器进行计算，计算结束后再把计算结果返回来，这样就解决了系统的建模问题，不过问题在于必须知道这种作用关系，而且必须能用确切的表达式来表示。

ADAMS 提供了另外一种建立模型的工具，即不具体地建立模型的实物，而是只建立起系统元素之间或系统元素与系统外的元素之间的作用关系，系统在求解的时候，将所有的作用关系一起求解，这种建模工具就是系统元素，直接建立起作用关系。系统元素包括状态变量、微分方程、线性系统方程和传递函数。

9.2.2　创建系统元素

1. 创建状态变量

状态变量通常是系统中其他的构件或系统外其他因素的一个函数,通过微分方程、传递函数、线性系统方程等确定状态变量之间的关系,从而构造出模型中的元素与模型外的元素之间的作用关系。

单击建模工具条 Elements 中的状态变量 ☒ 按钮后,弹出创建系统变量的对话框,如图 9-33 所示。对话框中各选项的功能如下。

(1) Name:在输入框中输入状态变量的名称。

(2) Definition:确定是用运行过程函数(Run-Time Expression)来创建环境变量,还是用用户自己定义的子程序(User written subroutine)来创建环境变量,如果是用运行过程函数来定义状态变量,可以单击 F(time,…)输入框后面的 □ 按钮,用函数构造器来创建函数,关于运行过程函数和函数构造器的使用,详见第 8 章中的内容。

(3) Guess for F(t=0):给状态变量确定一个合适的初始状态值,如果系统元素确定的模型有多个静平衡位置,而用户又想从某个静平衡位置开始进行计算,给状态变量一个在该静平衡位置附近的初始状态值,有利于求解器找到该静平衡位置。

2. 创建微分方程

微分方程中通常包含多个状态变量,这样状态变量之间的关系就用微分方程的形式来确定了。

单击建模工具条 Elements 中的微分方程 ☒ 按钮后,弹出创建微分方程的对话框,如图 9-34 所示。对话框中各选项的功能如下。

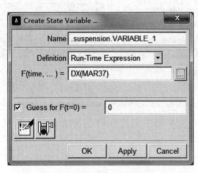

图 9-33　创建系统变量的对话框

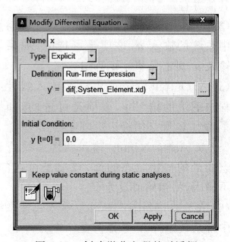

图 9-34　创建微分方程的对话框

(1) Name:输入框中输入微分方程的名称。

(2) Type:确定微分方程是显式(Explicit)方程还是隐式(Implicit)方程,例如 $\dot{y}=f(y,x,\dot{x},t)$ 是显示方程,其中 x 是状态变量,而 $\dot{y}-f(y,x,\dot{x},t)=0$ 是隐式方程。

(3) Definitions:确定是用运行过程函数(Run-Time Expression)来创建微分方程,还

是用用户自己定义的子程序（User written subroutine）来创建微分方程。

（4）y′＝：在输入框中输入具体的微分方程表达式，在输入表达式时常用 dif 和 dif1 两个函数，dif 返回微分方程变量的积分值，而 dif1 返回微分方程变量的值。

（5）y[t＝0]＝：在输入框确定微分方程的初始值。

（6）Keep value constant during static analyses：确定在进行静平衡计算时，状态变量初始状态的值是否保持为常值，如果不选择该项，求解器就会把状态变量对时间导数的初始值设为零，并且以后要发生变化，这样系统在计算出静平衡位置时，状态变量在静平衡位置的值就会与状态变量初始状态的值不同，如果选择该项，在计算静平衡位置时，状态变量对时间导数的值始终为零，这样在静平衡位置状态变量的初始值与用户指定的初始状态值是一样的，如果运动学或动力学计算是从静平衡位置开始的，是否将状态变量保持为常值将影响到微分方程中状态变量的初始值，从而影响到微分方程的解。

3. 创建线性状态方程

按照线性系统理论或现代控制原理，线性状态方程为：

$$\dot{x} = Ax + Bu$$
$$y = Cx + Du$$

式中，x 是状态变量；u 是系统输入；y 是系统输出；A、B、C 和 D 是常系数矩阵。

单击建模工具条 Elements 中的线性状态方程 <img> 按钮后，弹出创建线性系统方程的对话框，如图 9-35 所示。对话框中各选项的功能如下。

（1）Linear State Equation Name：输入线性系统方程的名称。

（2）X State Array Name：输入线性系统方程中状态变量 x 的名称，该状态变量不能再用于其他方程。

（3）U Input Array Name：输入线性系统方程中系统的输入 u，该项是可选的，如果指定了输入 u，则必须指定矩阵 B。

（4）Y Output Array Name：输入线性系统方程中系统的输出 y，该项是可选的，如果指定了输出 y，则必须指定矩阵 C 或 D。

（5）Ic Array Name：输入线性系统方程中状态变量的初始状态的值，该项是可选的，如果不输入，将初始值设为零。

图 9-35　创建线性系统方程的对话框

（6）A State Matrix Name：输入线性系统方程中常系数矩阵 A，该矩阵是一个方阵。

（7）B Input Matrix Name：输入线性状态方程中常系数矩阵 B，该项是可选的，如果指定了 B，则必须指定输入 u。

（8）C Output Matrix Name：输入线性系统方程中常系数矩阵 C，该项是可选的，如果指定了 C，则必须指定输出 y。

（9）D Feedforward Matrix Name：输入线性系统方程中常系数矩阵 D，该项是可选的，如果指定了 D，则必须指定输入 u 和输出 y。

（10）Static Hold：确定在进行静平衡计算时，状态变量初始状态的值是否保持为常值。

4. 创建传递函数

传递函数决定了一个系统输出与输入之间的关系，将输出 y 与输入 u 之间的关系表达式：

$$a_0 y + a_1 y^{(1)} + \cdots + a_{n-1} y^{(n-1)} + a_n y^{(n)} = b_0 u + b_1 u^{(1)} + \cdots + b_{m-1} u^{(m-1)} + b_m u^{(m)}$$

进行拉普拉斯变换，就可以得到输出 y 与输入 u 之间的传递函数，传递函数通常有如下形式：

$$G(s) = \frac{Y}{U} = \frac{b_0 + b_1 s + \cdots + b_{m-1} s^{m-1} + b_m s^m}{a_0 + a_1 s + \cdots + a_{n-1} s^{n-1} + a_n s^n}$$

通常 $m < n$。

单击建模工具条 Elements 中的传递函数 ![button] 按钮后，弹出创建传递函数的对话框，如图 9-36 所示。对话框中各选项的功能如下。

（1）Transfer Function Name：在输入框中输入传递函数的名称。

（2）Input Array Name（U）：在输入框中输入传递函数的输入状态变量。

（3）State Array Name（X）：在输入框中输入一个状态变量，这个状态变量不能再用于其他目的，如不能用于其他的微分方程、线性状态方程和传递函数中，实际上求解器通过这个状态变量，按照系统理论或现代控制原理中的方法，将

图 9-36　创建传递函数的对话框

传递函数转换成线性状态方程，然后再求解，此处输入的状态变量就是线性系统方程中的状态变量 x。

（4）Ouput Array Name（Y）：在输入框中输入传递函数的输出状态变量。

（5）Numerator Coefficients：输入传递函数中分子的系数。

（6）Denominator Coefficients：输入传递函数中分母的系数。

（7）Check format and display plot：单击该按钮可以绘制传递函数曲线图。

（8）Keep value constant during static analyses：确定在进行静平衡计算时，状态变量初始状态的值是否保持为常值。

9.2.3　实例：弹簧-质量系统

下面通过一个如图 9-37 所示的带阻尼的弹簧-质量系统介绍系统元素和数据元素的使用方法，在该例中将分别使用微分方程、线性系统方程和传递函数来建立弹簧-质量系统的微分方程。

弹簧-质量系统的动力学方程可以写为

$$m\ddot{x} + c\dot{x} + kx - f = 0$$

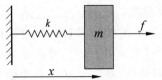

图 9-37　弹簧-质量系统

式中，x 为质量块的位移；m 为质量块的质量；c 为弹簧的阻

尼；k 为弹簧的刚度；f 为作用在质量块上的外载荷。

取 x 和 $xd = \dot{x}$ 作为线性系统的状态变量，根据线性系统理论或现代控制理论中的方法，可以将弹簧-质量系统的动力学方程转换为线性系统方程：

$$\begin{bmatrix} \dot{x} \\ \dot{x}d \end{bmatrix} = \begin{bmatrix} 0 & 1 \\ -k/m & -c/m \end{bmatrix} \begin{bmatrix} x \\ xd \end{bmatrix} + \begin{bmatrix} 0 \\ 1/m \end{bmatrix} f$$

本例中，取 $m = 5, c = 10, k = 20$，由此可以得到线性系统的常系数矩阵为

$$A = \begin{bmatrix} 0 & 1 \\ -4 & -2 \end{bmatrix}, \quad B = \begin{bmatrix} 0 \\ 0.2 \end{bmatrix}$$

将 f 看作系统的输入，x 看作系统的输出，因此不需要矩阵 C 和 D。

另外将弹簧-质量系统的动力学方程经拉普拉斯变换，可以得到弹簧-质量系统的传递函数为

$$G(s) = \frac{X}{F} = \frac{1}{k + cs + ms^2} = \frac{1}{20 + 10s + 5s^2}$$

下面分别用微分方程、线性系统方程和传递函数来建立弹簧-质量系统的动力学方程。

1. 新建模型

启动 ADAMS/View，在欢迎对话框中选择新建模型（New Model），在新建模型对话框中，将模型名称取为 system_element。

2. 创建输入 f 的状态变量

单击建模工具条 Elements 中的状态变量 **X** 按钮后，在弹出的创建系统变量的对话框中将状态变量取名为 input_force，如图 9-38 所示，在函数 F(time,…)＝表达式输入框中输入 1，将初始值（Guess for F(t=0)＝）设为 0，单击【OK】按钮。

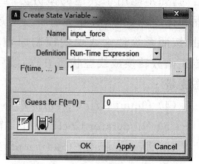

3. 创建微分方程

单击建模工具条 Elements 中的微分方程 **X** 按钮后，弹出创建微分方程的对话框，如图 9-39 所示，在 Name 输入框中输入 x，将 Type 设置为 Explicit，将 $y' =$ 先暂时设置为 0，单击【OK】按钮。再单击微分方程 **X** 按钮创建另一个微分方程，在 Name 输入框中输

图 9-38　创建状态变量 input_force

入 xd，将 Type 设置为 Implicit，单击 F(y,y',…)＝输入框后面的 ⋯ 按钮，弹出函数构造器，如图 9-40 所示，先在输入框中输入"5 *"，然后将函数类型设置成 Data Element，找到 DIF1函数，单击【Assist】按钮，在弹出的对话框中，用右键快捷菜单找到变量 xd，单击【OK】按钮，此时方程表达式为"5 * DIF1(xd)"，继续输入"＋10 *"，然后找到 dif 函数，单击【Assist】按钮，在弹出的对话框中，用右键快捷菜单找到变量 xd，单击【OK】按钮，函数表达式变为"5 * DIF1(xd)＋10 * DIF(xd)"，用同样的方法输入完表达式的其他项，最后的表示式是"5 * dif1(xd)＋10 * dif(xd)＋20 * dif(x)－varval(input_force)"，单击两次【OK】按钮，退出函数构造器和微分方程对话框。下面对 x 进行修改，选择【Edit】→【Modify】命令，弹出数据导航对话框，找到 x 后，单击【OK】按钮，此时弹出对 x 进行编辑对话框，在 $y' =$ 输入框中输入 dif(xd)，单击【OK】按钮后，就确定了弹簧-质量的微分动力学方程，读者可以自己推敲其过程。

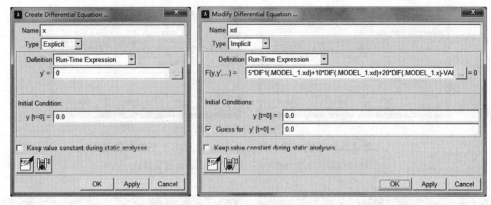

图 9-39　创建微分方程

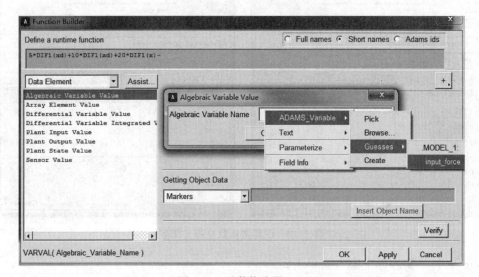

图 9-40　函数构造器(二)

4. 创建线性系统方程的输入

单击建模工具条 Elements 中的向量型数据 **[1,2,3]** 按钮后,弹出定义向量型数据的对话框,如图 9-41(a)所示,在 Name 输入框中输入 lse_input,将 Type 设置为 U(Inputs),在 Variables 输入框中拾取输入状态变量 input_force,单击【OK】按钮。

5. 创建线性系统方程的向量型数据

单击建模工具条 Elements 中的向量型数据 **[1,2,3]** 按钮后,弹出定义向量型数据的对话框,如图 9-41(b)所示,在 Name 输入框输入 lse_states,将 Type 设置为 X(States),Size 设置为 2,单击【OK】按钮。

6. 创建线性系统方程的两个常系数矩阵

单击建模工具条 Elements 中的矩阵型数据 **[123/456]** 按钮后,弹出定义矩阵型数据的对话框,如图 9-42 所示,在 Matrix Name 输入框中输入 a,设置为按全矩阵和逐行输入的方法,在 Values 输入框中输入 $0.0, 1.0, -4.0, -2.0$,单击【OK】按钮。用同样的方法创建另一个矩

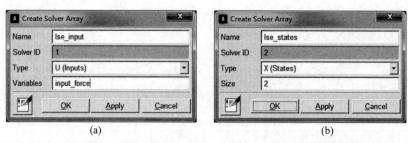

图 9-41　创建线性系统方程的输入 lse_input 和向量型数据的对话框

(a) 创建线性系统方程的输入 lse_input；(b) 向量型数据的对话框

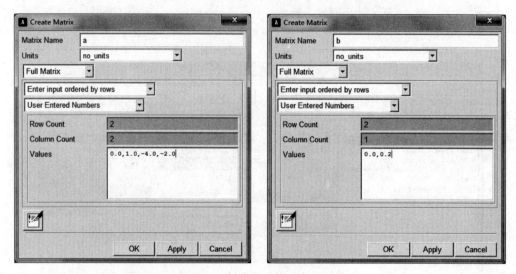

图 9-42　创建常系数矩阵 a 和 b

阵 b，在 Values 输入框中输入 0.0，0.2。

7. 创建线性系统方程

单击建模工具条 Elements 中的线性状态方程 ᴬᴮ᠎ᴄᴅ 按钮后，弹出创建线性系统方程的对话框，如图 9-43（a）所示，在 Linear State Equation Name 输入框中输入 lse，在 X State Array Name 输入框中输入 lse_states，在 U Input Array Name 输入框中输入 lse_input，在 A State Matrix Name 输入框中输入 a，在 B Input Matrix Name 输入框中输入 b，单击【OK】按钮。

8. 创建传递函数的输入

单击建模工具条 Elements 中的向量型数据 [1,2,3] 按钮后，弹出定义向量型数据的对话框，如图 9-43（b）所示，在 Name 输入框中输入 tf_input，将 Type 设置为 U（Inputs），在 Variables 输入框中拾取输入状态变量 input_force，单击【OK】按钮。

9. 创建传递函数的向量型数据

单击建模工具条 Elements 中的向量型数据 [1,2,3] 按钮后，弹出定义向量型数据的对话框，如图 9-44（a）所示，在 Name 输入框中输入 tf_states，将 Type 设置为 X（States），在 Size 输入框中输入 2，单击【OK】按钮。

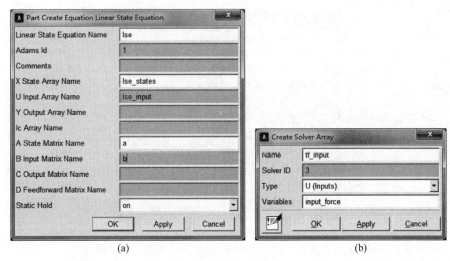

图 9-43　创建线性系统方程 lse 和创建传递函数的输入向量

(a) 创建线性系统方程 lse；(b) 创建传递函数的输入向量

10. 创建传递函数的输出数据

单击建模工具条 Elements 中的向量型数据 **[1,2,3]** 按钮后，弹出定义向量型数据的对话框，如图 9-44(b)所示，在 Name 输入框中输入 tf_output，将类型 Type 设置为 Y(Outputs)，在 Size 输入框中输入 1，单击【OK】按钮。

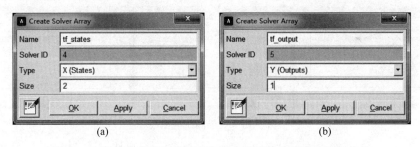

图 9-44　创建传递函数的状态向量和创建传递函数的输出向量

(a) 创建传递函数的状态向量；(b) 创建传递函数的输出向量

11. 创建传递函数

单击建模工具条 Elements 中的传递函数 按钮后，弹出创建传递函数的对话框，如图 9-45 所示，在 Transfer Function Name 输入框中输入 tf，在 Input Array Name(U)输入框中输入 tf_input，在 State Array Name(X)输入框中输入 tf_states，在 Output Array Name(Y)输入框中输入 tf_output，在 Numerator Coefficients 输入框中输入 1，在 Denominator Coefficients 输入框中输入 20.0,10.0,5.0，单击【OK】按钮。

12. 创建三个测试

单击建模工具条 Design Exploration 中的函数测试 按钮后，弹出函数构造器，在 Measure Name 输入框中输入 x_diff，在函数表达式编辑框中输入 dif(x)，单击【OK】按钮。按照同样的方法创建另外两个测试 x_lse 和 x_tf，函数表达式分别为 aryval(lse_states,1)

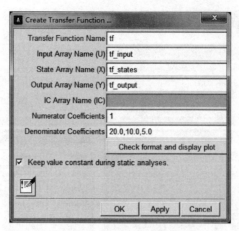

图 9-45　创建传递函数

和 aryval(tf_output,1)。

13. 仿真计算

单击建模工具条 Simulation 中的仿真计算 ⚙ 按钮，将仿真时间 End Time 设置为 5、仿真步数 Steps 设置为 500，然后单击 ▶ 按钮进行仿真计算，最后计算的测试曲线如图 9-46 所示。读者可以建立一个真实的弹簧-质量系统，对比一下用系统元素和实物模型的计算结果。

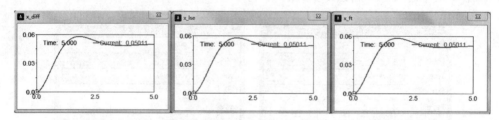

图 9-46　三个测试的曲线

第10章

参数化设计与优化分析

有了前面的刚性体、柔性体、运动副与驱动以及载荷的一些知识,就可以对虚拟模型进行虚拟样机测试。经过对数据的分析,可能会发现虚拟样机还有很多缺点,需要进一步改变设计,这样又要进行一次建模和计算分析的过程,这是一个反复的烦琐的过程。另外,在设计一个新的产品时,往往有些设计参数在一定范围内可以变化,这些可变的参数对设计目标有一定的影响,如何选择可变参数的值,以便使设计目标能够达到最优,这些问题可以通过参数化设计与优化分析解决。参数化设计是将模型中确定的值用变量代替,通过更改设计变量的值,间接修改模型,改变模型的参数,得到新的模型,这样不必重新建模,节省大量的时间和精力,优化分析通过设计研究、试验设计和优化计算,分析设计变量对样机性能指标的影响程度,从而得到哪些参数对样机性能指标更重要,以及设计变量在取哪些值时系统性能指标能达到最优。与参数化设计和优化分析有关的按钮在建模工具条 Design Exploration 中,如图 10-1 所示。

设计变量按钮　　　　　　　　　　　优化分析按钮

图 10-1　与参数化设计和优化计算相关的按钮

10.1　参数化设计

10.1.1　定义设计变量

参数化设计的过程就是使用设计变量的过程,用设计变量的值来代替设计参数的值,通过修改设计变量的值,从而改变设计参数的值。设计变量只能在设计阶段修改值,在计算过程中不能修改,其值是不变的,这与状态变量是不一样的,状态变量在计算过程中其值是变化的。

单击建模工具条 Design Exploration 中的设计变量 按钮后,弹出定义设计变量对话框,如图 10-2 所示,对话框中各选项功能如下。

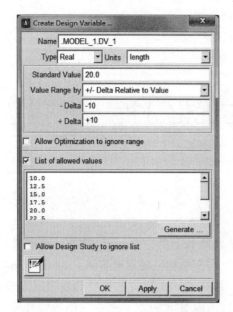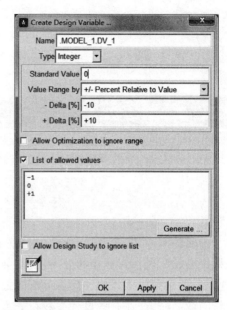

图 10-2　定义设计变量对话框

（1）Name：为将要定义的设计变量起一个名字，在给变量取名字时，最好起一个与变量的目的有意义的名字，这样便于选择和辨识，如 DV_Joint1_Drive 表示对旋转副 1 驱动的设计变量。

（2）Type：确定设计变量的类型，有 Integer（整数）、Real（实数）、String（字符串）和 Object（目标）四种类型，定义设计变量的对话框会根据变量类型的不同而有所不同。变量用得最多的是实数型，当变量类型为整数时，即便是赋予实数，变量值也会自动取整；当变量选择为字符串型时，只能赋予变量一段字符串；当变量为目标时，变量可以取构件、构件的元素、运动副、驱动和载荷的名称等。

（3）Units：当变量类型为实数型时，需要为变量的值指定量纲。

（4）Standard Value：指定变量的标准值。例如，如果设计一个长为 100mm 的连杆，只需输入 100 后，在创建连杆时，将连杆的长度与设计变量关联，该连杆的长度就会自动设置为 100mm。

（5）Value Range By：在进行参数化分析时，为了观察设计目标随设计变量的变化情况，或者设计变量对目标函数影响的程度，需要让设计变量在一定的范围内取一系列的值，分别计算出设计变量取不同的值时设计目标的值，这样就会反响设计变量对设计目标的影响情况。定义设计变量的取值范围有如下三种方法。

① Absolute Min and Max Values：采用绝对值的方法确定设计变量的变化范围。例如，某设计变量的标准值为 10，要使该设计变量的变化范围为[−5 15]，采用绝对值方法时，需要将 Min. Value 设置为−5，将 Max. Value 设置为 15。

② +/− Delta Relative toValue：采用相对值的方法确定设计变量的变化范围。例如，某设计变量的标准值为 10，要使该设计变量的变化范围为[−5 15]，采用相对值方法时，需要将-Delta 设置为−15，将+Delta 设置为 5。

③ +/− Percent Relative to Value：采用相对百分数的方法确定设计变量的变化范

围。例如,某设计变量的标准值为 10,要使该设计变量的变化范围为[-5 15],采用相对百分数方法时,需要将-Delta[%]设置为-150,将+Delta[%]设置为 50。

(6) Allow Optimization to ignore range：若选中该项,在进行优化分析时,运行设计变量不受取值范围的限制。

(7) List of allowed values：设计变量的取值列表,需要输入一定范围内的数据。在进行参数化分析时,列出设计变量在变化范围内可以取的值,参数化计算时,将设计变量的取值范围按一定间距,将设计变量的取值离散为一系列的数值点,分别计算设计变量不同的数值点时设计目标的值。例如,某设计变量的变化范围为[-5 15],将该区间分为 11 个点,在进行参数化分析时,设计变量将分别取-5.0、-3.0、-1.0、1.0、3.0、5.0、7.0、9.0、11.0、13.0、15.0,进行 11 次参数运算,设计目标将得到 11 次序列值,这样就可以对比当设计变量取不同的值时设计目标的优劣性,从而可以确定设计变量取何值时设计目标较优,用户可以输入不等距的数值点,也可以单击【Generate】按钮,然后输入设计变量取值范围离散的个数,就可以得到一列等距离的数值,在进行参数化分析时,设计变量将依次取这些值。

(8) Allow Design Study to ignore list：若选中此项,在进行设计研究分析时,允许设计变量不受变量取值序列的限制。

当设计变量定义后,还可以对设计变量进行编辑修改,选择【Edit】→【Modify】命令,在弹出的数据库导航对话框中找到设计变量,弹出设计变量修改对话框,进行修改即可,或者在模型树上找到设计变量,在其上单击鼠标右键,选择【Modify】,同样弹出设计变量修改对话框。如果需要修改的设计变量较多,可以通过数据表来修改,选择【Tools】→【Table Editor】命令,弹出数据表编辑对话框,如图 10-3 所示,在最下一行中选择 Variables,就可以对设计变量进行编辑了,如果设计变量很多,单击右下角处的【Filters】按钮,选择详细的变量类型后,就会只列出同数据类型的设计变量。

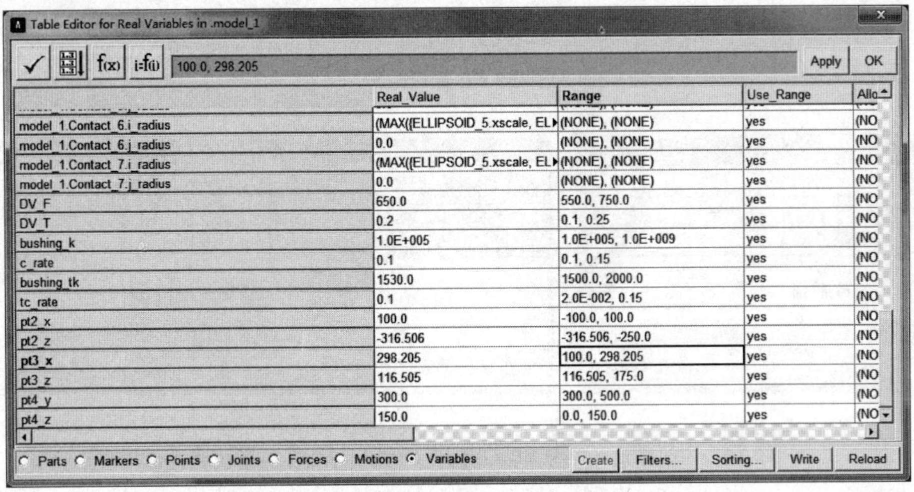

图 10-3　设计变量表

10.1.2　参数化模型

参数化模型是在创建模型元素(几何点、几何模型、Marker 点、驱动、载荷等)时,将模型元素的参数用设计变量来代替,设计变量的值就是模型元素参数的值,通过修改设计变量的值,从而修改了模型元素参数的值,下面通过举例来说明参数化模型的过程。

1. 参数化点位置

单击建模工具条 Bodies 中的几何点 ⊙ 按钮,选择 Add to Ground,然后在工作栅格上单击鼠标左键,创建一个几何点,以同样的方式再创建一个几何点,如图 10-4(a)所示。单击建模工具条 Design Exploration 中的设计变量 ⟋ 按钮后,弹出定义设计变量对话框,如图 10-5(a)所示,输入设计变量名 DV_POINT_1_X,类型选择 Real,其标准值为 200。在图形区双击几何点 POINT_1,弹出表格编辑对话框,如图 10-5(b)所示,先单击 POINT_1 的 Loc_X 单元,其值出现在顶层的【i＝f(i)】按钮后的输入框中,在该输入框中单击鼠标右键,在弹出的右键快捷菜单中选择【Parameterize】→【Reference Design Variable】命令,弹出数据库导航窗口,从中选择设计变量 DV_POINT_1_X,单击【OK】按钮,再在表格编辑对话框中单击【OK】按钮,POINT_1 点移动到了一个新的位置,如图 10-4(b)所示。当然在图 10-5(b)中,也可以选择【Parameterize】→【Create Design Variable】命令创建一个新的设计变量,再编辑设计变量。如果选择了【Parameterize】→【Unparameterize】命令,可以将已经参数化的对象取消参数化。如果再修改设计变量 DV_POINT_1_X 的标准值,则 POINT_1 的位置也会发生变化。

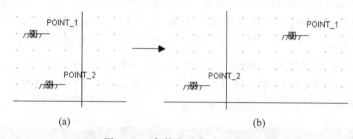

图 10-4　参数化几何点的位置

（a）两个几何点；（b）参数化其中的一个点

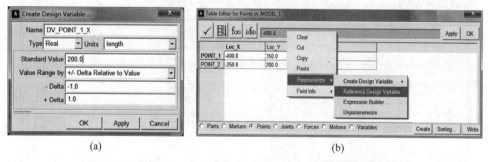

图 10-5　创建设计变量和将几何点的坐标与设计变量关联起来

（a）创建设计变量；（b）将几何点的坐标与设计变量关联起来

参数化几何点的目的是参数化构件的几何体,如果在创建构件元素时,例如连杆,是通过选择几何点来创建的,则几何点与该连杆是关联的,通过设计变量修改了几何点的位置,则与该点关联的连杆也会跟着变化。如果是先创建的连杆,后创建的几何点,则在创建几何点的时候,选择 Attach Near 项,几何点也可以和连杆关联起来。

2. 参数化 Marker 点的位置

单击建模工具条 Bodies 中的 Marker 点 ⬚ 按钮,在大地上创建图 10-6 所示的一个 Marker 点,再创建一个设计变量 DV_MARKER_1_X,其标准值为 150,选择【Tools】→【Table Editor】命令,弹出表格编辑对话框,选择底部的 Markers,如图 10-7 所示,单击 MARKER_1 的 Loc_x 项,其值出现在 i=f(i)输入框中,在 i=f(i)输入框中单击鼠标右键,在弹出的右键快捷菜单中选择【Parameterize】→【Reference Design Variable】命令,弹出数据库导航窗口,从中选择设计变量 DV_MARKER_1_X,单击【OK】按钮,再在表格编辑对话框中单击【OK】按钮,将 MARKER_1 点的 X 坐标值与设计变量 DV_MARKER_1_X 关联起来,就可以参数化修改 MARKER_1 点坐标,不过 Marker 点用来当作局部坐标系,一般不需要参数化 Marker 的位置。如果再修改设计变量 DV_MARKER_1_X 的标准值,则 MARKER_1 的位置也会发生变化。

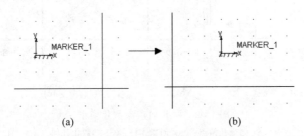

图 10-6　参数化 Marker 点的位置

(a) 一个 Marker 点;(b) 参数化 Marker 点

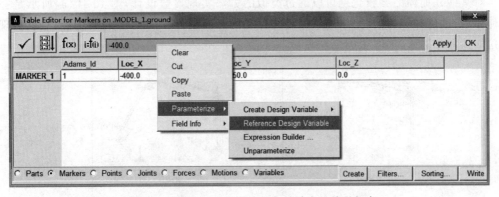

图 10-7　将 Marker 点的坐标与设计变量关联起来

3. 参数化几何体

以连杆为例,在创建连杆的时候,如图 10-8 所示,在连杆的长(Length)、宽(Width)或深(Depth)输入框中单击鼠标右键,在弹出的快捷菜单中选择【Parameterize】→【Reference Design Variable】命令,就可以实现对连杆的参数化,或者在连杆的编辑对话框中,在宽度或深度输入框中,单击鼠标右键选择【Parameterize】→【Reference Design Variable】命令,也可以实现对连杆的参数化,不过对连杆的参数化经常是先创建两个几何点,在创建连杆时选择这两个点,由于连杆是关联几何点的,所以通过参数化几何点的位置间接参数化连杆,其过程如图 10-9 所示,也可以先创建连杆,再创建几何点,在创建几何点的时候,选择 Attach

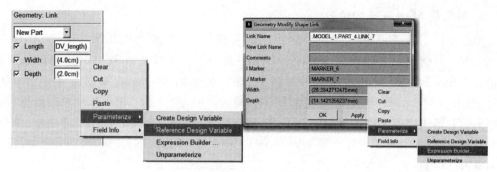

图 10-8　参数化连杆的参数

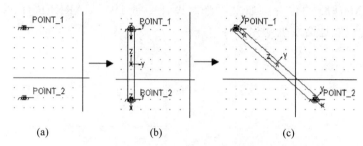

图 10-9　用几何点参数化模型

（a）创建几何点；（b）创建连杆；（c）参数化几何点

Near 项，同样也可以将几何点与连杆关联起来。

对其他几何体的参数化也可以通过类似的方法实现参数设计，图 10-10（a）所示是一个拉伸体，在创建拉伸体的时候，先选择已经存在的几何点，然后再参数化几何点，也就实现了对拉伸体的参数化，如图 10-10（b）所示。

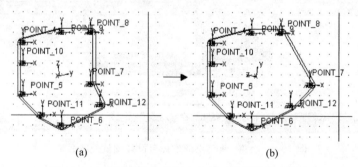

图 10-10　通过参数化几何点实现对拉伸体的参数化

（a）通过选择几何点创建拉伸体；（b）参数化几何点

4. 参数化驱动

以旋转驱动为例，在旋转驱动的旋转速度输入框中单击鼠标右键，在弹出的快捷菜单中选择【Parameterize】→【Reference Design Variable】命令，就可以实现对驱动的参数化，使用同样的方法也可以实现对载荷的参数化。不过对驱动和载荷来说，这种参数化是常值，若要定义随时间变化的驱动，则需要通过函数来定义，同样也对载荷进行参数化。

在 ADAMS/View 中，在需要输入数据的地方，基本上都可以实现参数化。参数化的方便之处在于,只通过修改设计变量的值,就可以修改模型中的元素的参数的值,而不必通过元素的编辑对话框来实现。另外,设计变量与状态变量是不同的,在仿真计算过程中,设计变量的值是固定的,不随时间的变化而变化,而状态变量是时间或其他参数的函数,在仿真计算过程中,状态变量的值是时刻变化的。

10.1.3　实例:单腿机器人的参数化

本例建立一个单腿行走机器人,其模型如图 10-11 所示,由 PART_2、PART_3、PART_4 三个构件构成,这些构件同 POINT_1、POINT_2、POINT_3、POINT_4 和 POINT_5 几何点关联,通过设计变量参数化这些点的位置,从而参数化这三个构件,另外模型中还用到了单向力、阻尼器、弹簧和滑移副,也同变量或函数参数化了这些元素。

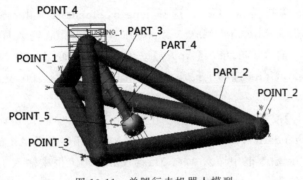

图 10-11　单腿行走机器人模型

1. 新建模型

启动 ADAMS 后,在欢迎对话框中选项新建模型(New Model),然后在新建模型对话框中输入模型名称为 unipod_robot,单位选择 MMKS,单击【OK】按钮。

2. 创建节点

单击建模工具条 Bodies 中几何点 ▣ 按钮,选择 Add to Ground,然后在工作栅格上任意选择一点创建一个几何点 POINT_1,再单击几何点按钮 ▣,继续在工作栅格上任意位置创建其他四个几何点。

3. 定义设计变量

单击建模工具条 Design Exploration 中的设计变量 ✍ 按钮后,弹出定义设计变量对话框,如图 10-12 所示,在 Name 输入框中输入 pt2_x,Type 选择 Real,Units 选择 length,在 Standard Value 输入框中输入 100,Value Range by 选择 Absolute Min and Max Values,在 Min：Value 输入框中输入 −100,在 Max：Value 输入框中输入 100,单击【Apply】按钮继续定义变量。在 Name 输入框中输入 pt2_z,Type 选择 Real,Units 选择 length,Standard Value 输入 −316.51,Value Range by 选择 Absolute Min and Max Values,在 Min：Value 输入框中输入 −316.51,在 Max：Value 输入框中输入 −250,单击【Apply】按钮继续定义变量。在 Name 输入框中输入 pt3_x,Type 选择 Real,Units 选择 length,Standard Value 输入 298.21,Value Range by 选择 Absolute Min and Max Values,在 Min：Value 输入框中输入

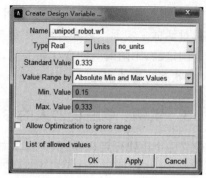

图 10-12　定义设计变量对话框

100，在 Max：Value 输入框中输入 299，单击【Apply】按钮继续定义变量。在 Name 输入框中输入 pt3_z，Type 选择 Real，Units 选择 length，Standard Value 输入 116.51，Value Range by 选择 Absolute Min and Max Values，在 Min：Value 输入框中输入 116.51，在 Max：Value 输入框中输入 175，单击【Apply】按钮继续定义变量。在 Name 输入框中输入 pt4_y，Type 选择 Real，Units 选择 length，Standard Value 输入 300，Value Range By 选择 Absolute Min and Max Values，在 Min：Value 输入框中输入 300，在 Max：Value 输入框中输入 500，单击【Apply】按钮继续定义变量。在 Name 输入框中输入 pt4_z，Type 选择 Real，Units 选择 length，Standard Value 输入 0，Value Range by 选择 Absolute Min and Max Values，在 Min：Value 输入框中输入 0，在 Max：Value 输入框中输入 150，单击【Apply】按钮继续定义变量。在 Name 输入框中输入 w1，Type 选择 Real，Units 选择 no_units，Standard Value 输入 0.333，Value Range by 选择 Absolute Min and Max Values，在 Min：Value 输入框中输入 0.15，在 Max：Value 输入框中输入 0.333，单击【Apply】按钮继续定义变量。在 Name 输入框中输入 w2，Type 选择 Real，Units 选择 no_units，Standard Value 输入 0.285，Value Range by 选择 Absolute Min and Max Values，在 Min：Value 输入框中输入 0.15，在 Max：Value 输入框中输入 0.333，单击【OK】按钮。

4. 几何点的参数化

在图形区用鼠标双击任意一个几何点，弹出表格编辑对话框，如图 10-13 所示，先用鼠标单击 POINT_1 的 Loc_X，用键盘输入 -250；单击 POINT_1 的 Loc_Y，用键盘输入 100；单击 POINT_1 的 Loc_Z，用键盘输入 200。用鼠标单击 POINT_2 的 Loc_X，其值出现在【i=f(i)】按钮后的输入对话框中，在该输入框中单击鼠标右键，在弹出的右键快捷菜单中选择【Parameterize】→【Reference Design Variable】命令，弹出数据库导航窗口，从中选择设计

	Loc_X	Loc_Y	Loc_Z
POINT_1	-250.0	100.0	200.0
POINT_2	(pt2_x)	100.0	(pt2_z)
POINT_3	(pt3_x)	100.0	(pt3_z)
POINT_4	0.0	(pt4_y)	(pt4_z)
POINT_5	(DOT({POINT_1.loc_x, POINT_2.loc_x, POINT_3.loc_x}, {w1, w2, 1.0 - (w1 + w2)}))	(DOT({POINT_1.loc_y, POINT_2	(DOT({POINT_1.loc_z, POINT_2

图 10-13　几何点的表格编辑对话框

变量 pt2_X,单击 POINT_2 的 Loc_Y,用键盘输入 100,用鼠标单击 POINT_2 的 Loc_Z,其值出现在【i=f(i)】按钮后的输入对话框中,在该输入框中单击鼠标右键,在弹出的右键快捷菜单中选择【Parameterize】→【Reference Design Variable】命令,弹出数据库导航窗口,从中选择设计变量 pt2_Z。用鼠标单击 POINT_3 的 Loc_X,其值出现在【i=f(i)】按钮后的输入对话框中,在该输入框中单击鼠标右键,在弹出的右键快捷菜单中选择【Parameterize】→【Reference Design Variable】命令,弹出数据库导航窗口,从中选择设计变量 pt3_X,单击 POINT_3 的 Loc_Y,用键盘输入 100,用鼠标单击 POINT_3 的 Loc_Z,其值出现在【i=f(i)】按钮后的输入对话框中,在该输入框中单击鼠标右键,在弹出的右键快捷菜单中选择【Parameterize】→【Reference Design Variable】命令,弹出数据库导航窗口,从中选择设计变量 pt3_Z。单击 POINT_4 的 Loc_X,用键盘输入 0,用鼠标单击 POINT_4 的 Loc_Y,其值出现在【i=f(i)】按钮后的输入对话框中,在该输入框中单击鼠标右键,在弹出的右键快捷菜单中选择【Parameterize】→【Reference Design Variable】命令,弹出数据库导航窗口,从中选择设计变量 pt4_Y,单击【OK】按钮,用鼠标单击 POINT_4 的 Loc_Z,其值出现在【i=f(i)】按钮后的输入对话框中,在该输入框中单击鼠标右键,在弹出的右键快捷菜单中选择【Parameterize】→【Reference Design Variable】命令,弹出数据库导航窗口,从中选择设计变量 pt4_Z。用鼠标单击 POINT_5 的 Loc_X,其值出现在【i=f(i)】按钮后的输入对话框中,在该输入框中单击鼠标右键,在弹出的右键快捷菜单中选择【Parameterize】→【Expression Builder】命令,弹出函数构造对话框,输入函数 DOT({POINT_1.loc_x,POINT_2.loc_x,POINT_3.loc_x},{w1,w2,1.0−(w1+w2)}),其中 DOT 函数是求两个向量的点积,用鼠标单击 POINT_5 的 Loc_Y,其值出现在【i=f(i)】按钮后的输入对话框中,在该输入框中单击鼠标右键,在弹出的右键快捷菜单中选择【Parameterize】→【Expression Builder】命令,弹出函数构造对话框,输入函数 DOT({POINT_1.loc_y,POINT_2.loc_y,POINT_3.loc_y},{w1,w2,1.0−(w1+w2)}),用鼠标单击 POINT_5 的 Loc_Z,其值出现在【i=f(i)】按钮后的输入对话框中,在该输入框中单击鼠标右键,在弹出的右键快捷菜单中选择【Parameterize】→【Expression Builder】命令,弹出函数构造对话框,输入函数 DOT({POINT_1.loc_z,POINT_2.loc_z,POINT_3.loc_z},{w1,w2,1.0−(w1+w2)}),最后单击【OK】按钮关闭表格编辑对话框。

5. 创建构件 PART_2

单击建模工具条 Bodies 中的圆柱 ▬ 按钮,将选项设置成 New Part,不勾选 Length,勾选 Radius 并输入 25,然后在图形区单击 POINT_1 和 POINT_2 两点创建一个圆柱体,同时也创建了 PART_2 构件,在刚定义的圆柱体上单击鼠标右键,选择圆柱体下的【Modify】,在圆柱体编辑对话框中,在长度 Length 中输入(DM(POINT_1,POINT_2)),单击【OK】按钮关闭对话框。再单击圆柱 ▬ 按钮,将选项设置成 Add to Part,不勾选 Length,勾选 Radius 并输入 25,然后在图形区先单击刚创建的圆柱(PART_2),再单击 POINT_2 和 POINT_3 创建一个圆柱体,在刚定义的圆柱体上单击鼠标右键,选择圆柱体下的【Modify】,在圆柱体编辑对话框中,在长度 Length 中输入(DM(POINT_2,POINT_3)),单击【OK】按钮关闭对话框。再单击圆柱 ▬ 按钮,用同样的方法和相同的参数在 POINT_3 和 POINT_1、POINT_1 和 POINT_4、POINT_2 和 POINT_4、POINT_3 和 POINT_4 之间创建四个圆柱体,并在圆柱体对话框中修改长度。

单击建模工具条中的球体 ● 按钮，将选项设置成 Add to Part，勾选 Radius 并输入 30，在图形区先单击刚创建的圆柱（PART_2），然后再单击 POINT_1，创建一个球体，用同样的方法和参数在 POINT2、POINT_3 和 POINT_4 三个点上创建球体。

6. 创建构件 PART_3

单击建模工具条 Bodies 中的圆柱 ▦ 按钮，将选项设置成 New Part，不勾选 Length，勾选 Radius 并输入 20，然后在图形区先单击 POINT_4，再单击 POINT_5，在两点间创建一个圆柱体，同时创建了 PART_3 构件，在刚创建的圆柱体上单击鼠标右键，选择圆柱体下的【Modify】，弹出编辑对话框，Length 输入框中的数字在一对括号内，在括号外面再键入"/2"，表示在原来长度的基础上除以 2。

7. 创建构件 PART_4

单击建模工具条 Bodies 中的圆柱 ▦ 按钮，将选项设置成 New Part，不勾选 Length，勾选 Radius 并输入 15，然后在图形区先单击 POINT_5，再单击 POINT_4，在两点间创建一个圆柱体，同时创建了 PART_4 构件，在刚创建的圆柱体上单击鼠标右键，选择圆柱体下的【Modify】，弹出编辑对话框，Length 输入框中的数字在一对括号内，在括号外面再输入"/1.5"，表示在原来长度的基础上除以 1.5。单击建模工具条中的球体按钮 ●，将选项设置成 Add to Part，勾选 Radius 并输入 30，然后在图形区先单击刚创建的圆柱（PART_4），然后再单击 POINT_5，创建一个球体。读者现在可以改变设计变量 w1 和 w2 的值，观察模型的变化情况。

8. 定义设计变量

单击建模工具条 Design Exploration 中的设计变量 ▦ 按钮后，弹出定义设计变量对话框，在 Name 输入框中输入 DV_BALL_DIA，Type 选择 Real，Units 选择 length，在 Standard Value 输入框中输入 60，单击【OK】按钮。

9. 参数化球体

在 POINT_1 位置的球体上单击鼠标右键，然后选择球体下的【Modify】，弹出编辑对话框，如图 10-14 所示，在 X Scale Factor 输入框中单击鼠标右键，选择【Parameterize】→【Reference Design Variable】命令，弹出数据库导航窗口，从中选择设计变量 DV_BALL_DIA，用同样的方法参数化 Y Scale Factor 和 Z Scale Factor，再用同样的方法参数化其他四个球体的尺寸。

10. 创建阻尼器

单击建模工具条 Forces 中的阻尼器 ▦ 按钮，选择 2 Bod-1Loc 和 Normal to Grid，然后在图形区先单击 PART_3，再单击 PART_2，创建一个阻尼器。

11. 定义设计变量

单击建模工具条 Design Exploration 中的设计变量 ▦ 按钮后，弹出定义设计变量对话框，在 Name 中输入 bushing_k，Type 选择 Real，Units 选择 stiffness，Standard Value 输入 1.0E+005，Value Range by 选择 Absolute Min and Max Values，在 Min：Value 输入框中

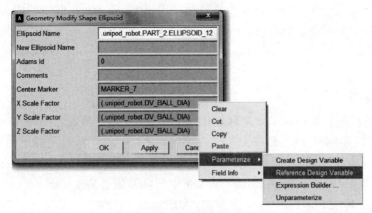

图 10-14　球体编辑对话框

输入 1.0E＋005,在 Max：Value 输入框中输入 1.0E＋009,单击【Apply】按钮继续定义变量。在 Name 输入框中输入 bushing_tk,Type 选择 Real,Units 选择 torsion_stiffness,Standard Value 输入 1530.0,Value Range by 选择 Absolute Min and Max Values,在 Min：Value 输入框中输入 1500.0,在 Max：Value 输入框中输入 2000.0,单击【Apply】按钮继续定义变量。在 Name 输入框中输入 c_rate,Type 选择 Real,Units 选择 no_units,Standard Value 输入 0.1,Value Range by 选择 Absolute Min and Max Values,在 Min：Value 输入框中输入 0.1,在 Max：Value 输入框中输入 0.15,单击【Apply】按钮继续定义变量。在 Name 输入框中输入 tc_rate,Type 选择 Real,Units 选择 no_units,Standard Value 输入 0.1,Value Range by 选择 Absolute Min and Max Values,在 Min：Value 输入框中输入 0.02,在 Max：Value 输入框中输入 0.15,单击【OK】按钮。

12. 参数化阻尼器

在图形区 bushing 图标上单击鼠标右键,选择 bushing 下的【Modify】,弹出阻尼器编辑对话框,如图 10-15 所示,先将 Stiffness 输入框中的内容清除,然后直接输入(bushing_k),(bushing_k),(bushing_k),将 Damping 中的内容清除,直接输入(c_rate * bushing_k),(c_

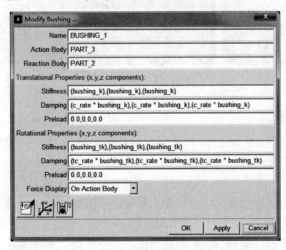

图 10-15　阻尼器编辑对话框

rate * bushing_k），（c_rate * bushing_k），将第 2 个 Stiffness 输入框中的内容清除，直接输入（bushing_tk），（bushing_tk），（bushing_tk），将第 2 个 Damping 中的内容清除，直接输入（tc_rate * bushing_tk），（tc_rate * bushing_tk），（tc_rate * bushing_tk），单击【OK】按钮关闭对话框。

13. 创建弹簧

下面在 PART_4 和 PART_3 之间创建一个弹簧，在创建弹簧之前，需要确定 PART_4 和 PART_3 上的作用点，这里选择 PART_4 和 PART_3 圆柱体端点的坐标系作为弹簧的作用点。在图形区 PART_3 的圆柱体上单击鼠标右键，选择圆柱体下的【Modify】，弹出圆柱体编辑对话框，记录对话框中 Center Maker 中坐标系的名称。

单击建模工具条 Forces 中弹簧  按钮，在图形区 POINT_5 附近单击鼠标右键，弹出选择对话框，如图 10-16 所示，从选择对话框中选择 POINT_5，然后在 POINT_4 附近单击鼠标右键，从弹出的选择对话框中选择刚刚查询到的 PART_3 圆柱体上的坐标系，这时就可以创建一个弹簧。创建弹簧后，在图形区弹簧图标上单击鼠标右键，选择弹簧下的【Modify】，弹出弹簧编辑对话框，在 Action Body 中单击鼠标右键，选择 Body 下的【Guesses】，找到 PART_4，然后将弹簧的刚度系数改成 5，阻尼系数改成 0.1，单击【OK】按钮关闭对话框。这时会弹出一个警告信息，提示某个 MARKER 失去参数化。在 POINT_5 附近单击鼠标右键，然后找到这个失去参数化的 MARKER，选择这个 MARKER 下的【Modify】，弹出编辑对话框，在 Location 输入框中输入（POINT_5. Loc_X），（POINT_5. Loc_Y），（POINT_5. Loc_Z），重新建立与 POINT_5 的关联，单击【OK】按钮。另外，也可以将弹簧在 POINT_4 位置处的坐标系的原点用 POINT_4 的位置参数化，需要找到这个坐标系并将其 Location 修改成（POINT_4. Loc_X），（POINT_4. Loc_Y），（POINT_4. Loc_Z）。

图 10-16　创建弹簧

14. 定义设计变量

单击建模工具条 Design Exploration 中的设计变量按钮 后，弹出定义设计变量对话框，在 Name 输入框中输入 DV_T，Type 选择 Real，Units 选择 no_units，Standard Value 输入 0.2，Value Range by 选择 Absolute Min and Max Values，在 Min：Value 输入框中输入 0.1，在 Max：Value 输入框中输入 0.25，单击【Apply】按钮继续定义变量。在 Name 输入框中输入 DV_F，Type 选择 Real，Units 选择 no_units，Standard Value 输入 650，Value Range by 选择 Absolute Min and Max Values，在 Min：Value 输入框中输入 550，在 Max：Value 输入框中输入 750，单击【OK】按钮。

15. 创建单向力

单击建模工具条 Forces 中单向力 →● 按钮,将选项设置成 Two Bodies,在图形区先选择 PART_4,再选择 PART_3,然后在图形区 POINT_5 附近单击鼠标右键,从弹出的选择对话框中选择 POINT_5,再在 POINT_4 附近单击鼠标右键,从弹出的选择对话框中选择 POINT_4,此时创建一个单向量。

在图形区单向力图标上单击鼠标右键,选择单向力下的【Modify】,或者在模型树 Forces 下的单向力图标上单击右键,选择【Modify】,弹出单向力编辑对话框,先清除 Function 输入框中的内容,然后输入 STEP(MOD(TIME,0.25),0.0,0.0,DV_T,DV_F)-STEP(MOD(TIME,0.25),DV_T+0.05,0.0,DV_T+0.05+0.01,DV_F),其中 MOD 函数是求两个量相除后的余数,单击【OK】按钮关闭对话框。

16. 创建滑移副

单击建模工具条中的滑移副 ⬙ 按钮,选择 2Bodies-1 Location、Pick Geometry Feature 和 Pick Body,然后在图形区先选择 PART_4,再选择 PART_3,然后选择 POINT_5,在 PART_4 或 PART_3 圆柱体上移动鼠标,当出现沿着圆柱轴向方向的箭头时按下鼠标左键,创建一个滑移副。这时创建的滑移副的位置与 POINT_5 的位置是始终重合的,但方向是固定的,如果 POINT_5 的位置变化了,则滑移轴的方向也应该变化才行。在 POINT_5 上单击鼠标右键,可以弹出许多信息,找到 PART_3 下的坐标系,再找到该坐标系下的【Modify】,弹出编辑对话框,在 Orientation 中输入(ORI_ALONG_AXIS(POINT_5,POINT_4,"Z")),单击【OK】按钮,再在 POINT_5 上单击鼠标右键,找到 PART_4 下的比刚才 PART_3 下的坐标系编号小 1 的坐标系,再找到该坐标系下的【Modify】,弹出编辑对话框,在 Orientation 中输入(ORI_ALONG_AXIS(POINT_5,POINT_4,"Z")),单击【OK】按钮关闭对话框,这样保证滑移副的滑移方向始终沿着 POINT_5 和 POINT_4 的连线方向,其中 ORI_ALONG_AXIS 函数返回将坐标系某个轴旋转到某方向所需要转过的角度。

17. 创建刚性面

单击建模工具条 Bodies 中的刚性面 ⬚ 按钮,将选项设置成 Add to Part,在图形区空白处单击鼠标左键,选择大地,然后在工作栅格上任意选择两点,创建一个刚性平面。在刚性平面的第一个点处,会有一个坐标系 Marker,在该 Marker 上单击鼠标右键,从弹出右键快捷菜单中选择 Marker 下的【Modify】,弹出 Marker 的编辑对话框,如图 10-17(a)所示,在 Location 输入框中输入 −4000.0,(POINT_1.Loc_Y-DV_BALL_DIA/2),2000.0,在 Orientation 输入框中输入 180.0,90.0,180.0,单击【OK】按钮。

在图形区刚性平面上单击鼠标右键,选择刚性面下的【Modify】,弹出刚性面编辑对话框,如图 10-17(b)所示,在 X Maximum 输入框中输入 6000,在 Y Maximum 输入框中输入 6000,单击【OK】按钮关闭对话框。

18. 定义接触

单击建模工具条 Forces 中的接触 ●● 按钮,弹出接触定义对话框,如图 10-18 所示,将 Contact Type 设置成 Sphere to Plane,然后在 Sphere(s)输入框中单击鼠标右键,用【Pick】方式拾取 POINT_1 处的球体,在 Plane(s)输入框中单击鼠标右键,用【Pick】方式拾取刚性

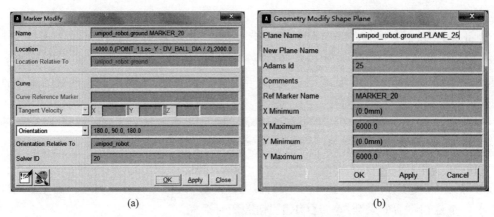

图 10-17　坐标系编辑对话框和刚性面编辑对话框

（a）坐标系编辑对话框；（b）刚性面编辑对话框

图 10-18　定义接触对话框

平面，选择 Friction Force 中的 Coulomb，将 Static Coefficient 设置成 0.1，其他使用默认值，单击【OK】按钮。用同样的方法和参数，在 POINT_2 和 POINT_3 处的球体和刚性平面之间分别创建两个接触。用同样的方法在 POINT_5 处的球体和刚性平面之间创建一个接触，将静摩擦系数 Static Coefficient 设置成 0.5。最后再创建一个接触，Contact Type 是 Solid to Solid，在 I Solid(s) 中用右键菜单拾取 POINT_5 处的圆球体，在 J Solid(s) 中用右键拾取 POINT_1、POINT_2 和 POINT_3 之间三个圆柱体，不用设置摩擦。

19. 仿真计算

单击建模工具条 Simulation 中的仿真计算 ⚙ 按钮，将仿真时间 End Time 设置为 5、仿真步数 Steps 设置为 5000，然后单击 ▶ 按钮进行仿真计算，观察动画。

计算结束后,在模型树 Design Variables 下找到 w1 变量,在 w1 上单击鼠标右键,选择【Modify】,将标准值设置成 0.15,用同样的方法再将 w2 变量的标准值也设置成 0.15,然后再运行一次计算。计算结束后将 w1 和 w2 的标准值设置成 0.333,再进行一次计算,对比不同计算之间的差别。计算完成后保存模型,以备后用。

10.2 优化计算与参数化分析

10.2.1 优化计算的概念

优化计算和参数化分析是在设计变量的基础上,将设计变量 $d_1, d_2, \cdots, d_n$ 作为参数,这样在设计目标 g 与设计变量 $d_1, d_2, \cdots, d_n$ 构成了一个函数关系 $g = G(d_1, d_2, \cdots, d_n)$,在这个关系中,设计变量 $d_1, d_2, \cdots, d_n$ 的取值受到一些因素的限制,需要满足一定的约束方程 $f_j(d_1, d_2, \cdots, d_n) \leqslant 0 (j = 1, 2, \cdots, m)$,优化的过程就是设计变量在满足约束方程和取值范围内,使设计目标达到最优、最小或最大,即

$$\min(\text{或 max}) \quad g = G(d_1, d_2, \cdots, d_n)$$

$$\text{s.t.} \begin{cases} f_1(d_1, d_2, \cdots, d_n) \leqslant 0 \\ f_2(d_1, d_2, \cdots, d_n) \leqslant 0 \\ \quad \vdots \\ f_m(d_1, d_2, \cdots, d_n) \leqslant 0 \end{cases}$$

$$a_1 \leqslant d_1 \leqslant b_1, a_2 \leqslant d_2 \leqslant b_2, \cdots, a_n \leqslant d_n \leqslant b_n$$

式中,s.t.表示约束条件。因此要进行参数化分析,需要定义设计目标函数和约束方程。

10.2.2 目标函数的定义

单击建模工具条 Design Exploration 中的目标函数 按钮后,弹出创建设计目标的对话框,如图 10-19 所示,对话框中各选项的功能如下。

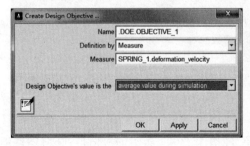
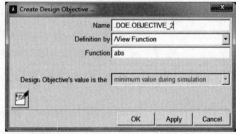

图 10-19 定义目标函数的对话框

(1) Name:在输入框中为设计目标输入名称。

(2) Definition by:在下拉列表中选择创建目标函数的方式,有如下几个选项。

① Measure:使用已经存在的测试作为目标函数。

② Result Set Component:使用下次仿真计算时的状态变量的分量作为目标函数。

③ Existing Result Set Component：使用已经存在的状态变量的分量作为目标函数。

④ /View Function：使用 View 中的函数作为目标函数。

⑤ /View Variable and Macro：使用 View 中的变量和宏作为目标函数。

（3）Design Objective's value is the：确定优化过程中目标函数使用的值，有如下几个选项。

① value at simulation end：取仿真结束时的值作为目标函数的优化值。

② average value during simulation：取平均值作为目标函数的优化值。

③ minimum value during simulation：取最小值作为目标函数的优化值。

④ maximum value during simulation：取最大值作为目标函数的优化值。

⑤ minimum absolute value during simulation：取最小绝对值作为目标函数的值。

⑥ maximum absolute value during simulation：取最大绝对值作为目标函数的值。

⑦ RMS during simulation：取均方根值作为目标函数的值。

⑧ standard deviation during simulation：取标准偏差作为目标函数的值。

10.2.3　约束函数的定义

单击建模工具条 Design Exploration 中的约束函数 🔒 按钮后，弹出创建约束函数的对话框，如图 10-20 所示，其定义过程与定义目标函数的过程类似。在优化的过程中，求解器在保证约束函数小于等于零的情况下，使目标函数达到最优，不过有时约束函数需要等于某个值，则只需把这个值从方程的右边移动到左边，即约束函数多减去该值即可；如果约束函数要大于某个值，则约束方程两边去负号并移动这个值到左边，得到新的约束方程；如果约束方程等于零，此时只要创建两个成相反数的约束函数，就能保证约束函数等于零。

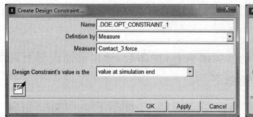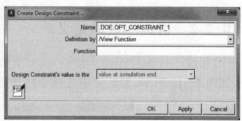

图 10-20　定义约束函数的对话框

10.2.4　优化计算

有了设计变量、目标函数和约束方程后，就可以进行优化计算。单击建模工具条 Design Exploration 中的设计评估计算 🔷 按钮，弹出图 10-21 所示的对话框，在对话框的中间行选择 Optimization 项就是表示进行优化计算。

优化对话框中各选项的功能如下。

（1）Model：选择将要进行优化计算的模型。

（2）Simulation Script：选择脚本控制命令进行仿真，可以使用右键菜单来选择相应的脚本控制命令。优化计算无法使用交互式仿真控制，只能使用脚本仿真控制方式进行，需要

图 10-21 优化计算对话框

读者事先创建脚本仿真命令,有关脚本仿真控制的内容可以参考 7.1.3 节的内容。

(3) Study a:选择优化目标的函数,如果选择 Measure 可以选择已经存在的测试作为目标函数,相当于临时创建一个目标函数;如果选择 Objective,选择已经定义的目标函数,可以用鼠标右键的快捷菜单来选择目标函数。

(4) Design Variables:选择设计变量,可以在输入框中通过鼠标右键来选相应的设计变量。

(5) Goal:选择优化的目标,是使目标函数最大(Maximum)还是最小(Minimum)。

(6) Constraints:选择约束函数,可以选择多个约束函数。

(7) Auto. Save:选择该项,在进行优化计算前自动保存设计变量的原始值,单击【Save】按钮可以保存设计变量的原始值,单击【Restore】按钮可以恢复设计变量的原始值。

(8)【Start】:单击该按钮开始进行优化计算。

(9)【Display】:单击该按钮后,弹出显示设置对话框,也可以通过菜单【Settings】→【Solve】→【Display】来设置。

10.2.5 设计研究

设计研究就是当设计变量中只有一个变量在其变化范围内取不同的值时目标函数的变化情况,此时目标函数只是一个设计变量的函数,其他设计变量不产生变化。如图 10-22 所示,如果将中间的选项设置为 Design Study,则要进行设计研究。在 Design Variable 输入框中输入一个设计变量,在 Default Levels 中输入一个整数,在进行设计研究时,如果选择的设计变量在定义时没有指定其值的变化序列,则设计变量在其变化区间内均匀地取指定的几个值,如果在设计变量定义时指定了设计变量的取值序列,则进行设计研究时,设计变量会使用定义时的取值序列。单击【Start】按钮,就会开始设计研究,根据设计变量取值的次数而进行相应次数的计算,每次计算时,设计变量取一个值,这样目标函数就会得到一组相应曲线，通过对比就会知道选定的设计变量对目标函数影响的情况。

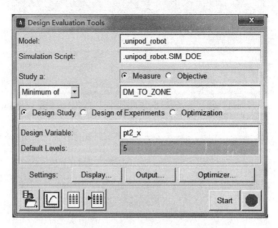

图 10-22　设计研究对话框

10.2.6　试验设计

设计研究是只有一个设计变量产生变化，而试验设计是研究多个设计变量产生变化，且将多个设计变量的取值组成组，研究在设计变量取不同的可能组合时目标函数的取值情况。如图 10-23 所示，如果将中间的选项设置为 Design of Experiments，则要进行试验设计。其中，Design Variables 输入列表中可以用右键快捷菜单拾取一个或多个设计变量，在 Default Levels 中输入一个整数，如果选择的设计变量在定义时没有指定其值的变化序列，则设计变量在其变化区间内均匀地取指定的几个值，如果在设计变量定义时指定了设计变量的取值序列，设计变量使用定义时的取值序列。Trials defined by 是设定如何进行试验设计，可以选择 Built-In DOE Technique、Direct Input 和 File Input 三个选项。当 Trials defined by 选择 Built-In DOE Technique 时，DOE Technique 决定设计变量取值的组合方式和仿真次数，如将其选择为 Full Factorial 时，假如有四个设计变量，每个设计变量可以取 n_1、n_2、n_3 和 n_4 个不同的值，则需要进行 $n_1 n_2 n_3 n_4$ 次计算，可以单击 Check Variables，Guess♯ of Runs 查看要进行计算的次数。当 Trials defined by 选择 Direct Input 时，需要输入进行计算的次数和设计变量的数据组合。数据组合是通过数据的索引实现的，设计变量的取值的索引的中心是 0，例如一个变量取 2 和 7 时，这两个数字的索引分别为 -1 和 $+1$，当变量的取值为 2、4、7 时，这三个数字的索引分别为 -1、0 和 $+1$，其他情况依次类推。

图 10-23　试验设计对话框

如果另外一个设计变量的取值为 9、11 和 13 时,要让两个变量分别取(2,9)、(2,11)、(4,11)和(7,13)四次试验,则将索引设置为(−1,−1)、(−1,0)、(0,0)和(1,1)。当 Trials defined by 选择 File Input 时,需要输入包含设计变量数据组合的文件,其中第一行要包含变量的设计变量的个数、设计变量取值的个数和要进行的试验次数。

10.2.7 实例:单腿机器人的优化计算

本例通过一个单腿机器人模型练习有关设计研究和试验设计方面的参数化计算问题,计算目标是机器人与目标点的距离,分析模型中哪些参数对计算目标影响最大。本例的模型文件为 unipod_robot_start.bin,位于本书二维码中 chapter_10\unipod_robot_opt 目录下,请将该文件复制到 ADAMS/View 的工作目录下,下面是详细的步骤。

1. 打开模型

启动 ADAMS/View,在欢迎对话框中选择打开模型(Existing Model),单击【OK】按钮后,弹出打开文件对话框,选择 unipod_robot_start.bin 文件,或者直接打开 10.1.3 节完成的模型,打开的模型如图 10-24 所示,打开模型后先熟悉模型,单腿机器人用 POINT_1～POINT_5 参数化模型,又通过设计变量 pt2_x、pt2_z、pt3_x、pt3_z 分别参数化 POINT_2 和 POINT_3 的 x 和 z 坐标,通过 pt4_y 和 pt4_z 参数化 POINT_4 的 y 和 z 坐标,通过 w1 和 w2 参数化 POINT_5 的 x 和 z 坐标,POINT_5 的

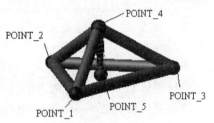

图 10-24　单腿机器人模型

坐标表示式为(({DOT(({POINT_1.loc_x,POINT_2.loc_x,POINT_3.loc_x},{w1,w2,1.0−(w1+w2)})},(DOT(({POINT_1.loc_y,POINT_2.loc_y,POINT_3.loc_y},{w1,w2,1.0−(w1+w2)}))),(DOT(({POINT_1.loc_z,POINT_2.loc_z,POINT_3.loc_z},{w1,w2,1.0−(w1+w2)}))),其中 DOT 函数计算两个向量的点积。当 w1=w2=0.333 时,POINT_5 位于三角形的中心,当 w1=w2=0.15 时,POIN_5 偏向 POINT_3。

2. 定义测试

单击建模工具条 Bodies 中的 Marker 点 按钮,将选项设置成 Add to Ground 和 Global XY Plane,在图形区任意位置单击鼠标左键,创建一个 Marker,然后在该 Marker 上单击鼠标右键,选择 Marker 下的【Rename】,更名为 ZONE_MARKER。在 ZONE_MARKER 上单击鼠标右键,选择【Modify】,弹出编辑对话框,如图 10-25 所示,在 Location 输入框中输入−1000,(POINT_1.loc_y+1-DV_BALL_DIA / 2),1000,在 Orientation 输入框中输入 90.0,0.0,−135.0,单击【OK】按钮。

单击建模工具条 Design Exploration 中的函数测试 按钮,弹出函数构造器对话框,在 Measure Name 输入框中输入 DM_TO_ZONE,在顶部的函数输入框中输入 DM(ZONE_MARKER,PART_2.cm),单击【OK】按钮。

3. 建立脚本仿真控制

单击建模工具条 Simulation 中的建立仿真脚本 按钮,弹出创建脚本对话框,如图 10-26

所示，在 Script 输入框中输入 SIM_DOE，Script Type 选择 Simple Run，在 End Time 输入框中输入 5、仿真步数 Steps 输入框中输入 1000，Simulation Type 选择 Transient-Dynamic，单击【OK】按钮。

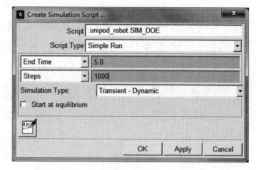

图 10-25　Marker 编辑对话框　　　　　　　　　　图 10-26　创建仿真脚本对话框

在模型树 Design Variables 下找到 w1 变量，在 w1 上单击鼠标右键，选择【Modify】，将标准值设置成 0.15，用同样的方法再将 w2 变量的标准值也设置成 0.333。

单击建模工具条 Simulation 中的脚本仿真控制 ▦ 按钮后，弹出脚本仿真控制对话框，在 Simulation Script Name 下的输入框中单击鼠标右键，在弹出的右键菜单中选择【Simulation Script】→【Guesses】→【SIM_DOE】命令，然后单击 ▶ 按钮，开始进行仿真，注意观察仿真动画。

4. 运行设计研究

单击建模工具条 Design Exploraton 中的设计评估 ▨ 按钮后，弹出设计研究对话框，如图 10-27 所示。在 Simulation Script 输入框中用鼠标右键浏览输入 SIM_DOE，选中 Measure，将仿真计算目标设置为 Minimum of，并用鼠标右键菜单浏览输入测试 DIM_TO_ZONE，选择 Design Study 项，在 Design Variable 输入框中用鼠标右键输入设计变量 pt2_x，在 Default Levels 输入框中输入 5，单击【Start】按钮进行设计研究计算，注意观察机器人是如何行走的。运行计算结束后，可以看到测试 DIM_TO_ZONE 的曲线以及最小值曲线，如图 10-28 所示。计算结束后，单击设计评估计算对话框底部的 ▦ 按钮，将计算结果保存为 reslut_pt2_x。

单击设计评估计算对话框底部的 ▥ 按钮查看计算报告，在弹出的对话框中，直接单击【OK】按钮，得到计算报告，如图 10-29 所示。

按相同的方法分别对设计变量 pt2_z、pt3_x、pt3_z、pt4_y、pt4_z、w1 和 w2 进行设

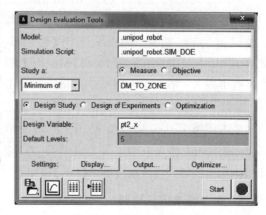

图 10-27　设计研究对话框

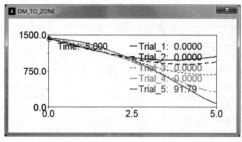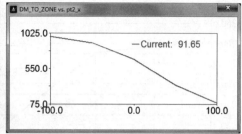

图 10-28　测试 DIM_TO_ZONE 的曲线和测试 DIM_TO_ZONE 的最小值曲线

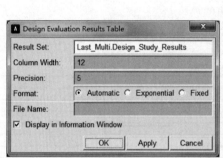

图 10-29　设计研究报告

计研究，并保存每次计算的结果。

5. 结果后处理

单击 F8 键进入后处理模块，左上角选择 Plotting，在 Simulation 中选择 result_pt2_x 和 result_pt2_z，在 Source 中选择 Results Set，在 Results Set 中选择 Design_Study_ Results，单击【Add Curves】按钮，绘制 pt2_x 和 pt2_z 对测试 DIM_TO_ZONE 的影响曲线，单击【Clear Plot】删除曲线，然后再分别以 result_pt3_x 和 result_pt3_z 为一组、result_ pt4_y 和 result_pt4_z 为一组、result_w1 和 result_w2 为一组绘制曲线，找出对测试 DIM_ TO_ZONE 影响较大的设计变量，分别如图 10-30～图 10-33 所示。可以看出对测试 DIM_ TO_ZONE 影响较大的设计变量为 pt2_x、pt3_x、pt4_z 和 w1。

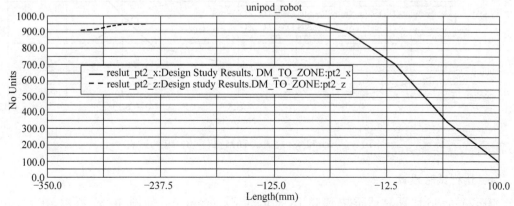

图 10-30　pt2_x 和 pt2_z 对测试 DIM_TO_ZONE 的影响

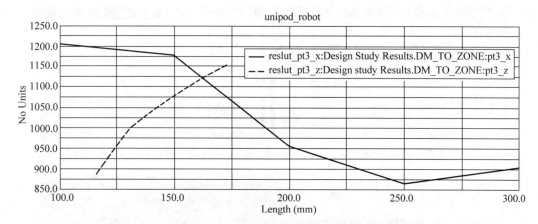

图 10-31　pt3_x 和 pt3_z 对测试 DIM_TO_ZONE 的影响

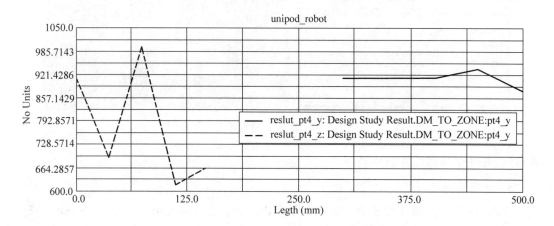

图 10-32　pt4_y 和 pt4_z 对测试 DIM_TO_ZONE 的影响

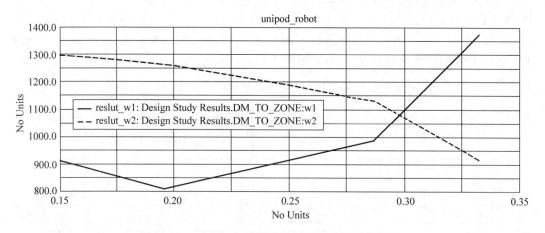

图 10-33　w1 和 w2 对测试 DIM_TO_ZONE 的影响

6. 运行试验设计

在设计评估计算对话框中选择 Design of Experiments，如图 10-34 所示，在 Design

Variables 输入框用鼠标右键快捷菜单输入 w1 和 w2,在 Default Levels 输入框中输入 4,共进行 16 次试验设计,将 Trials defined by 设置为 Build-In DOE Technique,DOE Technique 设置为 Full Factroial,单击【Preview】按钮查看模型的变化情况,单击【Start】按钮开始进行试验设计计算,注意观察机器人行走方向和行走速度。计算结束后,单击设计评估计算对话框底部的 按钮,将计算结果保存为 DOE_w1_w2。

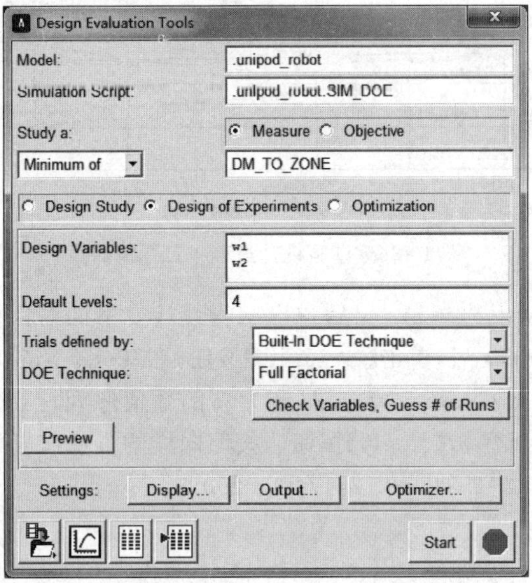

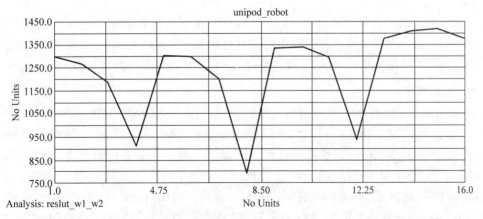

图 10-34　试验设计对话框

16 次试验设计的计算结果,即 DM_TO_ZONE 在 16 次计算中最小值曲线如图 10-35 所示,DM_TO_ZONE 在 16 次计算过程中的变化情况如图 10-36 所示,可以看出,计算结果有些是增大的,有些是减小的,说明机器人有的是向靠近 ZONE 方向移动,有的是远离 ZONE 方向移动,在第 8 次试验时 DM_TO_ZONE 出现最小值。

图 10-35　试验设计的计算结果

7. 修改设计变量

在结构树 Design Variables 下找到 pt2_x,在 pt2_x 上单击鼠标右键,选择【Modify】,弹

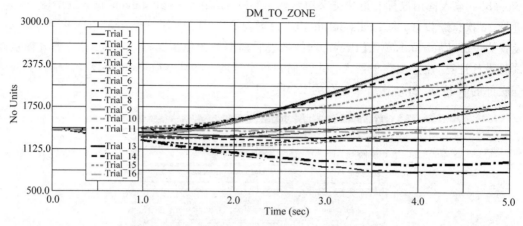

图 10 36   试验设计过程中目标值曲线

出数据库导航对话框,从中选择 pt2_x 后弹出编辑设计变量的对话框,如图 10-37(a)所示。勾选 List of allowed values 后,单击【Generate】按钮,在 Total Number of Values 输入框中输入 4,然后单击【Generate new list】按钮,产生新的数值序列－100.0、－33.3333333333、33.3333333333 和 100.0,单击【Apply】按钮。按照同样的方法编辑设计变量 pt2_z,产生新的数值序列－316.51、－294.34、－272.17 和－250.0。

8. 运行试验设计

在设计评估计算对话框中选择 Design of Experiments,如图 10-37(b)所示,在 Design Variables 输入框用鼠标右键快捷菜单输入 pt2_x 和 pt2_z,在 Default Levels 输入框中输入 4,将 Trials defined by 设置为 Direct Input,在 Number of Trials 输入框中输入 8,共进行 8 次试验设计,然后在下面的输入框中输入索引 1,－2 1,－1 1,+1 1,+2 2,－2 2,－1 2,+1 2,+2,单击【Start】按钮开始进行试验设计计算,注意观察机器人行走方向和行走速度。计算结束后,单击设计评估计算对话框底部的 � 按钮,将计算结果保存为 DOE_pt2_xz。

8 次试验设计的计算结果,即 DM_TO_ZONE 在 8 次计算中最小值曲线如图 10-38 所示,DM_TO_ZONE 在 8 次计算过程中的变化情况如图 10-39 所示,可以看出,计算结果有些是增大的,有些是减小的,在第 5 次试验时,DM_TO_ZONE 的距离最小。

9. 定义约束

下面定义三个约束,用于优化计算,这里定义的约束是 POINT_1、POINT_2 和 POINT_3 三个点与 ZONE_MARKER 的距离,希望这三个点在水平面内不要超出 ZONE_MARKER 所在位置,ZONE_MARKER 所在位置相当于球门位置。在定义约束之前,需要查询一下 POINT_1、POINT_2 和 POINT_3 三点处球体中心的坐标系。在 POINT_1 点处的圆球上单击鼠标右键,选择 Ellipsoid 下的【Modify】,弹出球体的编辑对话框,如图 10-40 所示,记录 Center Marker 处坐标系名称,单击【Cancel】按钮关闭对话框,以同样的方法查询 POINT_2 和 POINT_3 处球体中心的坐标系。如果读者使用的模型是本书二维码中的模型,这三个球体中心的坐标系分别是 MARKER_7、MARKER_8 和 MARKER_9。

单击建模工具条 Design Exploration 中的函数测试 f(e) 按钮,弹出函数构造器对话框,在

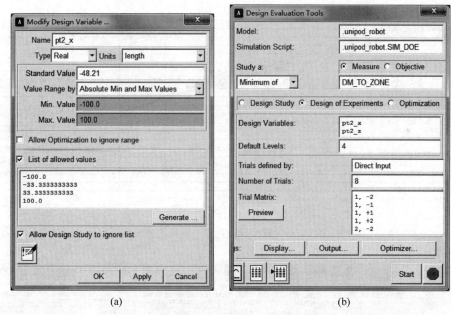

图 10-37　编辑设计变量 pt2_x 和试验设计对话框

（a）编辑设计变量 pt2_x；（b）试验设计对话框

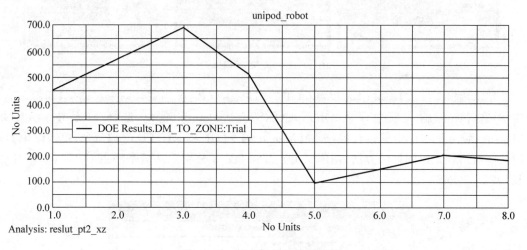

图 10-38　试验设计的计算结果

Measure Name 输入框中输入 DY_1，在顶部的函数输入框中输入-DY(MARKER_7,ZONE_MARKER,ZONE_MARKER)-DV_BALL_DIA/2，单击【OK】按钮。其中 MARKER_7 是 POINT_1 处球体中心处的 MARKER，如果读者的模型不是 MARKER_7，请做相应的修改。用同样的方法，创建另外两个测试，名称分别是 DY_2 和 DY_3，函数表达式分别是-DY(MARKER_8,ZONE_MARKER,ZONE_MARKER)-DV_BALL_DIA/2 和-DY(MARKER_9,ZONE_MARKER,ZONE_MARKER)-DV_BALL_DIA/2，其中 MARKER_8 和 MARKER_9 分别是 POINT_2 和 POINT_3 处球体中心处的 MARKER，如果读者的模型与此不同，请做相应的修改。

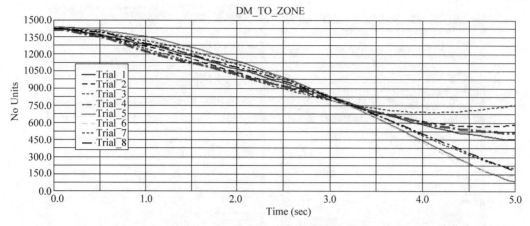

图 10-39　试验设计过程中目标值曲线

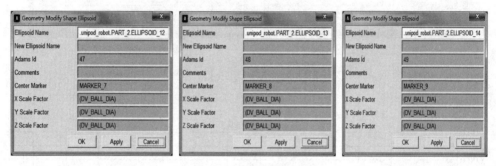

图 10-40　球体编辑对话框

单击建模工具条 Design Exploration 中的约束 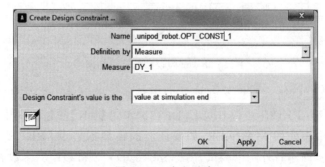 按钮，弹出定义约束对话框，如图 10-41 所示，在 Name 输入框中输入 OPT _ CONST _ 1，Definition by 选择 Measure，然后在 Measure 输入框中单击鼠标右键，选择【Measure】→【Guesses】→【DY_1】命令，单击【OK】按 钮关闭对话框。以同样的方法，用测试 DY_2 和 DY_3 分别定义两个约束 OPT_CONST_2 和 OPT_CONST_3。

图 10-41　定义约束

10. 运行优化计算

单击建模工具条 Simulation 中的建立仿真脚本 按钮，弹出创建脚本对话框，在 Script 中输入 SIM_OPT，Script Type 选择 Simple Run，在仿真时间 End Time 中输入 2、仿真步数

Steps 中输入 100,Simulation Type 选择 Transient-Dynamic,单击【OK】按钮。

在模型树 Design Variable 中找到设计变量 pt2_x,在它上面单击右键,选择【Modify】,弹出设计变量编辑对话框,将 Standard Value 设置成允许的最大值和最小值的平均值,即中间值,不要勾选 List of allowed values,单击【OK】按钮,然后以同样的方法设置设计变量 pt2_z、pt3_x、pt3_z、pt4_y、pt4_z、w1 和 w2 的标准值 Standard Value 为最大值和最小值的平均值,并检查是否去掉了 List of allowed values。

在设计评估计算对话框中选择 Optimization,如图 10-42 所示,在 Simulation Script 中输入 SIM_OPT,在 Design Variables 输入框中设计变量 pt2_x、pt2_z、pt3_x、pt3_z、pt4_y、pt4_z、w1 和 w2,Goal 选择 Minimize Des. Meas. /Objective,选择 Constraints,用鼠标右键快捷方式输入刚创建的 3 个约束,单击【Optimizer】按钮,在弹出的对话框中将 Max Iterations 设置成 1000,算法(Algotithm)选择 OPTDES-SQP,单击【Close】按钮,单击【Start】按钮开始优化计算。在进行优化计算时,可以先根据 DOE 的计算,找到设计变量比较好的初始值,这样可以加速优化计算,减少迭代次数。

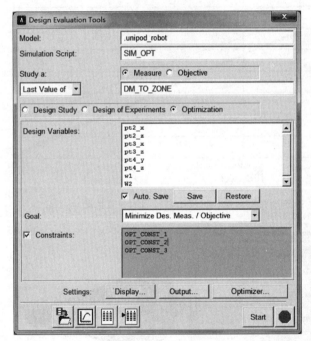
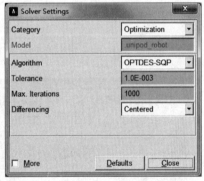

图 10-42　优化计算对话框

优化计算完成后,可以看到目标值 DM_TO_ZONE 与迭代次数之间的关系,如图 10-43 所示。目标值 DM_TO_ZONE 在每次迭代过程中随时间的变化情况如图 10-44 所示。

选择【Tools】→【Table Editor】命令,弹出数据表编辑对话框,选择 Variables,可以看到优化后的设计变量的值,如图 10-45 所示。

10.2.8　实例：汽车悬置系统的优化

本例用一汽车悬置系统,优化横拉杆的连接位置,以便使轮胎的前束角与轮胎提升高度之间的关系与设计值一致。本例所需文件在本书二维码中 chapter_10\susp_opti 目录下,

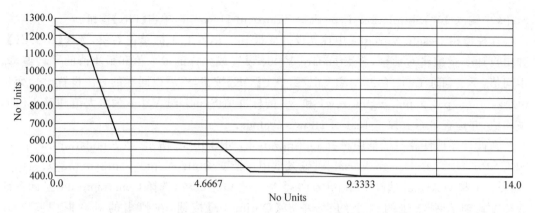

图 10-43　目标值 DM_TO_ZONE 与迭代次数之间的关系

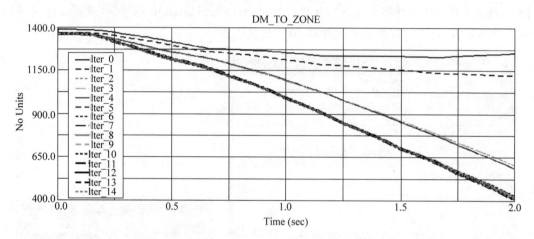

图 10-44　目标值 DM_TO_ZONE 在每次迭代过程中随时间的变化情况

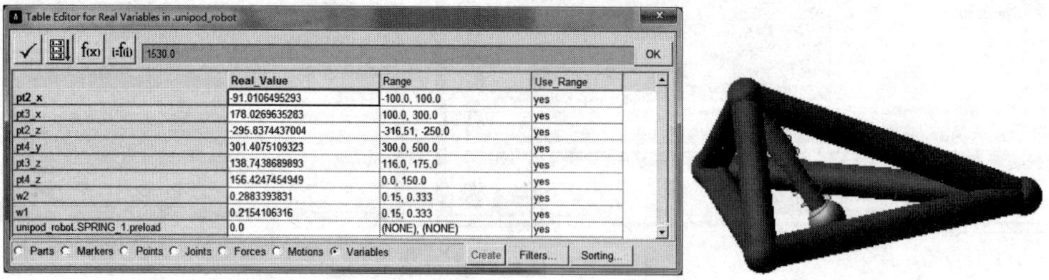

图 10-45　优化后的设计变量的值及模型

请将 susp_opti_start.bin 复制到工作目录下。

1. 打开模型

启动 ADAMS/View，打开 susp_opti_start.bin 模型。打开模型后，先熟悉模型，如图 10-46 所示，模型由转向节（含轮胎）spindle、上摆臂（uca）、下摆臂（lca）和横拉杆（tierod）构成，轮胎中心位置 Marker：wc 点和参考 Marker：wcref 点用来计算轮胎的前束角（toe angle），改变参考点 Marker：pnt7_ref 的位置，可以改变横拉杆 tierod 的长度，从而改变轮胎的前束角。

2. 定义设计变量

单击建模工具条 Design Exploration 中的设计变量 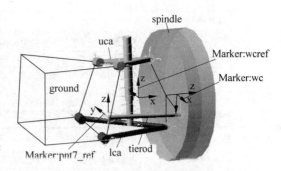 按钮后，弹出定义设计变量对话框，如图 10-47 所示，在 Name 输入框中输入 DV_x，Type 选择 Real，Units 选择 length，在 Standard Value 中输入 337，Value Range by 选择＋/－ Delta Relative to Value，在－Delta 输入框中输入－10，在＋Delta 输入框中输入＋10，单击【Apply】

图 10-46 汽车悬置系统

按钮继续定义变量。在 Name 输入框中输入 DV_Y，Type 选择 Real，Units 选择 length，在 Standard Value 中输入 1311，Value Range by 选择＋/－ Delta Relative to Value，在－Delta 输入框中输入－10，在＋Delta 输入框中输入＋10，单击【Apply】按钮继续定义变量。在 Name 中输入 DV_Z，Type 选择 Real，Units 选择 length，在 Standard Value 输入框中输入 472，Value Range by 选择＋/－Delta Relative to Value，在－Delta 输入框中输入－10，在＋Delta 输入框中输入＋10，单击【OK】按钮完成定义变量。

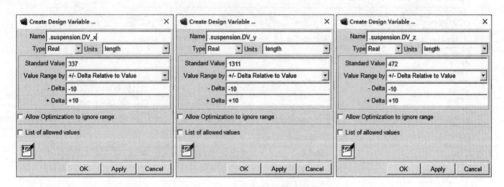

图 10-47 定义设计变量对话框

3. 参数化模型

在模型树或图形区上找到 Marker：ptn7_ref，双击 Marker：ptn7_ref，弹出编辑对话框，如图 10-48 所示，将 Location 修改成(DV_x)，(DV_y)，(DV_z)，单击【OK】按钮。读者现在可以改变设计变量 DV_x、DV_y 和 DV_z 的值，可以看到横拉杆的长度也跟着改变。

4. 定义驱动

单击建模工具条 Motions 中的单向驱动 按钮，将选项设置为 2Bodies-1 Location，方向设置为 Pick Geometry Feature，然后在图形区单击轮胎和大地，再选择轮胎中心处的 Marker：wc，方向选择 wc 的 Y 轴方向。在图形区双击驱动的图标，弹出编辑对话框，在 Function(time) 中输入－100＊sin(360d＊time)，Type 设置成 Displacement，单击【OK】按钮。

5. 定义前束角函数

单击建模工具条 Design Explore 中函数测量 按钮，如图 10-49 所示，在 Measure

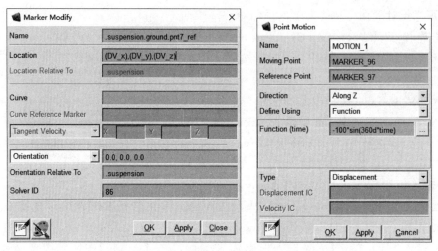

图 10-48 Marker 点的编辑对话框和驱动编辑对话框

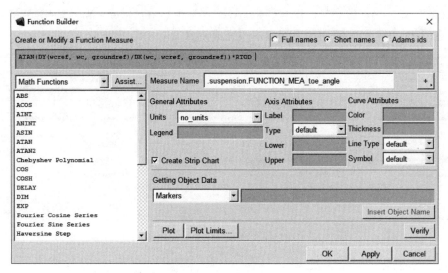

图 10-49 测量函数对话框

Name 输入框中输入名称，输入函数表达式 ATAN（DY（wcref，wc，groundref）/DX（wc，wcref，groundref））＊RTOD，单击【OK】按钮。

6. 定义仿真脚本

单击建模工具条 Simulation 中的建立仿真脚本 📄 按钮，弹出创建脚本对话框，如图 10-50 所示，在 Script 输入框中输入 SIM_SCRIPT_opti，Script Type 选择 Simple Run，在仿真时间 End Time 输入框中输入 1，仿真步数 Steps 输入框中输入 100，Simulation Type 选择 Transient-Default，单击【OK】按钮。读者现在可以进行仿真计算，得到前束角曲线。

7. 导入前束角数据

选择【File】→【Import】命令，如图 10-51 所示，File Type 设置成 Test Data（＊..＊），选择 Create Splines，在 File To Read 中单击鼠标右键，选择 Browse，然后找到 chapter_10\susp_opti 目录下的 toe_angle.txt 文件，在 Independent Column Index 输入框中输入 1，单

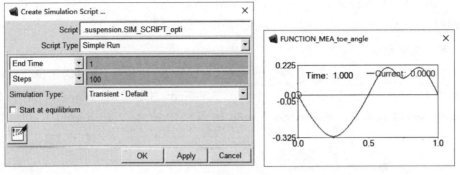

图 10-50　创建仿真脚本对话框

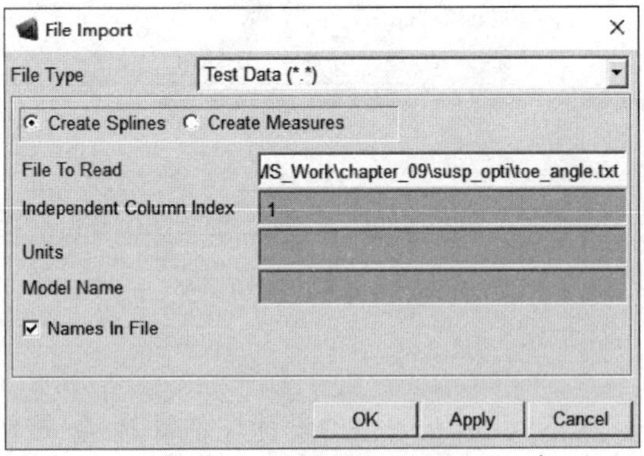

图 10-51　导入对话框

击【OK】按钮。

8. 定义状态变量

第 1 个状态变量。单击建模工具条 Elements 中的状态变量 **X** 按钮后，弹出创建系统变量的对话框，如图 10-52 所示，在 Name 输入框中输入 Desired_Toe_Var，在 F(time,…)＝输入框中输入 CUBSPL(DZ(wc,pnt9_ref,pnt9_ref),0,SPLINE_1,0)，单击【Apply】按钮。

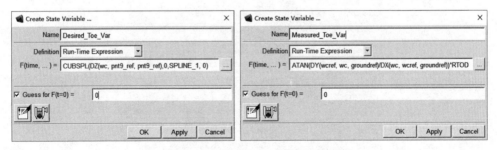

图 10-52　定义状态变量对话框

第 2 个状态变量。在 Name 输入框中输入 Measured_Toe_Var，在 F(time,…)＝输入框中输入 ATAN(DY(wcref,wc,groundref)/DX(wc,wcref,groundref)) * RTOD，单击【Apply】按钮。

第 3 个状态变量。在 Name 输入框中输入 Toe_Error_Var，在 F(time,…)＝输入框中输入（（VARVAL（Desired_Toe_Var）-VARVAL（Measured_Toe_Var））＊＊2）＊1e4，单击
【OK】按钮。

9. 定义优化目标

单击建模工具条 Design Exploration 中的目标函数 ◉ 按钮后，弹出创建设计目标的对话框，如图 10-53 所示，在 Name 输入框中输入 Toe_Error_Obj，Definition by 选择为 Result Set Component（Request），Result Set Comp 输入框中输入 Toe_Error_Var.q，Design Objective's value is the 设置成 average value during simulation，单击【OK】按钮。

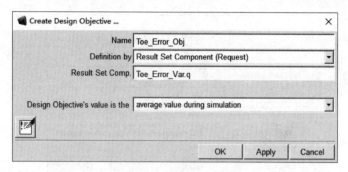

图 10-53　定义优化目标

10. 优化计算

单击建模工具条 Design Exploration 中的设计评估计算 ◈ 按钮，弹出如图 10-54 所示的对话框，在 Simulation Script 中选择已经创建的仿真脚本 SIM_SCRIPT_opti，Study a 选择 Objective，Objective 中选择 Toe_Error_Obj，选择 Optimization，在 Design Variables 中输入设计变量 DV_x、DV_y 和 DV_z，Goal 选择 Minimize Des. Meas./Objective，单击【Start】按钮开始进行优化计算。

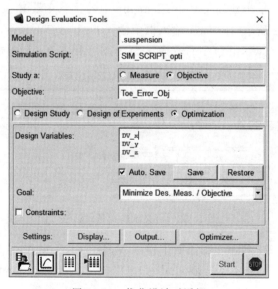

图 10-54　优化设计对话框

　　经过 3 次迭代后优化目标从 10.3293 变化到 0.03273，优化迭代过程中前束角误差和前束角曲线如图 10-55 所示，优化后的设计变量 DV_x、DV_y 和 DV_z 分别为 336.77、1310.98 和 471.72。

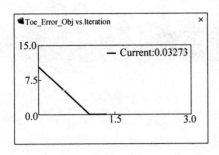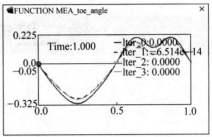

图 10-55　优化目标和前束角曲线

第11章

建立控制系统

在 ADAMS 中建立控制系统有两种途径：一种途径是利用 ADAMS/View 中提供的控制工具包，直接建立控制方案，这适合比较简单的控制方案；另一种途径是利用 ADAMS/Control 模块提供的与其他控制程序的数据接口，在 ADAMS 环境中建立系统方程，而在其他控制程序中建立控制方案，ADAMS 可以与 MATLAB 和 EASY5 之间进行控制数据交换。对于读者而言，要建立起控制系统，需要有控制方面的知识。

11.1 在 ADAMS/View 中建立控制方案

11.1.1 控制系统的构成

控制一般是指对一个系统，设计一套方案，在没有人直接参与的情况下，使系统的工作状态或系统的参数仍会按照预定的规律运行，或者系统在受到外界的干扰以后，系统自动恢复到原来的状态或恢复到预定的运动规律。一个控制系统通常由许多环节构成，每个环节起一定的作用。在 ADAMS/View 中建立的控制方案，可以分为两个大的环节（图 11-1）：一个环节是 ADAMS/View 中建立的几何模型的系统方程，一般是指多体动力学微分方程；另一个环节是在 ADAMS/View 中建立的控制方案，其中控制方案又可以分为一些小的环节，如比例环节、微分环节、积分环节和超前-滞后环节等，也可以把系统方程看成是控制方案的一个环节。对于通过 ADAMS/Control 模块与其他控制程序之间的联合控制，实际上是由 ADAMS 提供模型系统方程的参数接口，由其他控制程序提供控制方案，由 ADAMS 的求解器求解系统方程，而由其他控制程序求解控制方程，在求解过程中，每经过一定时间间隔，两者进行一次数据交换。

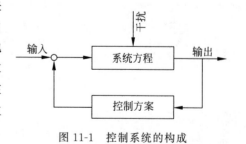

图 11-1 控制系统的构成

11.1.2 定义控制环节

在 ADAMS/View 环境中，单击建模工具条 Elements 中的控制 ⬛ 按钮，弹出建立控制环节的工具包，如图 11-2 所示。在控制环节工具包中，提供了如下几种基本环节。

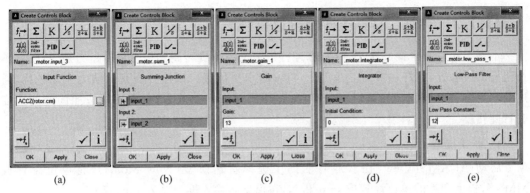

图 11-2　控制环节工具包

（a）输入环节；（b）比较环节；（c）增益环节；（d）积分环节；（e）低通滤波环节

（1）输入环节。是控制方案的输入，输入环节与多体模型连接，从多体模型获取输入数据，通常是模型中有关方向、位置或载荷信息的函数，输入环节通常作为其他环节的输入。在控制环节工具包中单击输入环节 f_i→ 按钮，然后通过定义函数来创建输入环节，通常用到位移、速度和加速度等函数。

（2）比较环节。可以将两个信号进行相加或相减。单击控制环节工具包中的比较环节 Σ 按钮，然后输入两个信号。

（3）增益环节。将输入的信号乘以一个比例系数，得到另外一个放大或缩小的信号。单击控制环节工具包中的比例环节 K 按钮，然后输入比例系数（Gain）和输入信号。

（4）积分环节。将输入的信号在时域内进行积分求和计算。单击控制环节工具包中的积分环节 $\frac{1}{s}$ 按钮，然后输入需要进行积分运算的信号。

（5）低通滤波环节。能让低频信号通过而抑制高频信号。单击控制环节工具包中的低通滤波环节 $\frac{1}{s+a}$ 按钮，然后输入常数 a 和输入的信号。

（6）超前滞后环节。可以使输入的信号的相位超前或滞后。单击控制环节工具包中的超前-滞后环节 $\frac{s+b}{s+a}$ 按钮，然后输入超前和滞后系数 b 和 a，以及输入信号。

（7）用户自定义传递函数。如果控制环节工具包中没有用户需要的传递函数，用户还可以自定义传递函数。单击控制环节工具包中的自定义 $\frac{n(s)}{d(s)}$ 按钮，输入传递函数分子多项式中的系数（Numerator Coefficient）和分母多项式系数（Denominator Coefficient）以及输入信号。

（8）二阶滤波环节。单击控制环节工具包中的二阶滤波环节 2nd-order filters 按钮，需要输入自然频率和阻尼以及输入信号。

（9）PID 环节。可以由前面几个环节组合而得到，单击控制环节工具包中的 PID 按钮 PID，输入 PID 环节的三个系数以及输入信号（Input）和对时间求导后的信号（Derivative Input）。

（10）开关环节。可以将某个环节的输入信号和输出信号切断，以对比在不同的输入情况下，控制系统的效果如何。单击控制环节工具包中的开关环节 ✓- 按钮，选择开关环节的状态，开还是关闭（Close Switch），以及输入信号。

11.1.3 实例：偏心连杆的转速控制

本例将建立一个偏心水平连杆，在连杆上定义一个旋转副和一个单分量力矩，旋转副不在连杆的质心处，连杆在重力的作用下，将偏离水平位置。以连杆受到的重力作为干扰，通过 PID 环节进行负反馈控制，控制的对象是作用在连杆上的力矩，使连杆按照固定的速度进行旋转。

1. 新建模型

启动 ADAMS/View，在欢迎对话框中选择新建模型（New Model），将单位设置成 MMKS，长度和力的单位设置成 mm 和 N，在模型名输入框中输入 Link_PID。

2. 建立连杆

单击建模工具条 Bodies 中的连杆 ✏ 按钮，将连杆参数设置为 Lenth＝400，Width＝20，Depth＝20，在图形区水平拖动鼠标，创建一个连杆。

3. 创建旋转副

单击建模工具条 Connectors 中的旋转副 🔩 按钮，将旋转副的参数设置为 2Bodies-1 Location 和 Normal To Grid，先单击连杆，再单击图形区空白处选择大地，最后单击连杆中心位置质心处的 Marker 点 cm，将连杆和大地关联起来。

4. 创建球体

单击建模工具条 Bodies 中的球体 ⚫ 按钮，将球体的选项设置为 Add to Part，勾选 Radius，半径设置为 20，在图形区单击连杆，再单击连杆右侧处的 Marker 点，将球体加入到连杆上，此时连杆的质心产生了移动。

5. 创建单分量力矩

单击建模工具条 Forces 中的单分量力矩 ↻ 按钮，将单分量力矩的选项设置为 Space Fixed 和 Normal to Grid，将 Characteristic 设置为 Constant，勾选 Torque 并输入 0，在图形区单击连杆，再单击连杆左侧的 Marker 点，在连杆上创建一个单分量力矩，如图 11-3 所示。

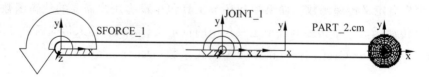

图 11-3　偏心连杆模型

6. 运行仿真计算

单击建模工具条 Simulation 中的仿真计算 ⚙ 按钮，将仿真时间 End Time 设置为 5、仿真步数 Steps 设置为 1000，然后单击 ▶ 按钮进行仿真计算，观看连杆在重力作用下的往复自由摆动，如图 11-4 所示。

7. 创建设计变量

下面创建 4 个设计变量，分别用于参数化连杆的转速，PID 控制环节的比例、积分和微

分常数。单击建模工具条 Design Exploration 中的
设计变量 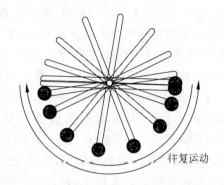 按钮后,弹出定义设计变量对话框,如
图 11-5 所示,在 Name 输入框中输入 DV_target_
velocity,Type 选择 Real,Units 选择 no_units,在
Standard Value 输入框中输入 50,单击【OK】按钮
创建第一个设计变量,DV_target_velocity 变量用
于参数化连杆的转速,是 PID 控制连杆要达到的转
速。以同样的方法创建另外 3 个设计变量,名称分
别是 DV_P、DV_I 和 DV_D,Type 都是 Real,Units
都是 no_units,在 Standard Value 输入框中都输入

图 11-4　偏心连杆在重力作用下的运动轨迹

100,Value Range by 都是选择 Absolute Min and Max Values,在 Min：Value 输入框中都
是输入 1,在 Max：Value 输入框中都是输入 1000。

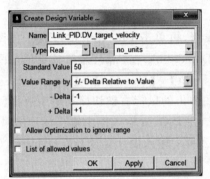 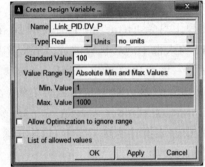

图 11-5　创建设计变量对话框

8. 建立控制系统的输入环节

这里使用 PID 控制,PID 控制需要输入控制目标与实际目标的偏差及偏差的微分值,
由于我们要控制连杆的旋转速度,因此我们需要知道连杆的角速度偏差和角加速度(微分
值)偏差,角度(积分值)偏差可以通过角速度偏差积分得到。偏心连杆的 PID 控制方案如
图 11-6 所示。

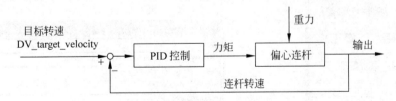

图 11-6　偏心连杆的 PID 控制方案

单击建模工具条 Elements 中的控制 按钮,弹出创建控制环节的工具包,在控制环节
工具包中单击输入环节 按钮,将 Name 输入框中的名称修改成 .Control_PID. input_
velocity,单击 Function 输入框后的 ... 按钮,弹出函数构造器,先将上部的函数输入框中的
内容清除,并输入设计变量 DV_target_velocity,然后再键入减号"－",在函数构造器的函数
类型下拉列表中选择 Velocity 函数项,然后在其下面的函数列表中单击 Angular Velocity

About z,再单击【Assist】按钮,弹出辅助对话框,在 To Marker 输入框中单击鼠标右键,在弹出的右键快捷菜单中选择【Marker】→【Pick】项,在图形区的旋转副中心位置处单击右键,弹出选择对话框,然后选择 PART_2. MARK_3 即可,用同样的方法为 From Marker 输入框拾取旋转副关联的 ground. MARKER_4,单击【OK】按钮后,函数构造器中的函数表达式应为 DV_target_velocity-WZ(MARKER_3,MARKER_4),还需要在该函数表达式的末端输入 * RTOD,将弧度值转换成角度值,最后的表达式为 DV_target_velocity-WZ(MARKER_3,MARKER_4) * RTOD,这个表达式是目标角速度与连杆角速度的偏差,单击【OK】按钮关闭函数构造器,在控制环节工具包对话框中单击【OK】按钮创建第 1 个输入。单击建模工具条 Elements 中的控制 按钮,单击输入环节 按钮,用同样的方法创建第 2 个输入,名称为. Control _ PID. input _ acceleration,函数表达式为 0-WDTZ(MARKER_3,MARKER_4) * RTOD,这个表达式是目标角加速度与旋转副的角加速度的差,单击【OK】按钮。

9. 创建 PID 环节

单击建模工具条 Elements 中的控制 按钮,再单击 PID 环节按钮 PID,如图 11-7 所示,将 Name 输入框中的名称修改成. Link_PID. pid_link,在 Input 输入框中单击鼠标右键,在弹出的鼠标右键快捷菜单中选择【controls_input】→【Guesses】→【input_velocity】命令,在 Derivative Input 输入框中单击鼠标右键,在弹出的鼠标右键快捷菜单中选择【controls_input】→【Guesses】→【input_acceleration】命令,在 P Gain 输入框中输入设计变量 DV_P,I Gain 输入框中输入设计变量 DV_I,D Gain 输入框中输入设计变量 DV_D,Initial Condition 为 0,单击【OK】按钮。

10. 单分量力矩的参数化

在图形区双击单分量力矩的图标,弹出力矩编辑对话框中,如图 11-8 所示,在 Function 输入框中直接输入 pid_link,单击【OK】按钮关闭对话框。

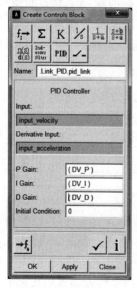

图 11-7　PID 控制环节对话框

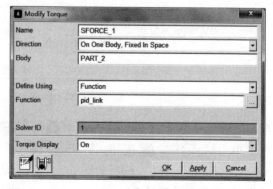

图 11-8　单分量力矩编辑对话框

11. 建立测试

在图形区,在旋转副上单击鼠标右键,在弹出的右键快捷菜单中选择【Joint:JOINT_1】→【Measure】项后,弹出创建测试对话框,如图 11-9 所示,将 Measure Name 中的名称修改成 .Link_PID. JOINT_velocity,在 Characteristic 的下拉列表中选择 Relative Angular Velocity 项,将分量 Component 设置成 Z,From/At 选择 ground. MARKER_4,单击【OK】按钮后创建第一个测试。用同样的方式为单分量力矩建立一个测试,名称为 SFORCE_torque,Characteristic 选择为 Torque,分量 Component 设置为 Z。

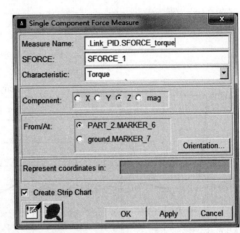

图 11-9 建立旋转副和力矩的测试

单击建模工具条 Design Exploration 中的函数测试 $f_{(x)}$ 按钮,在 Measure Name 输入框中输入 velocity_deviation,在函数表达式输入框中输入 DV_target_velocity-WZ(MARKER_3,MARKER_4) * RTOD,单击【OK】按钮。

12. PID 控制仿真计算

单击建模工具条 Simulation 中的仿真计算 ⚙ 按钮,将仿真时间 End Time 设置为 50,仿真步数 Steps 设置为 1000,然后单击 ▶ 按钮进行仿真计算。偏心连杆的角速度、力矩和与控制目标的角速度偏差的测试曲线分别如图 11-10、图 11-11 和图 11-12 所示。从图 11-12 中可以看出,在初始阶段偏差有些大以外,由于重力持续的干扰,在其他时间点上也有误差,但误差不大。

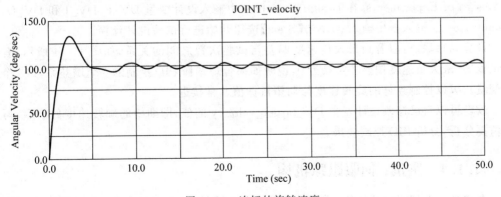

图 11-10 连杆的旋转速度

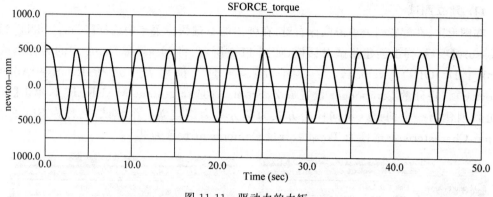

图 11-11 驱动力的力矩

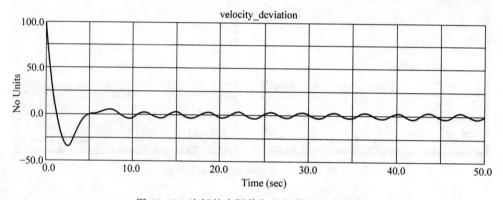

图 11-12 连杆的实际值与目标值的速度偏差

在模型树 Design Variables 下的 DV_P 上单击鼠标右键,选择【Modify】,弹出设计变量的编辑对话框,将 Standard Value 值修改成 800,单击【OK】按钮关闭对话框。以相同的方式修改设计变量 DV_I 和 DV_D 的标准值为 800,然后重新进行仿真计算。

13. DOE 计算

单击建模工具条 Design Exploration 中的设计评估 按钮后,弹出设计评估对话框,如图 11-13 所示,在 Simulation Script 输入框中输入. Link_PID. Last_Sim,将 Study a 设置为 Measure,然后选择 Minimum of,在其后面的输入框中输入 velocity_deviation,在中部选择 Design of Experiments,在 Design Variables 中输入设计变量 DV_P、DV_I 和 DV_D,在 Default Levels 输入框中输入 3,单击【Start】按钮开始进行试验设计计算。

计算结束后,可以看到最大负速度偏差与试验次数之间的关系,如图 11-14 所示,有几次试验中,最大负速度偏差非常接近 0,说明如果合理选择 PID 控制的 3 个增益系数(3 个设计变量),可以控制连杆的旋转速度与期望目标值非常接近。

读者可以自己修改设计变量 DV_target_velocity 的值,即期望的旋转速度的值后,再进行仿真分析,分析 PID 控制效果。

11.1.4 实例:伺服跟踪机构

本节是一个伺服跟踪机构,模型如图 11-15 所示,球体在导轨上做不规则运动,滑块通

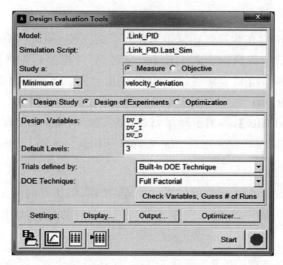

图 11-13 DOE 对话框

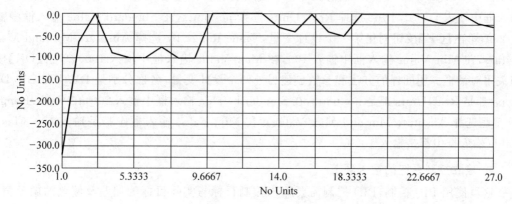

图 11-14 最大负速度偏差与试验次数之间的关系

过传感器测得球体的位置,通过 PID 控制滑块上载荷 FORCE_1 的力,使滑块始终与球体的位移相同。本机的模型是 servo_start. bin,位于本书二维码中\chapter_11\servo 目录下,请将 servo_start. bin 复制到本机 ADAMS 的工作目录下。

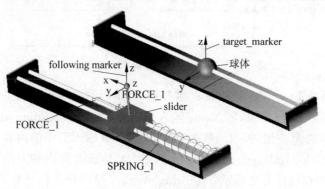

图 11-15 伺服跟踪机构模型

1. 打开模型

启动 ADAMS/View,在欢迎对话框中选择打开文件(Existing Model),单击【OK】按钮后,弹出打开文件对话框,找到 servo_start. bin 文件,打开模型后先熟悉模型。球体和滑块通过滑移副的约束在各自滑轨上移动,其中球体的滑移副上有滑移驱动,滑块上作用单向力FORCE_1 和弹簧 SPRING_1。在模型树 Motions 下找到 MOTION_1,在 MOTION_1 上单击鼠标右键,选择【Modify】,弹出驱动编辑对话框,在其 Function 输入框中可以看到驱动方程是 step(time,0,0,0.2,220 * cos(230d * sin(2 * time)) * sin(190d * time))。

2. 运行仿真计算

单击建模工具条 Simulation 中的仿真计算 ⚙ 按钮,将仿真时间 End Time 设置为 50、仿真步数 Steps 设置为 5000,然后单击 ▶ 按钮进行仿真计算,观看球体的往复不规则运动。

3. 定义设计变量

下面创建 3 个设计变量,用于参数化 PID 控制环节的比例、积分和微分常数。单击建模工具条 Design Exploration 中的设计变量 ✏️ 按钮后,弹出定义设计变量对话框,在 Name输入框中输入 DV_P,Type 选择 Real,Units 选择 no_units,在 Standard Value 输入框中输入 200,单击【OK】按钮创建第一个设计变量,Value Range by 选择 Absolute Min and Max Values,在 Min. Value 输入框中输入 100,在 Max. Value 输入框中输入 1000,单击【OK】按钮关闭对话框。用同样的方法和参数创建另外两个设计变量,名称分别是 DV_I 和 DV_D,Type 都是 Real,Units 都是 no_units,在 Standard Value 输入框中输入 200,在 Value Rangeby 都是选择 Absolute Min and Max Values,在 Min. Value 输入框中都是输入 100,Max.Value 输入框中都是输入 1000。

4. 建立控制系统的输入环节

这里使用 PID 控制,PID 控制需要输入控制目标与实际目标的偏差及偏差的微分值,由于我们要控制滑块的位移和球体的位移相同,因此我们只需要控制滑块与球体的相对位移为 0 即可,因此我们的控制目标是相对位移为 0,即系统的输入为 0,因此伺服跟踪机构的PID 控制方案如图 11-16 所示。

图 11-16 伺服跟踪系统的 PID 控制方案

单击建模工具条 Elements 中的控制 ⚙ 按钮,弹出创建控制环节的工具包,在控制环节工具包中单击输入环节 f→ 按钮,将 Name 输入框中的名称修改成 input_displacement,单击Function 输入框后的 ⋯ 按钮,弹出函数构造器,先将函数输入框中的内容清除,再输入表达式 0-DX(target_marker,following_marker),其中 DX 是求 X 方向相对位移的函数,target_marker 是球体即跟踪目标上坐标系,following_marker 是滑块上的坐标系,单击【OK】按钮关闭所有对话框。单击建模工具条 Elements 中的控制 ⚙ 按钮,单击输入环节 f→ 按钮,将Name 输入框中的名称修改成 input_velocity,单击 Function 输入框后的 ⋯ 按钮,弹出函数构造器,先将函数输入框中的内容清除,再输入表达式 0-VX(target_marker,following_marker),其中 VX 是求 X 方向相对速度的函数,单击【OK】按钮关闭对话框。

5. 创建 PID 环节

单击建模工具条 Elements 中的控制  按钮,再单击 PID 环节 **PID** 按钮,如图 11-17 所示,将 Name 输入框中的名称修改成 .servo.pid_servo,在 Input 输入框中单击鼠标右键,在弹出的鼠标右键快捷菜单中选择【controls_input】→【Guesses】→【input_displacement】命令,在 Derivative Input 输入框中单击鼠标右键,在弹出的鼠标右键快捷菜单中选择【controls_input】→【Guesses】→【input_velocity】命令,在 P Gain 输入框中输入设计变量 DV_P,I Gain 输入框中输入设计变量 DV_I,D Gain 输入框中输入设计变量 DV_D,Initial Condition 为 0,单击【OK】按钮。

6. 单分量力的参数化

在图形区双击单分量力的图标,弹出力编辑对话框中,如图 11-18 所示,在 Function 输入框中直接输入 pid_servo,单击【OK】按钮关闭对话框。

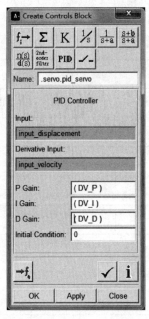

图 11-17 建立伺服跟踪系统的 PID 控制

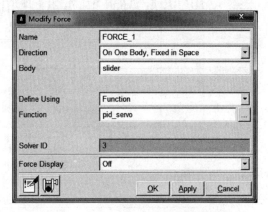

图 11-18 单分量力的编辑对话框

7. 建立测试

在图形区单分量力上单击鼠标右键,在弹出的右键快捷菜单中选择【Force:FORCE_1】→【Measure】项后,弹出创建测试对话框,如图 11-19 所示,将 Measure Name 中的名称修改成 JOINT_velocity,在 Characteristic 的下拉列表中选择 Force 项,将分量 Component 设置成 X,From/At 选择 slider.MAR_7,单击【OK】按钮后创建第一个测试。

单击建模工具条 Design Exploration 中的函数测试按钮 ,在 Measure Name 输入框中输入 displacement_deviation,在函数表达式输入框中输入 0-DX(target_marker,following_marker),单击【OK】按钮。

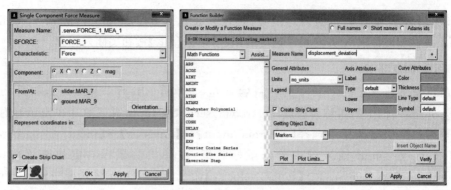

图 11-19　建立两个测试

8. 运行仿真计算

单击建模工具条 Simulation 中的仿真计算 ⚙ 按钮，将仿真时间 End Time 设置为 50、仿真步数 Steps 设置为 5000，然后单击 ▶ 按钮进行仿真计算，观看滑块与球体的相对运动。单分量力的曲线如图 11-20 所示，滑块与球体之间的位移误差曲线如图 11-21 所示，由于在起始时刻滑块与球体之间存在初始位移，因此在 time＝0 时误差较大。

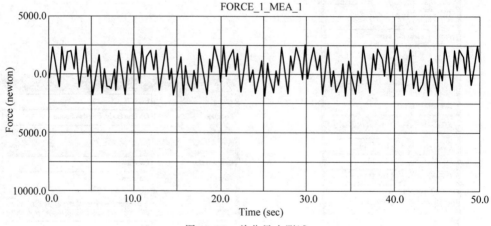

图 11-20　单分量力测试

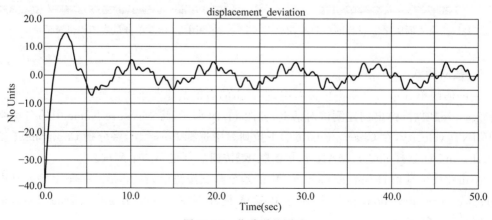

图 11-21　位移误差测试

9. DOE 计算

单击建模工具条 Design Exploration 中的设计评估 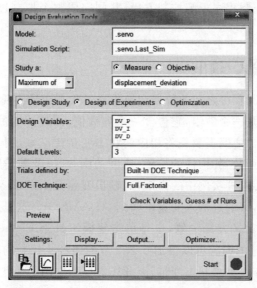 按钮后，弹出设计评估对话框，如图 11-22 所示，在 Simulation Script 输入框中输入 Last_Sim，将 Study a 设置为 Measure，然后选择 Maximum of，在其后面的输入框中输入 displacement_deviation，在中部选择 Design of Experiments，在 Design Variables 中输入设计变量 DV_P、DV_I 和 DV_D，在 Default Levels 输入框中输入 3，单击【Start】按钮开始进行试验设计计算。

图 11-22　DOE 对话框

计算结束后，可以看到最大正位移误差与试验次数之间的关系，如图 11-23 所示，有几次试验中，最大正位移误差接近 0，说明如果合理选择 PID 控制的 3 个增益系数（3 个设计变量），可以控制滑块与球体几何同步移动。

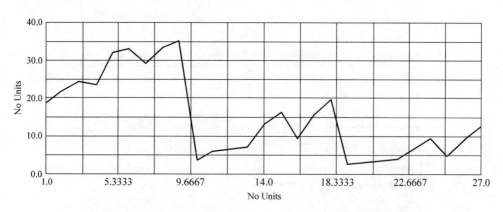

图 11-23　最大正位移误差与试验次数之间的关系

读者可以修改球体的驱动函数，查看滑块与球体的跟踪情况，分析 PID 控制效果。在模型树 Motions 下找到 MOTION_1，在 MOTION_1 上单击鼠标右键，选择【Modify】，弹出驱动编辑对话框，在其 Function 输入框中输入新的函数表达式即可。

11.2　ADAMS 与 MATLAB 的联合控制

ADAMS 与其他控制程序的联合控制是在 ADAMS 中建立多体系统，然后由 ADAMS 输出描述系统方程的有关参数，再在其他控制程序中读入 ADAMS 输出的信息并建立起控制方案，在计算的过程中 ADAMS 与其他控制程序进行数据交换，由 ADAMS 的求解器求解系统的方程，由其他控制程序求解控制方程，共同完成整个控制过程的计算，控制程序可以是 MATLAB 或 EASY5。

11.2.1　定义输入/输出

ADAMS 与其他控制程序之间的数据交换是通过状态变量实现的，而不能是设计变量。状态变量在计算过程中是一个数组，它包含一系列数值，而设计变量只是一个常值，不能保存变值。在定义输入输出之间需要先将相应的状态变量定义好，用于输入输出的状态变量一般是系统模型元素的函数，如构件的位置、速度的函数，以及载荷等函数。输入变量是系统的被控制的量，如偏心连杆实例中的力矩，而输出变量是系统输入其他控制程序的变量，它的值经过控制方案后，又通过输入变量返回到 ADAMS 中。这里用于输入输出的状态变量与一般的状态变量的定义方法一致，也是单击建模工具条 Elements 中的状态变量按钮 **X** 来定义，有关状态变量的内容可以参加 9.2.2 节的内容。控制的输入输出通过状态变量实现，一个系统中可能存在许多状态变量，因此还需要指定用哪些状态变量作为输入输出。

单击建模工具条 Plugins 中的控制 按钮，然后选择【Plant Export】，弹出控制系统的导出对话框，如图 11-24 所示，对话框中各选项的功能如下。

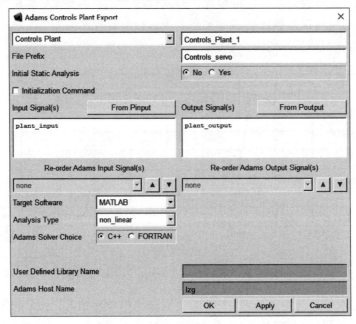

图 11-24　控制系统的导出对话框

（1）File Prefix：输入文件名，ADAMS 会根据所选控制程序是 MATLAB 还是 EASY5，将分别生成 Prefix. m 或 Prefix. inf 文件，作为输出到 MATLAB 或 EASY5 的接口文件，在计算的过程中，还会生成 Prefix. cmd 和 Prefix. adm 文件。

（2）Initial Static Analysis：确定是否进行静平衡计算，如果选择了 Yes，并将 Type 设置为 linear，则首先进行静平衡计算，否则进行装配计算。

（3）Input Signal(s)：输入已经创建的用于 ADAMS 系统输入的状态变量。

（4）Output Signal(s)：输入已经创建的用于 ADAMS 系统输出的状态变量。

（5）Target Software：选择外部控制程序是 MATLAB，还是 EASY5。

（6）AnalysisType：选择进行线性计算（linear）还是非线性计算（non_linear），如果选择了 linear，会生成 ADAMS_a、ADAMS_b、ADAMS_c 和 ADAMS_d 文件。

（7）Adams Solver Choice：选择 ADAMS 的求解器是 Fortran 还是 C++，建议选择 C++。

（8）Adams HostName：确定安装 ADAMS 的计算机名，如果是在同一台计算上进行联合计算，就没有必要修改该项；如果是在网络上进行联合计算，需要输入相应的机器名的全称和域名。

在此定义的控制输入将是其他控制程序的控制输出，而控制输出将是其他控制程序的输入，请读者理解这层关系。

11.2.2 实例：伺服跟踪系统的联合控制

现在以 MATLAB R2017b 作为外部控制程序，仍以 11.1.4 节中的伺服跟踪系统为例，来讲解 ADAMS 与 MATLAB 的联合控制过程，以下是详细过程。

1. 打开模型

启动 ADAMS/View，在欢迎对话框中选择打开文件（Existing Model），单击【OK】按钮后，弹出打开文件对话框，找到本书二维码中 chapter_11\servo 目录下的 servo_start. bin 文件，打开模型后先熟悉模型。球体和滑块通过滑移副的约束在各自滑轨上移动，其中球体的滑移副上有滑移驱动，滑块上作用单向力 FORCE_1 和弹簧 SPRING_1。在模型树 Motions 下找到 MOTION_1，在 MOTION_1 上单击鼠标右键，选择【Modify】，弹出驱动编辑对话框，在其 Function 输入框中可以看到驱动方程是 step(time,0,0,0.2,220 * cos(230d * sin(2 * time)) * sin(190d * time))。

2. 定义状态变量

下面定义两个状态变量，分别用于控制系统的输入与输出，用于与 MATLAB 的数据交换。单击建模工具条 Elements 中的状态变量 **X** 按钮，弹出定义状态变量的对话框，如图 11-25 所示，在 Name 输入框中输入. serv0. plant_output，单击 F(time,…)＝输入框后的按钮 ▥ ，弹出函数构造器，先将函数输入框中的内容清除，再输入表达式 0-DX(target_marker, following_marker)，其中 DX 是求 X 方向相对位移的函数，target_marker 是球体即跟踪目标上的坐标系，following_marker 是滑块上的坐标系，单击【OK】按钮关闭所有对话框。再单击状态变量 **X** 按钮，在 Name 输入框中输入. serv0. plant_input，确认 F(time,…)＝输入框中是 0，单击【OK】按钮关闭对话框。

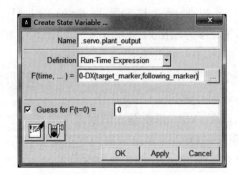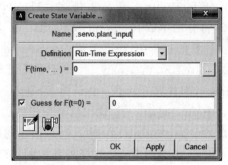

图 11-25　定义控制系统的输出输入状态变量

3. 滑块作用力的参数化

在图形区单分量力 FORCE_1 上单击鼠标右键,选择【Modify】,弹出力的编辑对话框,
如图 11-26 所示,在 Function 输入框中直接
输入 VARVAL(plant_input),VARVAL 是
取状态变量的值的函数,单击【OK】按钮关
闭对话框。

4. 控制系统的输出

单击建模工具条 Plugins 中的控制
按钮,然后选择【Plant Export】,弹出控制系
统的导出对话框,如图 11-27 所示,在 File
Prefix 输入框中输入 Controls_servo,Initial
Static Analysis 选择 No,在 Input Signal(s)
下的输入框中单击鼠标右键,从弹出的快捷

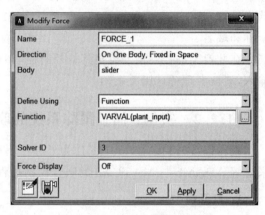

图 11-26　单向力编辑对话框

菜单中选择【ADAMS_Variable】→【Guesses】→【plant_input】命令,在 Ouput Signal(s)下的
输入框中单击鼠标右键,从弹出的快捷菜单中选择【ADAMS_Variable】→【Guesses】→
【plant_output】命令,Target Software 选择 MATLAB,Analysis Type 选择 non_linear,
Adams Solver Choice 选择 C++,Adams Host Name 是读者的计算机名字,单击【OK】按钮
关闭对话框。此时在 ADAMS 的工作目录下,出现 Controls_servo. adm、Controls_servo.
cmd 和 Controls_servo. m 文件。

5. MATLAB 中的操作

启动 MATLAB 后(本书以 MATLAB R2017b 版本为例),单击 MATLAB 中部的
按钮,将 MATLAB 的工作目录指向 ADAMS 的工作目录。在 MATLAB 的命令窗口中,在
>>提示符下,输入 Controls_servo,也就是 Controls_servo. m 的文件名,此时提示有 1 个输
入(plant_input)和 1 个输出(plant_output),如图 11-28 所示,然后在>>提示符下输入命令
adams_sys,该命令是 ADAMS 与 MATLAB 的接口命令,读者可以在>>提示符下输入 help
adams_sys 来查看 MATLAB 对 adams_sys 命令的解释。在输入 adams_sys 命令后,弹出
一个新的窗口,该窗口是 MATLAB/Simulink 的选择窗口,窗口中包含的内容如
图 11-29 所示,其中 S-Function 方框表示 ADAMS 模型的非线性模型,即进行动力学计算

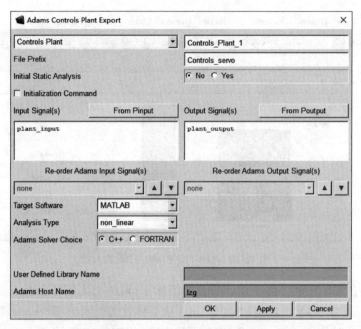

图 11-27 控制系统的导出对话框

的模型，State-Space 表示 ADAMS 模型的线性化模型，在 adams_sub 包含有非线性方程，也包含许多有用的变量。

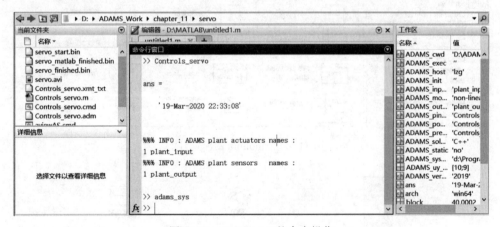

图 11-28 MATLAB 的命令操作

6. 建立控制方案

在 MATLAB/Simulink 的窗口中，选择【File】→【New】→【Blank Model】命令，弹出一个新的窗口，单击工具栏中的保存按钮，将新窗口存盘为 control_pid.slx，将 adams_sub 方框拖拽到 control_pid.slx 窗口中，在 control_pid.slx 窗口中单击 simulink 的库📇按钮，或者在 MATLAB 的命令窗口中的>>提示符后输入 simulink，都将打开 simulink 的库窗口，如图 11-30 所示，单击左边树结构中的 Continuous，拖拽微分环节（Derivative）的图标⌊du/dt⌋和积分环节（Integrator）的图标⌊1/s⌋拖放到 control_pid.slx 窗口中，单击左边树结构中的 Math

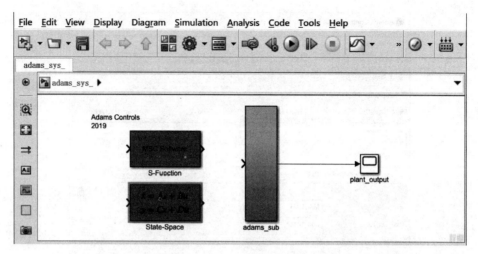

图 11-29　MATLAB/Simulink 窗口

Operations，从中拖放三个增益环节（Gain）的图标▷和一个比较环节（sum）的图标到
control_pid.mdl 窗口中，单击左边树结构 Sink，从中拖放两个示波器（Scope）图标到 control_
pid.slx 窗口中，此时的 control_pid.slx 窗口中的内容如图 11-31 所示。

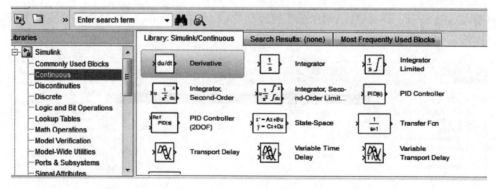

图 11-30　Simulink 的库窗口

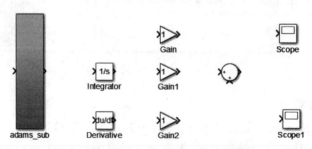

图 11-31　Control_pid.slx 窗口中的内容

　　在 control_pid 窗口中双击比较环节的图标，在弹出的编辑对话框中，将 Icon shape 设
置成 rectangular，在 List of signs 下将两个正号"＋＋"设置成三个负号"－－－"，单击
【OK】按钮，双击每个增益环节的图标，在 Gain 中输入 50，单击【OK】按钮。然后单击每个
环节的名称，并修改名称，最后按照图 11-32 所示连接方式，将每个图标连接到一起。

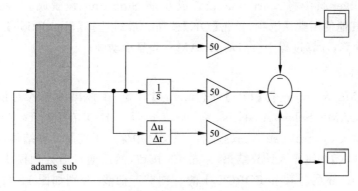

图 11-32　连接后的控制方案

7. 设置 MATLAB 与 ADAMS 之间的数据交换参数

在 control_pid 窗口中双击 adams_sub 方框,在弹出的新的窗口中双击 MSC Software,弹出数据交换参数设置对话框,如图 11-33 所示,将 Interprocess option 设置成 PIPE(DDE),如果 ADAMS 与 MATLAB 是装在同一台计算机上的,选择该项即可,如果不是在一台计算机上,选择 TCP/IP,将 Communication interval 输入框中输入 0.0005,表示每隔 0.0005s 在 MATLAB 和 ADAMS 之间进行一次数据交换,将 Simulation mode 设置成 discrete,Animation mode 设置成 interactive,表示交互式计算,在计算的过程中,会自动启动 ADAMS/View,以便观察仿真动画,如果设置成 batch,则用批处理的形式,看不到仿真动画,Plant inut interpolation order 设置成 0,Plant output extrapolation order 设置成 0,其他使用默认设置即可,单击【OK】按钮。

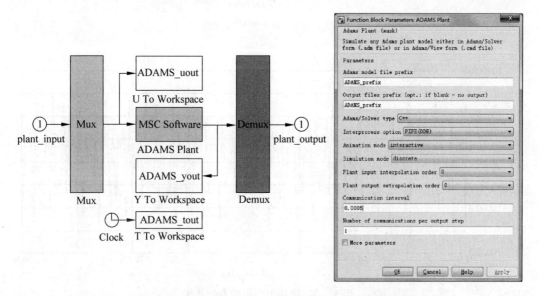

图 11-33　MATLAB 与 ADAMS 之间的数据交换参数设置对话框

8. 仿真设置和仿真计算

单击新窗口中的菜单【Simulation】→【Model Configuration Parameters】,弹出仿真设

置对话框,在 Solver 页中将 Start time 设置成 0,将 Stop time 设置成 50,将 Type 设置成 Variable-step,其他使用默认选项,单击【OK】按钮。最后选择【Simulation】→【Run】命令, 开始进行仿真计算,计算过程中会启动 ADAMS,并显示动画。

9. 结果后处理

回到 ADAMS/View,选择【File】→【Import】命令,在弹出的导入对话框中,将 File Type 设置为 ADAMS/Solver Analysis(* . req, * . gra, * . res),在 File To Read 输入框中用 鼠标右键浏览输入 Controls_servo. res 文件,该文件中保存了控制计算结果,在 Model 中输入 servo,单击【OK】按钮导入计算结果,单击 F8 按钮,然后通过后处理模块绘制出的滑块上 following_marker 的位移和 FORCE_1 的 x 向载荷曲线,分别如图 11-34 和图 11-35 所示。读者也可以新建模型,导入 Controls_servo. cmd 文件和 Controls_servo. res 文件。

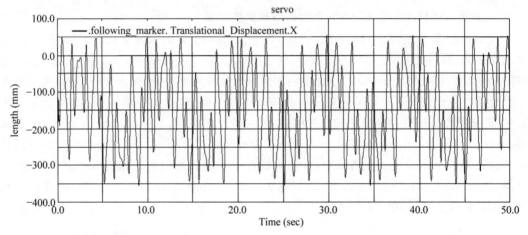

图 11-34　滑块的位移曲线

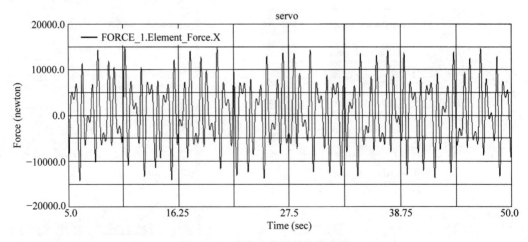

图 11-35　滑块上作用的力的曲线

读者也可以在 MATLAB 中修改 PID 控制的增益系数,对比一下 PID 控制的不同增益系数对计算结果的不同。

第12章

振动仿真分析

振动分析主要是在频域或时域内计算系统内某些点的响应和系统的模态,尤其是在频域内计算频响函数,通过对响应分析和模态分析来确定如何降低或抑制系统的振动响应。对于汽车设计而言,振动分析涉及汽车的乘坐舒适性 NVH(Noise/Vibration/Harshness)方面的内容,是汽车性能的重要标志;在其他一些领域,也需要进行振动分析,例如在发射卫星时,卫星在运载火箭中如果振动非常剧烈,必然会损坏卫星内部的零件。要完成振动分析需要多方面的知识和经验,尤其是力学方面的知识,读者可以参考有关振动力学和结构动力学方面的书。

ADAMS 专门开发了振动仿真分析模块 Vibration,在振动仿真分析模块中可以进行类似真实的试验一样对系统进行多方面的测试。本章主要介绍如何建立振动仿真分析的模型,由于振动仿真分析会涉及很多专业方面的知识,在遇到陌生的专业术语时,请参阅有关的书,本书不对理论知识进行介绍。

12.1　建立振动仿真分析模型

振动仿真分析模型主要是在其他模块建立的模型基础上,在输入位置处定义激励,在输出位置处计算频响函数,通过对输出响应的分析,来决定系统振动性能方面的特性。在输入激励的位置称为输入通道,在计算响应的位置称为输出通道,振动模型建立的过程就是定义输入通道和输出通道,在输入通道上定义激励,在输出通道上计算振动响应。

12.1.1　定义输入通道和振动激励

输入通道(Input Channel)是给系统定义激励的输入端口,振动激励必须通过输入端口输入,另外输入通道还可以用作绘制系统频率响应的端口。一个通道只能有一个输入激励,而一个激励可以通过不同的通道输入给系统。

单击建模工具条 Plugins 中振动分析 ⚙ 按钮,再选择【Build】→【Input Channel】→【New】命令,弹出定义输入通道的对话框,如图 12-1 所示,对话框中各选项的功能如下。

(1) Input Channel Name:给输入通道输入一个名称

(2) Force:是定义激励的不同方式,可以选择下面三种方式。

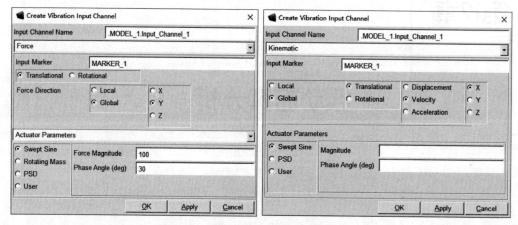

图 12-1　定义输入通道和激励的对话框

① Force：使用力或力矩作为激励。如果选择该项，可以决定是使用力（Translational）还是力矩（Rotational）作为激励，还需要确定力或力矩的参考坐标系和方向，参考坐标系可以选择 Local 和 Global，Local 是指 Input Marker 输入框中的坐标系，而 Global 是总体坐标系。

② Kinematic：使用位移、速度和加速度作为激励，此时加入的激励为强迫运动。如果选择该项，可以选择激励是平动激励（Translational）还是旋转激励（Rotational），平动激励可以是位移、速度或加速度，旋转激励可以是角度、角速度或角加速度。

③ User-Specified State Variable：通过状态变量间接地给系统施加激励。如果选择该项，需要输入已经定义的状态变量。

（3）Input Marker：确定激励的作用点，也可作为激励的局部参考坐标系，以便确定激励的方向。

（4）Actuator Parameters：确定激励的参数，激励函数可以使用已经存在的激励（Use Exiting Actuator），可以通过下面几种方式来确定。

① Swept Sine：使用正弦扫描来确定，此时需要输入谐函数的幅值（Force Magnitued）和相位（Phase Angle）。

② Rotating Mass：使用旋转质量产生的离心力或离心力矩，该项只用于激励方式是 Force 的情况下，比较适合于相对于旋转轴质量是对称的构件，即构件的质心不落在旋转轴上的构件。旋转质量可以产生离心力（Force），也可以产生离心力矩（Moment）。若是离心力，需要输入质量 m（Mass）和质心到转轴的距离 r（Radial Offset），产生的离心力为 $f = mr^2\omega$；若是离心力矩，需要输入质量 m（Mass）、质心到转轴的距离 r（Radial Offset）和质心偏离对称面的距离 d（Offset Normal to Plane），离心力矩为 $t = mr^2\omega d$，对于旋转质量产生的离心力和离心力矩，可以用图 12-2 所示的示意图来理解。

③ PSD：是指激励的功率谱密度（Power Spectral Density）。若选择 PSD，需要输入包含功率谱数据的样条曲线（Spline Name）、数据之间的插值算法（Interpolation Type）和数据的相位角度（Phase Angle）。

④ User：用户指定函数来定义激励。

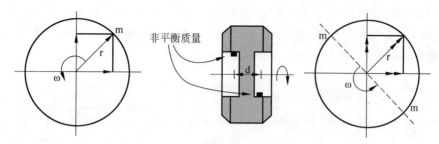

图 12-2　旋转质量的力和力矩

12.1.2　定义输出通道

输出通道(Output Channel)是指计算系统响应的位置,通过分析系统的响应,就可以知道系统的振动特性。输入通道和输出通道可以分别看作系统的输入端口和输出端口,类似于一个试验仪器的输入接口和输出接口,通过输入端口输入激励,通过输出端口输出测试数据,而不用关心这个系统有多么复杂,这样在输入和输出之间就建立了一种传递关系。

单击建模工具条 Plugins 中振动分析 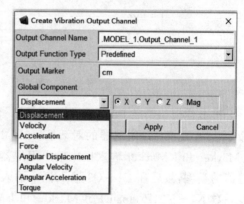 按钮,再选择【Build】→【Output Channel】→【New】命令,弹出定义输出通道的对话框,如图 12-3 所示,对话框中各选项的功能如下。

(1) Output Channel Name:给输出通道输入一个名称。

(2) Output Function Type:确定输出函数的类型,可以选择 Predefined 和 User,Predefined 是指输出函数是一些常用的函数,而一些特殊的函数可以由用户自定义函数来确定。

图 12-3　定义输出通道

(3) Output Marker:确定响应点的位置,需要输入一个 Marker 点。

(4) Global Component:确定响应函数的类型,可以选择位移、速度、加速度、角位移、角速度、角加速度以及力和力矩等作为响应函数,及其在总体坐标系下的分量。

12.1.3　定义 FD 阻尼器

在振动仿真分析的模型中,除可以使用 ADAMS/View 中的柔性连接,如阻尼器、弹簧、柔性梁等外,ADAMS/Vibration 模块还提供了两种特殊类型的阻尼器:一种是 FD (Frequency Dependent)阻尼器;另一种是 FD 3D 阻尼器。FD 阻尼器只阻碍两个构件间在一个自由度上的相对运动,而 FD 3D 阻尼器可以阻碍两个构件间在多个自由度上的相对运动。使用这两种阻尼器,可以很方便地模拟汽车上的钢板弹簧、橡胶垫片等具有动刚度特性的连接。

FD 阻尼器或 FD 3D 阻尼器分为 General、Pfeffer、Simple FD 和 Simple FD-Bushing 四种。图 12-4(a)所示是 General 类型的阻尼器,需要输入三个刚度系数 K1~K3 和三个阻尼

系数 C1～C3；图 12-4(b)所示是 Pfeffer 类型的阻尼器,其中 C1＝0,K2＝0；图 12-4(c)所示是 Simple FD 类型的阻尼器,其中 C1＝0,C2＝0,K3＝0；图 12-4(d)所示是 Simple FD-Bushing 类型的阻尼器,其中 C1＝0,C2＝0,K1＝0。

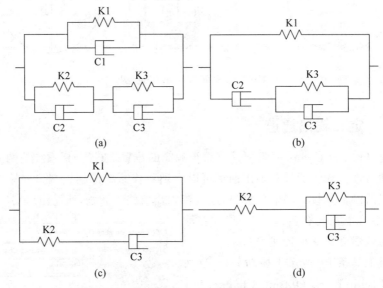

图 12-4　FD 阻尼器与 FD 3D 阻尼器的类型

单击建模工具条 Plugins 中振动分析 按钮,再选择【Build】→【FD Damper】→【New】命令,弹出定义 FD 阻尼器的对话框,如图 12-5 所示,在对话框中输入 FD 阻尼器的名称,在 I Marker 和 J Marker 输入框中输入阻尼器的两个作用点,在 Type 下拉列表中选择相应阻尼器的类型,然后在 C1～C3 输入框中输入阻尼系数 C1～C3,在 K1～K3 输入框中输入刚度系数 K1～K3,Preload 是 I Marker 和 J Marker 方向的预载荷。

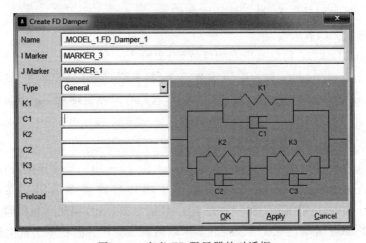

图 12-5　定义 FD 阻尼器的对话框

单击建模工具条 Plugins 中振动分析 按钮,再选择【Build】→【FD 3D Damper】→【New】命令,弹出定义 FD 3D 阻尼器的对话框,如图 12-6 所示,在对话框中输入 FD 3D 阻尼器的名称,在 I Marker 输入框中输入一个 Marker 点,在 Reference Marker 输入框中输入一个参考作用点，在 Desired Components 选择相应的需要定义阻尼器的自由度分量，这些分量是相对于 Reference Marker 坐标系的，在 Type 下拉列表中选择相应阻尼器的类型，然后在 K1～K3 输入框中输入刚度系数，在 C1～C3 输入框中输入阻尼系数，Preload 是相应自由度方向的预载荷。

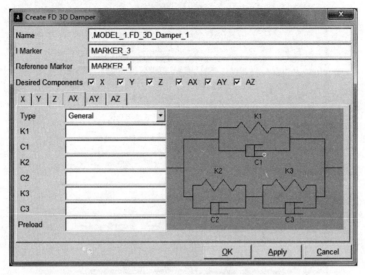

图 12-6　定义 FD 3D 阻尼器的对话框

12.1.4　振动模型的计算

在定义了输入通道和输出通道后，就可以进行振动仿真的计算工作了。单击建模工具条 Plugins 中振动分析 ⚙ 按钮，再选择【Test】→【Vibration Analysis】命令，弹出进行振动分析计算的对话框，如图 12-7 所示。对话框中各选项的功能如下。

（1）New Vibration Analysis：新建一个振动分析，并在后面的输入框中输入振动分析的名称，也可以对一个已经存在的振动分析再次进行计算，这样就不必再修改计算设置了。

（2）Operating Point：确定是进行静平衡计算（Static）、装配计算（Assembly）还是进行脚本计算（Script）。

（3）Import Settings From Existing Vibration Analysis：导入一个已经存在的振动分析的设置，这样就直接利用了已经存在的振动分析的设置，不必再重新进行设置了。

（4）Forced Vibration Analysis：在激励的情况下，进行强迫振动分析，它可以计算输出通道的响应、振动模态、模态参与因子和传递函数等信息，而 Normal Mode Analysis 只进行模态计算。在计算过程中，如果没有错误信息，说明模型就是准确的，在计算过程中没有动画显示。

（5）Damping：勾选 Damping 表示考虑阻尼，否则不考虑阻尼。

（6）Linear States Options(Valid Only With C++ Solver)：需要选择用 PSTATE 命令定义的线性状态方程，可以定义和系统一样多的自由度的状态方程，如果定义的状态方程超过系统的自由度，求解器会去掉多余的状态方程，如果小于系统的自由度，求解器会自动添加系统自由度确定的状态方程。

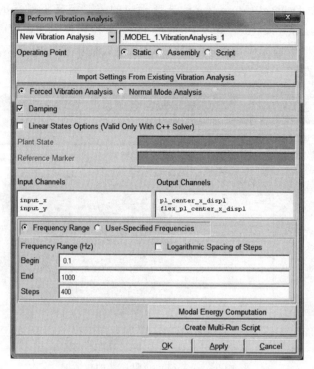

图 12-7　进行振动分析计算的对话框

（7）Input Channels：对于强迫振动分析，需要选择已经定义的输入通道。在列表框中，单击鼠标右键，利用鼠标右键可以将已经定义的输入通道加入列表框中。

（8）Output Channels：对于强迫运动分析，选择已经定义的输出通道。

（9）Frequency Range：指定要计算的频率范围和计算步数，还可以使用 User-Specified Frequencies，由用户指定需要计算的频率点。

（10）Logarithmic Spacing of Steps：如果选择该项，则计算频率之间成对数关系。

（11）Begin/End/Steps：输入计算频率的起始频率/终止频率/步数。

（12）Modal Energy Computation：用于确定是否计算与模态有关的能量，包括模态能量、应变能量、动态能量和消散能量等。

（13）Create Multi-Run Script：创建多步仿真脚本，主要用于参数化计算，关于振动分析中的参数化计算详见下节实例中的内容。

以上介绍的是如何建立振动分析模型的输入通道、输出通道和计算控制，有关振动分析的后处理，我们通过下节中的实例介绍。

12.2　振动分析实例

12.2.1　实例：卫星振动分析

本实例主要是练习如何在振动模型上定义输入通道、载荷激活、输出通道以及如何在后处理模块中进行结果后处理和振动模型的参数化计算方面的内容，本例的文件为 satellite_ start. bin,位于本书二维码中的 chapter_12\satellite 目录下,请将该文件复制到 ADAMS/ View 的工作目录下。本例的模型如图 12-8 所示,由电池板 1(Panel_1)、电池板 2(Panel_ 2)、太空舱(Bus)、卫星转接器(Payload_adapter)和试验台(Test_base)五个构件组成,在这些构件之间采用阻尼连接,以下是详细的过程。

1. 打开模型

启动 ADAMS/View,在欢迎对话框中选择打开文件(Existing Model),单击【OK】按钮后,弹出打开文件对话框,找到 satellite_start. bin 文件,打开模型后先熟悉模型。读者可以通过菜单【Tools】→【Model Topology Map】来查看模型之间的关系,该模型的约束由两个旋转副和一个固定副组成,在电池板 1、电池板 2 与太空舱之间分别有一个旋转副,在试验台和大地之间有一个固定副,另外该模型还有 8 个柔性连接,在太空舱和卫星转接器之间有 3 个阻尼器(Bushing),在卫星转接器与试验台之间有 3 个阻尼器,在电池板与太空舱之间有两个卷曲弹簧。其中阻尼器的参数都是用设计变量参数化的,读者可以在图形区双击阻尼器,打开阻尼器的编辑对话框,如图 12-9 所示,从中可以看到阻尼器的刚度系数、阻尼系数等都是用设计变量来代替的,这些设计变量是 trans_stiff、trans_damp、rot_stiff、rot_ damp、base_stiff 和 base_damp,读者可以通过菜单【Tools】→【Table Editor】来查看这些设计变量的值。

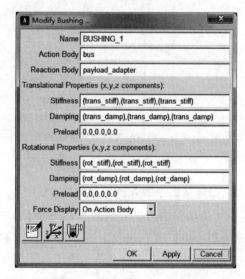

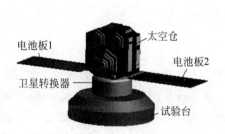

图 12-8　卫星振动分析模型　　　　　　图 12-9　阻尼器的编辑对话框

2. 仿真计算

选择【Settings】→【Gravity】命令,如果已勾选了重力计算度项,请将其取消。单击建模工具条 Simulation 中的仿真计算 ⚙ 按钮,将仿真时间 End Time 设置为 20、仿真步数 Steps 设置为 500,然后单击 ▶ 按钮进行仿真计算。可以看到两个电池板在水平位置来回摆动,这是用于在卷曲弹簧上添加了预载荷,读者可以在图形区双击卷曲弹簧,在弹出的编辑对话框中可以看到卷曲弹簧的 Angle at Preload 项设置为 90.0。选择【Settings】→ 【Gravity】命令,勾选重力加速度项,并单击【-Y】按钮,此时在 Y 输入框中出现-9806.65。

3. 创建第一个输入通道和激励

在转接器上创建一个侧向的激励，单击建模工具条 Plugins 中的振动分析 按钮，选择【Build】→【Input Channel】→【New】命令，弹出创建输入通道的对话框，如图 12-10 所示，在 Input Channel Name 输入框中输入 Input_x，选择激励方式为 Force，在 Input Marker 输入框中单击鼠标右键，在弹出的右键快捷菜单中选择【Marker】→【Browse】命令，或在输入框中直接双击鼠标，然后弹出数据库导航对话框，在数据库导航对话框中双击 Payload_adapter，再选择 reference_point，并单击【OK】按钮，请注意 reference_point 位于 Payload_adapter 的底部中心位置。选择 Translational 项，将载荷定义力而非力矩，在 Force Direction 中选择 Global 和 X 项，将力定义成沿着总体坐标系的 x 轴方向。将激励器的参数（Actuator Parameters）项设置为 Swept Sine，在 Force Magnitude 输入框中输入 1，在 Phase Angle(deg)输入框中输入 0，单击【OK】按钮后就创建了第一个输入通道和激励。

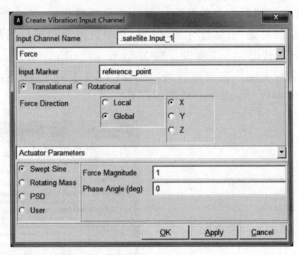

图 12-10　创建第一个输入通道和激励

4. 创建第二个输入通道和激励

在转接器上创建一个竖直方向的激励，单击建模工具条 Plugins 中的振动分析 按钮，选择【Build】→【Input Channel】→【New】命令，在 Input Channel Name 输入框中输入 Input_y，选择激励方式为 Force，在 Input Marker 输入框中单击鼠标右键，在弹出的右键快捷菜单中选择【Marker】→【Browse】命令，然后弹出数据库导航对话框，在数据库导航对话框中双击 Payload_adapter，再选择 reference_point，并单击【OK】按钮，选择 Translational 项，在 Force Direction 中选择 Global 和 Y 项，将力定义成沿着总体坐标系的 y 轴方向。将激励器的参数（Actuator Parameters）项设置为 Swept Sine，在 Force Magnitude(deg)输入框中输入 1，在 Phase Angle 输入框中输入 0，单击【OK】按钮后就创建了第二个输入通道和激励。

5. 创建第三个输入通道和激励

在转接器上创建一个重力加速度激励，单击建模工具条 Plugins 中的振动分析 按钮，选择【Build】→【Input Channel】→【New】命令，如图 12-11 所示，在 Input Channel Name

输入框中输入 Input_accel_y,选择激励方式为 Kinematic,在 Input Marker 输入框中单击鼠标右键,在弹出的右键快捷菜单中选择【Marker】→【Browse】命令,然后弹出数据库导航对话框,在数据库导航对话框中双击 Payload_adapter,再选择 reference_point,并单击【OK】按钮,选择 Translational 和 Acceleration 项,方向设置为 Global 和 Y 项,将激励定义成加速度,方向沿着总体坐标系的 y 轴方向。将激励器的参数(Actuator Parameters)项设置为 Swept Sine,在 Magnitude 输入框中输入 9806.65,即一个重力加速度,在 Phase Angle(deg)输入框中输入 0,单击【OK】按钮后就创建了第三个输入通道和激励。

6. 创建输出通道

单击建模工具条 Plugins 中的振动分析 ⚙ 按钮,再选择【Build】→【Output Channel】→【New】命令,弹出创建输出通道的对话框,如图 12-12 所示,在 Output Channel Name 输入框中输入 p1_center_x_dis,输出函数类型为 Predefined,在 Output Marker 输入框中单击鼠标右键,在弹出的右键快捷菜单中选择【Marker】→【Browse】命令,然后弹出数据库导航对话框,在数据库导航对话框中双击 Panel_1,再选择 center,并单击【OK】按钮,该 Marker 点位于 Panel_1 的中心位置。再将 Global Component 选择为 Displacement 项,将位移方向设置为 X,单击【OK】按钮后就创建了第一个输出通道。

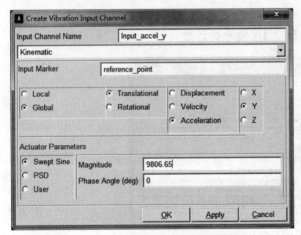

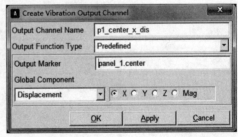

图 12-11 创建第三个输入通道和激励   图 12-12 创建第一个输出通道的对话框

按照相同的方式,根据表 12-1 中所列的通道名称、输出坐标系 Marker、输出数据类型和方向创建其他的输出通道。

表 12-1 例子中的输出通道

Output Channel Name (通道名称)	Output Marker (输出坐标系)	Global Component (输出数据类型和方向)	
p2_center_x_dis	panel_2. center	Displacement	x
p1_corner_x_dis	panel_1. corner	Displacement	x
p1_corner_x_vel	panel_1. corner	Velocity	x
p1_corner_x_acc	panel_1. corner	Acceleration	x
p1_corner_y_acc	panel_1. corner	Acceleration	y

续表

Output Channel Name （通道名称）	Output Marker （输出坐标系）	Global Component （输出数据类型和方向）	
p1_corner_z_acc	panel_1. corner	Acceleration	z
ref_x_acc	payload_adapter. cm	Acceleration	x
ref_y_acc	payload_adapter. cm	Acceleration	y
ref_z_acc	payload_adapter. cm	Acceleration	z

7. 仿真计算

在定义了输入通道和输出通道后，就可以进行振动仿真的计算工作了。单击建模工具条 Plugins 中的振动分析 按钮，选择【Test】→【Vibration Analysis】命令，弹出运行振动分析对话框，如图 12-13 所示，在 New Vibration Analysis 输入框中输入仿真名称 vertical，将 Operating Point 设置为 Assembly，再选择 Forced Vibration Analysis 和 Damping 项，在 Input_Channels 下的输入列表中单击鼠标右键，在弹出的鼠标右键菜单中选择【Input Channel】→【Guesses】→【Input_y】命令，在 Output Channels 下的输入列表中单击鼠标右键，在弹出的鼠标右键菜单中选择【Output Channel】→【Guesses】→【*】命令，可以把所有已经定义的输出选中，再选中 Logarithmic Spacing of Steps 项，将计算频率 Begin 设置为 0.1，End 设置为 1000、步数 Steps 设置为 400，单击【OK】按钮开始计算。

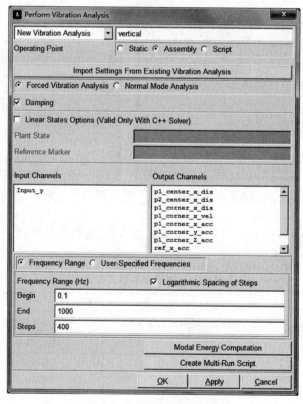

图 12-13　运行振动分析对话框

8. 振动后处理

按 F8 键进入后处理模块,在后处理模块中查看系统的模态,将数据源 Source 设置为 System Modes(系统模态),在 Eigen 列表中选中 EIGEN_1,单击【Add Scatters】按钮后,就可以看到系统的模态,如图 12-14 所示,由于存在阻尼,所以该模态是复数模态。单击 按钮,然后在图形区移动鼠标就会自动捕捉到相应的特征值点,由此就可以看到每个特征值点的实部值(Real)和虚部值(Imaginary)及对应的频率(Freq)。选择【Plot】→【Plot Scatter Plot with Eigen Table】命令就可以以列表的形式显示出系统的模态信息,如不考虑阻尼时的自然频率和阻尼比等。

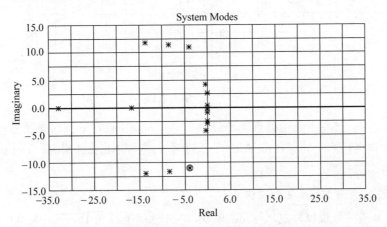

图 12-14 查看系统的模态

查看模态参与因子,先单击【Clear Plot】按钮,将已有的图形删除,再将 Source 项设置为 Modal Partcipation,在 Input Channels 列表中选择激励 Input_y,在 Output Channels 列表中选择某个输出,在 Modes 列表中选择要查看的模块阶数,单击【Add Curves】按钮后,就可以看到某阶模态对输出贡献量曲线(模态参与因子),如图 12-15 所示。

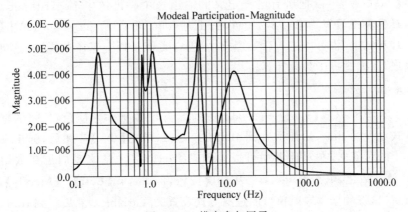

图 12-15 模态参与因子

查看频响函数,单击【Clear Plot】按钮将已有的曲线删除,再将 Source 设置为 Frequency Response,选择 Input Channels 列表中的 Input_y,在 Output Channels 列表中选择某个要查看的频响函数,单击【Add Curves】按钮后,就可以绘制出某个输出通道的频率响应函数，如图 12-16 所示。如果将 Source 设置为 PSD 或 Transfer Function，可以绘制功率谱密度函曲线或传递函数曲线。

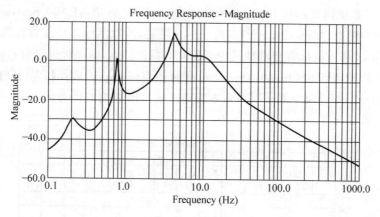

图 12-16　频响函数

查看模态动画，将左上角的处理类型设置为 Anamiation，在动画区单击鼠标右键，在右键快捷菜单中选择【Load Vibration Animation】项，再选择 Normal Mode Animation 项就可以查看各阶模态的振型。

9. 计算输入通道 Input_x 的响应

单击 F8 键从后处理模块进入 View 模块，单击建模工具条 Plugins 中的振动分析按钮，再选择【Test】→【Vibration Analysis】命令，弹出振动分析对话框，在 New Vibration Analysis 后的输入框中为仿真输入名称 lateral_x，将 Operating Point 设置为 Assembly，再选择 Forced Vibration Analysis 和 Damping 项，在 Input_y 下的输入列表中单击鼠标右键，在弹出的鼠标右键菜单中选择【Input Channel】→【Guesses】→【Input_x】命令，在 Output Channels 下的输入列表中单击鼠标右键，在弹出的鼠标右键菜单中选择【Output Channel】→【Guesses】→【﹡】命令，可以把所有已经定义的输出选中。再选中 Logarithmic Spacing of Steps 项，将计算频率设置为 Begin 为 0.1，End 为 1000，步数 Steps 为 400，单击【OK】按钮开始计算。计算结束后，可以进入后处理模块，进行类似于以上基本的操作，这可作为练习由读者来完成，下面进行参数化计算。

10. 修改设计变量

在 View 环境下，选择【Edit】→【Modify】命令，弹出数据库导航窗口，将数据库导航窗口的过滤方式设置为 Forces，然后找到 BUSHING_1，单击【OK】按钮后，弹出编辑阻尼器 BUSHING_1 的对话框，在对话框中可以看到 BUSHING_1 的平动阻尼参数用设计变量 trans_damp 已参数化，单击菜单工具栏中的 ▸ 按钮，再次选择【Edit】→【Modify】命令，弹出数据库导航窗口，将数据库导航窗口的过滤方式设置为 Variables，然后找到 trans_damp，单击【OK】按钮，弹出编辑设计变量的对话框，如图 12-17(a) 所示，可以看到 Standard Value 输入框为（trans_stiff ﹡ 0.33 ﹡ percent_damping ﹡ 1.0E−002），其中 percent_damping 是另外一个设计变量。用同样的方式打开 percent_damping 的编辑对话框，如图 12-17(b) 所示，将 Standard Value 设置为 1，Min. Value 设置为 1，Max. Value 设置为 20。

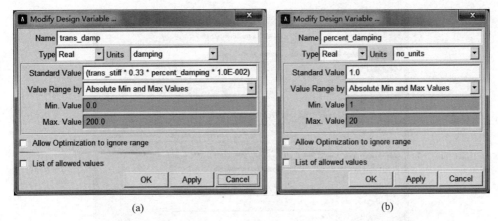

图 12-17 编辑 trans_damp 变量和编辑 percent_damping 变量

(a) 编辑 trans_damp 变量；(b) 编辑 percent_damping 变量

11. 定义优化目标

单击建模工具条 Design Exploration 中的优化目标 ⊙ 按钮后，弹出定义优化目标的对话框，如图 12-18(a)所示，在 Name 输入框中输入 . satellite. Max_FRF，将 Definition by 设置为/View Variable and Vibration Macro 后，将弹出定义振动设计目标宏的对话框，如图 12-18(b)所示，在 Return Value Variable 输入框中单击鼠标右键，在弹出的右键快捷菜单中选择【Variable】→【Create】命令，将变量的标准值（Standard Value）设置为 0，单击【OK】按钮关闭设计变量对话框，从 Target Vibration Data 下拉列表中选择 Frequency Response：1 Input，1 Output，在 Input Channel 输入框中通过右键快捷菜单找到 Input_x，在 Output Channel 输入框中通过右键快捷菜单找到 p1_corner_x_acc，将 Value Type 设置为 Maximum，Frequency Range 设置为 All Frequencies，单击【OK】按钮关闭所有对话框。

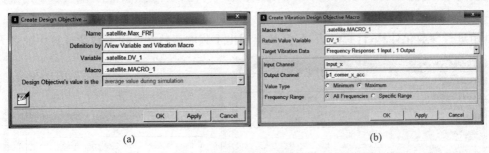

图 12-18 定义优化目标的对话框和定义振动设计目标宏的对话框

(a) 定义优化目标的对话框；(b) 定义振动设计目标宏的对话框

12. 创建振动分析的运行脚本

单击建模工具条 Plugins 中的振动分析 ⚙ 按钮，选择【Test】→【Create Multi-Run Script】命令，之后弹出创建多级振动脚本对话框，如图 12-19 所示，在 Sim Script Name 输入框中输入 . satellite. multirun_script，在 Vibration Analysis Name 输入框中用鼠标右键快捷菜单拾取 lateral_x，其他按图中的内容进行设置，单击【OK】按钮。

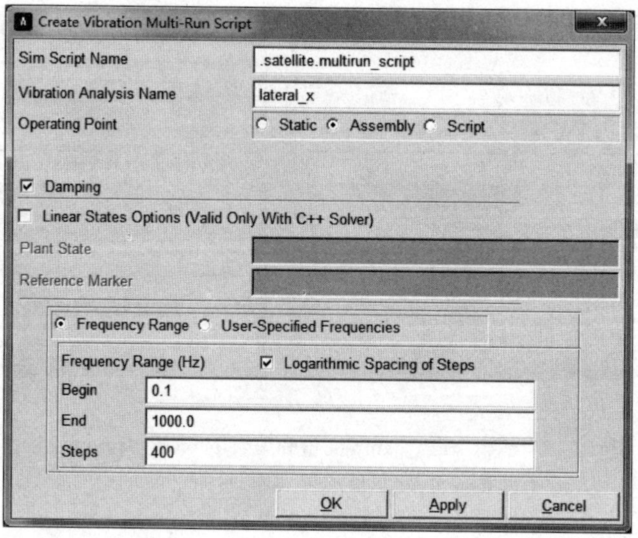

图 12-19　创建多级振动脚本对话框

13. 运行设计研究

选择【Settings】→【Solver】→【Output】命令，弹出求解器输出设置对话框，选中 More 项，然后将 Output Category 设置为 Database Storage，将 Individual Simulations 的 Save Analysis 设置为 Yes，前缀 Prefix 设置为 Run，单击【Close】按钮关闭对话框。

单击建模工具条 Plugins 中的振动分析 ⚙ 按钮，选择【Improve】→【Design Evaluation】命令，弹出设计评估对话框，如图 12-20（a）所示，在 Simulation Script 输入框中用鼠标右键快捷菜单拾取 multirun_script，将 Study a 设置为 Objective，在 Objective 输入框中用鼠标右键快捷菜单拾取 Max_FRF，选中 Design Study 项，在 Design Variable 输入框中用鼠标右键快捷菜单拾取设计变量 percent_damping，将 Default Levels 设置为 5，最后单击【Start】按钮开始进行参数化计算，计算结束后，系统绘制出了频响函数在 5 次参数化计算中的最大响

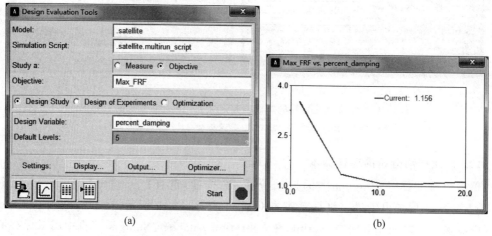

(a)　　　　　　　　　　　　(b)

图 12-20　设计研究对话框和 5 次参数化响应的最大值

（a）设计研究对话框；（b）5 次参数化响应的最大值

应值的曲线,如图 12-20(b)所示,另外可以通过后处理模块将输出通道 p1_corner_x_acc 的
5 次参数化频率响应绘制出来,如图 12-21 所示。

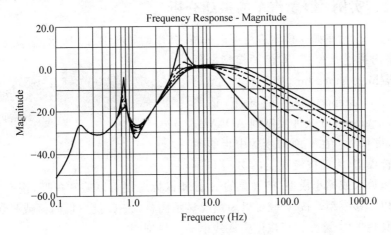

图 12-21　参数化响应曲线

14. 三维曲面后处理

按 F8 键进入后处理模块,将左上角的处理类型设置为 Plot3D,Vibration Analysis 选
择为 lateral_x_1~lateral_x_5,Source 设置为 Frequency Response,Input Channels 设置为
Input_x,Output Channels 设置为 p1_corner_x_acc,单击【Add Surface】按钮,单击工具条中
的渲染 按钮,就可以用 3D 曲面来表示 p1_corner_x_acc 的频率响应,如图 12-22 所示。

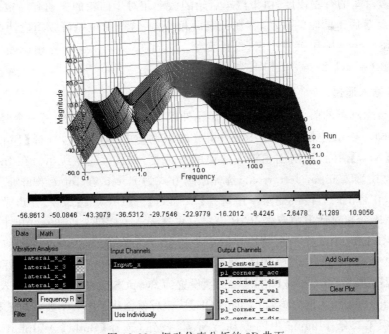

图 12-22　振动仿真分析的 3D 曲面

卫星太阳能电池板的刚度很低,完全当成刚性体计算出的误差较大,在本书二维码中
chapter_12\satellite_flex 目录下的 satellite_flex.bin 模型,电池板由柔性体构成,读者可以

仿照本例的步骤来完成柔性体的振动计算。

12.2.2 实例：概念汽车的振动分析

本节通过一个汽车概念模型进行振动分析，其模型如图 12-23 所示，输入通道是 4 个车轮的中心，输出通道是座椅，本例的模型文件是 concept_vehicle_start.bin，位于本书二维码中 chapter_12\concept_vehicle 目录下，请将 concept_vehicle_start.bin 文件复制到 ADAMS/View 的工作目录下。在下面的步骤中可能需要缩放或旋转模型，为此按键盘上的 Z 键和鼠

图 12-23　概念车模型

标左键就可以放大或缩小模型，按键盘的 R 键和鼠标左键可以旋转模型，按键盘的 T 键和鼠标左键可以平移模型。按 V 键可以隐藏或显示图标，按 G 键可以隐藏或显示工作栅格，单击状态工具栏上的 ⬤ 按钮可以渲染或线框显示模型。

1. 打开模型

启动 ADAMS/View，在欢迎对话框中选择打开文件（Existing Model），单击【OK】按钮后，弹出打开文件对话框，找到 sconcept_vehicle_start.bin 文件，打开模型后先熟悉模型。通过模型树 Design Variables 下的设计变量可以看出，前悬架的减振器的刚度和阻尼用设计变量 front_susp_stiffness 和 front_susp_daming 进行参数化，后悬架减振器的刚度和阻尼用设计变量 rear_susp_stiffness 和 REAR-susp_damping 参数，设计变量 vehicle_speed_kph 用于参数汽车的行驶速度，由于汽车后轮的振动相对于前轮的振动有一定的时间差，即后轮的振动要落后于前轮的振动，存在一定的相位差，这个相位差可以用设计变量 vehicle_speed_kph 和 wheel_base 换算出来，设计变量 spatial_phase 用于计算相位差，其表达式是 3.6E−003 * (wheel_base / vehicle_speed_kph)。

2. 创建输入通道

下面在概念汽车的前、后、左、右 4 个车轮外侧中心位置处分别定义一个竖直方向的输入通道和激励。单击建模工具条 Plugins 中的振动分析 ⬤ 按钮，选择【Build】→【Input Channel】→【New】命令，弹出创建输入通道的对话框，如图 12-24 所示。在 Input Channel Name 输入框中输入 input_left_front，选择激励方式为 Force，在 Input Marker 输入框中单击鼠标右键，在弹出的右键快捷菜单中选择【Marker】→【Browse】命令，弹出数据库导航对话框，在数据库导航对话框中双击 PART_150，再选择 MARKER_1160，并单击【OK】按钮，请注意 MARKER_1160 位于左前轮外侧中心位置。选择 Translational 项，将载荷定义力而非力矩，在 Force Direction 中选择 Global 和 Z 项，将力定义成沿着总体坐标系的 z 轴方向。将激励器的参数（Actuator Parameters）项设置为 Swept Sine，在 f(omega)输入框中输入 1，在 Phase Angle(deg)输入框中输入 0，单击【OK】按钮后就创建了第一个输入通道和激励。

单击建模工具条 Plugins 中的振动分析 ⚙ 按钮，选择【Build】→【Input Channel】→【New】命令，弹出创建输入通道的对话框。在 Input Channel Name 输入框中输入 input_right_front，选择激励方式为 Force，在 Input Marker 输入框中单击鼠标右键，在弹出的右键快捷菜单中选择【Marker】→【Browse】命令，弹出数据库导航对话框，在数据库导航对话

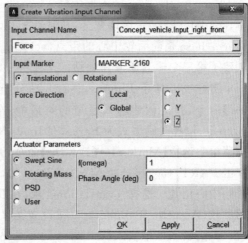

图 12-24　创建第一个和第二个输入通道和激励

框中双击 PART_250，再选择 MARKER_2160，并单击【OK】按钮，请注意 MARKER_2160
位于右前轮外侧中心位置。选择 Translational 项，在 Force Direction 中选择 Global 和 Z
项。将激励器的参数（Actuator Parameters）项设置为 Swept Sine，在 f(omega)输入框中输
入 1，在 Phase Angle(deg)输入框中输入 0，单击【OK】按钮后就创建了第二个输入通道和
激励。

　　单击建模工具条 Plugins 中的振动分析 按钮，选择【Build】→【Input Channel】→
【New】命令，弹出创建输入通道的对话框，如图 12-25 所示，在 Input Channel Name 输入框
中输入 input_left_rear，选择激励方式为 Force，在 Input Marker 输入框中单击鼠标右键，在
弹出的右键快捷菜单中选择【Marker】→【Browse】命令，弹出数据库导航对话框，在数据库
导航对话框中双击 PART_350，再选择 MARKER_3160，并单击【OK】按钮，MARKER_
3160 位于左后轮外侧中心位置。选择 Translational 项，在 Force Direction 中选择 Global
和 Z 项。将激励器的参数（Actuator Parameters）项设置为 User，在 f(omega)输入框中输入

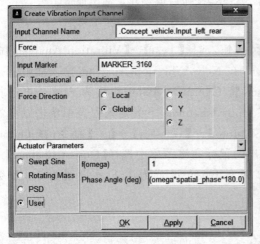
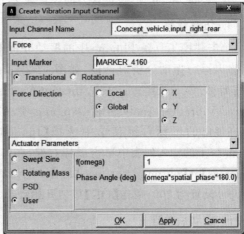

图 12-25　创建第三个和第四个输入通道和激励

1,在 Phase Angle(deg)输入框中输入(omega * spatial_phase * 180.0),其中 omega 是指角频率,spatial_phase 是设计变量,其值是 3.6E—003 * (wheel_base/vehicle_speed_kph),其中 wheel_base 是前后轮中心的距离,vehicle_speed_kph 是车辆行驶速度,单击【OK】按钮后就创建了第三个输入通道和激励。

单击建模工具条 Plugins 中的振动分析 按钮,选择【Build】→【Input Channel】→【New】命令,弹出创建输入通道的对话框,在 Input Channel Name 输入框中输入 input_right_rear,选择激励方式为 Force,在 Input Marker 输入框中单击鼠标右键,在弹出的右键快捷菜单中选择【Marker】→【Browse】命令,弹出数据库导航对话框,在数据库导航对话框中双击 PART_450,再选择 MARKER_4160,并单击【OK】按钮,MARKER_4160 位于右后轮外侧中心位置。选择 Translational 项,在 Force Direction 中选择 Global 和 Z 项。将激励器的参数(Actuator Parameters)项设置为 User,在 f(omega)输入框中输入 1,在 Phase Angle(deg)输入框中输入(omega * spatial_phase * 180.0),单击【OK】按钮后就创建了第四个输入通道和激励。

3. 创建输出通道

单击建模工具条 Plugins 中的振动分析 按钮,选择【Build】→【Output Channel】→【New】命令,弹出创建输出通道的对话框,如图 12-26 所示,在 Output Channel Name 输入框中输入. Concept_vehicle. output_seat_acc,输出函数类型为 Predefined,在 Output Marker 输入框中单击鼠标右键,在弹出的右键快捷菜单中选择【Marker】→【Browse】命令,然后弹出数据库导航对话框,在数据库导航对话框中双击 PART_10,再选择 MARKER_10040,并单击【OK】按钮,MARKER_10040 点位于座椅的中心位置。再将 Global Component

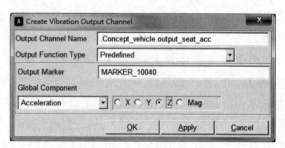

图 12-26　创建输出通道

选择为 Acceleration 项,将位移方向设置为 Z,单击【OK】按钮后就创建了输出通道。

4. 仿真计算

单击建模工具条 Plugins 中的振动分析 按钮,选择【Test】→【Vibration Analysis】命令,弹出运行振动分析对话框,如图 12-27 所示,在 New Vibration Analysis 输入框中输入仿真名称. Concept_vehicle. VibrationAnalysis,将 Operating Point 设置为 Static,再选择 Forced Vibration Analysis 和 Damping 项,在 Input_Channels 下的输入列表中单击鼠标右键,在弹出的鼠标右键菜单中选择【Input Channel】→【Guesses】→【 * 】命令,在 Output Channels 下的输入列表中单击鼠标右键,在弹出的鼠标右键菜单中选择【Output Channel】→【Guesses】→【output_seat_acc】命令,将计算频率 Begin 设置为 1,End 设置为 50,步数(Steps)设置为 200,单击【OK】按钮开始计算。

5. 振动后处理

按 F8 键进入后处理模块,在后处理模块中查看系统的模态,将数据源(Source)设置为 System Modes(系统模态),在 Eigen 列表中选中 EIGEN_1,单击【Add Scatters】按钮后,就

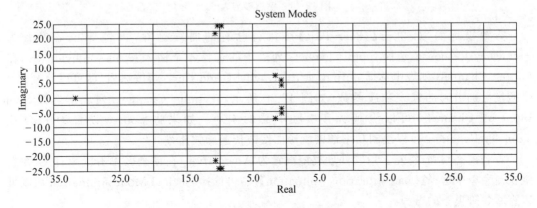

图 12-27 运行振动分析对话框

可以看到系统的模态,如图 12-28 所示,由于存在阻尼,所以该模态是复数模态。单击 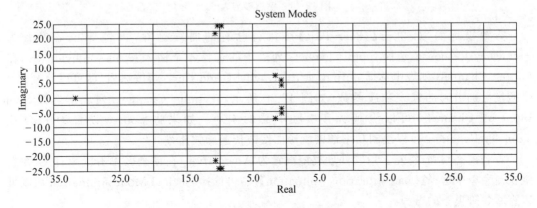 按钮,然后在图形区移动鼠标就会自动捕捉到相应的特征值点,由此就可以看到每个特征值点的实部值(Real)和虚部值(Imaginary)及对应的频率(Freq)。选择【Plot】→【Plot Scatter Plot with Eigen Table】命令就可以以列表的形式显示出系统的模态信息,如不考虑阻尼时的自然频率和阻尼比等。

图 12-28 查看系统的模态

MODE NUMBER	UNDAMPED NATURAL FREQUENCY	DAMPING RATIO	REAL		IMAGINARY
1	3.183099E+001	1.000000E+000	-3.183099E+001		0.000000E+000
2	3.183099E+001	1.000000E+000	-3.183099E+001		0.000000E+000
3	3.183099E+001	1.000000E+000	-3.183099E+001		0.000000E+000
4	3.183099E+001	1.000000E+000	-3.183099E+001		0.000000E+000
5	4.154822E+000	1.908456E-001	-7.929296E-001	+/-	4.078457E+000
6	5.627234E+000	1.413607E-001	-7.954699E-001	+/-	5.570726E+000
7	7.448005E+000	2.206333E-001	-1.643278E+000	+/-	7.264463E+000
8	2.413591E+001	4.451748E-001	-1.074470E+001	+/-	2.161235E+001
9	2.420473E+001	4.458206E-001	-1.079097E+001	+/-	2.166619E+001
10	2.620527E+001	3.771238E-001	-9.882632E+000	+/-	2.427035E+001
11	2.644027E+001	3.870264E-001	-1.023308E+001	+/-	2.437974E+001

查看模态参与因子，先单击【Clear Plot】按钮，将已有的图形删除，再将 Source 项设置为 Modal Partcipation，在 Input Channels 列表中选择激励 Input_y，在 Output Channels 列表中选择某个输出，在 Modes 列表中选择要查看的模块阶数，单击【Add Curves】按钮后，就可以看到某阶模态对输出贡献量曲线（模态参与因子），图 12-29 所示是 4 个输入通道下第 11 阶模态的模态参与因子。

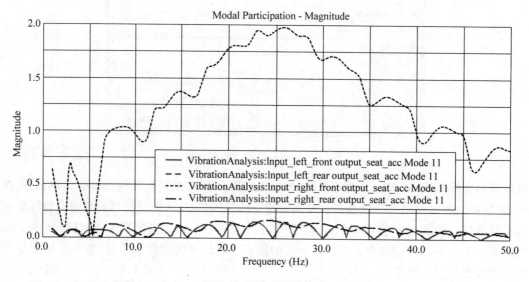

图 12-29　模态参与因子

查看频响函数，单击【Clear Plot】按钮将已有的曲线删除，再将 Source 设置为 Frequency Response，选择 Input Channels 列表中的选择 4 个输入和 Use Individually，在 Output Channels 列表中选择 output_seat_acc，单击【Add Curves】按钮后，就可以绘制出 4 个激励分别引起的频率响应函数，如图 12-30 所示，在 Input Channels 列表下选择 Sum Input All Channels，可以绘制所有激励下总的响应。如果将 Source 设置为 PSD 或 Transfer Function，可以绘制功率谱密度函曲线或传递函数曲线。

查看模态动画，将左上角的处理类型设置为 Anamiation，在动画区单击鼠标右键，在右键快捷菜单中选择【Load Vibration Animation】项，再选择 Normal Mode Animation 项就可以查看各阶模态的振型。

6. 定义优化目标

单击建模工具条 Design Exploration 中的优化目标 ◉ 按钮后，弹出定义优化目标的对

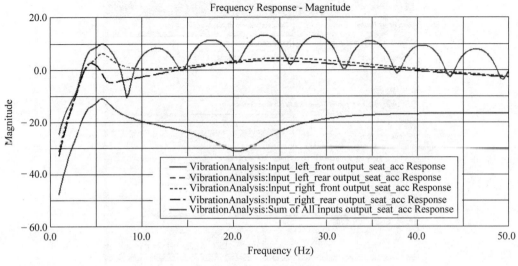

图 12-30 频响函数

话框,如图 12-31 所示,在 Name 输入框中输入 .Concept_vehicle Max_FRF,将 Definition by 设置为 /View Variable and Vibration Macro 后,弹出定义振动设计目标宏的对话框,在 Return Value Variable 输入框中单击鼠标右键,在弹出的右键快捷菜单中选择【Variable】→【Create】命令,将变量的标准值(Standard Value)设置为 5.58,单击【OK】按钮关闭设计变量对话框,从 Target Vibration Data 下拉列表中选择 Frequency Response;All Inputs,1 Output,在 Output Channel 输入框中通过右键快捷菜单找到 output_seat_acc,将 Value Type 设置为 Maximum,Frequency Range 设置为 All Frequencies,单击【OK】按钮关闭所有对话框。

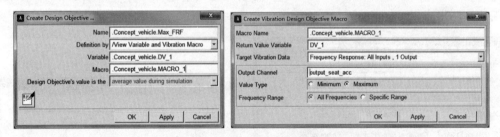

图 12-31 定义优化目标的对话框和振动设计目标宏的对话框

7. 创建振动分析的运行脚本

单击建模工具条 Plugins 中的振动分析 按钮,再选择【Test】→【Create Multi-Run Script】命令,之后弹出创建多级振动脚本对话框,如图 12-32 所示,在 Sim Script Name 输入框中输入 .Concept_vehicle. multirun_script,在 Vibration Analysis Name 输入框中用鼠标右键快捷菜单拾取 VibrationAnalysis,其他按图中的内容进行设置,单击【OK】按钮。

8. 运行设计研究

选择【Settings】→【Solver】→【Output】命令,弹出求解器输出设置对话框,选中 More 项,然后将 Output Category 设置为 Database Storage,将 Individual Simulations 的 Save Analysis 设置为 Yes,前缀 Prefix 设置为 Run,单击【Close】按钮关闭对话框。

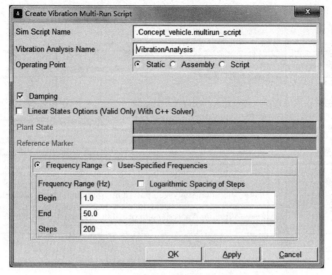

图 12-32　创建多级振动脚本对话框

　　单击建模工具条 Design Exploration 中的设计评估 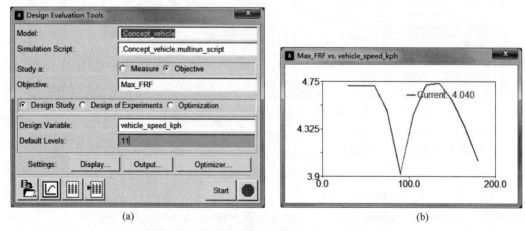 按钮后，弹出设计评估对话框，如图 12-33(a) 所示，在 Simulation Script 输入框中用鼠标右键快捷菜单拾取 multirun_script，将 Study a 设置为 Objective，在 Objective 输入框中用鼠标右键快捷菜单拾取 Max_FRF，选中 Design Study 项，在 Design Variable 输入框中用鼠标右键快捷菜单拾取设计变量 vehicle_speed_kph，将 Default Levels 设置为 11，最后单击【Start】按钮开始进行参数化计算，计算结束后，系统绘制出了频响函数在 11 次参数化计算中的最大响应值的曲线，如图 12-33(b) 所示，另外可以通过后处理模块将输出通道 p1_corner_x_acc 的 5 次参数化频率响应绘制出来。

(a)　　　　　　　　　　　　　　(b)

图 12-33　设计研究对话框和设计研究的最大值
(a) 设计研究对话框；(b) 设计研究的最大值

　　按 F8 键进入后处理模块，将左上角的处理类型设置为 Plot3D，Vibration Analysis 选择为 VibrationAnalysis_1～VibrationAnalysis_11，Source 设置为 Frequency Response，Input Channels 设置为 Sum All Input Channels，Output Channels 选择 output_seat_acc，单

击【Add Surface】按钮后,就可以用三维曲面来表示 11 次设计研究 output_seat_acc 的频率响应,如图 12-34 所示,按 F8 键回到 View 环境。

9. 运行试验设计

单击建模工具条 Design Exploration 中的设计评估 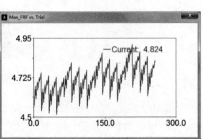 按钮后,弹出设计评估对话框,如图 12-35 所示,在 Simulation Script 输入框中用鼠标右键快捷菜单拾取 multirun_script,将 Study a 设置为 Objective,在 Objective 输入框中用鼠标右键快捷菜单拾取 Max_FRF,选中 Design of Experiments 项,在 Design Variable 输入框中用鼠标右键快捷菜单拾取设计变量 front_susp_stiffness、front_susp_daming、rear_susp_stiffness 和 rear_susp_damping,将 Default Levels 设置为 4,最后单击【Start】按钮开始进行参数化计算,计算结束后,系统绘制出了频响函数在 256 次参数化计算中的最大响应值的曲线。

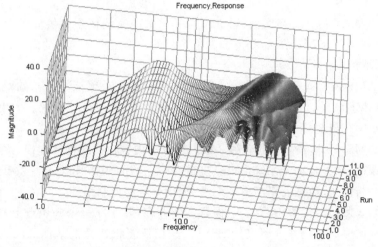

图 12-34　振动仿真分析的 3D 曲面

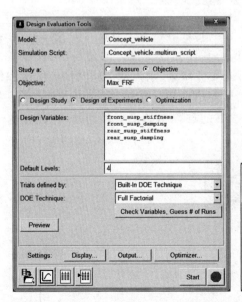

图 12-35　试验设计及最大响应值的曲线

光盘使用说明

在使用本书附带光盘之前,请认真阅读以下信息,《ADAMS 入门详解与实例(第 3 版)》的作者认为,读者在使用本书附带光盘之前,已经阅读并接受了这些信息。

(1) 请读者扫描本页下方的二维码下载本书附带光盘。本光盘是《ADAMS 入门详解与实例(第 3 版)》一书的配套光盘,光盘内容是完成《ADAMS 入门详解与实例(第 3 版)》中的实例所必需的文件,读者在做实例的时候,将所需的文件复制到 ADAMS 的工作目录下,以方便读取。有关 ADAMS 工作目录的设置,请参考《ADAMS 入门详解与实例(第 3 版)》中 1.3.1 节中的内容。

(2) 《ADAMS 入门详解与实例(第 3 版)》一书中的实例模型仅供读者学习之用,这些模型也不一定完全符合实际情况,如果读者将实例的模型用作其他目的而带来的一切后果,均由读者自己承担。

(3) 《ADAMS 入门详解与实例(第 3 版)》以 ADAMS 2020 版本为基础,如果读者使用低版本的 ADAMS 软件,可能会打不开实例的模型文件,敬请读者注意。本书模型文件是在 win10 系统 64 位计算机上建立的。

(4) 《ADAMS 入门详解与实例(第 3 版)》涉及的内容包括刚性体建模、柔性体建模、运动副与驱动、载荷、动力传动子系统(齿轮、皮带、链条、轴承、电机和绳索)、仿真控制、疲劳耐久、参数化设计与优化、数据元素与系统元素、振动分析和控制系统等内容。《ADAMS 入门详解与实例(第 3 版)》的内容由浅入深,而且实例较多,几乎在每个知识点上都配有对应的实例,读者如果能完成实例并理解实例的步骤,相信读者很快就能掌握 ADAMS 软件的使用技巧。《ADAMS 入门详解与实例(第 3 版)》所介绍的内容不仅是入门内容,更多的是高级应用的内容。

(5) 《ADAMS 入门详解与实例(第 3 版)》由北京诺思多维科技有限公司组织编写,北京诺思多维科技有限公司是专门从事 CAE 仿真计算技术推广的公司,能承担多方面的 CAE 仿真计算工作,在振动、噪声、流体、多体、疲劳耐久、刚强度、复合材料、电磁和优化计算等方面有自己的优势,可以进行项目合作、软件培训和二次开发方面的工作,可以帮助用户提高技术水平和产品研发能力。在使用本书的过程中如果遇到问题,请通过电子邮件 foradams@126.com 与本书作者联系。

光盘二维码